计 算 机 科 学 丛 书

原书第2版

现代计算机组成与体系结构

[美] 吉姆·莱丁（Jim Ledin） 著

王继禾 王党辉 安建峰 张萌 译

Modern Computer Architecture and Organization
Second Edition

机械工业出版社
CHINA MACHINE PRESS

Jim Ledin: *Modern Computer Architecture and Organization, Second Edition* (ISBN:978-1-80323-451-9).

Copyright © 2022 Packt Publishing. First published in the English language under the title "Modern Computer Architecture and Organization,Second Edition".

All rights reserved.

Chinese simplified language edition published by China Machine Press.

Copyright © 2025 by China Machine Press.

本书中文简体字版由 Packt Publishing 授权机械工业出版社独家出版。未经出版者书面许可，不得以任何方式复制或抄袭本书内容。

北京市版权局著作权合同登记　图字：01-2022-6370 号。

图书在版编目（CIP）数据

现代计算机组成与体系结构：原书第 2 版 /（美）吉姆·莱丁（Jim Ledin）著；王继禾等译. -- 北京：机械工业出版社，2025.2. --（计算机科学丛书）.

ISBN 978-7-111-77615-4

Ⅰ. TP303

中国国家版本馆 CIP 数据核字第 2025NF4007 号

机械工业出版社（北京市百万庄大街 22 号　邮政编码 100037）

策划编辑：王春华　　　　　　　　　责任编辑：王春华　章承林
责任校对：张勤思　马荣华　景　飞　　责任印制：任维东
北京科信印刷有限公司印刷
2025 年 6 月第 1 版第 1 次印刷
185mm × 260mm · 23.5 印张 · 597 千字
标准书号：ISBN 978-7-111-77615-4
定价：129.00 元

电话服务　　　　　　　　　　　网络服务
客服电话：010-88361066　　　机 工 官 网：www.cmpbook.com
　　　　　010-88379833　　　机 工 官 博：weibo.com/cmp1952
　　　　　010-68326294　　　金 书 网：www.golden-book.com
封底无防伪标均为盗版　　　　　机工教育服务网：www.cmpedu.com

序

Modern Computer Architecture and Organization, Second Edition

我不是硬件工程师，而是软件开发者。在职业生涯中，我一直在开发各种不同类型的软件，以解决许多不同类型的问题。然而，一个偶然的机会，我经历了一段与硬件密切相关的软件开发职业生涯，这是大部分软件开发者接触不到的工作，一切都好像命中注定似的。

在早些年对计算机着迷的日子里，我很快发现，当时的计算机器件相较今天而言非常粗糙，如果我不学着使用汇编语言对其进行编程，几乎做不了任何有趣的工作。因此，我先后学习了 Z80、6502 和 80×86 汇编语言编程。

与使用高级语言编程相比，使用汇编语言编程有许多不同之处。它要求你熟悉硬件，了解内存布局，从而根据内存布局来调整代码。你不能忽视寄存器的使用，因为寄存器保存变量，所以必须精心设置寄存器与变量的映射关系。你还必须学习如何通过 I/O 端口与其他设备进行通信，这是数字设备相互通信的唯一手段。有一次，我在解决一个特别棘手的问题时，午夜惊醒，发现一直在做梦用 80×86 汇编语言编程。

我的事业发展了，更重要的是我接触的硬件也在不断发展。当时，我在一家计算机制造商的研发部门获得了梦寐以求的工作。我的工作是改进操作系统以适配我们的硬件，并构建能够利用我们生产的 PC 的特性的设备驱动程序。这类工作要求必须熟悉硬件的工作原理。

软件开发不断演进。我们使用的编程语言更加抽象，操作系统、虚拟机、容器和公有云基础设施对软件开发人员隐藏了越来越多的底层硬件细节。最近，我在社交媒体上和一位 LISP 程序员进行了对话，该程序员并没有意识到他喜欢的函数式声明结构最终会转换为 CPU 寄存器中的操作码和数值，看起来他不了解计算机的工作原理。他可能认为这些知识不是必需的，但是我认为，如果他想成为一个优秀的程序员，就必须了解这些知识。

后来，我曾开展世界级高性能系统的开发工作，我领导的团队的任务是构建世界上性能最好的金融交易系统。

为此，我们需要再次深入了解系统底层硬件的工作原理，这样，我们才能够充分利用现代硬件，从而达到业内领先的性能水平。在此期间，我们借用了赛车运动的一个名词来描述我们的方法。Jackie Stewart 是 20 世纪 70 年代最好的一级方程式赛车手，他在采访时被问道："要成为一位伟大的赛车手，你需要成为一名工程师吗？"Jackie 回答："不需要，但是你必须和赛车有机械共鸣。"Jackie 的意思是你必须熟悉车的机械系统。事实上，只有充分了解底层硬件的功能，才能充分利用它们。

我们在工作中采纳了"机械共鸣"的理念。例如，在我们的交易系统中，最大的开销是缓存未命中。如果需要处理的数据没有位于缓存中的适当位置，我们的系统性能就会出现数量级的下降。因此，我们需要精心设计代码，即使它是用高级语言编写并在虚拟机中运行的，也要最大限度地增加数据在缓存中的机会。我们需要理解并管理多核处理器的并发性，识别并利用处理器缓存线以及内存和其他存储设备的块存储特征。这些带来了意想不到的性能提升。如果能够充分利用现代硬件的特征，将会产生意想不到的效果。

深入理解硬件不仅仅对高性能计算有效。虽然人们的关注点有所不同，但几乎所有人都认为，在碳排放中，很大一部分来源于为代码所在数据中心提供动力的电能消耗。我想不出还有哪个领域的工作像软件一样低效——对于大多数系统而言，如果多做一点工作来管理通过硬件的信息流，将性能提升至少 100 倍将不会太困难。几乎所有系统都可以通过一些更专用的工作实现 1000 倍的性能增长，然而，如果我们可以通过更好地理解代码如何工作，以及代码如何使用硬件，来获得 10 倍的性能提升，那么就能够将碳排放量减少到原来的 1/10。

重要的是，你必须在一定程度上理解计算机的工作原理，与我们所依赖的硬件功能脱节会带来风险。我承认我是一个书呆子，喜欢探究事物如何运作。并不是每个人都需要将硬件使用到极致，但是理解硬件是系统工程的一部分，工程总是要权衡利弊。你会惊讶地发现，无论软件行为处于哪个层次（即使我们使用 LISP 语言编写基于云的系统），理解硬件的基本工作原理对软件行为的影响至关重要。

对于像我这样的人，本书令我特别着迷。

我不是硬件工程师，也不想成为硬件工程师。对于我这样的软件开发者来说，一项重要技能是了解我所依赖的硬件的实际工作原理。我需要维护并构建"机械共鸣"。

本书从计算的基本概念开始，介绍了第一台计算机和第一代 CPU，再到量子计算的潜力以及其他未来的研究方向。你可能想了解现代处理器的工作原理，掌握它们惊人的效率，以及它们从存储器中获取数据的能力，而这些存储器的运行速度要比它们慢上数百倍。你也可能对那些硬件之外的复杂想法感兴趣，比如加密货币挖矿是如何工作的，现代自动驾驶汽车的架构是什么样子的。本书可以回答这些问题，以及更多其他问题。

我认为，除了计算机科学家和工程师，每个软件开发人员，如果他们对日常工作使用设备的工作原理有一定的理解，那么他们将能更好地开展工作。当我试图理解一些规模较大且比较复杂的软件时，我通常会想："这仅仅是一些位、字节和操作码，它们到底如何工作？"这就相当于一个化学家理解分子和化合物，并能够使用基本原理来解决一些棘手的问题。这些是真正的基石，可以帮助我们更好地理解它们。

在未来几年里，我将会定期翻阅本书，我希望读者也喜欢做同样的事情。

Dave Farley

独立软件工程顾问，持续交付有限公司（Continuous Delivery Ltd.）创始人

前言

Modern Computer Architecture and Organization, Second Edition

欢迎阅读本书。自第 1 版出版以来，我非常高兴收到了读者的大量反馈和建议。当然，我非常感激读者的所有反馈，特别是指出本书错误和遗漏的读者。

本书介绍了在现代处理器和计算机体系结构中使用的关键技术和组件，并针对具体需求，讨论了不同体系结构的决策如何影响计算机的配置优化。

现代计算机是一种复杂的设备。然而，当以层次化的方式来看时，每一级的复杂功能都很明晰。本书涵盖了众多主题，但只在有限的深度内对各个主题进行探讨。本书的目标是为现代计算设备进行一个简要明了的介绍，包括每一项重要技术和子系统，并阐释其与其他系统组件之间的关系。

本书包含自第 1 版出版以来出现的一些最新技术，并增加了计算机体系结构相关重要领域的新内容。新的章节包括网络安全、区块链和比特币挖矿，以及自动驾驶汽车计算体系结构等。

尽管计算系统的安全性一直非常重要，但是，最近不法黑客利用操作系统和应用程序的主要漏洞进行攻击，对世界各国造成了很大的负面影响。这些网络攻击凸显了计算机系统设计师将网络安全作为系统架构基本要素的必要性。

本书不会提供一个冗长的参考书单，如果读者想深入阅读，可以自行在互联网上查找相关内容。

互联网上聚集了大量的知识，如果读者能免于网上一些喧嚣言论的影响，就会发现互联网是一个巨大、凉爽、安静的图书馆。学会使用你最喜欢的搜索引擎的高级功能，同时，要学会从未知的观点中分辨出高质量的信息。如果读者对获得的信息有任何疑问，可以尝试检索多个信息来源。请重视信息的来源：如果要寻找有关 Intel 处理器的信息，请搜索 Intel 发布的文档。

阅读本书，读者将详细了解目前在广泛多样的数字系统中使用的计算机体系结构。读者还将了解当前体系结构技术的发展趋势，以及未来几年可能的一些突破性进展，这些突破或许会极大地影响计算系统结构的发展。

目标读者

本书适用于软件开发人员、计算机工程专业的学生、系统设计师、计算机科学专业人士、逆向工程师，以及希望了解各类现代计算机系统——从微型嵌入式设备到智能手机，再到仓储规模的云服务器群——的架构和设计原理的其他人员。读者还可探索这些技术在未来几年可能的发展方向。对计算机处理器的大体了解有益于阅读本书，但这并不是必需的。

本书内容

本书包含以下内容。

第 1 章首先介绍自动计算设备的简史，并描述了推动计算性能飞跃的重大技术进步。之后讨论摩尔定律，评估其在过去几十年中的适用性和对未来的影响。最后以 6502 微处理器为例，介绍计算机体系结构的基本概念。

第 2 章介绍作为开关元件的晶体管，并解释其在构造逻辑门中的应用。然后介绍如何通过组合简单的逻辑门来实现触发器和寄存器等。该章还将介绍时序逻辑的概念，时序逻辑是包含状态信息的逻辑，最后讨论使用时钟控制的数字电路。

第 3 章首先从概念上描述通用处理器。该章介绍指令集、寄存器集、指令加载、解码、执行和排序等概念，还将介绍内存加载和存储操作。随后介绍分支指令及其在循环和条件处理中的应用，最后介绍导致中断处理和 I/O 操作的一些实际因素。

第 4 章讨论包括多级缓存在内的计算机存储器及其与处理器的接口，还介绍包括中断处理、缓冲和专用 I/O 处理器在内的 I/O 需求。该章还将讨论包括键盘、鼠标、视频显示器和网络接口等 I/O 设备的一些特定需求，最后列举了这些元件在现代计算机应用中的描述性实例，包括智能移动设备、个人计算机、游戏系统、云服务器和专用机器学习系统。

第 5 章讨论计算机操作系统必须提供的高级服务的实现，包括磁盘 I/O、网络通信和人机交互。该章将从处理器指令集和寄存器层面开始，介绍实现这些功能的软件层。最后介绍包括引导、多进程和多线程在内的操作系统功能。

第 6 章探索大多数用户往往不直接可见的计算领域，包括实时系统、数字信号处理和 GPU 处理。该章将讨论与每个计算领域相关的特定需求，并介绍实现这些功能的现代设备。

第 7 章深入研究包括冯·诺伊曼体系结构、哈佛体系结构和改进型哈佛体系结构在内的现代处理器体系结构。该章还讨论分页虚拟内存的实现，介绍计算机体系结构中内存管理功能的实现以及内存管理单元的功能。

第 8 章讨论许多实际计算机体系结构中的性能增强技术，这些技术的目标是使系统达到峰值执行速度。该章的主题是提高系统性能的重要技术，包括高速缓冲存储器的使用、指令流水线、指令级并行和单指令多数据（Single Instruction Multiple Data，SIMD）处理。

第 9 章重点介绍在处理器指令集级别实现的扩展，以提供超出一般数据处理需求之外的额外系统功能。该章介绍的扩展包括处理器的特权模式、浮点数运算、功耗管理和系统安全管理。

第 10 章研究包括 x86、x64 和 ARM 处理器在内的现代处理器设计中的体系结构和指令集特性。生产一系列处理器系列生产几十年之后便会面临需要保持代码向后兼容性这一挑战。对传统特性的支持需求往往会增加后一代处理器的复杂性。该章将研究处理器体系结构因支持传统特性需求而引起的一些问题。

第 11 章介绍令人兴奋的新 RISC-V 处理器体系结构及其指令集。RISC-V 是一种完全开源、免费使用的精简指令集计算机体系结构规范。完整的指令集规范已经发布，目前已有一些该体系结构的硬件实现。对指令集进行多种扩展的规范开发工作正在进行。该章涵盖 RISC-V 体系结构的功能和可用变体，并介绍其指令集，还将讨论 RISC-V 体系结构在移动设备、个人计算机和服务器中的应用。

第 12 章介绍与处理器虚拟化相关的概念，并阐述虚拟化带来的好处。该章将介绍基于开源工具和操作系统的虚拟化实例，这些工具可以在通用计算机上执行各种计算机体系结构和操作系统的指令集精确表示。该章还将讨论虚拟化在开发和部署实际软件应用中带来的好处。

第 13 章结合前几章讨论的主题，将开发一种设计计算机系统的方法来满足用户的独特需求。该章将讨论一些具体的应用程序类别，包括移动设备、个人计算机、游戏系统、互联网搜索引擎和神经网络。

第 14 章重点介绍国家安全系统和金融交易处理等关键应用领域的安全需求。这些系统必须能够抵御各种网络安全攻击，包括恶意代码、隐蔽信道攻击和通过物理访问计算机硬件实施的攻击等。该章的主题包括网络安全威胁、加密技术、数字签名、安全硬件和软件设计。

当前，人们对加密货币兴趣的激增，主流金融机构和零售商对加密货币的接受度不断提高，这表明这一计算领域正在持续发展。本书增加了关于区块链和比特币挖矿计算需求的章节。

第 15 章介绍与区块链相关的概念，区块链是一种通过加密保护的公共分类账，记录着一系列交易。然后概述比特币挖矿的过程，它将交易附加到比特币区块链中，并以比特币的形式奖励那些完成这项任务的人。比特币的处理需要高性能的计算硬件，这在当代比特币挖矿计算机体系结构中得到了体现。

随着具备部分自动驾驶能力或完全自动驾驶能力的汽车的数量持续增长，需要强大、高性能的计算系统，以满足公共道路上自动驾驶汽车安全行驶的要求。

第 16 章介绍自动驾驶汽车处理体系结构所需的功能。该章首先讨论确保自动驾驶汽车及其乘客的安全，以及其他车辆、行人和静止物体安全的要求，然后讨论自动驾驶汽车在驾驶时接收的传感器类型和数据类型，并描述有效的车辆控制所需的处理类型。该章最后将介绍一个自动驾驶计算体系结构的例子。

第 17 章探讨计算机体系结构未来的道路。该章回顾计算机体系结构发展过程中的重大进步和当前趋势，并推断这些趋势可能的发展方向。该章将讨论可能改变计算机体系结构未来道路的潜在颠覆性技术。最后，该章将为计算机体系结构设计师的专业发展提出一些方法，帮助他们掌控能够适应未来的技能。

充分利用本书

本书每章的末尾都有一个习题集。为了充分利用本书，并且帮助读者巩固一些更有挑战性的概念，建议读者尝试解答所有习题。书中提供了所有习题的完整答案，读者也可以上网查阅：https://github.com/PacktPublishing/Modern-Computer-Architecture-and-Organization-Second-Edition。

如果代码示例和习题答案有更新，将会放在现有的 GitHub 存储库中。

下载示例代码与彩色图像

我们在 GitHub 上放置了本书的代码包：https://github.com/PacktPublishing/Modern-Computer-Architecture-and-Organization-Second-Edition。

我们还提供了一个 PDF 文件，其中包含书中使用的截图和彩色图像。读者可以访问 https://static.packt-cdn.com/downloads/9781803234519_ColorImages.pdf 下载。

排版约定

本书使用了以下排版约定。

代码体：表示文本中的代码、数据库表名、文件夹名、文件名、文件扩展名、路径名、虚拟 URL、用户输入和 Twitter 账户名。例如："使用 SBC 指令执行减法运算会使 6502 汇编语言程序员新手更加困惑。"

代码块如下所示：

```
; Add four bytes together using immediate addressing mode
LDA #$04
CLC
ADC #$03
ADC #$02
ADC #$01
```

任何命令行输入和输出如下所示：

```
C:\>bcdedit
Windows Boot Manager
--------------------
identifier  {bootmgr}
```

粗体：表示新的术语、重要词汇，或读者在屏幕上看到的文字。例如："因为有 4 个集合，所以物理地址中的**集合**字段减少到 2 位、**标签**字段增加到 24 位。"

警告或重要的说明像这样展现。

作者简介

Jim Ledin 是 LedingEngineering 有限公司的 CEO，嵌入式软件和硬件设计与测试方面的专家。他还擅长系统网络安全评估和渗透测试。他拥有爱荷华州立大学航空航天工程学士学位和佐治亚理工学院电气与计算机工程硕士学位。他也是加州的注册专业电气工程师、认证信息系统安全专家（CISSP）、认证道德黑客（CEH）和认证渗透测试员（CPT）。

非常感谢我的妻子 Lynda 和我的女儿 Emily，感谢她们在我专注于撰写本书时给予我的耐心和支持。我爱她们！

还要感谢 Sarah M. Neuwirth 博士和 Iztok Jeras 对本书修订工作的努力和付出。他们的意见和建议让本书更加完善！

特别感谢 Dave Farley 为本书撰写的精彩序言。

审校者简介
Modern Computer Architecture and Organization, Second Edition

Sarah M. Neuwirth 博士是德国法兰克福大学模块化超级计算和量子计算小组（Modular Supercomputing and Quantum Computing Group）的博士后研究助理，同时也是德国 Jülich 超级计算中心的访问学者。Sarah 拥有超过 10 年的学术领域工作经验，研究兴趣包括高性能存储系统、并行 I/O 和文件系统、模块化超级计算（例如，资源分配和虚拟化）、标准化集群基准测试、高性能计算和网络、分布式系统和通信协议。

Sarah 还设计并教授过一系列课程，包括并行计算机体系结构、高性能互联网络和分布式系统。Sarah 于 2018 年在德国海德堡大学获得计算机科学博士学位。她的学位答辩获得了最高等级（summa cum laude），并因出色的论文获得 2019 年 ZONTA 科学奖。Sarah 还拥有德国曼海姆大学的计算机科学与数学硕士学位（2012 年）和理学学士学位（2010 年）。她是多个顶级会议和期刊的审稿人，包括 IEEE/ACM SC Conference Series、ACM ICPP、IEEE IDPDS、IEEE HPCC、IEEE/ACM SC 的 PDSW 研讨会、ACM HPDC 的 PERMAVOST 研讨会、*ACM TOCS*、IEEE *Access* 和 Elsevier 的 *FGCS*。

Iztok Jeras 拥有卢布尔雅那大学的电气工程学士学位和计算机科学硕士学位。他曾在斯洛文尼亚的几家公司从事微控制器、FPGA 和 ASIC 设计，以及相关的嵌入式软件和 Linux IT 工作。他在业余时间还研究细胞自动机⊖，并致力于数字设计相关的开源项目。近期，他致力于研究 RISC-V ISA。

⊖ 细胞自动机是一种由许多简单的自动机组成的计算模型，它们在离散的空间和时间上进行交互和演化。——编辑注

目录

Modern Computer Architecture and Organization, Second Edition

序
前言
作者简介
审校者简介

第1章 计算机体系结构简介 1
1.1 自动计算设备的发展 1
1.1.1 查尔斯·巴贝奇的分析机 1
1.1.2 ENIAC 3
1.1.3 IBM PC 3
1.1.4 iPhone 5
1.2 摩尔定律 6
1.3 计算机体系结构 8
1.3.1 使用电压电平表示数据值 8
1.3.2 二进制数和十六进制数 8
1.3.3 6502 微处理器 11
1.3.4 6502 指令集 13
1.4 总结 14
1.5 习题 15

第2章 数字逻辑 16
2.1 电路 16
2.2 晶体管 17
2.3 逻辑门 17
2.4 锁存器 20
2.5 触发器 22
2.6 寄存器 23
2.7 加法器 24
2.8 时钟 26
2.9 时序逻辑 27
2.10 硬件描述语言 27
2.11 总结 30
2.12 习题 31

第3章 处理器要素 32
3.1 一个简单的处理器 32
3.1.1 控制单元 33
3.1.2 算术逻辑单元 35
3.1.3 寄存器 39
3.2 指令集 40
3.3 寻址方式 40
3.3.1 立即寻址方式 40
3.3.2 绝对寻址方式 41
3.3.3 绝对索引寻址方式 41
3.3.4 间接索引寻址方式 43
3.4 指令类型 44
3.4.1 内存加载和存储指令 44
3.4.2 寄存器到寄存器的数据传输指令 44
3.4.3 栈指令 44
3.4.4 算术运算指令 45
3.4.5 逻辑运算指令 45
3.4.6 分支指令 46
3.4.7 子程序调用和返回指令 46
3.4.8 处理器标志指令 46
3.4.9 中断相关的指令 46
3.4.10 空操作指令 47
3.5 中断处理 47
3.5.1 $\overline{\text{IRQ}}$ 处理 47
3.5.2 $\overline{\text{NMI}}$ 处理 48
3.5.3 BRK 指令处理 48
3.6 I/O 操作 50
3.6.1 程序查询 I/O 50
3.6.2 中断驱动 I/O 51
3.6.3 直接内存访问 51
3.7 总结 52
3.8 习题 52

第4章 计算机系统组件 53
4.1 内存子系统 53
4.2 MOSFET 简介 54
4.3 用 MOSFET 构建 DRAM 电路 55

4.3.1	电容器	55
4.3.2	DRAM 位单元	56
4.3.3	DDR5 SDRAM	58
4.3.4	GDDR	59
4.3.5	预取	60

4.4 I/O 子系统 60
    4.4.1 并行数据总线和串行数据总线 60
    4.4.2 PCI Express 62
    4.4.3 SATA 63
    4.4.4 M.2 63
    4.4.5 USB 63
    4.4.6 Thunderbolt 64

4.5 图形显示 64
    4.5.1 VGA 65
    4.5.2 DVI 65
    4.5.3 HDMI 66
    4.5.4 DisplayPort 66

4.6 网络接口 66
    4.6.1 以太网 66
    4.6.2 Wi-Fi 67

4.7 键盘和鼠标 68
    4.7.1 键盘 68
    4.7.2 鼠标 68

4.8 现代计算机系统规格 69
4.9 总结 70
4.10 习题 70

第 5 章 硬件软件接口 71

5.1 设备驱动程序 71
    5.1.1 并行端口 72
    5.1.2 PCIe 设备驱动程序 73
    5.1.3 设备驱动程序结构 74

5.2 BIOS 75
5.3 引导过程 77
    5.3.1 BIOS 引导 77
    5.3.2 UEFI 引导 78
    5.3.3 可信引导 78
    5.3.4 嵌入式设备 79

5.4 操作系统 79
5.5 进程和线程 80
5.6 多处理 85
5.7 总结 86
5.8 习题 86

第 6 章 专用计算领域 87

6.1 实时计算 87
6.2 数字信号处理 90
    6.2.1 ADC 和 DAC 90
    6.2.2 DSP 硬件特性 92
    6.2.3 信号处理算法 93

6.3 GPU 处理 96
6.4 专用体系结构示例 99
6.5 总结 100
6.6 习题 100

第 7 章 处理器和存储器体系结构 102

7.1 冯·诺伊曼体系结构、哈佛体系结构、改进型哈佛体系结构 102
    7.1.1 冯·诺伊曼体系结构 102
    7.1.2 哈佛体系结构 103
    7.1.3 改进型哈佛体系结构 104

7.2 物理内存和虚拟内存 105
    7.2.1 分页虚拟内存 107
    7.2.2 页面状态位 109
    7.2.3 内存池 110

7.3 内存管理单元 111
7.4 总结 113
7.5 习题 113

第 8 章 性能提升技术 114

8.1 高速缓存 114
    8.1.1 多级处理器缓存 115
    8.1.2 静态 RAM 116
    8.1.3 一级缓存 117
    8.1.4 直接映射缓存 117
    8.1.5 组相联缓存 119
    8.1.6 全相联缓存 121
    8.1.7 处理器缓存写策略 121

8.1.8 二级处理器缓存和三级处理器缓存·················122
8.2 指令流水线·················123
  8.2.1 超流水线·················125
  8.2.2 流水线冒险·················126
  8.2.3 微操作和寄存器重命名·················127
  8.2.4 条件分支·················128
8.3 同时多线程·················128
8.4 SIMD 处理·················129
8.5 总结·················130
8.6 习题·················130

第 9 章 专用处理器扩展·················131

9.1 处理器的特权模式·················131
  9.1.1 中断处理和异常处理·················131
  9.1.2 保护环·················133
  9.1.3 监管模式和用户模式·················134
  9.1.4 系统调用·················135
9.2 浮点数运算·················135
  9.2.1 8087 浮点协处理器·················137
  9.2.2 IEEE 754 浮点数标准·················138
9.3 功耗管理·················139
9.4 系统安全管理·················140
  9.4.1 可信平台模块·················141
  9.4.2 网络攻击防御·················142
9.5 总结·················143
9.6 习题·················143

第 10 章 现代处理器体系结构与指令集·················144

10.1 x86 体系结构与指令集·················144
  10.1.1 x86 寄存器集·················145
  10.1.2 x86 寻址方式·················147
  10.1.3 x86 指令类别·················149
  10.1.4 x86 指令格式·················153
  10.1.5 x86 汇编语言·················153
10.2 x64 体系结构与指令集·················156
  10.2.1 x64 寄存器集·················156
  10.2.2 x64 指令类别与格式·················157
  10.2.3 x64 汇编语言·················157

10.3 32 位 ARM 体系结构与指令集·················159
  10.3.1 ARM 寄存器集·················161
  10.3.2 ARM 寻址方式·················162
  10.3.3 ARM 指令类别·················163
  10.3.4 32 位 ARM 汇编语言·················165
10.4 64 位 ARM 体系结构与指令集·················167
10.5 总结·················169
10.6 习题·················170

第 11 章 RISC-V 体系结构与指令集·················172

11.1 RISC-V 体系结构与应用·················172
11.2 RISC-V 基础指令集·················175
  11.2.1 计算指令·················175
  11.2.2 控制流指令·················175
  11.2.3 访存指令·················176
  11.2.4 系统指令·················176
  11.2.5 伪指令·················177
  11.2.6 特权级·················178
11.3 RISC-V 扩展·················179
  11.3.1 M 扩展·················180
  11.3.2 A 扩展·················180
  11.3.3 C 扩展·················180
  11.3.4 F 扩展和 D 扩展·················181
  11.3.5 其他扩展·················181
11.4 RISC-V 变体·················182
11.5 64 位 RISC-V·················182
11.6 标准 RISC-V 配置·················183
11.7 RISC-V 汇编语言·················183
11.8 在 FPGA 中实现 RISC-V·················184
11.9 总结·················187
11.10 习题·················187

第 12 章 处理器虚拟化·················189

12.1 虚拟化介绍·················189
  12.1.1 虚拟化类型·················189
  12.1.2 处理器虚拟化的类型·················191
12.2 虚拟化的挑战·················194
  12.2.1 不安全指令·················195
  12.2.2 影子页表·················195

12.2.3　安全性 195
12.3　虚拟化现代处理器 196
　　12.3.1　x86 处理器虚拟化 196
　　12.3.2　ARM 处理器虚拟化 197
　　12.3.3　RISC-V 处理器虚拟化 197
12.4　虚拟化工具 198
　　12.4.1　VirtualBox 198
　　12.4.2　VMware Workstation 198
　　12.4.3　VMware ESXi 199
　　12.4.4　KVM 199
　　12.4.5　Xen 199
　　12.4.6　QEMU 199
12.5　虚拟化与云计算 200
12.6　总结 200
12.7　习题 201

第 13 章　领域专用计算机体系结构 202
13.1　设计满足特定需求的计算机系统 202
13.2　智能手机体系结构 203
13.3　PC 体系结构 205
13.4　仓储式计算体系结构 207
　　13.4.1　WSC 硬件 208
　　13.4.2　基于机架的服务器 209
　　13.4.3　硬件故障管理 211
　　13.4.4　电力消耗 211
　　13.4.5　WSC 作为多级信息缓存 211
　　13.4.6　部署云应用 212
13.5　神经网络与机器学习体系结构 214
13.6　总结 217
13.7　习题 217

第 14 章　网络安全与机密计算体系结构 218
14.1　网络安全威胁 218
　　14.1.1　网络安全威胁的分类 218
　　14.1.2　网络攻击技术 219
　　14.1.3　恶意软件的类型 220
　　14.1.4　利用漏洞的行为 222
14.2　安全硬件特性 222
　　14.2.1　确定需要保护的内容 223
　　14.2.2　预测攻击类型 223
　　14.2.3　安全系统设计的特征 224
14.3　机密计算 226
14.4　体系结构的安全性设计 227
　　14.4.1　通过隐蔽求安全 228
　　14.4.2　全面的安全设计 228
　　14.4.3　最小特权原则 229
　　14.4.4　零信任体系结构 229
14.5　确保系统和应用软件的安全 230
　　14.5.1　通用软件的弱点 230
　　14.5.2　源代码安全扫描 232
14.6　总结 232
14.7　习题 232

第 15 章　区块链及比特币挖矿体系结构 234
15.1　区块链和比特币简介 234
　　15.1.1　SHA-256 哈希算法 237
　　15.1.2　计算 SHA-256 238
　　15.1.3　比特币核心软件 238
15.2　比特币挖矿过程 239
　　15.2.1　比特币矿池 240
　　15.2.2　使用 CPU 挖矿 241
　　15.2.3　使用 GPU 挖矿 242
15.3　比特币挖矿计算机体系结构 242
　　15.3.1　使用 FPGA 挖矿 243
　　15.3.2　使用 ASIC 挖矿 244
　　15.3.3　比特币挖矿经济学 246
15.4　其他类型的加密货币 247
15.5　总结 248
15.6　习题 248

第 16 章　自动驾驶汽车体系结构 249
16.1　自动驾驶汽车概述 249
16.2　自动驾驶汽车的安全问题 250
16.3　自动驾驶汽车的硬件和软件需求 252
　　16.3.1　感知车辆状态和周围环境 252
　　16.3.2　感知环境 254

16.3.3 决策处理 ⋯⋯⋯⋯⋯⋯⋯⋯ 260	17.4.2 会议与期刊 ⋯⋯⋯⋯⋯⋯⋯ 273
16.4 自动驾驶汽车计算体系结构 ⋯⋯⋯⋯ 261	17.5 总结 ⋯⋯⋯⋯⋯⋯⋯⋯⋯⋯⋯⋯⋯ 273
16.5 总结 ⋯⋯⋯⋯⋯⋯⋯⋯⋯⋯⋯⋯⋯ 262	17.6 习题 ⋯⋯⋯⋯⋯⋯⋯⋯⋯⋯⋯⋯⋯ 273
16.6 习题 ⋯⋯⋯⋯⋯⋯⋯⋯⋯⋯⋯⋯⋯ 263	**习题答案** ⋯⋯⋯⋯⋯⋯⋯⋯⋯⋯⋯⋯⋯⋯ 274

第17章 量子计算和其他计算机体系结构的未来方向 ⋯⋯⋯⋯ 264

- 17.1 计算机体系结构的发展历程 ⋯⋯⋯ 264
- 17.2 未来的发展趋势 ⋯⋯⋯⋯⋯⋯⋯⋯ 265
  - 17.2.1 重温摩尔定律 ⋯⋯⋯⋯⋯⋯ 265
  - 17.2.2 3D堆叠 ⋯⋯⋯⋯⋯⋯⋯⋯⋯ 266
  - 17.2.3 提高设备的专用化程度 ⋯⋯ 266
- 17.3 潜在的颠覆性技术 ⋯⋯⋯⋯⋯⋯⋯ 267
  - 17.3.1 量子物理学 ⋯⋯⋯⋯⋯⋯⋯ 267
  - 17.3.2 自旋电子学 ⋯⋯⋯⋯⋯⋯⋯ 268
  - 17.3.3 量子计算 ⋯⋯⋯⋯⋯⋯⋯⋯ 268
  - 17.3.4 量子密码学 ⋯⋯⋯⋯⋯⋯⋯ 269
  - 17.3.5 绝热量子计算 ⋯⋯⋯⋯⋯⋯ 270
  - 17.3.6 量子计算的未来 ⋯⋯⋯⋯⋯ 270
  - 17.3.7 碳纳米管 ⋯⋯⋯⋯⋯⋯⋯⋯ 271
- 17.4 培养适应未来的技能 ⋯⋯⋯⋯⋯⋯ 272
  - 17.4.1 持续学习 ⋯⋯⋯⋯⋯⋯⋯⋯ 272

- 第1章习题答案 ⋯⋯⋯⋯⋯⋯⋯⋯⋯⋯ 274
- 第2章习题答案 ⋯⋯⋯⋯⋯⋯⋯⋯⋯⋯ 285
- 第3章习题答案 ⋯⋯⋯⋯⋯⋯⋯⋯⋯⋯ 291
- 第4章习题答案 ⋯⋯⋯⋯⋯⋯⋯⋯⋯⋯ 300
- 第5章习题答案 ⋯⋯⋯⋯⋯⋯⋯⋯⋯⋯ 300
- 第6章习题答案 ⋯⋯⋯⋯⋯⋯⋯⋯⋯⋯ 302
- 第7章习题答案 ⋯⋯⋯⋯⋯⋯⋯⋯⋯⋯ 304
- 第8章习题答案 ⋯⋯⋯⋯⋯⋯⋯⋯⋯⋯ 306
- 第9章习题答案 ⋯⋯⋯⋯⋯⋯⋯⋯⋯⋯ 306
- 第10章习题答案 ⋯⋯⋯⋯⋯⋯⋯⋯⋯⋯ 312
- 第11章习题答案 ⋯⋯⋯⋯⋯⋯⋯⋯⋯⋯ 337
- 第12章习题答案 ⋯⋯⋯⋯⋯⋯⋯⋯⋯⋯ 341
- 第13章习题答案 ⋯⋯⋯⋯⋯⋯⋯⋯⋯⋯ 344
- 第14章习题答案 ⋯⋯⋯⋯⋯⋯⋯⋯⋯⋯ 346
- 第15章习题答案 ⋯⋯⋯⋯⋯⋯⋯⋯⋯⋯ 346
- 第16章习题答案 ⋯⋯⋯⋯⋯⋯⋯⋯⋯⋯ 348
- 第17章习题答案 ⋯⋯⋯⋯⋯⋯⋯⋯⋯⋯ 357

第 1 章
Modern Computer Architecture and Organization, Second Edition

计算机体系结构简介

从近两个世纪前发明的第一台机械计算机，到我们每天直接或间接使用的各种现代电子计算机技术，自动计算系统的体系结构不断发展。在发展过程中，技术不断进步，同时也出现了一些颠覆性的发展，极大地改变了行业的发展轨迹。可以预期，未来这样的趋势将会一直持续。

在个人计算机的早期，即 20 世纪 80 年代，渴望学习计算机技术的学生和专业技术人员只有有限的途径可以达到这个目的。如果他们自己拥有一台计算机，则可能是 IBM PC 或者 Apple Ⅱ。为拥有计算设备的机构工作的人员可能会使用 IBM 大型机或 DEC（Digital Equipment Corporation）的 VAX 小型机。这些例子以及数量有限的类似系统，构成了当时大多数人能够接触到的计算机系统。

今天，存在许多专门的计算机体系结构来满足不同的用户需求。我们的口袋和钱包里都可能有微型计算机，这些微型计算机可以用来打电话、录制视频，还可以使用互联网。个人计算机仍然很受欢迎，并且外观上与过去相似。然而，就计算能力、内存容量、磁盘空间、图形性能和通信能力而言，目前的个人计算机比第一代个人计算机高几个数量级。这些能力使得现代 PC 可以轻易地执行对于早期 PC 而言不可想象的任务，例如实时生成高分辨率的 3D 图像。

为数以亿计的用户提供网络服务的公司建造了巨大的仓储式计算机，其计算仓库中包含数千个紧密协作的计算机系统，它们能够以超乎寻常的速度和精度处理源源不断的用户请求。机器学习系统通过分析大量数据进行训练，以执行诸如驾驶汽车等复杂的活动。

本章从几个具有里程碑意义的计算设备以及与之相关的技术飞跃开始，探讨现代技术进步的趋势，并介绍计算机体系结构的基本概念，包括详细讲述 6502 微处理器及其指令集。

本章包含以下主题：
- 自动计算设备的发展
- 摩尔定律
- 计算机体系结构

1.1 自动计算设备的发展

本节将回顾自动计算设备发展历史上的一些经典机器，并重点介绍每种机器所体现的主要技术进步。由于巴贝奇（Babbage）的分析机中包含了许多天才式的突破，因此也在此进行介绍。之所以讨论其他系统，是因为它们体现了重大的技术进步，并在其生命周期中完成了重要的实际工作。

1.1.1 查尔斯·巴贝奇的分析机

从 1834 年直到 1871 年去世，查尔斯·巴贝奇（Charles Babbage）一直致力于分析机的设计实现。虽然分析机最后没有真正实现，但它似乎是一种既可行又完整的计算机体系结构。分析机旨在提供一种通用的可编程计算设备，它完全是机械式的，大部分部件由黄铜制造，使用蒸汽机来驱动传动轴工作。

分析机借鉴了提花织机的穿孔卡片、音乐盒中的旋转圆筒，以及他早期设计的差分机技术（在他的有生之年并没有完全实现，与计算机相比，差分机更像是一种专门的计算器，而非计算机），否则，分析机就完全是巴贝奇的原创。

与大多数现代计算机采用二进制数不同，分析机采用十进制数，这是机械技术与数字电子技术最大的不同之处。制造具有 10 个位置的机械轮很简单，因此巴贝奇选择了人类易于理解的以 10 为基数的计数格式，这在技术上并不比使用其他数字作为基数更具挑战性。另一方面，简单的数字电路不能像机械轮那样容易地保持 10 种不同的状态。

在分析机中，所有数字都是 40 位十进制数。使用如此多的数位可能是为了减少数值溢出的问题。然而，分析机不支持浮点数计算。

分析机中，每个数字存储在包含 40 个轮子的垂直轴上，每个轮子能够停在与数字 0~9 相对应的 10 个位置。第 41 个数字轮子上包含一个符号：该轮子上的任意偶数代表一个正号，任意奇数代表一个负号。分析机的轴在某种程度上类似于现代处理器中使用的寄存器，不同之处在于轴的读取是破坏性的，读取后该轴的值设置为 0。如果需要在读取一个轴之后仍保留该轴的值，则必须使用另一个轴来存储该值的副本。通过与每个数字轮啮合一个齿轮，然后旋转轮子读出数值，可以实现数字从一个轴传送到另一个轴，或者在计算中使用。用作系统内存的轴统称为存储（store）。

两个数字相加的过程有点类似于小学加法。假设存储在一个轴上的加数，要与另一个轴上的被加数（也称为累加器）相加。机器通过一串齿轮将每个加数的数字轮连接到相应的被加数的数字轮。然后，驱动累加器按照加数的数字沿递增的方向进行旋转，同时加数递减旋转到零。如果累加器的数字从 9 回绕到 0，则累加器的下一个数位将递增 1。该进位操作可能需要在多个数位间传播（考虑将 1 加到 999 999）。在过程结束时，加数轴将保持在数值 0，被加数轴将保持两个数字的和。从一个数字到下一个数字的进位传播是加法过程中最复杂的机械部分。

分析机中的操作由"音乐盒状的旋转桶"在称为"磨机"（mill）的结构中进行顺序处理，该结构类似于现代 CPU 中的控制单元。

每条分析机指令都编码在圆桶的垂直位置上，特定位置螺柱的存在与否表示要么与驱动机机械的某一部分接合，要么该部分的状态保持不变。根据巴贝奇的设想，包含进位传播在内，两个 40 位数字的相加大约需要 3 秒。

巴贝奇为分析机提出了几个至今仍有意义的重要概念。他的设计支持一定程度的并行处理，包括同时执行乘法运算和加法运算，从而加速了一系列数值计算，这些数值将以数字表格的形式输出。加法运算等数学运算支持一种流水线形式，在该流水线中，对不同数值的顺序运算在时间上重叠。

巴贝奇很清楚机械设备的复杂性，如摩擦、齿轮齿隙和随着时间的推移出现的磨损。为了防止由这些效应引起的错误，计算引擎在跨轴的数据传输过程中采用了一种叫作"锁"的机制。锁强制使数字轮进入有效位置，并防止累积误差使轮子漂移到不正确的值。锁的使用类似于现代处理器中能够对潜在的弱输入信号进行放大的数字逻辑门。

分析机使用穿孔卡进行编程，支持分支操作和嵌套循环。分析机最复杂的程序是由 Ada Lovelace 开发的计算伯努利数（数论中的一个重要数列）的程序。用于进行该计算的分析机代码被认为是第一个公开的具有相当复杂性的计算机程序。

巴贝奇制造了分析机样机的一部分的试验模型，该模型现在收藏在伦敦的科学博物馆。

1.1.2 ENIAC

第一台可编程的通用电子计算机，**电子数字积分计算机**（Electronic Numerical Integrator and Computer，ENIAC）于1945年完成设计。该系统耗电150kW，占地约170m^2，重达27t。

ENIAC基于真空管、二极管和继电器等元件设计，其中包含17 000多个用作开关的真空管。与分析机类似，它使用十位环形计数器（见第2章）实现了十位十进制数表示。它从IBM穿孔读卡机接收输入数据，并将计算后的输出数据发送到穿孔机。

ENIAC体系结构能够执行复杂的处理步骤序列，包括循环、分支和子程序。该系统有20个10位数累加器，类似于现代计算机中的寄存器。但是，除了累加器之外，它最初没有任何存储空间。如果在之后的计算中需要使用计算的中间结果，则必须将它们写入穿孔卡片，并在需要时读回。ENIAC每秒可以执行大约385次乘法运算。

ENIAC程序由插板布线和基于开关的功能表组成。对系统进行编程是一个艰巨的过程，通常需要优秀的女程序员团队花费几周时间才能完成。由于真空管经常发生故障，因此可靠性也是一个问题，需要在日常维护的基础上进行故障排除，以便对发生故障的真空管进行隔离和更换。

ENIAC于1948年进行了改进，增加了通过穿孔卡片取代插板来对系统进行编程的能力。这一改进极大地提高了程序开发的速度。作为此次升级的顾问，约翰·冯·诺伊曼（John von Neumann）提出了一种通用的计算机体系结构，其中包含存放程序指令和数据的单一存储器空间、由算术逻辑单元和寄存器构成的处理单元、具有指令寄存器和程序计数器的控制单元。这种结构称为冯·诺伊曼体系结构，许多现代处理器都采用这种结构。第3章将详细讨论这种体系结构。

ENIAC的早期应用包括研制氢弹以及计算远程火炮射程表等。

1.1.3 IBM PC

在ENIAC问世之后的几年里，有几项突破性技术使得计算机体系结构进步显著：

- 约翰·巴丁（John Bardeen）、沃尔特·布拉顿（Walter Brattain）和威廉·肖克利（William Shockley）于1947年发明了晶体管，和当时流行的真空管技术相比，晶体管速度更快、体积更小、功耗更低，另外，生产工艺充分改进后，晶体管的可靠性比易发生故障的真空管高得多。
- 1958年，在得州仪器公司（Texas Instruments）的杰克基尔比（Jack Kilby）的带领下，集成电路产业开始将大量原先分立的元件集成到一块硅片上。
- 1971年，英特尔开始生产第一款商用微处理器——Intel 4004。4004主要用于电子计算器，专门处理4位二进制编码的十进制数字。

虽然Intel 4004起初并不起眼，但微处理器技术在接下来的十年里迅速发展，单芯片上集成的电路元件越来越多，因此，单芯片微处理器的能力也得到了很大的提升。

1. 8088微处理器

IBM于1981年发布了IBM PC。最初的PC配备了时钟频率为4.77MHz的Intel8088微处理器。该处理器具有16KB的随机存储器（Random Access Memory，RAM），并可扩展到256KB。该PC包含一个或两个软盘驱动器，还提供彩色显示器。版本较新的PC支持更大容量的内存，但由于部分地址空间已预留给视频内存和只读存储器（Read-Only Memory，ROM），因此该体系结构最多可支持640KB的RAM。

8088包含14个16位寄存器。其中4个是通用寄存器（AX、BX、CX和DX）。另外4个是将地址空间扩展到20位的段寄存器（CS、DS、SS和ES）。段寻址的功能是将16位段寄存器的内容左移4位后，与指令中的16位偏移量相加，从而生成1MB以内的物理内存地址。

其余的6个寄存器分别是**栈指针（SP）**、**基指针（BP）**、**源索引（SI）**、**目标索引（DI）**、**指令指针（IP）**和**状态标志（FLAGS）**。现代x86处理器采用与此寄存器集非常类似的体系结构（第10章将详细介绍x86体系结构）。8088和x86之间最明显的区别是x86中将寄存器宽度扩展到了32位，并增加了一对段寄存器（FS和GS），这两个寄存器目前主要用作多线程操作系统中的数据指针。

8088的外部数据总线宽度为8位，这意味着读取或写入16位数据需要两个总线周期。与采用16位外部总线的早期8086处理器相比，这是性能较低的一个重要原因。然而，使用8位总线使得PC的生产成本更低，并提供了与较低成本的8位外围设备的兼容性。这是一种优先考虑成本的设计方法，有助于降低PC的价格，获得更多潜在客户。

由于程序存储器和数据存储器共享相同的地址空间，因此8088通过单一总线访问存储器。换句话说，8088实现了冯·诺伊曼体系结构。8088指令集包括数据移动、算术运算、逻辑运算、字符串操作、控制转移（有条件跳转和无条件跳转、子程序的调用和返回）、输入/输出（I/O）等指令。该处理器中每条指令平均执行时间大约是15个时钟周期，故其执行速度约为0.3MIPS（Million Instructions Per Second，每秒执行的指令数，以百万条为单位）。

8088支持9种不同的存储器寻址模式，如此多的寻址模式可有效地实现一次访问单个数据或遍历数据序列。

在8088体系结构中，段寄存器提供了一种巧妙的方法，能够在不增加大多数内存访问指令长度的情况下扩展可寻址内存的范围。每个段寄存器允许访问从物理内存地址为16字节整数倍处开始的64KB内存块。也就是说，16位段寄存器表示低4位为0的20位基地址，指令可以使用16位偏移量来访问由段寄存器定义的64KB段内的任何位置。

CS寄存器用来指明代码段在内存中的位置，并用于获取指令、执行跳转、进行子程序调用与返回。DS寄存器定义了数据段位置，一般用于涉及内存数据访问的指令。SS寄存器设置了栈段位置，用于在子程序中分配本地内存和存储子程序的返回地址。

在每个代码段、数据段和栈段中，小于64KB的程序可以完全忽略段寄存器，因为这些段寄存器只需要在程序启动时设置一次（编译器会自动设置），并且在执行过程中保持不变。实现起来非常简单！

当程序的数据大小超过64KB时，情况就变得比较复杂了。基于8088体系结构的编译器区分对内存的近程访问和远程访问。近程指针表示相对于当前段寄存器中基址的16位偏移量。远程指针包含32位寻址信息：16位段寄存器值和16位偏移量。远程指针显然需要16位额外的数据内存以及额外的处理时间。

使用远程指令进行一次内存访问涉及以下步骤：

1）将当前段寄存器内容保存到临时存储位置。
2）将新的段值加载到段寄存器中。
3）使用相对于段基址的偏移量来访问数据（根据需要进行读取或写入）。
4）恢复原始的段寄存器值。

使用远程指针时，可以声明最大 64KB 的数据对象（例如，字符数组）。如果需要更大的结构，就必须设法将其拆分成不超过 64KB 的块，并对这些块进行管理。由于需要管理段寄存器，因此那些需要访问超过 64KB 数据的程序容易发生代码大小膨胀和执行速度减慢的问题。

IBM PC 主板上还有一个插座，可用于安装 Intel 8087 浮点协处理器。8087 的设计者发明了 32 位和 64 位浮点数的数据格式和处理规则，该数据格式和处理规则于 1985 年作为 IEEE754 浮点标准，至今仍在广泛使用。8087 每秒可以执行大约 50 000 次浮点操作。我们将在第 9 章中详细介绍浮点处理。

2. 80286 和 80386 微处理器

IBM PC 的第二代 PC（名为 PC AT）于 1984 年发布。AT 代表先进技术（Advanced Technology），主要指的是在原先 PC 的基础上，使用了英特尔 80286 处理器，带来了几项重大的改进。

与 8088 一样，80286 也是一个 16 位处理器，保持与 8088 的向后兼容性：8088 代码可以原封不动地在 80286 上运行。80286 具有 16 位数据总线和支持 16 兆字节地址空间的 24 位地址线。相比于 8088 的 8 位总线，16 位的外部数据总线提高了数据访问性能。在许多应用中，指令执行率（每个时钟周期执行的指令数）大约是 8088 的两倍，这意味着在相同的时钟频率下，80286 的速度将是 8088 的两倍。起初，PC AT 处理器的时钟频率为 6MHz，后来版本的时钟频率为 8MHz。80286 在 6MHz 频率下实现了约 0.9MIPS 的指令执行率。

80286 实现了受保护的虚拟地址模式，旨在支持多用户操作系统和多任务处理。在保护模式下，处理器强化内存保护，以确保一个用户的程序不会干扰操作系统或其他用户的程序。由于多用户、多任务环境中需要足够的内存空间来保存上下文，在当时的条件下，其成本的增加令人望而却步，因此这一突破性技术进步在提出后的多年内几乎没有得到使用。

x86 处理器系列的下一代是 1985 年推出的 80386。80386 是 32 位处理器，在保护模式下支持 32 位线性内存模型。线性内存模型允许程序员在不需要管理段寄存器的情况下直接寻址高达 4GB 的存储空间。康柏公司（Compaq）在 1986 年推出了一款名为 DeskPro 的个人计算机，该计算机基于 80386，且与 IBM PC 兼容。DeskPro 附带了针对 80386 体系结构的 Microsoft Windows 操作系统。

80386 在很大程度上保持了与 80286 和 8088 处理器的向后兼容性。在 80386 中实现的设计仍然是当前标准的 x86 体系结构。有关该体系结构的更多信息将在第 10 章中介绍。

第一版 80386 的频率是 33MHz，其性能达到了 11.4MIPS。基于 x86 体系结构的现代处理器具有更高的时钟频率，使用了诸如高速缓存等提升性能的技术，且在硬件层面采用更高效的指令执行方式，因此运行速度比最初的版本快几百倍。

1.1.4　iPhone

2007 年，史蒂夫·乔布斯（Steve Jobs）将 iPhone 引入了全新的世界。iPhone 建立在之前苹果计算机的革命性进步之上，包括 1984 年的 Macintosh 计算机和 2001 年的 iPod 音乐播放器。iPhone 集 iPod、手机和联网计算机的功能于一身。

iPhone 废除了当时智能手机上常见的硬件键盘，取而代之的是能够显示屏幕键盘或其他类型的用户接口的触摸屏。触摸屏由用户手指驱动，并支持照片缩放等多指手势操作。

iPhone 运行的是 OS X 操作系统，与当时旗舰 Macintosh 计算机使用的操作系统相同。在苹果公司开始允许第三方开发应用程序后，这一决策立即使 iPhone 支持为 Mac 开发的大量应用程序，并使软件开发人员能够迅速推出为 iPhone 量身定制的新应用程序。

iPhone 1 的屏幕为 3.5in（1in = 2.54cm），分辨率为 320×480 像素。它的厚度为 0.46 英寸（比其他智能手机更薄），内置 200 万像素摄像头，重量为 4.8oz（1oz = 28.3495g）。其中的距离传感器用于检测手机与用户耳朵间的距离，并在通话过程中关闭屏幕和触摸屏的感知功能。iPhone 有一个环境光传感器用来自动设置屏幕亮度，还有一个加速计用来检测屏幕是纵向还是横向。

iPhone 1 包含 128MB 内存，以及 4GB、8GB 或 16GB 的闪存，并支持全球移动通信系统（Global System for Mobile communications，GSM）蜂窝通信、Wi-Fi（802.11b/g）和蓝牙。

与 IBM PC 丰富的公开信息相比，苹果在公布 iPhone 结构细节方面非常保守。苹果没有公布第一代 iPhone 的处理器或其他内部组件的信息，只是简单地称其为封闭系统。

尽管缺乏来自苹果的官方信息，但其他各方已经满怀热情地拆解了各种型号的 iPhone，并试图确定手机的组件及其互连方式。软件侦探们设计了各种测试，试图确定 iPhone 中使用的处理器型号和其他数字设备的实现方式。但是逆向工程的成果并不确保其正确性，因此本节对 iPhone 体系结构的描述持保留态度。

iPhone 1 处理器是三星制造的 32 位 ARM11，运行频率为 412MHz。ARM11 是上一代 ARM 处理器的改进版本，包括 8 级指令流水线，并支持提高音频和视频性能的单指令多数据（SIMD）技术。ARM 处理器体系结构将在第 10 章进一步讨论。

iPhone 1 由 3.7V 锂离子聚合物电池供电。电池不可更换，苹果公司估计，电池在经历 400 次充放电后，容量将损失约 20%。苹果公司标称一次充电后的待机时间长达 250 小时，通话时间长达 8 小时。

iPhone 问世 6 个月后，*Time* 杂志将 iPhone 评为 2007 年的"年度发明"。2017 年，*Time* 杂志评选出了有史以来最具影响力的 50 件小工具，iPhone 位居榜首。

下节将探讨随着时间的推移，计算机技术进步与基于硅工艺的集成电路潜在的物理极限之间的相互作用。

1.2 摩尔定律

对于那些在快速发展的计算机技术领域工作的人来说，无论你的目标是规划自己的职业道路，还是为了让一家大型半导体公司确定最优的研发投资，这些都是巨大的挑战。没有人能完全确定下一次技术飞跃是什么，它会对整个行业及其用户产生什么影响，它会在什么时候发生。事实证明，在这种复杂的环境中，一种有效的方法是根据经验制定一条经验法则。

1957 年，戈登·摩尔（Gordon Moore）与他人共同创立了仙童半导体公司，后来他成为英特尔的董事长兼首席执行官。1965 年，摩尔在 *Electronics* 杂志上发表了一篇文章，对未来十年半导体工业可能发生的变化进行了预测。他在文章中提出，以前可以集成到单芯片上的晶体管、二极管和电容器等分立元件的数量大约每年翻一番，而且这一趋势可能会在接下来的十年里继续下去。这个倍增公式后来被称为摩尔定律。摩尔定律不是类似万有引力这种的科学定律，相反，该定律是基于对历史趋势的观察得出的，他相信这个提法对未来有一定的预测能力。

摩尔定律在接下来十年中被证明非常准确。1975年，他将未来十年的增长预测修正为单芯片上的元器件数量每两年翻一番，而不是每年翻一番。这一增长速度持续了几十年，一直到2010年前后。最近几年，增长率似乎略有下降。2015年，英特尔首席执行官Brian Krzanich表示，该公司的元器件集成增长速度已经放缓至大约每两年半翻一番。

尽管将集成电路密度提高一倍所需的时间正在加长，但目前的增长速度依然惊人，可以预期这种增长速度将继续持续，只是不会像以前那样快。

近几十年来，摩尔定律已被证明是评估半导体公司业绩的可靠工具。

许多公司已经使用该定律来为其产品性能设定目标，并依据该定律来规划他们的投资。通过将一家公司产品的集成电路密度增加与以前的性能进行比较，并与其他公司的情况进行比较，半导体高管和行业分析师就可以对公司业绩进行评估和打分。这些分析结果已经直接用于支持各种决策，比如建造巨大的新加工厂或确定越来越小的集成电路特征尺寸。

自从IBM PC问世以来的几十年里，单芯片微处理器的处理能力有了巨大的增长。当前几代处理器的速度提高了数百倍，可对32位和64位数据进行操作，拥有更多的集成内存资源，并开发了更多的功能，所有这些都封装在单个集成电路中。

正如摩尔定律所预测的，半导体集成度的增加驱动所有这些改进。由于电路元件之间的连线较短，因此较小的晶体管能以较高的时钟频率运行。显然，较小的晶体管也可以在给定的管芯面积中实现更多功能。体积更小、与周围元件距离更近等特征使得晶体管可以消耗更少的电能，并产生更少的热量。

摩尔定律并没有什么神奇之处，它是通过对当时趋势进行观察并进行总结的结果。由于生产工艺的改进降低了缺陷密度，从而可以在良率可接受的条件下增大集成电路芯片的面积，因此一个趋势是半导体芯片的尺寸稳步增加。另一个趋势是电路中可靠生产的最小元件尺寸不断减小。最后一个趋势是摩尔所说的电路设计者能够越来越有效地利用芯片上越来越多的电路元件。

在摩尔定律的推动下，传统的半导体制造工艺已经开始接近物理极限，快速增长的趋势已逐渐减缓。当前商用集成电路的最小特征尺寸约为5nm。相比之下，人类头发的直径约为50 000nm，而水分子（最小的分子之一）的直径是0.28nm。集成电路加工工艺有一个极限，当电路元器件的尺寸达到原子尺寸时，将很难再进一步缩小。

除了尝试用少量分子制造可靠的电路元件这一挑战之外，诸如阿贝衍射极限（Abbe diffraction limit）等物理效应也成为生产个位数纳米级电路的重大障碍。我们不会深入讨论这些现象的细节，只要知道在摩尔定律下已经持续了几十年的集成电路元件密度的稳步增长在未来几年将变得更加困难即可。

这并不意味着我们对处理器性能的追求将受困于现有商用处理器性能提升的减缓。即使晶体管密度的增长速度放缓，半导体制造商也在寻求多种替代方法来继续提高计算设备的能力。一种方法是采用专用设计，在这种情况下，电路被设计成能够非常好地执行特定类别的任务，而不是仅仅执行各种各样的通用任务。

图形处理器（GPU）是一个很好的专用设计的例子。GPU最初专门致力于提高用于视频游戏的三维图形场景的渲染速度。生成三维场景所涉及的计算是非常明确的，必须应用于数千个像素才能创建一帧图像。为了满足用户体验，每个后续帧必须重复该过程，并且可能需要以 60Hz 或更高的速率对帧进行重建。此任务的计算要求和重复性非常适合通过硬件并行进行加速。GPU 内的多个计算单元同时对不同的输入数据执行基本上相同的计算，以产生相互独立的输出，将这些输出组合在一起以生成最终场景。现代 GPU 设计已为支持其他领域进行了改进，例如，使用海量数据训练神经网络。GPU 将在第 6 章详细介绍。

由于摩尔定律已经开始表现出衰落的迹象，那么什么技术可能会取代它来启动下一轮计算机体系结构的创新？今天我们还不能确定，但一些有潜力的待选技术正在紧张研究中。量子计算就是其中的一个例子，我们将在第 17 章中对该技术进行介绍。

量子计算利用亚原子粒子的特性，以传统计算机无法实现的方式进行计算。量子计算的一个基本元素是 qubit（quantum bit，量子比特）。量子比特类似于常规的二进制比特，但是除了表示状态 0 和 1 之外，量子比特还可以获得 0 状态和 1 状态的叠加状态。当被测量时，量子比特的输出总是 0 或 1，但产生这两种输出的概率都是量子比特在被读取之前的量子态的函数。利用量子计算的独特功能需要专门的算法。

计算设备的下一个重大技术突破可能将出乎我们意料之外。例如，iPhone 就是出乎所有人意料之外的跨时代产品，它彻底改变了个人通信，并以新的方式实现了对互联网的使用。下一个重大进步可能是一种新型产品、一种新技术，或者是产品和技术的某种组合。现在，我们不知道会是什么，也不知道什么时候会发生，但我们相信，这样的变革终将到来。

下一节将介绍关于数字计算的一些基本概念，这些概念对深入研究数字电路和现代计算机体系结构的细节很有帮助。

1.3 计算机体系结构

前面介绍了计算机历史上的一些重要体系结构和术语，本节将介绍用于构建现代处理器和相关计算机子系统的基本模块。

1.3.1 使用电压电平表示数据值

现代计算机的一个普遍特征是使用电压电平来表示数据值。通常，只使用高、低两个电压电平值，低电平表示 0，高电平表示 1。

电路中任何点（数字或其他）的电压本质上是模拟的，可以是其工作范围内的任何电压。当从低电平变为高电平或从高电平变为低电平时，电压必须经历介于两者之间的所有电压。在数字电路中，低电平和高电平之间的转换发生得很快，并且电路被设计成不对高电平和低电平之间的电压变化做出响应。

1.3.2 二进制数和十六进制数

无论如何，处理器中的电路都不能直接处理数字。处理器电路元件遵守电学和电子学定律，并只对提供给它们的输入做出响应。驱动这些响应的输入来自程序员开发的代码和输入的数据。例如，将程序的输出解释为电子表格中的数字或字处理程序中的字符，是对处理器内电信号交互的结果赋予意义的纯人工解释。决定将 0 分配给低电压、将 1 分配给高电压是解释过程的第一步。

数字计算机中的最小信息单位称为比特（bit，简称位），表示离散值 0 或 1。将多个位组合在一起可以表示更大范围的值。一个字节（byte）由 8 个位组成。字节是大多数现代处理器可以从内存读取或写入的最小信息单位。直到现在，虽然还有一些计算机使用其他位宽作为可寻址数据项的最小单位，但是 8 位宽的字节却是大多数计算机的选择。

一个位可以取两个值：0 和 1。两个位可以取四个值：00、01、10 和 11。三个位可以取八个值：000、001、010、011、100、101、110 和 111。事实上，任何 n 位数都可以取 2^n 个值，其中 2^n 表示将 n 个 2 相乘。因此，一个 8 位的字节可以表示 2^8（256）个不同的值。

当执行计算任务时，二进制数格式并不是大多数人的首选，使用诸如 11101010 之类的数字可能会令人困惑且容易出错，尤其是在处理 32 位和 64 位数据时更是如此。为了更容易地使用这些数字，通常采用十六进制数，术语十六进制（hexadecimal）通常缩写为 hex。

在十六进制数字系统中，二进制数被分成四位一组。由于每组中有 4 个位，因此可能的数值个数是 2^4（16）。这 16 个数字中的前 10 个数字分配数字 0~9，最后 6 个分配字母 A~F。表 1.1 显示了从 0 开始的前 16 个二进制数，以及相应的十六进制数和十进制数。

二进制数 11101010 可以通过先将其分成两个 4 位组（1110 和 1010)，然后写成十六进制数字 EA 来更紧凑地进行表示。4 位组有时称为半字节（nibble）。因为二进制数只能取两个值，所以二进制数是以 2 为基数的数制。每位十六进制数字可以取 16 个值，因此十六进制数以 16 为基数。每位十进制数字可以有 10 种取值，因此十进制数是以 10 为基数的。

表 1.1 二进制数、十六进制数和十进制数

二进制	十六进制	十进制
0000	0	0
0001	1	1
0010	2	2
0011	3	3
0100	4	4
0101	5	5
0110	6	6
0111	7	7
1000	8	8
1001	9	9
1010	A	10
1011	B	11
1100	C	12
1101	D	13
1110	E	14
1111	F	15

当使用这些不同的数制时，情况可能会变得复杂。形式为 100 的数字是二进制数、十六进制数还是十进制数？如果没有额外的信息，你就无法进行判断。各种编程语言和教科书都采取了不同的方法来消除这种歧义。在大多数情况下，十进制数字是默认的，因此数字 100 通常是十进制数。在编程语言（如 C 和 C++）中，十六进制数使用前缀 0x，因此数字 0x100 是十六进制数。在汇编语言中，可以使用前缀字符 $ 或后缀字符 h 来表示十六进制数。编程中使用二进制值的情况较少，主要是因为十六进制的紧凑性更好。某些编译器支持将 0b 用作二进制数的前缀。

> **十六进制数表示法**
> 本书使用前缀 $ 或后缀 h 来表示十六进制数，具体取决于上下文。使用后缀 b 表示二进制数，没有前缀或后缀的数字表示十进制数。

位在二进制数内单独编号，位 0 是最右边的最低有效位。位编号从右向左递增。例如，在表 1.1 中，二进制值 0001b（十进制数 1）的位 0 被置位（set），其余三位被清除（cleared）。在 0010b（十进制数 2）中，位 1 被置位，其余位被清除。在 0100b（十进制数 4）中，位 2 被置位，其余位被清除。

> **置位与清除**
> 置位的位其值为 1，清除的位其值为 0。

一个 8 位字节可能是从 $00 到 $FF 之间的值，相当于十进制范围 0～255。当执行字节加法时，结果可能会超过 8 位。例如，将 $01 与 $FF 相加得到 $100。使用 8 位寄存器时，这表示产生了向第 9 位的进位，必须使用处理器硬件和软件进行适当的处理。

在无符号算术中，从 $00 减去 $01 得到 $FF，这构成了回绕。根据正在执行的计算，得到的可能是期望的结果，也可能不是期望的结果。在这种情况下，依然需要处理器硬件和软件相互配合进行处理。

如果需要，负值可以用二进制数表示。现代处理器中最常见的有符号数据格式是二进制补码。在二进制补码中，8 位有符号数字的范围是 −128～127。二进制补码数的最高有效位是符号位：0 表示正值，1 表示负值。通过对所有位取反、加 1 并忽略任何向最高位的进位，可以求得任意数字的二进制补码（参见表 1.2）。对位取反意味着将 0 变为 1，将 1 变为 0。

表 1.2 取反运算示例

十进制数	二进制数	对位取反	加 1	负值
0	00000000b	11111111b	00000000b	0
1	00000001b	11111110b	11111111b	−1
−1	11111111b	00000000b	00000001b	1
127	01111111b	10000000b	10000001b	−127
−127	10000000b	01111110b	01111111b	127

需要注意的是，与数学中定义的一致，负零也是零。

二进制补码运算

二进制补码的位运算与无符号数的位运算相同，无论输入值是有符号的还是无符号的，加法和减法所涉及的操作都是相同的。将结果解释为有符号或无符号运算完全取决于用户的意图。

表 1.3 给出了二进制数 00000000b 到 11111111b 对应的有符号数（−128～127）和无符号数（0～255）。

表 1.3 有符号和无符号的 8 位数字

二进制数	有符号十进制数	无符号十进制数
00000000b	0	0
00000001b	1	1
00000010b	2	2
⋮	⋮	⋮
01111110b	126	126
01111111b	127	127
10000000b	−128	128
10000001b	−127	129
10000010b	−126	130
⋮	⋮	⋮

（续）

二进制数	有符号十进制数	无符号十进制数
11111101b	−3	253
11111110b	−2	254
11111111b	−1	255

二进制数的有符号和无符号表示形式可以扩展到更大的整数数据类型。16 位二进制数可以表示 0～65 535 的无符号整数和 −32 768～32 767 的有符号整数。在现代编程语言中通常使用 32 位、64 位甚至更大的整数数据类型。

1.3.3 6502 微处理器

本节将介绍一个处理器体系结构，与功能强大的现代处理器相比，该处理器的设计相对简单。本节的目的是快速普及不同复杂度的处理器所共有的一些基本概念。

MOS Technology 公司于 1975 年推出了 6502 处理器，该处理器早年广泛用于雅达利（Atari）和任天堂（Nintendo）的视频游戏机，以及 Commodore 和苹果公司销售的计算机。直到今天，该处理器还在嵌入式系统中广泛使用，据估计，截至 2018 年，该处理器的产量在 50 亿至 100 亿之间。在流行文化中，根据屏幕中所展现的画面，"未来之城"中的机器人 Bender 和"终结者"中的 T-800 机器人似乎都使用了 6502。

与许多早期的微处理器相同，6502 由 5V 的恒定电压供电。在这些电路中，低信号电平是 0～0.8V 之间的任何电压。高信号电平是 2～5V 之间的任何电压。低信号电平定义为逻辑 0，高信号电平定义为逻辑 1。第 2 章将进一步深入探究数字电子技术。

处理器的字长定义了操作的基本数据元素的大小。6502 的字长为 8 位，意味着 6502 一次可读写存储器中的 8 位数据，也可将数据存放在处理器内部 8 位宽的寄存器中。

6502 的程序存储器内存和数据内存共享同一个地址空间，并通过单总线访问其内存。与 Intel 8088 相同，6502 实现了冯·诺伊曼体系结构。6502 具有 16 位地址总线，可访问 64KB 的内存。

1KB 定义为 2^{10}B 或 1024B。16 条地址线的二进制组合数目是 2^{16}，可以访问 $64 \times 1024 = 65\ 536$ 个空间。需要注意的是，设备可以寻址 64KB，并不意味着所有这些空间都必须是内存空间。基于 6502 处理器的 Commodore VIC-20 计算机中只包含 5KB 的 RAM 和 20KB 的 ROM。

6502 具有称为寄存器的内部存储区域。寄存器是逻辑设备中的一个存储子设备，可以在其中存储信息字并在计算期间对其进行操作。典型的处理器包含少量寄存器，用于临时存储数据和执行加法或地址计算等操作。

图 1.1 显示了 6502 寄存器结构，包含 5 个 8 位寄存器（A、X、Y、P 和 S）和 1 个 16 位寄存器（PC）。每个寄存器上方的数字表示寄存器两端的位号。

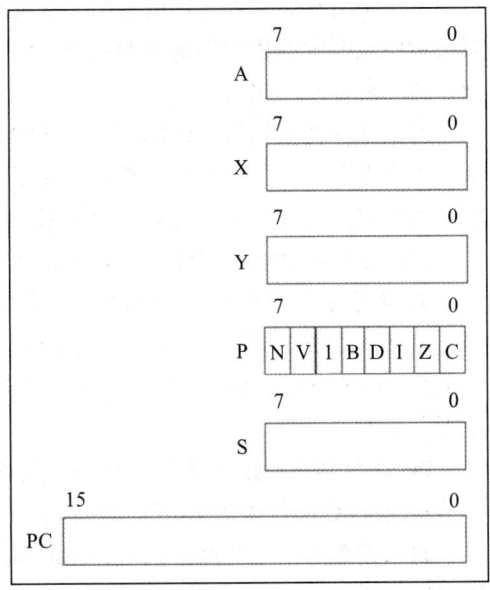

图 1.1 6502 寄存器结构

A、X 和 Y 寄存器中的任何一个都可以用作通用存储空间。只要指令没有修改寄存器内容，程序指令就可以将数值加载到其中一个寄存器中，并且稍后的一些指令会出于某种目的使用其中保存的值。A 寄存器是唯一能够执行算术运算的寄存器。在计算内存地址时，可以使用 X 和 Y 寄存器作为索引寄存器，但不能使用 A 寄存器。

P 寄存器保存处理器标志。除标记为 1 的位外，该寄存器中的其他位都有专门的用途。标记为 1 的位未定义，可以忽略。该寄存器中剩余的每一位称为标志，表示已发生了特定条件或表示设置了某种配置。6502 的标志定义如下：

- N：负号标志。当算术运算的结果的位 7 为 1 时，该标志位设为 1。该标志在有符号算术中使用。
- V：溢出标志。当有符号加法或减法导致上溢或下溢，即超出 −128 至 127 范围时，该标志位设为 1。
- B：中断标志。该标志表示已执行了中断（BRK）指令。通常情况下，该位没有定义。只有在通过 BRK 指令将 P 寄存器的内容存储到栈时，才需要检查相关的 B 标志。在中断处理期间，B 标志置位（即为 1）表明是由 BRK 指令引起的软件中断，而不是硬件引起的中断。
- D：十进制模式标志。该标志表示处理器算术运算将在**二进制编码的十进制**（Binary-Coded Decimal，BCD）模式下运行。由于 BCD 模式很少使用，因此这里不再讨论，只需注意这种以 10 为基数的计算模式与分析机和 ENIAC 的体系结构具有一定的相似性。
- I：中断禁用标志。该标志表示不会处理中断请求（但非可屏蔽中断除外）。
- Z：零标志。当操作结果为零时该标志设为 1。
- C：进位标志。当算术运算产生进位时该标志设为 1。

在涉及循环、计数和算术运算等通用计算时，N、V、Z 和 C 是最重要的标志。

S 寄存器是栈指针。在 6502 中，栈是从地址 $100 到 $1FF 的内存区域。这 256 字节的空间用于临时存储子程序内的参数，并在调用子程序时保存返回地址。系统启动时，S 寄存器将指向此范围的顶部作为初始状态。使用 PHA 等指令将数据"压"入栈（PHA 指令会将 A 寄存器的内容压入栈）。

当数据被压入栈时，6502 将 S 寄存器所指示的地址，加上固定的 $100 偏移量，所得的结果作为该数据的内存地址，然后对 S 寄存器做递减操作。通过执行更多的压栈指令，可以将其他数据放入栈。当存入更多的数据时，栈在内存中的位置向下移动。在将数据存入栈中时，程序必须注意不要超过固定的 256 字节栈大小。

必须用与压入顺序相反的顺序检索存储在栈中的数据。栈是**后进先出**（Last-In, First-Out, LIFO）数据结构，这意味着当从栈"弹出"（pop）一个数据时，它是最近压入的字节。PHA 指令将 S 寄存器加 1，然后将 S 寄存器（加上 $100 偏移量）指示的地址处的数值复制到 A 寄存器中。

PC 寄存器是程序计数器，其中存放着要执行的下一条指令所在的内存地址。与其他寄存器不同，PC 的长度为 16 位，允许访问 6502 的整个地址空间。

每条指令由 1 字节操作码（operationcode，简写为 opcode）组成，根据指令的不同，操作码后面可以跟 0~2 个操作数字节。执行完每条指令后，PC 会更新以指向刚刚执行完成指令之后的下一条指令。除了在顺序指令执行期间的自动更新之外，PC还可以通过跳转指令、分支指令以及子程序调用和返回指令来修改。

1.3.4 6502指令集

接下来研究6502指令集。不同的处理器有不同的指令，程序员将指令按照不同的顺序组织在一起，就能执行不同的算法。每条指令包含一个操作码，用来告诉处理器在执行该指令时完成什么操作。

如果程序员愿意，他们可以直接使用处理器指令编写代码。在本节后面可以看到一些例子。程序员也可以使用高级语言编程，然后，使用一种名为编译器的软件工具，将高级代码转换为处理器指令序列（通常要比高级语言代码序列长得多）。

本节使用的是处理器指令序列的代码，这种形式的源代码称为汇编语言。

6502指令集中的每条指令都有一个由三个字符组成的助记符。在汇编语言源文件中，每行代码包含一条指令助记符，后面跟着该指令的操作数。助记符和操作数的组合定义了寻址模式。6502支持多种寻址模式，为访问寄存器和存储器中的数据提供了极大的灵活性。在这里将只使用立即数寻址模式，在该模式中，操作数本身就是一个数值，而不是指示包含数值的寄存器或内存位置。立即数前面有一个#字符。

在6502汇编中，十进制数字没有前缀，而十六进制数字前面有一个$字符，例如，48是十进制数，而$30是十六进制数。

下面将用一些汇编代码示例来演示6502的算术功能。下面的示例中使用了5条6502指令：

- LDA 向寄存器A加载一个数值。
- ADC 将进位（P寄存器中的C标志）作为加法运算的额外输入和输出，即带进位的加法。
- SBC 将进位标志作为减法运算的额外输入和输出。
- SEC 将进位标志直接设为1。
- CLC 将进位标志直接清0。

由于进位标志是加法和减法指令的输入，因此在执行ADC或SBC指令之前确保该值是正确的。在启动加法操作之前，C标志必须清零，以指示没有来自先前加法的进位。进行多字节加法（例如，使用16位、32位或64位数字）时，在进行高位字节的加法运算时，需要将相邻的低字节加法运算产生的进位作为输入参与运算。如果在ADC指令执行时C标志为1，则效果是将结果加1。ADC完成后，C标志用作结果的第9位：C标志结果为0表示没有进位，结果为1表示有来自8位寄存器的进位。

对于使用6502汇编语言的新手程序员来说，使用SBC指令进行减法运算往往会更感到困惑。小学生在学习减法时，如果要从一个较小的数中减去一个较大的数，则需要使用借位技术。在6502中，C标志代表借位的反逻辑。如果C为1，则借位为0，如果C为0，则借位为1。因此，在没有借位的情况下执行减法时，需要在执行SBC命令之前将C标志设为1。

表1.4中的示例将6502作为计算器使用，使用代码中定义为立即值的输入，并将结果存储在A寄存器中。"结果"列显示A寄存器以及N、V、Z和C标志的最终值。

表 1.4　6502 算术指令序列

指令序列	描述	结果 A	N	V	Z	C
CLC LDA　#1 ADC　#1	不带进位输入的 8 位加法：清除进位标志，然后将立即数 1 装入寄存器 A，并对其加 1	$02	0	0	0	0
SEC LDA　#1 ADC　#1	带进位输入的 8 位加法：设置进位标志，然后将立即数 1 装入寄存器 A，并对其加 1	$03	0	0	0	0
SEC LDA　#1 SBC　#1	无借位输入的 8 位减法：设置进位标志，然后将立即数 1 装入寄存器 A，并让其减 1。C = 1 则代表未发生借位	$00	0	0	1	1
CLC LDA　#1 SBC　#1	有借位输入的 8 位减法：清除进位标志，然后将立即数 1 装入寄存器 A，并对其减 1。C = 0 则代表发生借位	$FF	1	0	0	0
CLC LDA　#$FF ADC　#1	无符号运算溢出：对 $FF 加 1。C = 1 则代表发生进位	$00	0	0	1	1
SEC LDA　#0 SBC　#1	无符号运算下溢：从 0 减去 1，C = 0 则代表发生借位	$FF	1	0	0	0
CLC LDA　#$7F ADC　#1	有符号运算溢出：对 $7F 加 1。V = 1 则代表有符号运算溢出发生	$80	1	1	0	0
SEC LDA　#$80 SBC　#1	有符号运算下溢：对 $80 减 1。V = 1 则代表有符号下溢发生	$7F	0	1	0	1

如果你没有一台具有汇编器和调试器的 6502 计算机，可以在 Web 浏览器中在线运行免费的 6502 模拟器。访问 https://skilldrick.github.io/easy6502/ 可以获得一个优秀的模拟器，访问该网站并向下滚动，直到找到带有用于汇编和运行 6502 代码按钮的默认代码列表。用表 1.4 中的一组三条指令替换默认代码清单，然后对代码进行汇编。

如果要检查序列中每条指令的效果，可以使用调试器控制指令单步执行，并观察处理器寄存器的结果。

本节非常简要地介绍了 6502 处理器及其部分功能。此处的一个要点是展示执行简单加法时的进位问题和执行减法时的借位问题所面临的挑战。从查尔斯·巴贝奇到 6502 的设计者，计算机体系结构设计师已经设计出了计算问题的解决方案，并使用可用的最好技术来实现这些解决方案。

1.4　总结

本章从自动计算设备的简要历史开始，讲述了推动计算能力飞跃的重大技术进步。随后讨论了摩尔定律，并评估了它在过去几十年中的适用性和对未来的影响。通过讨论 6502 微处理器，本章介绍了计算机体系结构的基本概念。计算机体系结构的历史使人陶醉，希望读者能够进一步探索。

下一章将介绍数字逻辑，从基本电路的特性开始，逐步介绍现代处理器中使用的数字子系统的设计。读者将了解逻辑门、触发器和包括多路选择器、移位寄存器和加法器在内的数字电路。下一章还将对硬件描述语言进行介绍，硬件描述语言是设计复杂数字设备（如计算机处理器）的专用计算机语言。

1.5 习题

1. 使用你最喜欢的编程语言开发一个十进制加法器模拟器，该加法器的操作方式与巴贝奇分析机中的操作方式相同。首先，提示用户输入 0～9 范围内的两个数：加数和被加数。显示加数、被加数和进位，进位的初始值为 0。执行如下循环：

   a. 如果加数为 0，则显示加数、被加数以及进位和结果的值，否则进入步骤 b。

   b. 加数减 1，被加数加 1。

   c. 如果被加数从 9 递增到 0，则进位加 1。

   d. 返回步骤 a。

   用如下用例对代码进行测试：0+0、0+1、1+0、1+2、5+5、9+1 和 9+9。

2. 为加数、被加数和进位各自创建 40 位十进制数的数组。提示用户输入两个十进制整数，每个最多 40 位。使用习题 1 中描述的循环逐位执行加法，并从进位数组中的每个数字位置收集进位输出。循环完成后，让被加数与进位相加，在必要时形成新的进位并处理，从而完成加法操作。在每个循环之后与运算结束时显示结果。使用习题 1 中的测试示例，并额外测试 99+1、999999+1、49+50 和 50+50。

3. 修改习题 2 的程序，实现 40 位十进制数的减法。根据需要进行借位。使用 0-0、1-0、1000000-1 和 0-1 进行测试。0-1 的结果是什么？

4. 6502 汇编语言使用包含地址（没有指示立即值的 # 字符）的操作数访问内存中的数据。例如，LDA $00 指令将内存地址 $00 处的字节加载到寄存器 A 中。STA $01 将寄存器 A 中的字节存储到地址 $01 中。地址可以是 0～$FFFF 范围内的任何数值，前提是内存中有该地址，并且该地址尚未用于其他目的。使用读者首选的 6502 模拟器，编写 6502 汇编代码，实现将 16 位数据存储到地址 $00～$01，将另一个数据存储到地址 $02～$03，然后将这两个值相加并将结果存储在 $04～$05。确保妥善处理两个字节之间的任何进位，并忽略 16 位结果中的任何进位。用 $0000+$0001、$00FF+$0001 和 $1234+$5678 进行测试。

5. 编写 6502 汇编代码，以类似于习题 4 的方式对两个 16 位数据相减。用 $0001-$0000、$0001-$0001、$0100-$00FF 和 $0000-$0001 进行测试。$0000-$0001 的结果是什么？

6. 编写 6502 汇编代码，将两个 32 位整数分别存储到地址 $00～$03 和 $04～$07，然后将它们相加，结果存储在 $08～$0B 中。使用循环结构（包括一个标签和一条分支指令）遍历要相加的两个值的字节。在网络上搜索 6502 递减和分支指令的详细信息，以及汇编语言中标签的使用。提示：6502 中的零页索引寻址模式（zero-page indexed addressing mode）将适用于该应用。

第 2 章

数字逻辑

本章以第 1 章中的内容为基础，深入介绍现代处理器和其他复杂电路设计中使用的基础数字模块。本章首先讨论电路的特性，然后介绍晶体管，并研究它们在逻辑门中作为开关元件的用途。之后介绍使用基本逻辑门构造的锁存器、触发器和环形计数器。寄存器和加法器等更复杂的组件可通过组合前面介绍的器件来实现。本章接着引入了时序逻辑（即状态信息随时间变化而变化的逻辑）的概念。最后介绍了硬件描述语言，它是复杂数字设备的首选设计方法。

本章包含以下主题：
- 电路
- 晶体管
- 逻辑门
- 锁存器
- 触发器
- 寄存器
- 加法器
- 时钟
- 时序逻辑
- 硬件描述语言

2.1 电路

本章首先简要回顾电路的特性。

铜等导电材料具有在电场中产生电流的能力。而玻璃、橡胶和**聚氯乙烯（PVC）**等非导电材料则完全阻止电流流动，因此它们被用作绝缘体来保护导体以免短路。在金属中，电流由运动的电子组成。允许部分电流流动，并且可以按需求限制电流大小的材料用于制造电阻。

电路中电流、电压和电阻之间的关系类似于液压系统中流量、压力和限流之间的关系。以厨房的水龙头为例：当阀门打开时，管道中的压力会迫使水流向水龙头。如果阀门只打开一点点，从水龙头流出的水就是涓涓细流；如果开大阀门，水流量就会增加。增加阀门打开程度相当于降低了流过水龙头的水流阻力。

电路中的电压与水管中的压力类似。以 A 为单位的电流，对应于流经管道和水龙头的水流速率。电阻相当于阀门的开启程度造成的流量限制。

电压、电流和电阻间的关系由公式 $V = IR$ 表示，其中 V 是电压（以 V 为单位），I 是电流（以 A 为单位），R 是电阻（以 Ω 为单位）。这就是以格奥尔格·欧姆（Georg Ohm）的名字命名的欧姆定律，他于 1827 年首次发表了这一定律。

图 2.1 显示了欧姆定律的简单电路表示。左侧堆叠的水平线表示电压源（例如电池或计算机电源），右边的 Z 字形表示电

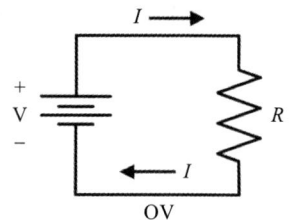

图 2.1 简单的电阻电路

阻，连接元件的线是理想导线。用字母 I 表示的电流沿着电路顺时针方向流动，从电池的正极流出，通过电阻，再回到电池的负极。电池的负端在本电路中定义为电压参考点，该点的电压为零伏。

如果拿水管来类比，则 0V 的导线代表一池水。"泵"（图中的电池）从池中抽出水，并将其从电池符号顶部的"泵"中推入压力更高的管道中。水以电流 I 的形式流向水龙头，由右侧的电阻 R 表示。通过限流龙头后，水最终进入水池，在那里可以再次被抽入水泵。

假设电池电压或水泵两端的压力是恒定的，那么电阻 R 的任何增加都会使电流 I 按比例减小。例如，将电阻加倍可将电流减半，将电压加倍可以使流经电阻的电流加倍。

下一节将介绍晶体管，它是所有现代数字电子设备的基础。

2.2 晶体管

晶体管是一种半导体器件，其功能相当于数字开关。半导体材料的导电特性介于良好的导体（例如铜线）和良好的绝缘体（例如玻璃或塑料）之间。在适当的电路配置中，半导体器件的导电性可以通过输入进行控制，这种情况下的晶体管就成为数字开关元件。

晶体管的开关动作在电学上相当于电阻阻值根据输入信号的状态在很大的数值和很小的数值之间进行切换。开关晶体管的一个重要特征是开关输入不需要特别强，这意味着在开关输入端，非常小的电流可以对流经晶体管的大得多的电流进行开启和关闭。单个晶体管的输出电流可以驱动许多其他晶体管的输入，该特点对复杂数字电路的发展至关重要。

图 2.2 显示了 NPN 晶体管的原理图。NPN 是指构成晶体管的硅互连区的结构。硅的 N 区（使用一种称为掺杂的方法）添加了额外的材料，从而增加了电子数量，使其带有一定量的负电荷。P 区的掺杂减少电子的数量，使其带有一定量的正电荷。NPN 晶体管包含两个 N 区域，P 区域夹在它们之间。器件的三个端子分别连接到这些区域。

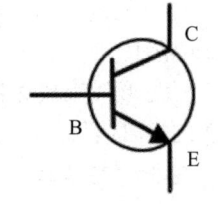

集电极（在图 2.2 中标记为 C）连接到一个 N 区域，发射极 E 连接到另一个 N 区域。基极 B 连接到两个 N 区域之间的 P 区域。如箭头所示，集电极"收集"电流，发射极"发射"电流。基极端是控制输入端，通过改变施加到基极的电压可改变流入基极的电流量，从而可以控制电流是否流入集电极或流出发射极。

图 2.2 NPN 晶体管原理图符号

2.3 逻辑门

图 2.3 是使用晶体管构造的非门的示意图。该电路由 5V 电源供电。输入（Input）信号可能来自按钮电路，该电路在按钮未按下时输出 0V，在按钮被按下时输出（Output）5V。当输入为高电平（接近 5V）时，R1 限制从输入端流向晶体管基极的电流。在典型电路中，R1 的阻值约为 1000Ω。R2 的值可能为 5000Ω。当晶体管接通时，R2 限制从集电极流向发射极的电流。

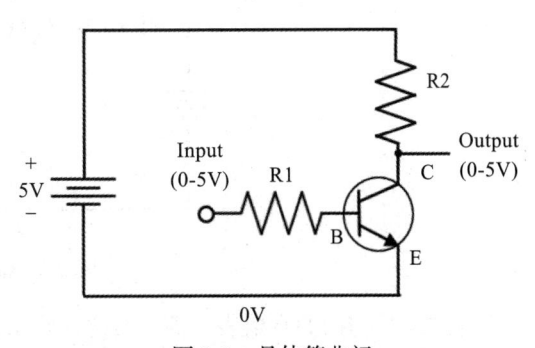

图 2.3 晶体管非门

输入端接受 0~5V 范围内的电压输入，但数字电路操作只对接近 0V（低）或接近 5V（高）的信号敏感。由于高低状态间的转换是接近瞬时的，因此数字电路中所有状态转化也可以认为是瞬时完成的。

典型的 NPN 晶体管的开关电压约为 0.7V。当输入端保持在低电压（例如 0.2V）时，晶体管关断，此时集电极和发射极之间的电阻非常大。这使连接到 5V 电源的 R2 将输出信号拉至 5V 附近的高状态。

当输入信号高于 0.7V 且范围为 2~5V 时，晶体管导通，此时集电极和发射极之间的电阻变得非常小，产生的效果是通过一个比 R2 小得多的电阻，将输出端拉低到接近 0V。因此，输出端被拉低至通常在 0.2V 左右的低电压。

总结一下该电路的行为，当输入端为高时，输出端为低；当输入端为低时，输出端为高。此功能描述了非（NOT）门，表示输出的逻辑值与输入相反。如果将低信号电平定义为二进制值 0，将高信号电平定义为 1，则可以在表 2.1 所示的真值表中总结该门的行为。

表 2.1 非门的真值表

输入 (Input)	输出 (Output)
0	1
1	0

真值表是表示逻辑表达式所有可能的输入对应的输出的表格表示形式。每列代表一个输入或输出，输出位于表的右侧。每行表示一组输入值以及由这些输入确定的表达式的输出值。

图 2.3 中的非门等电路在数字电子中很常见，因此为每种门电路分配了符号表示，以便能够构建可以表示更复杂逻辑功能的更高层次的示意图。

非门的符号是一个在输出端带有一个小圆圈的三角形，如图 2.4 所示。

三角形代表放大器，意味着这是一种将较弱的输入信号转换为较强的输出信号的器件，圆圈表示取反运算符。

图 2.4 非门的符号表示

在非门的基础上可以开发更复杂的逻辑运算。图 2.5 中的电路使用两个晶体管对输入 $Input_1$ 和 $Input_2$ 执行与（AND）运算。当两个输入均为 1 时，与运算的输出为 1，否则输出为 0。除非两个晶体管都已被 $Input_1$ 和 $Input_2$ 信号的高电平驱动，否则电阻 R2 将输出信号拉低。

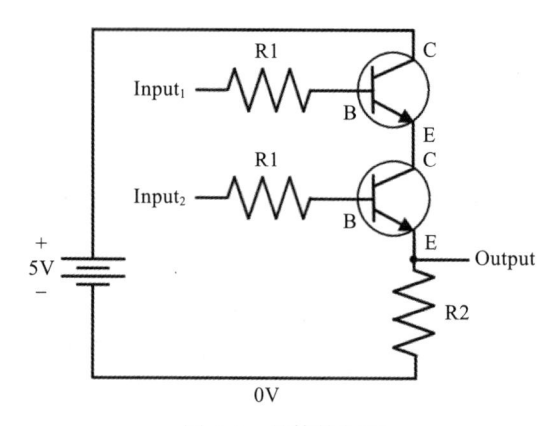

图 2.5 晶体管与门

表 2.2 是与门的真值表。简而言之，当 $Input_1$ 和 $Input_2$ 输入均为真（TRUE）时，输出信号为真（TRUE，值 1），否则为假（FALSE，值 0）。

与门也有自己的符号表示，如图 2.6 所示。

表 2.2　与门的真值表

输入₁ (Input₁)	输入₂ (Input₂)	输出 (Output)
0	0	0
1	0	0
0	1	0
1	1	1

图 2.6　与门的符号表示

当 A 或 B 输入为 1，或者两个输入均为 1 时，或（OR）门的输出为 1。表 2.3 是或门的真值表。

或门的符号表示如图 2.7 所示。

表 2.3　或门的真值表

A	B	输出 (Output)
0	0	0
1	0	1
0	1	1
1	1	1

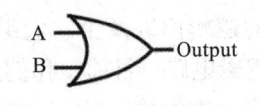

图 2.7　或门的符号表示

当 A 和 B 输入中只有一个输入为 1 时，异或（XOR）运算产生的输出为 1。当两个输入均为 0 或者两个输入均为 1 时，输出为 0。异或门的真值表如表 2.4 所示。

异或门的符号表示如图 2.8 所示。

表 2.4　异或门的真值表

A	B	输出 (Output)
0	0	0
1	0	1
0	1	1
1	1	0

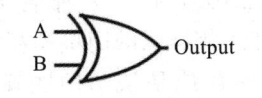

图 2.8　异或门的符号表示

与门、或门和异或门都可以用反相输出来实现，门的功能与上一节所述完全相同，只是输出是反相的（表 2.2、表 2.3 和表 2.4 的输出列中的 0 替换为 1，1 替换为 0）。具有反相输出的与门、或门和异或门的符号表示是在符号的输出端添加了一个小圆，就像在非门的输出一样。具有反相输出的门的名称为与非（NAND）门、或非（NOR）门和异或非（同或，XNOR）门。这些名字中的字母"N"表示非。例如，NAND 表示 NOT AND，其功能等同于与门后跟一个非门。

可以将简单的逻辑门进行组合来实现更复杂的功能。多路选择器是根据选择器的输入状态，从多个输入中选择一个并送到输出的电路。图 2.9 是两输入多路选择器的示意图。

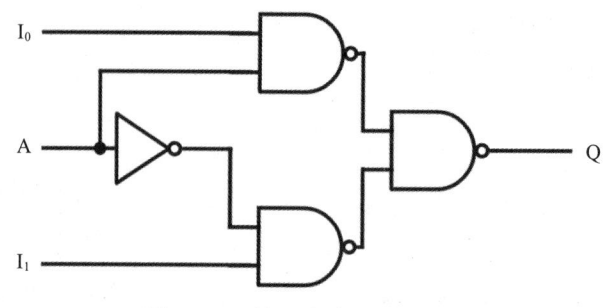

图 2.9 两输入多路选择器电路

I_0 和 I_1 是两个一位的数据输入，当选择器输入 A 为高电平时，将 I_0 的值送到输出 Q；当 A 为低电平时，将 I_1 的值送到输出 Q。多路选择器在处理器设计中的一个用途是从多个数据源中选择一个作为输入数据来加载内部寄存器。

两输入多路选择器的真值表如表 2.5 所示。在该表中，值 X 是"无关项"，表示在确定输出 Q 时该信号是什么值无关紧要。

在任何时刻，如果电路输出仅取决于输入的当前状态，则这类电路称为组合逻辑电路，本节给出的逻辑门以及由它们组合而成的电路就是组合逻辑电路。目前，我们忽略传播延迟，并假设输出立即对输入的变化做出响应。换句话说，输出不依赖于先前的输入值。组合逻辑电路没有对过去的输入或输出进行存储。下节将介绍能够对过去的操作进行存储的一些电路。

表 2.5 两输入多路选择器的真值表

A	I_0	I_1	Q
1	0	X	0
1	1	X	1
0	X	0	0
0	X	1	1

2.4 锁存器

组合逻辑不能直接作为存储器件来保存处理器中的寄存器等数字功能所需要的数据。通过将数据从一个门的输出反馈到其输入，可以使用逻辑门构建数据存储器件。

锁存器（latch）是由逻辑门构成的一位存储器件，图 2.10 显示了一种名为**置位-复位（Set-Reset，SR）锁存器**的简单锁存器，在该电路中，提供存储器的功能是从与门的输出到或门的输入的反馈。

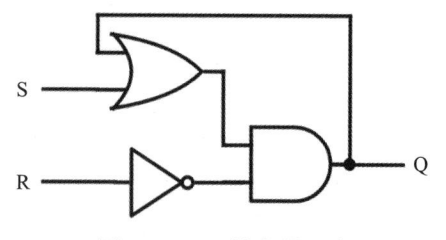

图 2.10 SR 锁存器电路

根据输入 S 和 R，电路可以将输出 Q 设置为高电平或复位为低电平，也可使输出 Q 保持在之前的值。在保持状态下，S 和 R 均为低电平，并且保持输出 Q 的状态。S 的高脉冲（从低电平到高电平，然后再回到低电平）会导致输出 Q 变高并保持该电平。R 的高脉冲会导致输出 Q 变低并保持在该电平。如果 S 和 R 都被设置为高电平，则 R 输入将覆盖 S 输入，并强制 Q 为低电平。

SR 锁存器的真值表如表 2.6 所示。输出 Q_{prev} 表示在当前 S 和 R 输入信号之前最新 Q 值。

表 2.6　SR 锁存器的真值表

S	R	行为	Q
0	0	保持	Q_{prev}
1	0	置位	1
X	1	复位	0

需要注意的是，该锁存器电路及一般的易失性存储器件在上电时，Q 输出的初始状态没有被很好地定义。电路启动行为和 Q 的结果值取决于各个门的特性和启动时的时序。上电后，在此电路开始工作之前，需要使用 S 或 R 脉冲将 Q 设置为某种已知状态。

门控 D 锁存器（D 代表数据）在数字电路中有许多用途。术语门控是指使用一个额外的输入来启用或禁止数据通过电路。图 2.11 显示了门控 D 锁存器的电路，其真值表如表 2.7 所示。

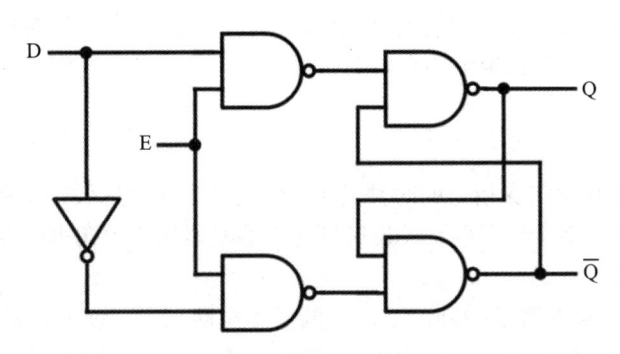

图 2.11　门控 D 锁存器电路

当 E（使能）输入为高电平时，输入 D 的值通过 Q 输出。当 E 为低电平时，无论 D 输入的状态如何，Q 输出都保持其先前的值。$\overline{Q}$ 输出始终保持 Q 输出的反相（Q 上的水平线表示非）。

表 2.7　门控 D 锁存器的真值表

D	E	Q	$\overline{Q}$
0	1	0	1
1	1	1	1
X	0	Q_{prev}	$\overline{Q}_{prev}$

有必要通过逻辑流程来理解该电路的运行情况。图 2.11 的左半部分由输入 D、非门和最左边的两个与非门组成，是一个组合逻辑电路，这意味着其输出始终是输入的直接函数。

首先，考虑输入 E 为低电平的情况，此时，左侧两个与非门各有一个输入为低电平，这会强制两个门的输出均为 1（参见表 2.2，注意，与非门相当于与门后跟一个非门）。在这种状态下，输入 D 的值无关紧要，并且 Q 或 $\overline{Q}$ 中必有一个高电平和一个低电平，其原因是反馈到门输入的两个最右边与门的输出是交叉连接的。只要 E 为低，这种状态就会一直保持。

当 E 为高电平时，根据 D 的状态，最左边的两个与非门中，其中一个的输出将是低电平，而另一个的输出将是高电平。输出低电平的与非门将把与其连接的最右边的与非门的输出驱动为高电平。该输出被反馈到另一个右侧与非门的输入，并且在两个输入均为高的情况下，将产生低电平输出。其结果是，将输入 D 传播到输出 Q，并且 D 的反相传播到输出 $\overline{Q}$ 处。

Q 和 $\overline{Q}$ 不能同时为高电平或同时为低电平，否则将表示最右边两个与非门的输出和输入之间存在冲突。如果这些条件中的一个碰巧短暂出现，例如在上电期间，电路将自动调整到稳定的状态，其中 Q 和 $\overline{Q}$ 依然保持相反的状态。与 SR 锁存器一样，该自动调整的结果不可预测，因此在使用门控 D 锁存器进行任何操作之前，将其初始化为已知状态非常重要。初始化的过程是将 E 设置为高电平，将 D 设置为 Q 所需的初始输出值，然后将 E 设置为低电平。

前面描述的门控 D 锁存器是电平敏感器件，这意味着只要输入 E 保持高电平，输出 Q 就会跟随输入 D 的改变而改变。在更复杂的数字电路中，让串联的多个电路元件实现同步，而无须考虑各个器件各自的传播延迟很重要。使用时钟信号作为多个元件的输入能够实现这种类型的同步，器件根据时钟信号边沿（边沿是指从低到高或从高到低的转变时刻）更新其输出，而不是直接根据输入信号的电平值来确定。

因为时钟信号的跳变时刻非常精确，且此时器件的输入信号必须是稳定的，所以边沿触发非常有用。时钟沿过后，器件的输入可以自由变化，为下一个有效时钟沿做准备，在此期间其输出不会改变。下面要讨论的触发器电路在时钟沿工作，该特性适用于复杂数字设计。

2.5 触发器

如果一个器件的输出仅在指定的时钟沿（从低到高或从高到低）时才改变，则称其为边沿敏感器件。触发器类似于锁存器，关键区别在于触发器的输出在边沿改变，而锁存器的输出是在电平信号控制下改变。

上升沿触发的 D 触发器是一种广泛应用的数字电路器件。D 触发器通常包括置位和复位信号，这些信号的功能与 SR 锁存器中相应信号的功能相同。触发器具有与门控 D 锁存器功能类似的 D 输入端。D 触发器没有使能输入端，而是具有一个时钟输入端，在时钟上升沿触发并将输入 D 的数值传输到输出 Q，并把输入 D 反相之后传送到输出 $\overline{Q}$。除了在时钟信号上升沿附近一个非常窄的时间窗口内，触发器不响应输入 D 的值。当输入 S 或 R 有效时，触发器将对输入 D 和时钟上的任何动作进行响应。

图 2.12 给出了 D 触发器的原理图。时钟输入由符号左侧的小三角形表示。

如表 2.8 所示。CLK 列中的向上箭头表示时钟信号的上升沿。表 2.8 中，如果某一行中的时钟为上升沿，则这一行中的 Q 和 $\overline{Q}$ 是时钟上升沿之后的状态。

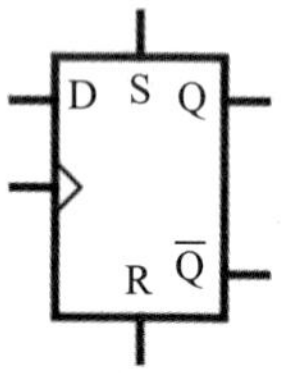

图 2.12 D 触发器原理图

表 2.8 D 触发器的真值表

S	R	D	CLK	Q	$\overline{Q}$
0	0	1	↑	1	0
0	0	0	↑	0	1
0	0	X	不变	Q_{prev}	$\overline{Q}_{prev}$
1	0	X	X	1	0
0	1	X	X	0	1

可以将触发器进行串联来将数据位从一个触发器传至下一个触发器。这种串联通过将第

一个触发器的输出 Q 连接到第二个触发器的输入 D 来实现，对于任意数量的串联以此类推。这种结构称为移位寄存器，并且在许多地方使用，其中两个典型应用是串并转换器和并串转换器。

如果移位寄存器末端的输出 Q 连接到另一端的输入 D，则构成环形计数器。环形计数器用于构建有限状态机等任务。有限状态机实现的数学模型总是处于一组定义好的状态中。当输入满足转换到不同状态的条件时，就会发生状态之间的转换。

图 2.13 中的环形计数器有 4 位。通过先将 RST 输入脉冲设置为高，然后将其设置为低来初始化计数器。这将使第一个（最左边）触发器的输出 Q 设置为 1，并且将剩余触发器的输出 Q 设置为 0。此后，每个 CLK 的上升沿都会将触发器的一位传输到序列中的下一个触发器。第 4 个 CLK 脉冲将 1 传输回最左边的触发器。除了一个输出为 1 的触发器外，其余触发器的输出 Q 始终为 0。触发器是边沿敏感器件，所有触发器都由公共时钟信号驱动，使其成为同步电路。

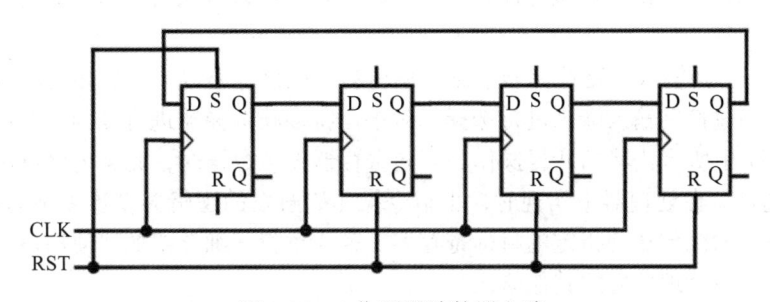

图 2.13　4 位环形计数器电路

该电路包含 4 个环形计数器状态，可以增加 6 个触发器将使状态数增加到 10 个。正如我们在第 1 章中所讨论的，ENIAC 使用基于真空管的 10 位环形计数器来保存十进制数字的状态。采用图 2.13 中电路结构的 10 位环形计数器可以完成相同的功能。

下节将使用触发器构建用于数据存储的寄存器。

2.6　寄存器

处理器中的寄存器可以临时存储数据，可用于多种指令操作的输入和输出，例如，与内存进行数据传送、算术运算和位操作等。大多数通用处理器包含用于将寄存器中的二进制数据进行左移或右移的指令，以及对寄存器操作数进行循环移位的指令。循环移位操作类似于环形计数器，不同之处在于循环移位中的位可以保存任意值，而环形计数器通常通过位序列的位置来传输单个位。执行这些功能的电路由本章前面讨论的简单逻辑门和触发器构成。

对处理器内寄存器的数据进行加载或读取通常是并行的，这意味着在公共时钟沿的控制下，所有的数据位同时在各自的信号线上进行写入或读取。为简单起见，本节中的示例将使用 4 位寄存器，但可以根据需要将这些设计直接扩展到 8 位、16 位、32 位或 64 位。

图 2.14 显示了一个具有并行输入和输出的简单 4 位寄存器。这是一个同步电路，其中输入 $D_0 \sim D_3$ 提供的数据位在 CLK 信号的上升沿被加载到触发器中，数据位立即出现在输出 $Q_0 \sim Q_3$，并保持其状态，直到在随后的时钟上升沿加载新的数据值。

要使用寄存器实现除简单的数据存储之外的有用功能，必须能够将来自多个源的数据加载到寄存器中，对寄存器内容执行操作，并将结果数据值写入多个潜在的目的地之一。

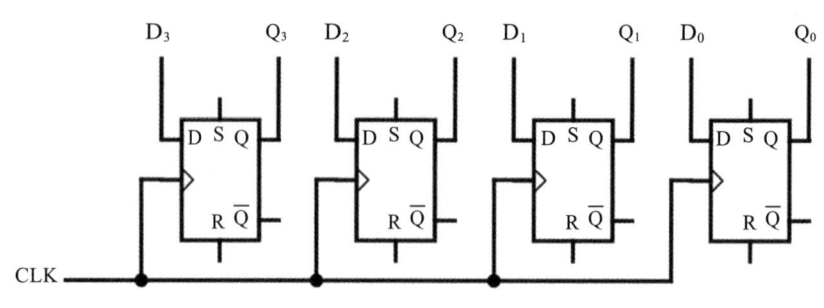

图 2.14　4 位寄存器电路

在通用处理器中，数据通常可以从内存单元、输入端口或另一个寄存器加载到寄存器中。对寄存器内容可执行的操作包括递增、递减、算术运算、移位、翻转和位操作（例如 AND、OR 和 XOR）。需要注意的是，对整数进行递增或递减相当于使用另一个为 1 的隐含操作数进行加减。一旦寄存器包含计算结果，其内容就可以写入内存单元、输出端口或另一个寄存器。

图 2.9 显示了两输入多路选择器电路。很容易扩展该电路以支持更多的输入，任何数量的输入都可以通过控制输入端来进行选择。对单比特多路选择器进行复制，即可支持处理器数据字（word）中所有比特的并行操作。当向寄存器加载数据时，此类电路可用于在各种数据源中进行选择。在处理器中实现时，由指令操作码触发的逻辑会设置多路选择器的输入，来将数据从适当的源传送到指定的目标寄存器。第 3 章将详细介绍如何使用多路选择器将数据传送到寄存器和处理器内的其他单元。

下一节将介绍二进制加法电路。

2.7　加法器

通用处理器通常支持加法运算，用于对数据进行计算，也可用来管理指令指针（Instruction Pointer，IP）。在每条指令执行之后，指令指针递增到下一条指令的位置。当处理器支持多字指令时，新的指令指针必须设置其为当前值加上刚完成的指令字长。

一个简单的加法器电路对两个数据位和进位输入进行加法运算，并产生一位的和与一位的进位输出。因为它在计算中包含进位输入，所以该电路（如图 2.15 所示）称为全加器。半加器只对两个数据位相加，而没有进位输入。

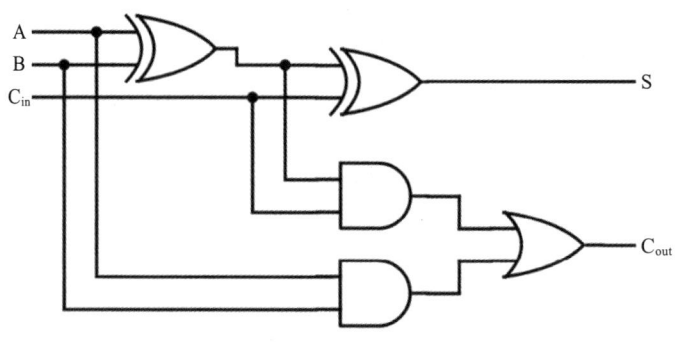

图 2.15　全加器电路

全加器使用逻辑门产生输出，其计算规则为：仅当 A、B、C_{in} 三个值中为 1 的总数为奇数时,结果位 S 才为 1;否则,S 为 0。使用两个异或门执行该逻辑操作。如果 A 和 B 都是 1,或者 A 和 B 中只有一个是 1 并且 C_{in} 也是 1,则 C_{out} 为 1;否则,C_{out} 为 0。

图 2.15 中的电路可以简要地使用具有三个输入和两个输出的框图来表示,以进行更高层次的抽象。图 2.16 是由 4 个图 2.15 所示的全加器电路构成的 4 位加法器。输入是要相加的两个数据 $A_0 \sim A_3$ 和 $B_0 \sim B_3$,以及进位输入 C_{in},输出是和 $S_0 \sim S_3$ 与进位输出 C_{out}。

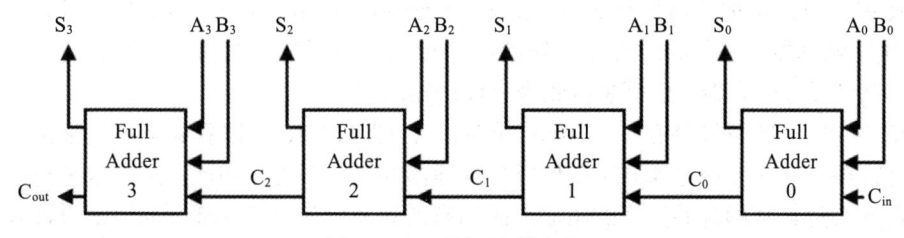

图 2.16　4 位加法器电路

需要注意的是,该电路是一个组合电路,这意味着一旦确定了输入,就会直接产生输出。该电路包含了逐位的进位操作,而不考虑进位会影响多少位。因为进位逐位传播,所以这种结构称为行波进位加法器(ripple carry adder)。进位在所有数据位之间的传播及输出值的稳定需要一些延迟。

由于我们现在讨论的电路具有通过大量器件的信号通路,因此应该讨论信号从端到端经过多个器件所需的时间。

传播延迟

当逻辑器件的输入改变时,输出不会立即改变。在输入端的状态改变和在输出端出现的最终结果之间存在一段时间的延迟,称为传播延迟。通过电路的传播延迟给电路能够工作的时钟频率设定了一个上限。在微处理器中,时钟的速度决定了器件能够执行指令的速度。

串联的多个组合电路会导致出现一个总的传播延迟,它是所有中间器件的延迟之和。逻辑门从低电平到高电平转换的传播延迟可能与从高电平到低电平转换的传播延迟不同,因此估计最坏情况下的延迟应该用这两个值中较大的值。

从图 2.15 可以看出,全加器从输入到输出的最长路径(以串联的门数表示)是从输入 A 和输入 B 到输出 C_{out}:总共有三个门。如果图 2.16 中的所有输入信号在全加器输入端同时到达,则与这些输入相关的三个门延迟将在所有加法器上同时传播。然而,全加器 0(Full Adder 0)的输出 C_0 只有在全加器 0 的三个门延迟之后才能保证稳定。一旦 C_0 稳定,全加器 1 上就会有额外的两个门延迟(需要注意的是,在图 2.15 中,C_{in} 仅通过两个门)。

因此,图 2.16 中电路的总体传播延迟是全加器 0 上的 3 个门延迟,然后加上其余 3 个全加器中每个加法器的 2 个门延迟,总共 9 个门延迟。这看起来可能并不太糟糕,但考虑一个 32 位加法器:该加法器的传播延迟是全加器 0 的 3 个门延迟加上其余 31 个加法器的每个加法器的两个门延迟,总共 65 个门延迟。

通过组合电路的传播延迟最长的路径称为关键路径,该延迟限制了可用于驱动电路的时钟频率的上限。

基于**先进肖特基晶体管 – 晶体管逻辑**(Advanced Schottky Transistor-Transistor Logic,(AS) TTL)系列的逻辑门是当今市场上速度最快且单独封装的门电路之一。在典型负载条件下,(AS) TTL 与非门具有 2ns 的传播延迟。相比之下,真空中的光在 2ns 内传播不到 2ft

（1ft = 0.3048m）。

在32位行波进位加法器中，通过（AS）TTL门的65个单位的传播延迟导致输入变化和最终稳定输出之间的延迟为130ns。为了进行粗略的估计，假设这是通过整个处理器集成电路中最坏情况下的传播延迟，忽略了有效时钟沿前后数据保持输入稳定所需的任何额外时间。因此，该加法器对输入数据执行顺序操作的频率不能超过每130ns一次。

当使用行波进位加法器执行32位加法时，处理器使用时钟沿将两个寄存器（每个寄存器由一组D触发器组成）的内容加上处理器C标志传输到加法器输入。随后的时钟沿将加法结果加载到目标寄存器。C标志接收来自加法器的C_{OUT}。

周期为130ns的时钟具有（1/130ns）的频率，即7.6MHz。这看起来不是很快，特别是在今天有许多时钟速度超过4GHz的低成本处理器的情况下更是如此。造成这种情况的部分原因是包含大量紧密耦合晶体管的集成电路固有的速度优势，另一部分原因是设计者的聪明才智，正如第1章中所提到的那样。为了有效地执行加法器功能，已经开发了许多优化设计以显著降低最坏情况下的传播延迟。第8章将讨论处理器体系结构设计师通过其设计获得更高速度的一些方法。

除了门延迟之外，还有一些延迟是由于信号通过导线和集成电路导电路径造成的。通过导电路径的传播速度取决于导电材料和导体周围的绝缘材料。由于这些因素和其他一些因素，信号在数字电路中的传播速度通常是真空中光速的50%～90%。

下一节将讨论数字电路中时钟信号的产生和使用。

2.8 时钟

作为处理器"心跳"（heartbeat）的时钟信号通常是固定频率的方波信号。方波是在高电平和低电平之间振荡的数字信号，每个周期中在高电平和低电平持续的时间相等。图2.17显示了随时间变化的方波示例。

图 2.17 方波信号

计算机系统中的时钟信号通常由提供几兆赫兹（MHz）基准频率的晶体振荡器（简称"晶振"）产生。1MHz是每秒100万个周期。晶振依靠物理晶体（通常由石英制成）的共振振动，利用压电效应产生循环电信号。压电效应是某些晶体在受到机械应力时积聚的电荷。石英晶体以精确的频率共振，这促使它们在计算机、手表和其他数字设备中用作定时器件。

虽然晶振的时间基准比低成本设备中使用的其他定时基准更精确，但晶体的频率误差会随着时间积累，经过几天或几周会逐渐偏离正确时间几秒，然后达到几分钟。为避免此问题，大多数连接到互联网上的计算机会定期访问时间服务器，以将其内部时钟重置为精确的原子时钟所定义的当前时间。

锁相环（PLL）倍频电路用于产生处理器所需的高频时钟信号，其输出频率可高达吉赫兹（GHz）。PLL产生方波输出，其频率是晶振提供的输入频率的整数倍。PLL时钟的输出频率与其接收到的输入频率之比称为时钟倍频比。

PLL 通过不断调整其内部振荡器的频率来保持相对于输入频率的正确时钟倍频比，从而正确运行。现代处理器通常有一个晶振时钟信号输入，并包含几个产生不同频率的 PLL。计算机系统中通常使用多种时钟频率，从而以尽可能高的速度驱动核心处理器操作，同时与需要较低时钟频率的设备（例如系统内存）进行交互。

2.9 时序逻辑

根据当前输入和过去输入的组合产生输出的数字电路称为时序逻辑。这与组合逻辑输出仅取决于输入的当前状态的情况不同。当由多个元件组成的时序逻辑电路在公共时钟信号的控制下操作这些元件时，该电路实现了同步逻辑。

处理器指令执行中涉及的步骤是一系列离散操作，这些操作对指令操作码进行响应，并对不同来源的输入数据进行处理，这些操作在主时钟信号的协调下进行。处理器维护从一个时钟到下一个时钟，以及从一条指令到下一条指令的内部状态信息。

包括处理器在内的现代复杂数字器件几乎都是以同步时序逻辑方式实现的。低级内部器件（例如，前面讨论的门、多路选择器、寄存器和加法器等）通常是组合逻辑电路。这些较低级别的器件又在同步逻辑的控制下作为输入。在处理器指令和逻辑电路的控制下，公共时钟信号将在通过这些组合器件允许的最大传输延迟之后，把这些器件的输出传输到体系结构的其他部分。

第 3 章将介绍实现更复杂功能的高级处理器元件，包括指令译码、指令执行和算术运算。

下一节将介绍使用计算机编程语言设计数字硬件的概念。

2.10 硬件描述语言

使用与本章前面介绍的逻辑图类似的方法来表示简单的数字电路很直观。然而，当设计高复杂度的数字器件时，逻辑图很快就会变得无能为力。作为逻辑图的替代方案，多年来已经开发了许多硬件描述语言。这一演变受到摩尔定律的推动，摩尔定律驱使数字系统设计者不断寻找新的方法，以迅速有效地利用集成电路中数量不断增长的晶体管。

硬件描述语言并不是半导体公司数字设计师的专属领域，即使是业余爱好者也可以获得和使用这些强大的工具，在许多情况下它们甚至是免费的。

门阵列是包含大量逻辑单元的逻辑器件，其中的逻辑单元包括与非门和 D 触发器等。一类称为可编程逻辑门阵列（FPGA）的门阵列使最终用户能够仅使用一台计算机、一块小型开发板和适当的软件包来实现他们的设计。

开发人员可以使用硬件描述语言定义复杂的数字电路，并将其直接编程到芯片中，从而产生全功能、高性能的定制数字设备。当代低成本 FPGA 包含足够数量的逻辑门来实现复杂的现代处理器设计。例如，RISC-V 处理器的 FPGA 可编程设计（见第 11 章）以开源硬件描述语言代码的形式提供。

VHDL

VHDL 是当今使用的主要硬件描述语言之一，该语言在美国国防部的指导下于 1983 年开始开发，其语法和一些语义基于 Ada 编程语言。Ada 编程语言是以查尔斯·巴贝奇的分析机的程序员 Ada Lovelace 命名的，在第 1 章中进行了简要介绍。Verilog 是另一种流行的硬件设计语言，其功能类似于 VHDL。本书将专门使用 VHDL，但给出的示例也可以用 Verilog 很容易地实现。

VHDL 是一个多级的缩写，其中 V 代表 VHSIC，即超高速集成电路，VHDL 代表 VHSIC 硬件描述语言。以下代码给出了图 2.15 所示全加器电路的 VHDL 实现：

```vhdl
-- Load the standard libraries

library IEEE;
  use IEEE.STD_LOGIC_1164.ALL;

-- Define the full adder inputs and outputs

entity FULL_ADDER is
  port (
    A     : in    std_logic;
    B     : in    std_logic;
    C_IN  : in    std_logic;
    S     : out   std_logic;
    C_OUT : out   std_logic
  );
end entity FULL_ADDER;

-- Define the behavior of the full adder

architecture BEHAVIORAL of FULL_ADDER is

begin

  S     <= (A XOR B) XOR C_IN;
  C_OUT <= (A AND B) OR ((A XOR B) AND C_IN);

end architecture BEHAVIORAL;
```

此代码对图 2.15 中的全加器进行了直观的文本描述。这里的 `entity FULL_ADDER is` 部分定义了全加器部件的输入和输出。`architecture` 部分描述了电路逻辑如何在给定输入 A、B 和 C_IN 的情况下产生输出 S 和 C_OUT。术语 `std_logic` 指的是一位二进制数据类型。<= 字符表示类似导线的连接，使用在右侧计算的值驱动左侧的输出。

以下代码引用 FULL_ADDER VHDL 作为图 2.16 所示的 4 位加法器设计实现中的一个构件：

```vhdl
-- Load the standard libraries

library IEEE;
  use IEEE.STD_LOGIC_1164.ALL;

-- Define the 4-bit adder inputs and outputs

entity ADDER4 is
```

```vhdl
  port (
    A4        : in   std_logic_vector(3 downto 0);
    B4        : in   std_logic_vector(3 downto 0);
    SUM4      : out  std_logic_vector(3 downto 0);
    C_OUT4    : out  std_logic
  );
end entity ADDER4;

-- Define the behavior of the 4-bit adder

architecture BEHAVIORAL of ADDER4 is

  -- Reference the previous definition of the full adder

  component FULL_ADDER is
    port (
      A         : in   std_logic;
      B         : in   std_logic;
      C_IN      : in   std_logic;
      S         : out  std_logic;
      C_OUT     : out  std_logic
    );
  end component;

  -- Define the signals used internally in the 4-bit adder
  signal c0, c1, c2 : std_logic;

begin

  -- The carry input to the first adder is set to 0
  FULL_ADDER0 : FULL_ADDER
    port map (
      A         => A4(0),
      B         => B4(0),
      C_IN      => '0',
      S         => SUM4(0),
      C_OUT     => c0
    );

  FULL_ADDER1 : FULL_ADDER
    port map (
      A         => A4(1),
      B         => B4(1),
      C_IN      => c0,
      S         => SUM4(1),
      C_OUT     => c1
    );
```

```
    FULL_ADDER2 : FULL_ADDER
      port map (
        A         => A4(2),
        B         => B4(2),
        C_IN      => c1,
        S         => SUM4(2),
        C_OUT     => c2
      );

    FULL_ADDER3 : FULL_ADDER
      port map (
        A         => A4(3),
        B         => B4(3),
        C_IN      => c2,
        S         => SUM4(3),
        C_OUT     => C_OUT4
      );

end architecture BEHAVIORAL;
```

此代码是图 2.16 中 4 位加法器的文本描述。这里，entity ADDER4 is 部分定义了 4 位加法器器件的输入和输出。短语 std_logic_vector（3 downto 0）表示 4 位数据类型，位号 3 位于左侧（最高位），位号 0 位于右侧。

FULL_ADDER 构件在单独的文件中定义，由该部分开始处的 component FULL_ADDER is 语句进行引用。语句 signal c0、c1、c2：std_logic；定义全加器之间的内部进位值。4 个 port map 部分定义了 4 位加法器信号与每个一位全加器的输入和输出之间的连接。要引用多位值中的某一位，在括号中的参数名称后面加上位号。例如，A4（0）指的是 A4 中的最低有效位。

注意此设计中层次结构的使用。一个简单的构件（比如一位全加器）首先被定义为一个独立的、功能完整的代码块。然后，使用这个模块来构造一个更复杂的电路，即 4 位加法器。这种层次化方法可以扩展到多个层次，以定义由不太复杂的构件构成的极其复杂的数字器件，而每个构件又由更简单的部件构成。这种方法在层次化体系结构的每个层次中能够控制设计的复杂度，使得人们可以更加容易理解设计的原理与细节，因此通常会使用这种方法开发包含有数亿个晶体管的现代处理器。

本节中的代码提供了所有的电路信息，可以用逻辑综合软件工具套件将 4 位加法器作为 FPGA 中的一个构件进行实现。当然，需要额外的电路来向加法器电路提供有意义的输入，然后在允许的传播延迟之后处理加法运算的结果。

以上是对 VHDL 的简单介绍，目的是让读者意识到 VHDL 等硬件描述语言是当前用于复杂数字电路设计的流行技术。此外，读者应该知道一些低成本的 FPGA 开发工具和器件。本章的习题将介绍一些免费且功能强大的 FPGA 开发工具。鼓励读者在 Internet 上搜索并了解更多关于 VHDL 和其他硬件描述语言的知识，并尝试开发一些电路。

2.11 总结

本章首先介绍了电路的属性，并介绍了电压源、电阻和导线等元件在电路图中的表示方式。然后介绍了晶体管，并重点介绍了它在数字电路中作为开关器件的用途。非门和与门是由晶体管和电阻器构成的。本章还定义了其他类型的逻辑门，并给出了每个逻辑门的真值表。逻辑门可以被用来构造更复杂的数字电路，包括锁存器、触发器、寄存器和加法器等。本章还介绍了时序逻辑的概念，并讨论了时序逻辑在处理器设计中的适用性。最后介绍了硬件描述语言，并给出了一个用 VHDL 语言实现的 4 位加法器示例。

现在读者应该已经了解了现代处理器开发中使用的基本数字电路概念及设计工具。下一章将对这些基本模块进行扩展，以探索现代处理器的功能构件，从而讨论这些构件如何协调以实现指令加载、译码和执行的主处理器操作周期。

2.12 习题

1. 重新组织图 2.5 中的电路，将与门变换为与非门。
   提示：不需要添加或删除构件。
2. 通过修改图 2.5 中的电路来实现或门。可以根据需要添加导线、晶体管和电阻。
3. 在网上搜索包含模拟器的免费 VHDL 开发软件套件。获取其中一个套件，对其进行设置，并构建套件附带的任何简单演示示例，以确保其正常工作。
4. 使用 VHDL 工具集和本章提供的代码清单实现 4 位加法器。
5. 向设计的 4 位加法器添加测试驱动程序代码（可以上网查攻略），以通过有限的一组输入集驱动它，并验证输出是否正确。
6. 扩展测试驱动代码，并验证 4 位加法器是否针对所有可能的输入都有正确的输出。

第 3 章

Modern Computer Architecture and Organization, Second Edition

处理器要素

从本章开始，我们将深入介绍现代处理器体系结构。在第 2 章介绍的基本数字电路的基础上，本章将讨论一个简单但通用的处理器的功能单元。首先介绍与指令集和寄存器集相关的概念，接着讨论指令加载、译码、执行和排序的步骤。另外，基于 6502 架构讨论了寻址方式和指令类型，并以 6502 的中断处理为例，介绍了处理器进行中断处理的必要性。此外，本章还介绍了现代处理器输入 / 输出操作的标准方法，包括直接内存访问（DMA）等。

通过学习本章，读者将会对处理器的基本组件和指令集的结构有一定的了解。同时，读者也将学习处理器的指令类型，理解为什么需要中断处理，并理解 I/O 操作。

本章包含以下主题：
- 一个简单的处理器
- 指令集
- 寻址方式
- 指令类型
- 中断处理
- I/O 操作

3.1 一个简单的处理器

在第 1 章中已经介绍了 6502 处理器体系结构及其一个指令子集。基于第 1 章中的相关内容，本节将介绍处理器（从最小的嵌入式控制器到功能最强大的服务器处理器）体系结构中通常采用的通用功能单元。

计算机系统中的核心集成电路有几个不同的名称：**中央处理器**（Central Processing Unit，CPU）、微处理器（简称为处理器）。微处理器是指实现了处理器功能的单个集成电路。本书将所有类别的 CPU 和微处理器统称为处理器。

6052 等典型的处理器包含三种不同的功能单元：
- **控制部件**（control unit）：负责管理处理器的整体操作，主要包括从内存中取出下一条指令，通过指令译码确定要执行的操作，以及将要执行的指令分发到合适的执行单元。
- **算术逻辑部件**（Arithmetic Logic Unit，ALU）：执行算术运算和位操作运算的组合电路。
- **寄存器集**（register set）：为指令提供源操作数及目的操作数，也用于暂存数据。

图 3.1 显示了控制单元、寄存器、ALU、内存和输入 / 输出设备之间的控制流和数据流。

控制单元控制处理器执行每条指令。寄存器、ALU、内存和输入 / 输出设备对控制单元发出的命令

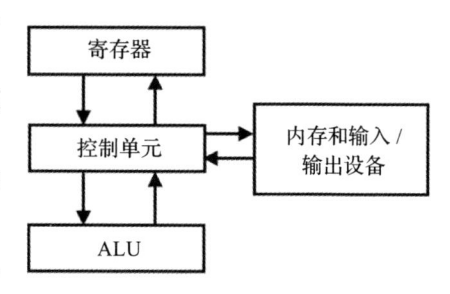

图 3.1 处理器功能单元的交互

进行响应。

3.1.1 控制单元

现代处理器的控制单元是同步时序数字电路，其功能是对处理器指令进行解释，并通过与处理器中其他功能单元与包括内存和输入/输出设备等外部组件的交互来对这些指令的执行进行管理。控制单元是冯·诺伊曼体系结构的关键部分。

就本章而言，"内存"是指位于处理器执行单元之外的随机存取存储器（Random Access Memory，RAM）。高速缓存（Cache 存储器）将在后面的章节中介绍。

常见的 I/O 设备有键盘、鼠标、磁盘存储器以及图形视频显示器，除此之外，还有网络接口、Wi-Fi 和蓝牙无线接口、扬声器的声音输出和麦克风输入等。

当计算机系统上电时，处理器会进行一个复位操作，对内部组件进行初始化。在处理器复位过程中，会把将要执行的第一条指令所在的内存地址加载到**程序计数器**（Program Counter，PC）中。底层系统软件开发者必须配置开发工具，以生成一个代码内存映像，该映像会从处理器体系结构指定的地址处开始执行。

程序计数器是控制单元的核心组件，程序计数器保存着下一条将要执行的指令的内存地址。在指令执行周期的开始阶段，控制单元从程序计数器指定的内存单元中读取指令字，并将其装载到内部寄存器中以进行译码和执行。每条指令包含的第一个字段是操作码。基于操作码的编码，控制单元可以依据操作码之后的字段（例如，内存地址或操作数）读取内存以获取指令所需要的数据。

当控制单元完成复位并开始执行指令时，它将执行如图 3.2 所示的重复循环。

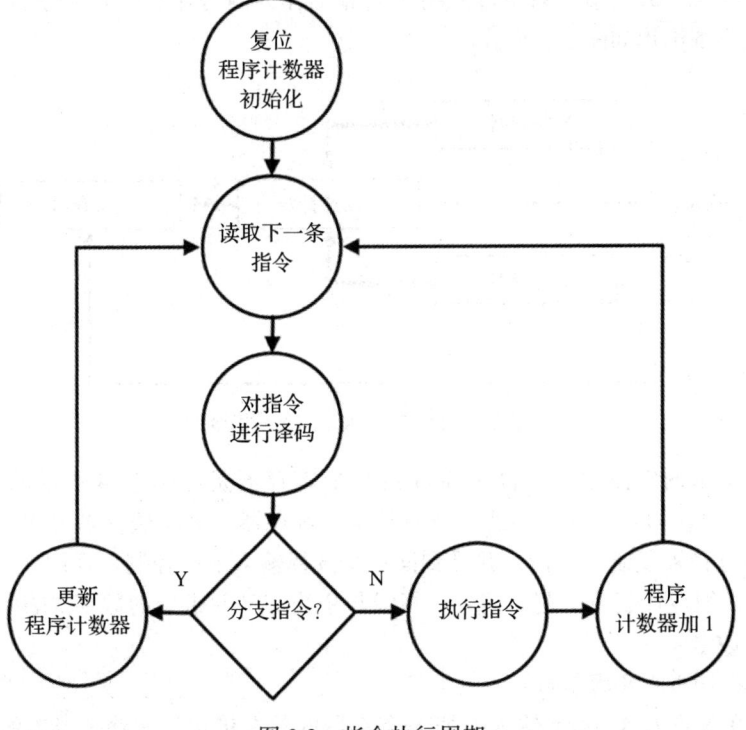

图 3.2 指令执行周期

复位过程完成后，程序计数器中保存初始的指令地址。控制单元从内存中读取第一条指令并进行译码。在译码阶段，控制单元确定指令所需的动作。

作为译码过程的一部分，控制单元能够识别指令的类型。在图 3.2 中给出了两种基本的指令类型，分别是分支指令和其他类型的指令。分支指令直接由控制单元执行，会导致程序计数器的内容被分支中的目标内存地址替换。能够实现分支的指令包括条件分支指令（当分支成功时）、子程序调用、子程序返回和无条件分支（也称为跳转）指令。

在控制单元的指挥下，非分支指令由处理器电路执行。

从某种意义上来说，控制单元对非分支指令的处理与分析机中的磨机类似（参见第 1 章），不同之处在于，控制单元不使用旋转桶上的双头螺栓来啮合磨机的各个部分，而是用指令操作码中的译码结果来激活数字电路的特定部分，被选中的电路组件执行指令所要求的任务。

执行指令的步骤包括读写寄存器、读写内存单元、指挥 ALU 执行数学运算，以及其他操作。

在大多数处理器中，一条指令的执行需要经过多个时钟周期。每条指令所需的时钟周期数可能会有所不同，简单指令仅需很少的时钟周期，而复杂操作则需要多个时钟周期，控制单元的作用就是协调这些动作有条不紊地进行。

由控制单元管理的电路是由简单逻辑门电路构成的，这种电路通常由多路选择器、锁存器和触发器等复杂结构组成。控制单元逻辑经常使用多路选择器，其作用是从多个数据源中选择一个发送到目的地。

执行指令——一个简单的例子

以 6502 中 TXA 和 TYA 两条指令为例。TXA 指令将 X 寄存器的内容复制到 A 寄存器中，TYA 指令的功能与 TXA 类似，只不过使用 Y 寄存器作为源寄存器。如果分别考虑两条指令，则两条指令的实现结构如图 3.3 所示。

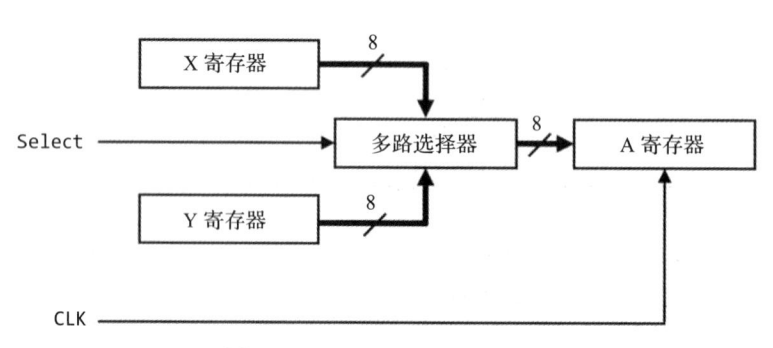

图 3.3 6502 TXA 和 TYA 指令

在图 3.3 所示的电路中，假设 X 寄存器和 Y 寄存器是如图 2.14 所示的 D 触发器寄存器，但在 6502 中它们是 8 位寄存器，而不是 4 位寄存器。多路选择器是将图 2.9 所示的两输入一位多路选择器复制了 8 份，并受到同一个选择输入端的控制。在图 3.3 中，粗线代表 8 位数据总线，细线代表单个逻辑信号。短线与粗线交叉并带有的数字 8 表示总线位宽（即总线中的比特数量）。

TXA 指令按照以下步骤执行：
1. 控制单元设置 Select 输入，把 X 寄存器的数据传送到多路选择器的输出端，从而把 X 寄存器的数据加载到 A 寄存器中。

2. 在设置好多路选择器的 Select 输入之后，控制单元必须暂停以便将数据传送到多路选择器的输出端。
3. 在多路选择器输出稳定之后，控制单元在 CLK 信号上升沿将 X 寄存器中的数据加载到 A 寄存器中。

当执行 TYA 指令时，控制单元执行相同的步骤，但是 TYA 指令设置 Select 输入以把 Y 寄存器的数据传送到多路选择器的输出端。

这是控制单元指令执行的一个非常简单的实例。从中可以看出，任何一条指令可能需要多个执行步骤，但可能只需用到处理器的一小部分电路。目前，在执行一条指令时，处理器中大部分电路都没有用到。在执行一条指令时，处理器中未用到的组件必须由控制单元进行协调，确保它们能够保持空闲状态。

3.1.2 算术逻辑单元

在控制单元的控制下，ALU 执行算术运算和位运算。为了执行运算，ALU 需要输入数据（称为操作数）和执行运算的编码，其输出为运算结果。ALU 运算可以使用一个或多个处理器标志（例如进位标志等）作为输入，也可将处理器标志的状态作为输出。在 6502 中，ALU 运算能够更新进位标志、负数标志、零标志和溢出标志。

ALU 是组合电路，意味着输入端的变化将会导致输出端的异步更新，并且不保留先前的任何操作。

当执行与 ALU 相关的指令时，控制单元会将输入应用到 ALU 中，在等待信号通过 ALU 的传播延迟之后，将 ALU 输出传输到指令指定的位置。

ALU 中包含执行加减法运算的加法器电路。在使用二进制补码运算的处理器中，减法运算的实现如下：通过对右操作数进行二进制补码取反运算，将得出的结果加到左操作数上。在数学上，用这种方式执行减法运算相当于将表达式 A−B 转换为 A+(−B)。

回想一下，要实现一个有符号数的二进制补码取反运算，就是将操作数中的所有位取反并将结果加 1。结合这个运算，将表示减法操作的表达式 A+(−B) 转换为 A+($\overline{B}$+1)。

考察这种形式的减法运算，应将 6502 中的进位标志和 SBC 指令结合使用。在执行没有借位减法运算时，C 标志提供 "+1" 操作。如果有借位，则和必须减 1，该运算可以通过把 C 标志设置为 0 来实现。

总的来说，在 6502 中，减法逻辑与加法逻辑是相同的，唯一的区别就是在表达式 A−B 中的操作数 B 需要通过一组非门将 8 位数据进行取反之后，才能将其输入加法器中。

图 3.4 显示了 6502 中加法运算和减法运算的功能。

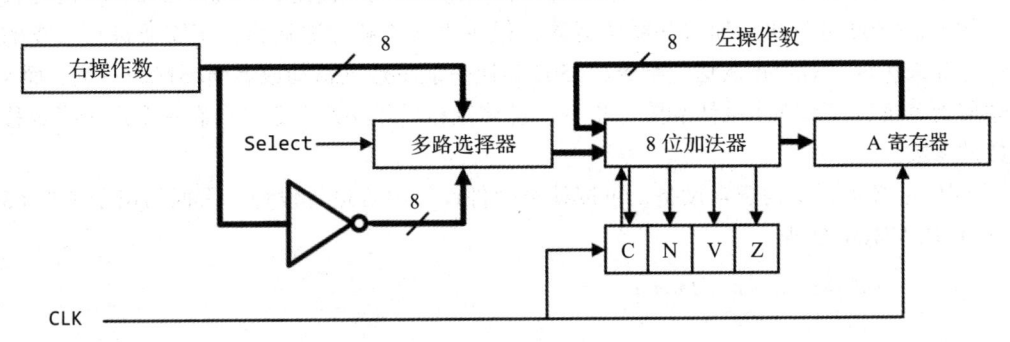

图 3.4　6502 加法运算和减法运算

与图 3.3 类似，图 3.4 是 6502 处理器的高度简化表示，仅描述了 ADC 和 SBC 指令中涉及的组件。在图 3.4 中，Select 输入信号表示执行的操作是加法还是减法。其中加法需要选择多路选择器中上面的输入，而减法则需要选择下面的输入。在 6502 架构中，A 寄存器始终保存减法运算中的左操作数。

加法器的输入是左、右操作数和 C 标志。当执行 ADC 或者 SBC 指令时，控制单元把右操作数作为多路选择器的数据输入，并根据指令将多路选择器的 Select 输入设置为适合的状态。在等待信号通过非门、多路选择器和加法器的传播延迟后，控制单元会产生一个时钟沿，将加法器的输出锁存到 A 寄存器和处理器标志寄存器中。

在执行 ADC 指令或者 SBC 指令时，处理器标志的设置如下：

- C：进位标志。表示在加法运算中是否产生进位（C = 1），或在减法运算中是否产生借位（C = 0）。
- N：负数标志。结果的第 7 位的值。
- V：溢出标志。有符号数运算是否发生溢出（如果发生溢出，则 V = 1）。
- Z：零标志。如果结果为零，则 Z = 1，否则 Z = 0。

除了对两个数字进行加减法运算外，ALU 还支持多种运算。在 6502 中，具有两个操作数的运算通常使用 A 寄存器作为左操作数，右操作数要么来自一个内存单元，要么由操作码之后的立即数提供（立即数位于操作码之后的一个内存单元中）。6502 中的 ALU 操作数和结果均为 8 位。6502 的 ALU 操作如下：

- ADC，SBC：带进位加法或减法。
- DEC，DEX，DEY：将内存中的数据或寄存器内容递减一。
- INC，INX，INY：将内存中的数据或寄存器内容递增一。
- AND：对两个操作数执行按位逻辑与运算。
- ORA：对两个操作数执行按位逻辑或运算。
- EOR：对两个操作数执行按位逻辑异或运算。
- ASL，LSR：将 A 寄存器或内存中的数据左移或者右移一位，空位补 0。
- ROL，ROR：将 A 寄存器或内存中的数据循环左移或者循环右移一位，并空位补 C 标志的值。
- CMP，CPX，CPY：两个操作数相减并舍弃结果，根据相减的结果设置 N、Z 和 C 标志。
- BIT：对两个操作数执行按位逻辑与运算，并用 Z 标志表示结果是否为 0。此外，将左操作数的第 7 位和第 6 位分别复制到 N 和 V 标志中。

与大多数复杂的现代处理器（例如 x86 体系结构系列）相比，6502 的 ALU 功能比较有限。例如，6502 可以执行加法和减法运算，但对于乘法和除法运算，则需要进行重复的加减法运算来实现。对于每条移位指令，6502 每次只能将数据移动或者循环移动一位。而 x86 处理器指令集直接实现了乘法和除法指令，且移位和循环移位指令中含有一个用于指定移位次数的参数。

ALU 是必不可少的逻辑设备，可以使用硬件设计语言进行设计。下面给出了类似 6502 中 ALU 的 VHDL 实现：

```
-- Load the standard libraries

library IEEE;
```

```vhdl
use IEEE.STD_LOGIC_1164.ALL;
use IEEE.NUMERIC_STD.ALL;

-- Define the 8-bit ALU inputs and outputs

entity ALU is
  port (
    -- Left operand
    LEFT     : in    std_logic_vector(7 downto 0);
    -- Right operand
    RIGHT    : in    std_logic_vector(7 downto 0);
    -- ALU operation
    OPCODE   : in    std_logic_vector(3 downto 0);
    -- Carry input
    C_IN     : in    std_logic;
    -- ALU output
    RESULT   : out   std_logic_vector(7 downto 0);
    -- Carry output
    C_OUT    : out   std_logic;
    -- Negative flag output
    N_OUT    : out   std_logic;
    -- Overflow flag output
    V_OUT    : out   std_logic;
    -- Zero flag output
    Z_OUT    : out   std_logic
  );
end entity ALU;

-- Define the behavior of the 8-bit ALU

architecture BEHAVIORAL of ALU is

begin

  P_ALU : process (LEFT, RIGHT, OPCODE, C_IN) is

    variable result8  : unsigned(7 downto 0);
    variable result9  : unsigned(8 downto 0);
    variable right_op : unsigned(7 downto 0);

  begin

    case OPCODE is

      when "0000" | "0001" => -- Addition or subtraction

        if (OPCODE = "0000") then
          right_op := unsigned(RIGHT);       -- Addition
```

```vhdl
        else
          right_op := unsigned(not RIGHT); -- Subtraction
        end if;

        result9 := ('0' & unsigned(LEFT)) +
                   unsigned(right_op) +
                   unsigned(std_logic_vector'(""& C_IN));
        result8 := result9(7 downto 0);

        C_OUT <= result9(8);              -- C flag

        -- V flag
        if (((LEFT(7) XOR result8(7)) = '1') AND
            ((right_op(7) XOR result8(7)) = '1')) then
          V_OUT <= '1';
        else
          V_OUT <= '0';
        end if;

      when "0010" =>                      -- Increment
        result8 := unsigned(LEFT) + 1;
      when "0011" =>                      -- Decrement
        result8 := unsigned(LEFT) - 1;
      when "0101" =>                      -- Bitwise AND
        result8 := unsigned(LEFT and RIGHT);
      when "0110" =>                      -- Bitwise OR
        result8 := unsigned(LEFT or RIGHT);
      when "0111" =>                      -- Bitwise XOR
        result8 := unsigned(LEFT xor RIGHT);
      when others =>
        result8 := (others => 'X');

    end case;

    RESULT <= std_logic_vector(result8);

    N_OUT <= result8(7);                  -- N flag

    if (result8 = 0) then                 -- Z flag
      Z_OUT <= '1';
    else
      Z_OUT <= '0';
    end if;

  end process P_ALU;

end architecture BEHAVIORAL;
```

该代码将一个简单的 ALU 定义为以左操作数、右操作数、操作码和 C 标志作为输入的组合电路，ALU 的输出为运算结果和 C、N、V、Z 标志。

接下来，我们将介绍处理器寄存器的用途及功能。

3.1.3 寄存器

寄存器是内部存储单元，用作指令操作的源操作数和目的操作数。在处理器中，寄存器的访问速度最快，但容量却非常小。通常情况下，寄存器的位宽与处理器字长相同。

如前所述，6502 处理器只有 3 个 8 位的寄存器：A、X 和 Y。x86 有 6 个用于暂存数据的 32 位寄存器：EAX、EBX、ECX、EDX、ESI 和 EDI。在许多处理器体系结构中，特定的寄存器用来支持特定指令的功能。例如，在 x86 体系结构中，REP MOVSD 指令将由 ECX 指明长度的数据块（以字为单位），从 ESI 指明的源地址开始，传输到由 EDI 指明的目的地址。

设计一个新的处理器体系结构时，在寄存器的数量与处理器支持的指令数量和复杂度之间进行权衡非常关键。对于一个给定的集成电路芯片尺寸和制造工艺（它们共同限制了可用于处理器的晶体管数量），向体系结构增加寄存器的数量会减少用来执行指令和其他功能的晶体管数量。相反，增加具有复杂功能的指令可能会限制寄存器可用的芯片空间。在将体系结构分为 CISC 或 RISC 时，指令集复杂度和寄存器数量之间的紧张关系就会体现出来。

- **复杂指令集计算机**（Complex Instruction Set Computer，CISC）处理器含有丰富的指令集，该指令集提供了多种功能，例如，能够从内存中加载操作数，执行操作并将结果保存到内存中，以上功能可以在一条指令中完成。在 CISC 处理器中，一条指令可能需要很多个时钟周期才能执行完成规定的功能。前面提到的 REP MOVSD 指令就是一个例子，这条指令的执行时间可能很长。CISC 处理器的寄存器数量往往较少，部分原因是指令集逻辑电路需要占用芯片空间。x86 是 CISC 体系结构的经典示例。
- 与 CISC 指令相比，**精简指令集计算机**（Reduced Instruction Set Computer，RISC）处理器的指令数量较少，其中每条指令的功能也比较简单。对保存在内存中的数据执行一个操作可能需要两条加载指令以将两个操作数从内存复制到寄存器中，然后使用一条指令执行指定的操作，最后使用一条指令将结果存储到内存中。

CISC 和 RISC 之间的主要区别在于，RISC 体系结构经过优化，能够以很高的速度执行指令。尽管在 RISC 处理器中，读取内存、执行操作并将结果写回内存需要用到比 CISC 处理器更多的指令，但对于 RISC 处理器而言，这些操作总的完成时间与 CISC 处理器可能相当，甚至更短。RISC 体系结构的示例详见第 10 章讨论的 ARM 和第 11 章讨论的 RISC-V。

与 CISC 相比，RISC 处理器中指令集复杂度的降低是为了给寄存器留出更多的芯片空间，这通常会导致 RISC 处理器中具有更多的寄存器。ARM 架构有 13 个通用寄存器，而 32 位的 RISC-V 体系结构有 31 个通用寄存器。

在 RISC 体系结构中，由于有较多的寄存器可用来保存运算的中间结果，因此减少了访问内存的次数。因为访问系统内存比访问寄存器要花费更长的时间，所以这有助于提高计算机性能。

可以将寄存器看作一组 D 触发器，其中每个触发器保存寄存器的一位数据。寄存器中的所有触发器均可以通过公共时钟信号来加载数据。此外，在指令的控制下，在通过多路选择器对多个潜在的数据源进行选择之后，寄存器的输入数据到达触发器。

作为使用多路选择器来选择寄存器输入的一种替代，一条指令可以从处理器内部的数据总线上加载数据到寄存器中。在这种配置下，控制单元控制内部总线以确保在加载寄存器的时钟沿期间，只有所需的数据源在驱动数据总线，此时，需要禁止其他数据源将数据传输到总线上。

下面介绍处理器指令集中的指令及其使用的寻址方式。

3.2 指令集

在大多数通用体系结构中都实现了类似的指令，不过稍微复杂的处理器会通过额外类型的指令来增强其功能。现代处理器体系结构中可用的更高级指令将在后面的章节中介绍。

CISC 处理器通常支持多种寻址方式。寻址方式的设计目标是使运行在处理器上的软件算法能够有效地访问顺序存储单元。3.3 节将介绍 6502 处理器实现的指令寻址方式，之后会介绍在 6502 处理器中已经实现的指令，其中大多数指令会以某种方式在现代处理器体系结构中得到体现。我们还会介绍中断处理和输入/输出操作的专用指令，包括介绍实现高性能输入/输出操作的特殊处理器功能。

3.3 寻址方式

CISC 处理器支持多种寻址方式，在内存和寄存器之间进行数据传输。而 RISC 处理器仅支持少数寻址方式。每种处理器体系结构在定义其寻址方式时，都要分析软件的预期内存访问模式。

本节将用一个简单的 6502 代码示例来介绍 6502 的寻址方式，其功能是将 4 个字节类型的数据相加。为了简单起见，该例忽略了 8 位和的任何进位。

3.3.1 立即寻址方式

在立即寻址中，操作数的数值紧跟在内存中的操作码之后。在第一个示例中，假设给定了 4 个字节的值，要求编写 6502 程序来对这 4 个字节的数据求和，在程序代码中将直接使用这几个字节的值。本示例中的字节数据为 $01~$04，此处将以相反的顺序（$04~$01）将这 4 个字节相加，这样做的目的是便于在后面使用循环结构。下面的代码使用立即寻址方式将 4 个字节相加：

```
; Add four bytes together using immediate addressing mode
LDA #$04
CLC
ADC #$03
ADC #$02
ADC #$01
```

需要注意的是，汇编语言的注释以分号开头。当这些指令执行完成后，A 寄存器中保存的值是 $0A，也就是这 4 个字节数据的和。

回顾第 1 章，在 6502 汇编语言中，字符 # 表示该值是立即数，而字符 $ 表示该值是十六进制数。立即寻址的操作数是从存放指令操作码之后的内存单元中读取的。因为不需要为要读取的操作数保留内存空间，所以立即寻址比较便捷。但是，只有数据值在编写程序时已知的情况下，才能够使用立即寻址方式。

3.3.2 绝对寻址方式

绝对寻址方式（absolute addressing mode，又称为直接寻址方式）由指令指明需要读取或写入的数据的内存地址。因为 6502 使用 16 位地址，所以访问所有可用内存的地址字段的长度是两个字节。访问任意 6502 内存位置数据的完整指令由三个字节组成：第一个字节是操作码，后两个字节用于指明读取或写入的地址（这两个地址字节必须是低位字节在前，高位字节在后）。

由于两个字节地址的低位字节存储在低位内存地址中，因此 6502 是一个**小端**（little-endian）处理器。X86 也属于小端处理器。ARM 和 RISC-V 体系结构允许在软件的控制下决定使用大端（big-endian）模式还是小端模式［称为**双端**（bi-endianness）］，但是在这些体系结构上运行的大多数操作系统会选择小端模式。

绝对寻址方式的示例中，开始是一段初始化代码，将 4 个字节存入地址为 $200~$203 的内存单元。接下来是实现 4 个字节相加的代码。下面是用绝对寻址方式对 4 个字节进行求和的例子：

```
; Initialize the data in memory
LDA #$04
STA $0203
LDA #$03
STA $0202
LDA #$02
STA $0201
LDA #$01
STA $0200
; Add four bytes together using absolute addressing mode
LDA $0203
CLC
ADC $0202
ADC $0201
ADC $0200
```

与立即寻址方式不同，绝对寻址方式允许在程序执行期间对 4 个字节进行求和操作：ADC 指令把存储在地址 $200~$203 中的 4 个字节加到一起。这种寻址方式的一个限制是要执行求和操作的字节的地址必须在程序编写时就被指定。这个程序不能再对内存的其他字节进行求和。

这个简单示例的缺点是将相似度很高的指令序列堆放在一起。为了避免这种情况，通常需要将重复的代码放入循环结构。接下来的两个例子利用 6502 的寻址方式使得循环容易实现，不过在第二个示例中才能实现循环。

3.3.3 绝对索引寻址方式

绝对索引寻址方式（absolute indexed addressing mode）通过把指令提供的基址与暂存在 X 寄存器或 Y 寄存器的值相加得到内存地址[⊖]。以下示例用绝对索引寻址方式将地址 $0200~$0203 中的字节相加。X 寄存器提供了相对于字节数组基地址 $0200 的偏移量：

⊖ 此处的 X 寄存器或 Y 寄存器称为索引／变址寄存器。——译者注

```
; Initialize the data in memory
LDA #$04
STA $0203
LDA #$03
STA $0202
LDA #$02
STA $0201
LDA #$01
STA $0200
; Add four bytes together using absolute indexed addressing mode
LDX #$03
CLC
LDA $0200, X
DEX
ADC $0200, X
DEX
ADC $0200, X
DEX
ADC $0200, X
```

其中 DEX 指令使 X 寄存器递减（X 寄存器减 1）。尽管这段代码会使得 4 个字节相加所用的指令数量增加，但是需要注意的是，指令序列 DEX、ADC $0200、X 重复了三遍。

通过使用条件分支，可以在一个循环中执行相同的加法序列：

```
; Initialize the data in memory
LDA #$04
STA $0203
LDA #$03
STA $0202
LDA #$02
STA $0201
LDA #$01
STA $0200
; Add four bytes together using absolute indexed addressing mode
LDX #$03
LDA $0200, X
DEX
CLC
ADD_LOOP:
ADC $0200, X
DEX
BPL ADD_LOOP
```

BPL（branch on plus）指令指在一定条件下将控制转移到前面带有 ADD_LOOP 标签的指令处。只有当处理器中的 N 标志被清除时，BPL 指令才执行分支，但如果 N 标志置位，则 BPL 指令将继续执行下一条指令。

在上面的示例中，为了累加 4 个字节的数据去构造一个循环似乎有些不值得。但是，可以通过简单地更改 LDX 指令的操作数来修改这个版本的代码，即可将 100 个连续字节进行求和。用相同的方式扩展这个示例，将 100 个字节相加需要更多的工作，并且指令将消耗更多的内存。

这个示例与绝对寻址方式有相同的限制：在编写程序时，将字节数组的起始位置保存在已经定义好的内存单元中。在接下来的寻址方式中将消除这种限制，并且可以对内存中从任何位置开始的字节数组进行求和。

3.3.4　间接索引寻址方式

间接索引寻址方式（indirect indexed addressing mode）使用存储在内存地址范围 $00~$FF 中的两个字节作为基地址，并将 Y 寄存器的内容与该基地址相加，从而生成指令所需的内存地址。在下面的示例中，首先将字节数组的基地址（$0200）以小端模式存储在地址 $0010 和 $0011 处。该代码在循环体中使用间接索引寻址将字节相加：

```
; Initialize the data in memory
LDA #$04
STA $0203
LDA #$03
STA $0202
LDA #$02
STA $0201
LDA #$01
STA $0200
; Initialize the pointer to the byte array
LDA #$00
STA $10
LDA #$02
STA $11
; Add four bytes together using indirect indexed addressing mode
LDY #$03
LDA ($10), Y
DEY
CLC
ADD_LOOP:
ADC ($10), Y
DEY
BPL ADD_LOOP
```

由于使用了间接索引寻址，因此执行求和代码之前，任何内存地址都可以存储到地址 $10~$11 中。需要注意的是，间接索引寻址一定要用 Y 寄存器暂存地址偏移量，而 X 寄存器在这种模式下不可用。

6502 还有一些其他的寻址方式。**零页寻址方式**（zero-page addressing mode）通过只使用 $00~$FF 范围内的内存地址，使得指令长度更短（减少了一个字节）且能快速地执行绝对寻址和绝对索引寻址。术语零页指在 $00~$FF 范围内 16 位地址的高字节为零。除了更快的执行速度和更少的内存需求，零页寻址方式的行为与前面所述的寻址方式相同。

另一种寻址方式是**索引间接寻址方式**（indexed indirect addressing mode），它与间接索引寻址方式类似。不同之处在于，它使用 X 寄存器代替 Y 寄存器，将 X 寄存器中暂存的偏移量与指令提供的地址相加，来确定指向数据的指针地址。例如，X 寄存器值为 8，LDA（$10,X）指令会将 X 寄存器的值与 $10 相加，产生的结果为 $18。然后，这个指令从地址 $18~$19 中读取的 16 位数据用作内存地址去访存，将读取的数据加载到 A 寄存器中。

索引间接寻址与字节序列求和的示例无关，这种寻址方式的一个示例应用程序是从连续的指针列表中选择一个值，其中每个指针都指向一个字符串的地址。X 寄存器可以引用其中一个字符串作为指针列表起始的偏移量。类似于 LDA（$10,X）的指令会把所选的字符串地址加载到 A 寄存器中。

CISC 和 RISC 处理器中的各种寻址方式都是为了支持高效地访问系统内存中的各种数据结构，只不过 RISC 处理器的寻址方式比 CISC 少一些。

下一节将讨论 6502 体系结构中实现的指令类型以及每条指令如何使用相关的寻址方式。

3.4 指令类型

本节给出了 6502 处理器支持的指令类型。讨论 6502 的目的是介绍处理器体系结构所涉及的指令集相关概念，这种处理器体系结构比现代 32 位和 64 位处理器体系结构要简单得多。

3.4.1 内存加载和存储指令

在 6502 中，load（加载）和 store（存储）指令分别是将系统内存的数据加载到寄存器中，以及将寄存器数据存储到系统内存中。在 6502 体系结构中，LDA、LDX 和 LDY 指令是把内存中的 8 位数据加载到指定的寄存器中。6502 中的 LDA 指令支持所有的寻址方式，而 LDX 和 LDY 支持有限的寻址方式：立即数寻址和绝对寻址和绝对索引寻址。

在每条指令执行完毕后，N 标志表示加载的数值是否为负数（也就是第 7 位等于 1），Z 标志表示数值是否为 0。

STA、STX 和 STY 指令是将指定寄存器的内容存储到内存中。除了不支持立即寻址方式外，每条 store 指令都支持与 load 指令相同的寻址方式。这些指令通过更改 N 标志和 Z 标志来反映存储到内存中的数据的特征。

3.4.2 寄存器到寄存器的数据传输指令

这些指令将 A 寄存器、X 寄存器和 Y 寄存器中存放的 8 位数据复制到另一个寄存器中，它们使用的是**隐含寻址方式**（implied addressing mode）。隐含寻址方式指的是每条指令的源地址和目标地址都是由指令操作码直接表示的。

TAX 指令是将 A 寄存器的内容复制到 X 寄存器中。TAY、TXA 和 TYA 等指令在指令助记符指定的寄存器对之间执行与 TAX 指令相同的操作。这些指令执行也能够更改 N 标志和 Z 标志。

3.4.3 栈指令

TXS 指令是将 X 寄存器中的值复制到栈指针（S）寄存器中，该指令在系统启动期间用来初始化 S 寄存器。TSX 指令是将 S 寄存器中的栈指针复制到 X 寄存器中，且 TSX 指令的执行也能更改 N 标志和 Z 标志，而 TXS 指令不影响任何标志。

PHA 指令将 A 寄存器的内容压入栈，PHP 指令将处理器标志作为 8 位数据字压入栈。这些指令都不影响处理器标志。将数据压入栈包括以下步骤：先把 $100 加到 S 寄存器中，把数据写入由 S 寄存器中的内容指明的内存单元中，然后对 S 寄存器的内容进行递减操作。

PLA 指令和 PLP 指令分别将从栈中弹出的数据存入 A 寄存器和标志寄存器。一个数据弹出栈时，首先需要将 S 寄存器进行递增操作，并将 $100 加到寄存器 S 中，然后从 S 寄存器中的内容指明的内存单元中读出数据，最后将读出的数据传送到目标寄存器中。

PLA 指令能够更改 N 标志和 Z 标志。PLP 指令会根据从栈中弹出的值设置或清除 7 个处理器标志中的 6 个标志。只有在中断或 PHP 指令将处理器标志寄存器的副本压入栈时，B（中断）标志才有意义。这会将 BRK 指令与硬件中断请求区分开。PHP 和 BRK 指令都将 B 标志位（第 4 位）置位之后再将标志寄存器压入栈。

通过处理器中断请求（Interrupt Request，$\overline{\text{IRQ}}$）和不可屏蔽中断（Non-Maskable Interrupt，$\overline{\text{NMI}}$）引脚产生的硬件中断，将会把 B 标志位清零之后的标志寄存器压入栈。本章稍后将讨论中断处理和 BRK 指令。

3.4.4 算术运算指令

如前所述，加法运算和减法运算由 ADC 和 SBC 指令实现。A 寄存器中存放每条指令的左操作数，也用于存放运算结果。指令的右操作数支持所有的寻址方式。同样地，这两条指令能够更改 Z、C、N 和 V 等反映运算结果特征的标志。

INC 和 DEC 指令通过把指定内存单元中的数据加 1 或减 1 进行递增或递减，运算结果依然存储在相同的内存单元中。这两条指令支持绝对寻址和绝对索引寻址，并根据运算结果来更改 N 标志和 Z 标志。

正如助记符的含义所示，INX、DEX、INY 和 DEY 指令将对 X 寄存器或 Y 寄存器的数据进行递增或递减。这些指令也会更改 N 标志和 Z 标志。

CMP 指令通过从 A 寄存器中减去操作数来进行比较。CMP 指令的行为与 SEC 后面跟一条 SBC 指令的指令序列非常相似。减法结果的特征通过 N、Z 和 C 等标志来反映。CMP 指令和 SBC 指令之间的区别如下：

- CMP 指令会丢弃相减的结果（即 CMP 指令不会影响 A 寄存器的值）。
- 如果设置了 D 标志，CMP 指令就不使用十进制模式。
- CMP 指令不影响 V 标志的值。
- CMP 指令支持所有的寻址方式。

如助记符的含义所示，CPX 和 CPY 指令与 CMP 指令相似，它们的不同之处在于 X 寄存器或 Y 寄存器被用作左操作数，并且右操作数只支持绝对寻址和绝对索引寻址方式。

3.4.5 逻辑运算指令

AND、EOR 和 ORA 指令对 A 寄存器和操作数按位执行与、异或和或运算，结果保存在 A 寄存器中。这些指令会影响 Z 和 N 标志，以此来反映运算结果，而且支持所有的寻址方式。

ASL 指令将操作数左移一位，空出来的最低有效位补 0，最高有效位的值移入 C 标志中，这等同于将 A 寄存器的值乘以 2，并将结果的最高有效位（即第 9 位）放在 C 标志中。

与 ASL 指令相似，LSR 指令将操作数右移一位，空出来的最高有效位补 0，最低有效位的值移入 C 标志中，这等同于将无符号操作数除以 2，并将得到的余数放在 C 标志中。

ROL 和 ROR 指令分别将 A 寄存器左移和右移一位。把原来存储在 C 标志的值移入由移位空出的位置，从 A 寄存器中移出的那一位存储在 C 标志中。

ASL、LSR、ROL 和 ROR 指令支持**累加器寻址方式**（accumulator addressing mode），该寻址方式用 A 寄存器作为操作数。与指令 ASL A 一样，都是使用特殊的操作数值"A"来指定此寻址方式。这 4 条指令同样也支持绝对寻址和绝对索引寻址方式。

BIT 指令在操作数和 A 寄存器之间执行按位与运算，根据运算结果更新 Z 标志，并丢弃运算结果。将内存单元的第 7 位和第 6 位分别复制到 N 和 V 标志中。该指令仅支持绝对寻址方式。

3.4.6 分支指令

JMP 指令将操作数加载到 PC 寄存器中，并从 PC 寄存器中新内容指定的位置继续执行。该指令的目标地址是指向 6502 的 16 位地址空间中任何位置的两字节绝对地址。

- BCC 和 BCS 指令的分支是否执行分别取决于 C 标志的清除与置位。
- BNE 和 BEQ 指令的分支是否执行分别取决于 Z 标志的清除与置位。
- BPL 和 BMI 指令的分支是否执行分别取决于 N 标志的清除与置位。
- BVC 和 BVS 指令的分支是否执行分别取决于 V 标志的清除与置位。

条件分支指令使用的是**相对寻址方式**（relative addressing mode），使用从分支指令之后的指令地址开始的有符号 8 位偏移量（−128 到 +127 之间）。

3.4.7 子程序调用和返回指令

JSR 指令将紧跟其后的指令的地址（减 1）压入栈，然后将 16 位操作数指定的地址加载到 PC 寄存器中，并从该位置的指令继续执行。

RTS 指令用于结束一个子程序。从栈中弹出要返回的 PC 值（减 1）并将其加载到 PC 寄存器中。RTS 指令从栈中弹出 PC 寄存器之后加 1，然后用作下一条要执行的指令的地址。

3.4.8 处理器标志指令

处理器标志指令直接对标志进行置位或清除操作。

- SEC 和 CLC 指令分别置位和清除 C 标志。
- SED 和 CLD 指令分别置位和清除 D 标志。
- CLV 指令清除 V 标志。目前还没有指令可以置位 V 标志。

3.4.9 中断相关的指令

与中断相关的指令允许处理器管理外部中断的处理，并生成软件触发的中断。外部中断有两种类型：可屏蔽中断和不可屏蔽中断。每种类型的中断都是通过 6502 处理器上各自对应的输入引脚触发的。

可屏蔽中断可以通过设置处理器的 I 标志来禁用。当中断被屏蔽时，处理器将忽略相关的输入引脚。顾名思义，不可屏蔽中断不能被禁用，当相关引脚上发生适当的信号转换时，总是触发处理器进行相应的中断处理。我们将在 3.5 节详细介绍中断处理。

SEI 和 CLI 指令分别对 I 标志进行置位和清除。当 I 标志被置位时，就会禁用可屏蔽中断。

BRK 指令能触发一个不可屏蔽中断。BRK 指令之后两个字节的内存地址被压入栈，然后处理器标志寄存器也入栈。之后在 PC 寄存器中加载中断处理程序的入口地址，该地址从内存地址 $FFFE~$FFFF 中读取。最后开始执行中断处理程序。

BRK 指令不会更改任何寄存器内容（栈指针除外）或处理器标志。如果压入栈的标志寄存器 B 位被置位，则表示中断是 BRK 指令引发的。

RIT 指令从中断处理程序返回。该指令从栈中恢复处理器标志和 PC 寄存器。恢复处理器标志后，B 标志不再有意义，应将其忽略。

中断处理和 BRK 指令的使用详见 3.5 节。

3.4.10 空操作指令

NOP 指令（通常称为 "no-op"）除了把 PC 寄存器的内容指向后续的指令外，不做任何事情。

NOP 指令有时在程序开发过程中被用作调试工具。例如，用 $EA 字节填充指令的内存地址，可以有效地注释掉一条或多条指令。在 6502 中，$EA 是 NOP 指令操作码的十六进制编码。

3.5 中断处理

通常情况下，处理器支持某些形式的中断处理，以响应来自外部设备的服务请求。从概念上讲，中断处理类似于当正在忙于某项工作时电话响起的情况。在接听电话并记下要点后，挂断电话并恢复被中断的工作。生活中也有许多类似的机制，例如门铃和闹钟，能够让人们先响应中断优先级较高的活动请求。

3.5.1 $\overline{\text{IRQ}}$ 处理

6502 集成电路具有两个输入信号，用于外部组件通知处理器有服务请求。第一个输入信号是中断请求输入信号 $\overline{\text{IRQ}}$。$\overline{\text{IRQ}}$ 是低电平有效输入信号（$\overline{\text{IRQ}}$ 字符上方的横线表示低电平有效），表示输入为低电平时向处理器发出中断请求。可以将此信号视为电话铃声来通知处理器当前正在有一个电话呼入。

6502 无法立即响应 $\overline{\text{IRQ}}$ 输入上的低电平信号。在 6502 开始处理中断之前，首先必须完成正在执行的指令，接下来将返回地址（正在执行的指令完成之后将要执行的下一条指令的地址）压入栈，处理器标志寄存器也入栈。由于这个中断是由 $\overline{\text{IRQ}}$ 输入产生的，因此栈里处理器标志中的 B 标志将为 0。

与 JSR 指令不同，响应 $\overline{\text{IRQ}}$ 时压入栈的返回地址是下一条将要被执行的指令的实际地址，而不是指令地址减 1。中断返回地址不会像 RTS 指令执行期间那样递增以生成返回地址。

在中断处理的下一阶段，处理器将 $\overline{\text{IRQ}}$ 处理程序的入口地址从内存地址 $FFFE~$FFFF 加载到 PC 寄存器中，6502 从该地址执行中断处理程序。中断处理程序能够识别发起中断的外围设备，并执行能够满足请求所需的处理，然后将控制权返回到中断之前正在执行的代码。

当中断处理完成后，处理器执行 RTI 指令。RTI 指令从栈中弹出处理器标志与 PC 寄存器的值，并恢复执行在 $\overline{\text{IRQ}}$ 输入为低电平时正在执行指令的下一条指令。

$\overline{\text{IRQ}}$ 输入是可屏蔽中断，它可以实现与让电话铃声静音相同的功能。当 $\overline{\text{IRQ}}$ 中断处理开始时，6502 自动置位 I 标志，这样可以屏蔽（禁用）$\overline{\text{IRQ}}$ 输入信号，直到 I 标志被清除。

因为处理器开始响应 $\overline{\text{IRQ}}$ 时 I 标志可能还没有被置位，所以 I 标志会被 RTI 指令清除。I 标志也可以通过 CLI 指令清除，这意味着可以在处理 $\overline{\text{IRQ}}$ 中断时启用 $\overline{\text{IRQ}}$ 中断。处理一个中断的同时响应另一个中断的现象称为**嵌套中断**（nested interrupt）。

$\overline{\text{IRQ}}$ 输入信号是由电平控制的，意味着只要 $\overline{\text{IRQ}}$ 输入为低电平且 I 标志被清除，处理器就会启动中断处理程序。这样的结果是，在完成一个中断处理时，与 6502 交互的中断源必须确保 $\overline{\text{IRQ}}$ 输入不再为低电平。如果在执行 RTI 指令时 $\overline{\text{IRQ}}$ 保持低电平，则 6502 将立即开始新的中断处理过程。

通过 $\overline{\text{IRQ}}$ 输入信号发起中断可以实现 6502 与外围设备之间的大多数常规交互。例如，在大多数计算机中键盘是中断源，每次按键都会产生一个 $\overline{\text{IRQ}}$ 中断。在键盘中断处理期间，6502 从键盘接口读取按键标识，并将其存储在队列中，以便被当前活动的应用程序进行处理。$\overline{\text{IRQ}}$ 处理程序不需要知道有关按键信息的用途，只是保存数据供以后使用。

3.5.2 $\overline{\text{NMI}}$ 处理

6502 的第二个中断输入信号是 $\overline{\text{NMI}}$，即不可屏蔽中断。顾名思义，$\overline{\text{NMI}}$ 不会被 I 标志所屏蔽。$\overline{\text{NMI}}$ 是下降沿触发的边沿敏感输入信号。

除了中断处理程序的入口地址是从内存地址 $FFFA~$FFFB 加载的且不受 I 标志影响外，$\overline{\text{NMI}}$ 中断处理与 $\overline{\text{IRQ}}$ 中断处理类似。

因为 $\overline{\text{NMI}}$ 是不可屏蔽中断，所以可以在任何时刻触发，包括 6502 在处理 $\overline{\text{IRQ}}$ 中断时或者在处理较早的 $\overline{\text{NMI}}$ 中断时。

$\overline{\text{NMI}}$ 输入通常为优先级非常高的中断条件保留，因此不能延迟处理或忽略。$\overline{\text{NMI}}$ 中断的一种可能用途是触发实时时钟的定时递增。

每次发生中断时，$\overline{\text{NMI}}$ 处理程序会使位于地址 $10~$13 的 32 位时钟计数器递增：

```
; Increment a 32-bit clock counter at each /NMI interrupt
NMI_HANDLER:
INC $10
BNE NMI_DONE
INC $11
BNE NMI_DONE
INC $12
BNE NMI_DONE
INC $13
NMI_DONE:
RTI
```

需要注意的是，当在程序源代码中访问硬件信号时，可以在信号名前面使用正斜杠表示低电平有效。比如在代码注释中，/NMI 表示 $\overline{\text{NMI}}$。

3.5.3 BRK 指令处理

BRK 指令触发一个类似于 $\overline{\text{IRQ}}$ 中断的处理过程。因为 BRK 是一条指令，所以在启动中断处理之前不需要等待正在执行的指令完成。在执行 BRK 指令时，返回地址（BRK 指令地址加 2）和处理器标志都被压入栈，这类似于对 $\overline{IRQ}$ 输入信号的低电平响应。值得注意的是，通过 BRK 指令地址加 2，返回地址就不再指向 BRK 指令之后的字节，而是指向它后面的第二个字节。

BRK 指令是不可屏蔽的，即 I 标志不影响 BRK 指令的执行。

BRK 指令处理程序与 $\overline{IRQ}$ 处理程序地址相同，位于内存地址 $FFFE~$FFFF 处。由于 BRK 指令和 $\overline{IRQ}$ 共享同一个处理程序，因此在处理期间一定要根据 B 标志来识别中断源。在响应 BRK 指令时，将处理器标志中的 B 标志压入栈中［注意，这不是处理器标志（P）寄存器中的 B 标志］，并且在处理 $\overline{IRQ}$ 中断期间将其清除。

在大多数 6502 的应用中，很少使用 BRK 指令。这条指令的传统用法是在调试程序时设置断点。通过使用 BRK 指令临时替换在中断位置处的操作码字节，调试程序（在较小的计算机系统中通常称为监控器）获得控制权，并允许用户在恢复执行前显示和修改寄存器内容和内存位置。

下面的代码示例实现了一个最小的 $\overline{IRQ}$ 处理程序，该处理程序可区分 $\overline{IRQ}$ 中断和 BRK 指令。使用内存地址 $14 作为这个程序专用的临时存储单元：

```
; Handle /IRQ interrupts and BRK instructions
IRQ_BRK_HANDLER:
; Save the A register
STA $14
; Retrieve the processor flags from the stack into A
PLA
PHA
; Check if the B bit is set in the flags on the stack
AND $10 ; $10 selects the B bit
; If the result is nonzero, B was set: Handle the BRK
BNE BRK_INSTR
; B was not set: Handle the /IRQ here
; …
JMP IRQ_DONE
BRK_INSTR:
; Handle the BRK instruction here
; …
IRQ_DONE:
; Restore the A register and return
LDA $14
RTI
```

这个例子说明了在 6502 体系结构中，如何区分由处理器 $\overline{IRQ}$ 输入信号发起的中断和由 BRK 指令引起的中断。在更为复杂的处理器中，这些体系结构通常为每个中断源实现唯一的中断向量（中断处理程序入口地址），支持在指定的指令位置设置断点等调试操作。

本节介绍了 6502 体系结构中的指令类型，并简要说明了指令类别中的每条指令。尽管 6502 比现代的 32 位和 64 位处理器简单得多，但这里介绍了最常见的指令（包括支持通用中断处理的指令）和寻址方式，它们在最复杂的现代处理器中也要使用。

下一节将介绍用于处理器和外围设备之间进行数据传送的 I/O 处理的基础知识。

3.6 I/O 操作

在处理器体系结构中，I/O 的目标是在外围设备和系统内存之间进行有效的数据传送。输入操作将数据从外围设备传送到内存中，而输出操作则将数据从内存发送出去。

I/O 接口的外部数据格式差异很大。以下是计算机 I/O 数据外部表现形式的一些示例：
- 连接到显示器视频电缆上的信号。
- 以太网电缆上的电压波动。
- 磁盘表面上的磁性特征。
- 计算机扬声器产生的声波。

无论数据在计算机外部采用哪种形式，I/O 设备与处理器的连接都必须符合处理器的 I/O 体系结构，并且必须与计算机系统中的其他 I/O 设备兼容。

处理器使用前面介绍的指令类型、寻址方式和中断处理方法与 I/O 设备进行交互。不同之处在于，I/O 指令读写与 I/O 设备通信的位置，而不是读写系统内存。

内存映射 I/O（memory-mapped I/O）和**端口映射 I/O**（port-mapped I/O）是现代处理器访问 I/O 设备最主要的两种方法。内存映射 I/O 是将系统地址空间的一部分专门用于 I/O 设备。处理器使用与内存访问相同的指令和寻址方式访问为外围设备预留的地址。6502 使用内存映射 I/O 与外围设备进行通信。

使用端口映射 I/O 的处理器实现了专门的 I/O 操作指令。端口映射 I/O 设备具有独立于系统内存的专用地址空间，同时也为 I/O 设备分配了**端口号**（port number）作为地址。x86 体系结构使用的就是端口映射 I/O。

内存映射 I/O 的一个缺点是需要将系统地址空间的一部分专用于 I/O 设备，这减少了计算机系统支持的最大内存量。端口映射 I/O 的一个缺点是要求处理器实现 I/O 操作的额外指令。

端口映射 I/O 能够提供额外的硬件信号，用来指示当前访问的是 I/O 设备，而非系统内存。如果使用该信号作为选择器（实际上是另一个地址位），则可以使用相同的地址线来访问内存和 I/O 设备。此外，有些高端处理器使用完全独立的总线实现端口映射 I/O 操作，这种体系结构允许同时进行 I/O 访问和内存访问。

在最简单的 I/O 处理中，处理器通过使用指令在内存和 I/O 设备之间传输数据来完成 I/O 操作需要的工作。更为复杂的处理器体系结构使用硬件来加速执行重复的 I/O 操作。现在，我们将按照处理器参与度的不同讨论三种 I/O 处理方法：程序查询 I/O、中断驱动 I/O 和直接内存访问。

3.6.1 程序查询 I/O

在程序查询 I/O 中，处理器使用程序指令完成 I/O 数据传输的每一步操作。例如，一个键盘在处理器 I/O 地址空间中占用两个内存映射的单字节地址。其中一个字节包含状态信息，特别是使用一位表示是否有某个键被按下，另一个字节保存按下键的值。

每次按下一个键时，就置位键的可用状态位。当使用程序查询 I/O 时，处理器必须定期读取键盘状态寄存器来查看是否按有键被按下。如果状态位表示按下了一个键，则处理器读取键盘数据寄存器，该读取操作会关闭键的可用状态位，直到下一个键被按下。

如果键盘数据寄存器一次只能保存一个键值，那么必须频繁检查键盘状态，确保不会丢失按键动作。因此，处理器必须花费大量的时间来检查按键是否被按下。当输入速度较慢时，大多数检查都是无效的。

通常情况下，程序查询 I/O 不是一个非常有效的方法。这和每隔几秒钟查看一下你的手机是否有电话呼入很相似。

但是在某些情况下，使用程序查询 I/O 还是有意义的。例如，在系统启动期间对外围设备进行一次性的配置，就是该技术的一个合理使用示例。

3.6.2 中断驱动 I/O

当需要进行操作时，I/O 设备可以使用中断的方式通知处理器。就键盘接口而言，外设可以在每次按键时将 6502 的 $\overline{\text{IRQ}}$ 设置为低电平来启动中断，而不仅仅对状态寄存器中的相应位置位。这使得处理器可以在不用检查按键的情况下工作。只有中断请求需要处理器进行服务时，处理器才会将注意力集中在键盘接口上。用中断来触发 I/O 操作，类似于在电话中添加振铃器，而在使用程序查询 I/O 时，必须每隔几秒钟检查一次来电。

6502 只有一个可用于 I/O 操作的可屏蔽中断输入信号（$\overline{\text{IRQ}}$），而计算机系统包含多个 I/O 中断源，这使得 6502 的处理中断变得有些复杂，其原因是处理器必须首先要确定哪个外设发起了中断，然后才能开始传送数据。

中断处理程序必须轮询每个具有中断功能的设备来定位中断源。对于键盘接口来说，这种轮询操作是指读取键盘状态寄存器确定其是否被置位，从而确定是否发生了按键。一旦处理器识别出相应的中断设备，它就会跳转到相应的代码，与设备进行交互以完成请求的 I/O 任务。对于键盘接口来说，该处理需要执行以下步骤：读取键盘数据寄存器并清除键的可用状态位，使 $\overline{\text{IRQ}}$ 输入信号无效。

外部设备产生的中断是异步事件，这意味着它们可以随时发生。计算机系统设计必须仔细考虑中断的各种可能性，例如在系统启动期间或在处理其他中断时发生中断。此外，多个设备的中断请求可能会同时发生或几乎同时发生，并且发生的顺序是随机的。在任何情况下，中断处理硬件电路和中断服务代码必须检测和处理所有中断。

中断驱动 I/O 消除了处理器定期检查 I/O 设备的弊端。但是，如果处理中断要传送大量数据时（例如，读取或写入磁盘驱动器），则可能会消耗大量的处理器时间。下面要讨论的 I/O 方法，在进行大量数据传送的过程中，不需要处理器过多地参与。

3.6.3 直接内存访问

DMA 允许外围设备的 I/O 操作可以独立于处理器去访问系统内存。使用 DMA 传输数据块时，处理器根据将要传输的数据块的起始地址、块长度和目的地址等信息配置 DMA 控制器。启动 DMA 之后，处理器可以继续执行其他工作。操作完成后，DMA 控制器会产生一个中断，以通知处理器传输完成。

在计算机系统中，DMA 控制器可以是由处理器进行管理的独立集成电路，处理器体系结构中也可以包含一个或多个集成的 DMA 控制器。

磁盘驱动器、声卡、显卡和网络接口等进行大量数据传送的 I/O 设备，通常依靠 DMA 来有效地与系统内存进行数据传送。DMA 在对系统内存中的数据块进行传送时也很有用。

6502 体系结构不支持 DMA 操作，但是传统的 IBM PC 包含了 DMA 控制器，几乎每个 32 位和 64 位处理器体系结构都支持 DMA 操作。

DMA 是通过加速重复操作来提高计算机系统性能的众多技术之一，后面的章节会进一步讨论 DMA。

3.7 总结

本章首先介绍了处理器的主要功能单元，包括控制单元、ALU 和寄存器。其次概述了处理器指令和寻址模式，以 6502 处理器实现的指令种类为例，说明在一个简单处理器体系结构中指令的多样性和使用方法。

在 6502 体系结构下介绍了中断处理的概念，从体系结构层次总结了最常见的输入/输出操作方法（内存映射 I/O 和端口映射 I/O），以及计算机系统中处理 I/O 请求的基本方式（程序查询 I/O、中断驱动 I/O 和 DMA）。

通过学习本章，你应该对处理器功能单元、指令处理、中断处理和输入/输出操作有了概念性的理解。这些内容构成了下一章中介绍的计算机系统级体系结构的基础。

3.8 习题

1. 考虑两个有符号 8 位数（−128～+127）的加法，其中一个操作数是正数，另一个是负数。是否存在两个符号不同的 8 位数，相加的结果会超过 −128～+127 的范围？这将构成有符号溢出。注意：在前面的讨论中，通过将右操作数按位取反使 6502 体系结构中的减法与加法相同，因此只讨论加法。

2. 如果习题 1 的答案是"否"，意味着只有两个符号相同的数字相加时才会发生溢出。在发生溢出时，如果将结果的最高位分别与每个操作数的最高位执行异或操作，会发生什么？换句话说，表达式 left(7) XOR result(7) 和 right(7) XOR result(7) 的结果是什么？在表达式中，(7) 表示第 7 位，即最高有效位。

3. 回顾本章算术逻辑单元部分的 VHDL，并确定用于置位或清除 V 标志的逻辑对于加法和减法操作是否正确。采用 126+1、127+1、−127+(−1) 和 −128+(−1) 对结果进行检查。

4. 当在容易出错的传输介质上传送数据块时，通常会使用校验和（checksum）来确定在传送过程中是否有数据位丢失或损坏。校验和通常会附加到传送的数据中。其中一种校验和算法使用以下步骤：
   a. 将数据中的所有字节相加，结果只保留和的最低 8 位。
   b. 校验和是 8 位和的二进制补码。
   c. 将校验和添加到数据中。

   在接收到带有附加校验和的数据块后，处理器可以通过把数据中的所有字节（包括校验和）简单地相加来确定校验和是否有效。如果和的最低 8 位为零，则校验和有效。用 6502 汇编语言来实现校验和算法。数据字节的起始地址存储在地址为 $10～$11 的内存单元中，字节数（包括校验和字节）由 X 寄存器指明。如果校验和有效，则将 A 寄存器设置为 1，否则设置为 0。

5. 将习题 4 中的校验和验证代码转换为一个子程序，该子程序可以用 JSR 指令调用，并以 RTS 指令结束。

6. 编写并执行一组测试，以验证习题 4 和习题 5 中实现的校验和测试子程序的正确性。代码执行校验和验证的最短数据块是什么？最长数据块是什么？

第 4 章

计算机系统组件

本章首先介绍广泛用于存储电路和其他现代数字设备中的**金属氧化物半导体**（Metal-Oxide-Semiconductor，MOS）**晶体管**。然后学习基于 MOS 晶体管的存储器电路的设计及其与处理器接口。接着研究现代计算机的输入/输出接口，重点介绍用于计算机机箱内部的高速串行通信，这种通信方式也用于与外部外围设备互连。还讨论系统 I/O 设备的功能要求，包括图形显示、网络接口、键盘和鼠标。最后介绍现代计算机主板的规范。

通过学习本章，读者能从技术规范到电路级对组成现代计算机系统的硬件构件有深刻的理解，还将学习如何实现包括基本缓存在内的系统内存，理解有效的 I/O 操作机制以及如何使用 USB 连接键盘、鼠标和其他 I/O 设备。此外，读者还将了解计算机的网络接口、熟悉几个现代计算机系统的体系结构示例。

本章包含以下主题：
- 内存子系统
- MOSFET 简介
- 用 MOSFET 构建 DRAM 电路
- I/O 子系统
- 图形显示
- 网络接口
- 键盘和鼠标
- 现代计算机系统规格

4.1 内存子系统

内存子系统是一个可寻址的存储单元序列，其中包含了处理器在执行程序时使用的指令和数据。现代计算机系统和数字设备通常在主存中包含超过 10 亿个 8 位的存储单元，每个单元都可以由处理器独立读写。

如第 1 章所述，巴贝奇分析机采用一组轴，每个轴上装有 40 个十进制数字轮作为计算过程中存储数据的机制。从轴上读取数据是一种破坏性的操作，因为读取完成后，会导致所有轴的数字轮数都为零。

从 20 世纪 50 年代到 70 年代，数字计算机存储器的首选工艺是磁芯。在磁芯存储器（core memory）中，每位数据存储在一个小的环形（甜甜圈状）陶瓷磁体中。组成存储阵列的磁芯在具有水平和垂直连接线的矩形网格中。若要对单元进行写操作，需要在连接到单元的连线中产生足够的电流，以翻转磁芯磁场的极性。逻辑 0 可以定义为磁芯的磁通量为顺时针方向；而逻辑 1 则可以定义为磁芯的磁通量为逆时针方向。

从磁芯存储器中读取一位数据，需要将该位设置为 0 并观察其响应的方式。如果所选磁芯存储的是 0，则将没有响应。如果磁芯存储的是 1，则极性发生变化时可检测到一个电压脉冲。与分析机一样，磁芯存储器的读取操作具有破坏性。从内存中读取一个字后，必须立即执行写操作恢复其状态。

磁芯存储器是非易失性存储器，可以在断电的情况下永久地保存其内容。存储的内容也不受辐射的影响，这种特性在航天器等对抗辐射要求很高的应用中极有价值。比如，航天飞机计算机在 20 世纪 80 年代后期开始使用磁芯存储器。

现代个人和商用计算机系统几乎都将基于 MOSFET 的 DRAM 电路用于主系统存储器。下一节介绍 MOSFET 的特性。

4.2 MOSFET 简介

第 2 章介绍了 NPN 晶体管，这是一种**双极性晶体管**（Bipolar Junction Transistor，BJT）。NPN 晶体管之所以被称为双极性晶体管，是因为它的工作既依赖于正电荷载流子，又依赖于负电荷载流子。

在半导体中，电子作为负电荷载流子。半导体操作中不涉及带正电荷的物理粒子，相反，原子中电子丢失后表现出与带正电粒子相同的性质。这些缺失电子的原子称为空穴。空穴在双极性晶体管中作为正电荷载流子。

空穴的概念对于半导体操作非常重要。1950 年，晶体管的发明者之一 William Shockley 出版了 *Electrons and Holes in Semiconductors*。下面我们将研究在单极晶体管中正负电荷载流子的行为。

作为 BJT 晶体管结构的替代物，**单极晶体管**（unipolar transistor）仅依赖于一种电荷载流子。**金属氧化物半导体场效应晶体管**（Metal-Oxide-Semiconductor Field-Effect Transistor，MOSFET）是适合用作数字开关元件的单极晶体管。像 NPN 晶体管一样，MOSFET 是三端器件，使用控制输入端来控制另外两端是否电流流过。MOSFET 端口的名称分别栅极（gate）、漏极（drain）和源极（source），其中栅极控制电流在漏极和源极之间的流动。

MOSFET 分为增强型器件和耗尽型器件两种类型。增强型 MOSFET 的工作方式为：当栅极电压为 0 时，漏极和源极之间截止；当栅极电压高于阈值电压时，漏极和源极之间导通。耗尽型 MOSFET 的工作方式正好相反：栅极电压为高时截止，栅极电压为 0 时导通。图 4.1 是 n 沟道增强型 MOSFET 的示意图。

n 沟道增强型 MOSFET 可以用作开关：当栅极电压较低（低于阈值电压）时，漏极和源极之间的电阻非常大。当栅极电压较高（高于阈值电压）时，漏极和源极之间的电阻非常小。

图 4.1　n 沟道增强型 MOSFET

n 沟道中的"n"指的是对硅沟道掺杂以产生更多数量的电子（负电荷载流子）。

MOSFET 的这个行为类似于第 2 章中讨论的 NPN 晶体管的操作。但是，它们之间有一个关键的区别：MOSFET 是电压控制的器件，而 NPN 晶体管是电流控制的器件。一方面，NPN 晶体管的基极需要小而稳定的电流激活器件作为开关，使电流在发射极和集电极之间流动。另一方面，MOSFET 需要在栅极上施加高于阈值的电压就可使电流在漏极和源极之间流动。栅极输入几乎不需要电流来使开关保持在打开状态。因此，与执行等效数字功能的 NPN 晶体管相比，MOSFET 的功耗要少得多。

1959 年，Mohamed Atalla 和 Dawon Kahng 在贝尔电话实验室发明了 MOSFET。直到 20 世纪 70 年代初，其生产工艺才成熟到足以支持 MOS 集成电路的可靠生产。从那时起，MOSFET 一直是集成电路中最常用的晶体管类型。截至 2018 年，大约已经制造了

13×1000^7 个晶体管（1000 的 7 次方等同于 1 后面有 21 个 0），其中 99.9% 是 MOS 晶体管。MOSFET 是人类历史上生产的数量最多的器件。

p 沟道增强型 MOSFET 与 n 沟道增强型 MOSFET 类似，不同之处在于它对栅极表现出相反的响应：栅极上的低电压允许电流在漏极和源极之间流动，若是高电压，则抑制漏极和源极之间的电流。p 沟道中的"p"是指用于增加空穴（正电荷载流子）数量的沟道掺杂。图 4.2 是 p 沟道增强模式 MOSFET 的示意图。

在 n 沟道 MOSFET 和 p 沟道 MOSFET 的示意图中，源极都连接到了三个内部连接的中心。此连接上的方向箭头指向 n 沟道 MOSFET 的栅极，而背离 p 沟道 MOSFET 的栅极。

图 4.2　p 沟道增强型 MOSFET

n 沟道和 p 沟道增强型 MOSFET 都可用作常开开关，意味着栅极和源极电压差很小时不传输电流。n 沟道和 p 沟道 MOSFET 也具有耗尽型模式，使得它们具有常关开关的功能。在耗尽型 MOSFET 中，当栅极 - 源极电压很小时晶体管导通，当栅极 - 源极电压较大时晶体管截止。

MOS 晶体管一般使用 n 型和 p 型沟道对来实现逻辑功能。由 MOS 晶体管对组成的器件称为**互补 MOS**（Complementary MOS，CMOS）器件。除非开关状态进行切换，否则 CMOS 电路几乎不消耗功率，因为栅极输入基本上不需要电流。1963 年，仙童半导体公司的 Chih-Tang Sah 和 Frank Wanlass 开发了 CMOS 结构。

图 4.3 给出了一个非门电路，其中 NPN 晶体管被一对互补的 MOSFET 取代。

在图 4.3 中，当输入信号为低电平（接近 0V）时，下面的 n 沟道 MOSFET 关闭，而上面的 p 沟道 MOSFET 导通，从而把输出连接到电源的正极，此时输出信号接近 5V；当输入信号为高电平时，上面的 p 沟道 MOSFET 关闭，下面的 n 沟道 MOSFET 导通，输出信号降至接近 0V。输出信号与输入信号的逻辑值始终相反，符合非门的定义。

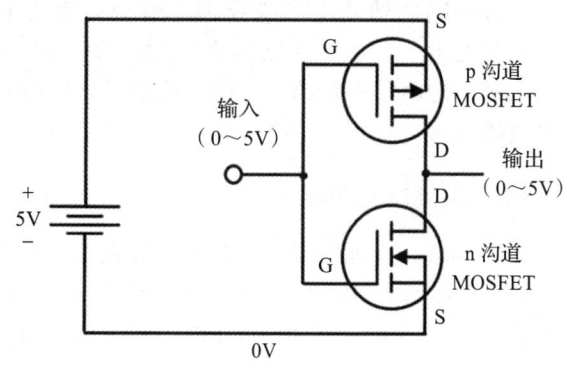

图 4.3　CMOS 非门电路

如今，几乎所有的高密度数字集成电路都是基于 CMOS 技术实现的。除了执行逻辑功能外，MOSFET 是现代随机存取存储器电路设计的关键器件。下一节将讨论 MOSFET 在存储电路中的使用。

4.3　用 MOSFET 构建 DRAM 电路

1 位的标准**动态随机存取存储器**（Dynamic Random-Access Memory，DRAM）集成电路由两个电路器件组成：MOSFET 和电容器。下面简要介绍电容器的电气特性。

4.3.1　电容器

电容器（capacitor）是存储能量的双端无源电路器件。能量以电流的形式进入和离开电容器。电容器两端的电压与电容器中的电荷量成正比。

与第 2 章中介绍的液压系统类比，可以把电容器看作一个连接在通向水龙头水管另一侧的气球，管道中的水会进入气球，并且水压会使气球膨胀。假设气球很结实，并且随着气球的膨胀，气球会拉伸，从而增加气球内部的压力。持续膨胀直到气球中的压力等于管道中的压力时停止充水。

如果把管道末端的水龙头完全打开，那么水就会释放，使得管道中的压力降低。气球中的一些水会流回到管道中，直到气球中的压力再次等于管道中压力时才停止充水。

被称作**水锤消除器**（water hammer arrestors）的液压装置正是用这种方式解决了打开和关闭水龙头时管道发出砰砰声的问题。水锤消除器采用类似气球拉伸的行为，消除由于水龙头打开和关闭而引起的水压突变。

电容器中的电量类似于气球中的水量，电容器两端的电压类似于通过拉伸在气球内部表现出来的压力。

电容器由两个平行的金属板构成，金属板之间由空气等绝缘材料隔开，终端与每个平板连接。电容器中的电荷量与其两端的电压之比称为**电容**（capacitance），电容的大小由平行板的尺寸、平行板之间的距离以及它们之间的绝缘体材料的类型决定。电容器的电容类似于液压示例中的气球的尺寸，具有较大电容的电容器对应于较大的气球。在给定压力下，大气球需要比小气球填充更多的水。电容器的原理图符号如图 4.4 所示。

有间隔的两条水平线表示了金属板电容器架构。电容的单位是 F，它是以英国科学家迈克尔·法拉第（Michael Faraday）的名字命名的，法拉第取得了包括电动机在内的许多成就。

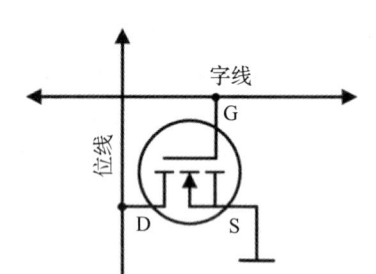

图 4.4　电容器原理图符号

4.3.2　DRAM 位单元

DRAM 位单元是用于读写单个数据位的存储单元。现代计算机中使用的 DRAM 模块包含了数十亿个位单元。DRAM 电路中的一个位单元由 MOSFET 和电容器组成，如图 4.5 所示。

在图 4.5 中，右下角带有三条水平线的符号是接地符号，与图 4.3 中使用的 0V 的标记是一样的，两者可以替换。字线和位线用于将单个位单元连接到网格中。

图 4.5　DRAM 位单元电路

这样的单个位单元在矩形网格中进行复制，形成一个完整的 DRAM 存储阵列。图 4.6 中显示了 16 位的 DRAM 存储阵列，该存储阵列由 4 个 4 位的字组成。

实际的 DRAM 存储阵列包含的位数比图中所示简单的电路多得多。典型的 DRAM 器件的字长为 8 位（而不是图中标有 B0～B3 的 4 位）。这就意味着每个 DRAM 芯片可以并行存储或读出 8 位数据。

在实际的 DRAM 存储阵列中，沿字线方向的位单元的实际数量是 DRAM 器件字长的整数倍。个人计算机中使用的大容量 DRAM 模块中，每条字线包含许多字。在一个每行有 1024 个 8 位字 DRAM 芯片中，每行一共包含 8192 位，每行上所有 MOSFET 的栅极均由同一个字线信号控制。DRAM 中还包含额外的多路选择器逻辑，从被有效字线激活的行中选出处理器正在请求的字。

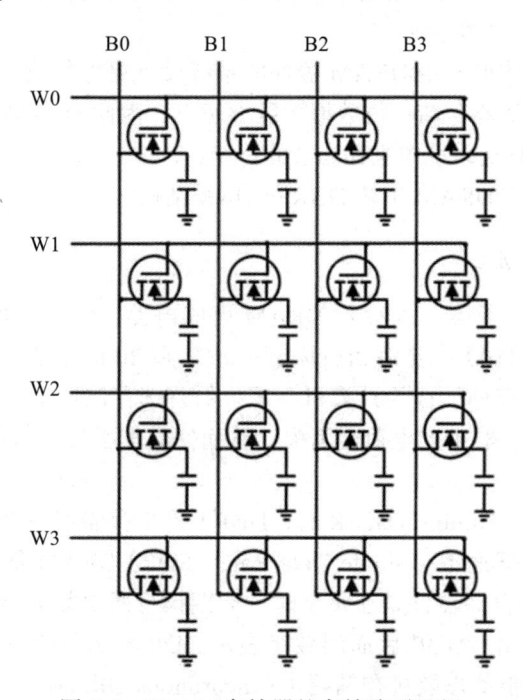

图 4.6　DRAM 存储器的存储阵列组织

　　DRAM 存储阵列的垂直方向上由相同的行组成，每行都由一条字线控制。字线水平地连接在每行中所有的位单元上，而位线信号则连接在每列中所有的位单元上。

　　每个存储器单元的状态存储在相应的电容器中。电容器上的低电压表示 0，高电压表示 1。在实际 DDR5 DRAM 器件中，低电压接近 0V，高电压通常接近 1.1V。

　　大多数情况下，每一行的字线保持低电压，这样可以使 MOSFET 保持在关闭状态，从而保持电容器的状态。当需要读取 DRAM 内存中的一个字（实际上是整行）时，地址译码电路会选择适当的字线，并将其驱动为高电压，同时将阵列中的其他所有的字线保持为低电压。这会使连接在有效字线上的每个位单元中的 MOSFET 打开，从而使相应单元电容中的电压到连接的位线上从而驱动位线。与处于 0（低）电压的位线相比，处于 1（高）电压的位线将具有更高的电压。位线电压由 DRAM 器件中的电路进行检测和放大，并将结果锁存到芯片的输出寄存器中。

　　向 DRAM 中写入数据与从 DRAM 读取数据的方式相同，两者都是将所选字线设置为高电压。在进行写操作时，DRAM 器件不感应位线上的电压，而是使用电压来驱动位线，驱动电压则根据要写入每个单元数据是 0 还是 1 来确定是 0V 还是 1.1V。就像给气球充气或者放气一样，每个电容器对位线的充放电都要花费一些时间。在该延迟之后，字线被驱动为低电压，关闭 MOSFET 并将电容器锁定在新的状态。

　　电容器漏电使 DRAM 电路工艺变得复杂。将电容器充电至非零电压后，电荷量会随着时间而流失，存储的电荷量减少会导致电容器两端的电压降低。因此，必须定期刷新每个单元的内容。

　　刷新操作包括读取每个单元的数据并将该值回写到单元中。如果单元的状态位为 1，则将其充电至其"满"电压；如果状态位为 0，则将其驱动至接近 0V 的电压。现代 DRAM 器件的典型刷新间隔为64ms。在系统运行期间，DRAM刷新会在后台持续逐行进行，与处理器访问内存的操作同步，以避免冲突。

虽然需要定期刷新使得使用DRAM器件的系统设计更加复杂，但由于它具有只使用一个晶体管和一个电容器就能存储一位数据的巨大优点，因此DRAM取代了其他所有备选技术，成为个人和商用计算机系统中主存储器的首选。

下节我们将介绍当前DRAM工艺DDR5的体系结构。

4.3.3 DDR5 SDRAM

Intel于1970年生产了第一款商用DRAM集成电路。Intel 1103可以存储1024个字，每个字的字长为1位。1103需要每2ms刷新一次。在20世纪70年代初，MOS型半导体DRAM已经取代了磁芯存储器成为计算机系统中的首选存储技术。DRAM具有易失性，这意味着断电时，单元电容器中的电荷会消失，从而使数据丢失。目前广泛使用的DRAM技术是DDR4 SDRAM。

术语**双倍数据速率**（Double Data Rate，DDR）是指存储模块与处理器内存控制器之间的传输时序特性。**单数据速率**（Single Data Rate，SDR）DRAM是在每个内存时钟周期执行一次数据传输。DDR存储器件是在每个时钟周期执行两次数据传输：一次是在时钟周期的上升沿，一次在下降沿。DDR后面的数字表示DDR技术的版本。因此，DDR5是DDR标准的第5版。术语**同步动态随机存储器**（Synchronous DRAM，SDRAM）表示DRAM电路通过公共时钟信号与处理器内存控制器同步。当前广泛应用的DRAM工艺版本是DDR4 SDRAM，而DDR5 SDRAM已经开始推出。

现代个人计算机和智能手机之类的个人设备通常含有几GB的RAM，其中1GB等于2^{30}B，这就相当于1 073 741 824（十亿多）B。顾名思义，随机存储器允许处理器可以在一次操作中读写RAM地址空间内的任何单元。截至2021年，笔记本计算机的高端存储模块包含16个DRAM芯片，存储容量为32GB。模块中的每个DRAM芯片的容量为2G个8位字，即2GB。

在2021年，最先进的存储模块标准是DDR5 SDRAM，该标准是对基于DDR1、DDR2、DDR3和DDR4等接口技术进行优化后得出的。DDR5存储模块的封装为**双列直插式内存组件**（Dual In-line Memory Module，DIMM）。DIMM在电路板边缘的两侧都有电触点（因此名字中有"双"），电触点提供了与主板中DIMM插槽的连接。标准的DDR5 DIMM具有288个引脚。较小的存储模块称为**小型双列直插式内存组件**（Small Outline DIMM，SODIMM），它可用于空间有限的笔记本计算机等系统。DDR5 SODIMM具有262个引脚，由于引脚数量减少，因此SODIMM模块缺少某些DIMM所支持的功能，例如对数据位进行检测和纠正的功能。该功能称为**纠错码**（Error Correcting Code，ECC）。

DDR5存储模块通常采用1.1V供电。一个有代表性的例子是：一个特定的DDR5模块每秒可以执行高达48亿次的数据传输，这个速度是2400MHz的内存时钟频率的两倍。当每次传输8个字节时，DDR5器件每秒可移动传送38.4GB。DDR5模块有多种时钟频率、容量和价位供选择。

尽管实际的DRAM模块是由存储单元构成的矩阵阵列，但DDR5器件的内部体系结构却更为复杂，一个DRAM集成电路通常包含多个存储阵列。在执行读写操作之前，地址译码逻辑选择需要的内存单元所在的存储阵列。在DDR5模块中，将存储阵列进一步排列为阵列组，这就需要额外的译码逻辑来选择正确的组。DDR5 器件中包含 8 个存储阵列组，每个阵列组中有 4 个存储阵列。将 DDR5 内存模块体系结构划分为多个存储阵列组，可以将多个存储访问以重叠的方式并行处理，最大程度地提高数据传输速度。这种方式使得处理器和 RAM 之间的数据传输可以达到峰值速度，同时也最大限度地减少了等待每个内部 DRAM 阵列访问操作完成的时间。

除了指定 DDR5 内存模块中正确的地址单元外，系统还必须通过接口信号来提供命令以表示要进行的操作，特别是是否要对选中的行进行读取、写入或刷新。

DDR5 SDRAM 标准可以从**联合电子设备工程委员会**（Joint Electron Device Engineering Council，JEDEC）购买，网址为 https://www.jedec.org/standards-documents/docs/jesd79-5，该标准为主机系统提供了 DDR5 存储器接口的详细定义，并且也包含设计与支持 DDR5 的计算机系统兼容的内存模块需要的所有信息。

从历史的角度上看，DDR SDRAM 标准的每一代均与前几代不兼容。比如，DDR5 内存模块构建的主板只可以与 DDR5 模块一起使用。每一代 DDR 的插槽都是根据自己的标准制造的，不可能插入不正确的模块。例如，DDR4 DRAM 模块无法插入 DDR5 插槽。

随着存储技术的发展，每一代 DDR 的改进主要是为了提高数据传输速率和增大存储密度。为了实现这些目标，新一代 DDR 的供电电压会降低，从而减少系统功耗，且因为散发热量减少，存储器电路的密度更高。

大多数现代处理器将系统内存看作是顺序地址的线性阵列。在 6502 等不太复杂的处理器体系结构中，处理器直接使用指令中提供的地址寻址 RAM 芯片。由于 DDR5 SDRAM 器件中控制信号和阵列管理逻辑的复杂性，现代计算机系统必须有一个内存控制器，将处理器发出的每个线性地址转换为命令和寻址信号，从而选择适当的 DDR5 模块（在具有多个内存模块的系统中）、存储阵列组、存储阵列以及所选存储阵列中的行/列位置。内存控制器是一个时序逻辑设备，用于管理处理器和 DRAM 内存模块之间通信的详细信息。为了达到系统性能最佳状态，内存控制器必须合理地利用 DDR5 内存模块提供的重叠操作功能。

复杂的现代处理器通常将内存控制器集成到处理器内部，也可以设计一个位于处理器和 RAM 之间的独立内存控制器。

内存控制器接口包含多个通道，其中每个通道都是处理器与一个或多个内存模块之间进行通信的路径。在存储器体系结构中提供多个通道的好处在于可以并行地对每个通道进行存储访问。然而，多通道内存系统无法自动提高内存访问速度。系统软件必须主动地对每个应用程序或系统进程的内存分配进行管理，从而平衡通道的内存使用情况。如果操作系统只是简单地按顺序将进程分配到物理内存中，即先使用一个内存模块再转向下一个内存模块，那么当所有进程都使用同一内存通道时，多通道内存将没有任何优势可言。

4.3.4 GDDR

图形双倍数据速率（Graphics DDR，GDDR）是一种 DDR 内存技术，经过优化可用作显卡的视频 RAM。一方面，GDDR 拥有较宽的内存总线，以满足视频显示的高吞吐量要求。另一方面，通过对标准 DDR 内存技术进行优化，实现对数据的最小延迟访问。

GDDR 和 DDR 的版本号是不同步的。截至 2021 年，GDDR6 模块已经上市好几年，而 DDR6 标准仍在开发中。

4.3.5 预取

对 DRAM 单元进行读写的速度是 DRAM 的一个性能指标，该指标在每一代中几乎没有提升。为了提高 DRAM 模块的平均数据传输速率，必须采用其他技术来提高性能。其中一种可以提高平均数据传输速度的技术就是预取。

预取（prefetching）的原理是利用了这样一个事实：当处理器正在访问指定的内存单元时，未来可能很快就要访问附近的单元。与处理器指令要读取的一个内存单元不同，预取是要读取更大的内存块，并将整个内存块从 DRAM 器件传送给处理器。在 DDR5 内存模块中，内存块大小通常为 64 字节。

DDR5 模块可以快速读取 64 字节，因为它可以同时访问这 64 字节的所有 512 位。换句话说，DDR5 模块可以同时从字线指定的存储单元中选择 n（整数）个 512 位线来读取数据。被选中行中的多位数据可以同时读出，然后通过多路选择器从整行（可能是 8192 位）中选择所需的 512 位，并将其锁存到输出寄存器中。在 DDR 时钟控制下，被锁存的数据从 DRAM 模块传送到处理器。

通过使用多个存储阵列组，内存的多次读取和对结果数据的传输可以在时间上重叠，并确保数据在内存模块和处理器之间以接口能够支持的最高速率进行传输。

在接收到 64 字节的数据块后，处理器将其存储在内部高速缓存中，并从指令所请求的内存块中选择指定的数据元素（可能只有一个字节）。如果后续指令访问同一内存块中的不同数据，则处理器只需要访问该内存块的本地缓存即可，这比从 DRAM 中访问数据要快得多。

除了与主存储器进行交互之外，处理器还必须通过输入和输出设备与外部世界通信。下一节将会讨论现代计算机系统中 I/O 接口的实现。

4.4 I/O 子系统

我们在第 3 章中介绍了 I/O 体系结构的两大类：内存映射 I/O 和端口映射 I/O。在早期的 PC 中，物理地址线的数量将处理器总的内存空间限制在 1MB 之内，这种情况下，这两种映射方法的优缺点就很明显。现代处理器体系结构能够支持更大的内存范围，通常为数十个 GB。地址空间扩展的结果使得为 I/O 接口分配地址空间变得非常简单。由于大多数接口的需要，现代 32 位和 64 位通用处理器采用了内存映射的 I/O。

复杂的现代处理器通常是在处理器芯片内来实现内存控制器，并直接与 DDR 内存模块连接。大多数 I/O 操作被处理器加载到一个或多个称为**芯片组**（chipset）的外部集成电路。即使只需要一个芯片就可以实现 I/O 功能，也要称为芯片组。

该芯片组为多种外设提供接口，例如磁盘驱动器、网络接口、键盘、鼠标和其他许多 USB 设备等。大多数接口通过使用某种串行总线实现。以下各节介绍了现代计算机中最常用的 I/O 技术。

4.4.1 并行数据总线和串行数据总线

并行数据总线在两个或多个通信端点之间的多条导线上同时传送多位数据。早期的 PC 使用并行总线来实现将打印机连接到计算机等功能。随着时间的推移，并行总线的一些限制就变得显而易见：

- 根据支持的位数，并行总线可能需要大量的信号线，导致线缆价格昂贵，另外，当电缆断裂或连接器接触不良时，通信很容易出现问题。
- 计算机系统开发人员一直在努力提高计算机的性能（以便获得竞争优势），并行总线的另一个限制因素变得很明显：虽然一个设备发送数据时，所有位可以同时驱动其输出，但是信号可能不能同时到达目的地。这是由电缆中或整个电路板上的导线的长度差异引起的。因此，并行总线所能支持的数据传输速率存在一个上限。
- 并行总线的另一个限制是，除非有另外一组重复的连接可同时用于在相反方向上传送数据，否则一组总线一次只能在一个方向上传送数据（称为**半双工**（half-duplex））。并行总线通常不提供双向通信能力。双向通信能力称为**全双工操作**（full-duplex）。

串行数据总线使用一对导线在两个通信端点之间传送数据，每次传输一位数据。现代计算机中处理器与外围设备之间的大多数高速通信线路都使用某种形式的串行总线。表面上看，从并行总线结构转为串行总线似乎在吞吐能力上有很大的损失，但是串行总线却具有一些重要的优势，这些优势可以在性能关键型应用中更具吸引力。

个人和商用计算机系统中的高速串行总线使用差分导线进行通信。采用**差分信号**（Differential signaling）需要使用两根导线，这两根导线需具有相同的长度，并表现出几乎相同的电气特性。将它们绝缘后相互缠绕在一起形成双绞线（twisted pair）作为线缆使用。图 4.7 表示使用差分信号的串行数据总线。

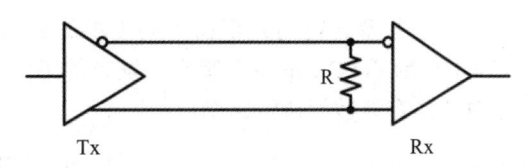

图 4.7 使用差分信号的串行数据总线

要发送的数字信号通过图 4.7 中左边的输入到达发送器（使用 Tx 表示）。输入信号被转换成一对电压后在两条平行导线上传输。小圆圈表示发送器的顶部信号与底部信号反相。

在典型的串行电路中，发送器的高电平输入将在顶部串行导线上产生 1.0V 的电压，在底部导线上产生 1.4V 的电压；低电平输入在顶部导线上产生 1.4V 的电压，在底部导线上产生 1.0V 电压。接收器（使用 Rx 表示）的输入表现为高阻抗，这就意味着接收器从电路吸收的电流可忽略不计。接收器测量电阻（标准值为 100Ω）两端的电压，当 Tx 的输入为高电平时，Rx 的上端电压比下端电压低 0.4V。当 Tx 输入为低电平时，Rx 的上端电压比下端电压高 0.4V。

接收器通过将其中一个输入（最上面带有小圆圈的一端）反相并将其结果加到另一个输入上来生成其输出。换句话说，接收器只测量了两根导线之间的电压差。这种方法的好处是许多形式的破坏性干扰都会在传送信号的导线上引起电压变化，而将两根导线紧密耦合会使得一根导线上的大部分噪声电压也将出现在另一根导线上。两根导线上的电压值做减法运算消除了大部分噪声，否则这些噪声会干扰接收器对信号检测的准确性。

串行数据总线可以以数十亿数据位/每秒的速率传送数据，远远超过了以前的 PC 中并行总线的传输速率。可以同时使用多条串行总线将数据传输带宽按总线数量的比例提升。两个端点的多条串行总线连接方式和并行总线之间的关键区别在于，对于某些接口标准来说，串行总线在某种程度上可以独立传送，而在并行总线中，所有位必须同步传送。如果能够对两条导线的长度和电气特性进行精确的匹配，这种互连方式可以很容易地实现非常高速的数据传输率。

现代处理器与其主板芯片组之间的连接通常由多条串行数据总线组成，称之为**高速输入输出**（High-Speed Input Output，HSIO）通道。每个通道都是一个支持全双工操作的串行连接，且都有一条如图4.7所示的连接通路。可以将各个通道分配给特定类型的外围设备接口，这些接口也是通过串行连接实现的，例如PCI Express、SATA和USB。接下来的各节将分别深入介绍这些接口。

4.4.2 PCI Express

1995~2005年，运行频率为33MHz的**外设部件互连**（Peripheral Component Interconnect，PCI）总线是应用于PC中的32位并行总线。计算机主板上的PCI插槽可用于插入各类扩展卡，这些扩展卡可以实现网络连接、视频显示和音频输出等功能。到21世纪初期，并行总线体系结构的局限性已经很明显，因此人们开发了串行的PCI Express总线，用来替代PCI总线。

PCI Express（缩写为PCIe）是一种双向差分信号串行总线，主要用于连接计算机主板上的通信端点。PCIe的传输速率高达数十亿次/每秒（GT/s）。"传输"是指从发送器到接收器通过总线传送一个比特。PCIe在每次通信中都需要插入额外的冗余比特，以确保数据的完整性。冗余比特的开销在不同版本的PCIe中有所不同，从而影响有效的数据传输速率。表4.1显示了PCIe的主要版本、发布的年份、以GT/s为单位的单通道传输速率以及以MB/s为单位的有效数据传输速率。

表4.1　PCI Express版本

PCIe版本号	发布年份	传输速率	有效的单向传输速率
1.0a	2003	2.5GT/s	250MB/s
2.0	2007	5GT/s	500MB/s
3.0	2010	8GT/s	985MB/s
4.0	2017	16GT/s	1969MB/s
5.0	2019	32GT/s	3938MB/s
6.0	2021	64GT/s	7877MB/s

PCIe可以同时在两个方向上进行全速数据传输，此处显示的有效数据速率是用于单向通信的。

在PCIe标准中可以用符号x1、x2、x4、x8、x16和x32来表示多通道连接。大多数现代主板至少要实现PCIe x1和x16的插槽。PCI x1插槽兼容长度为25mm的主板边缘连接器，而x16插槽则兼容长度为89mm的主板边缘连接器。PCIe卡只要能够插进任一插槽就可以正常运行。例如，可以将PCIe x1卡插入x16插槽中，这种情况下只使用了x16插槽可用通道的十六分之一。

PCIe x16插槽主要应用于处理器和显卡之间的接口，其目的是为游戏等图形密集型应用程序提供最佳性能。PCIe 5.0 x16接口能够以63GB/s的速率进行单向数据传输。

在现代计算机体系结构中，处理器芯片通常提供16个通道的PCIe接口，该接口与安装在PCIe x16插槽中的显卡直接连接。这可以避免显卡的PCIe信号经过芯片组。

除了图形显示器和DDR SDRAM接口外，现代计算机系统中的大多数I/O都由芯片组管理。处理器和芯片组通过一组HSIO通道进行通信。该芯片组支持磁盘驱动器、网络接口、键盘和鼠标等外围设备的接口。这些设备的接口通常使用 SATA、M.2 和 USB 串行接口。

4.4.3 SATA

串行 ATA（Serial AT Attachment，SATA）是将计算机主板与存储设备连接的双向串行接口标准。SATA 中的"AT"指早期的 IBM PC AT。与单个 PCIe 通道类似，SATA 包含两对差分信号导线，这两对导线分别在每个方向上传输数据。与 PCIe 使用主板上的信号线不同，SATA 通过电缆进行数据传输。除了电气和数据格式外，SATA 标准还定义了电缆和连接器的详细规范。

SATA 电缆是一条双向通道，支持处理器与磁盘驱动器、光盘驱动器和固态驱动器等存储设备之间的通信。表 4.2 给出了 SATA 标准的主要修订版本、发布年份以及性能参数。

表 4.2 SATA 版本

版本号	发布年份	传输速率	有效的单向传输速率
1.0	2003	1.5GT/s	150MB/s
2.0	2004	3GT/s	300MB/s
3.0	2009	6GT/s	600MB/s

该表中的数据传输速率是指单向通信的传输速率，但是与 PCIe 一样，SATA 也支持全双工数据传输。

SATA 标准仍在不断改进，但是截至 2024 年，还未宣布要推出数据传输速率更快的 SATA 版本。

4.4.4 M.2

现代**固态硬盘**（Solid-State Drive，SSD）采用闪存技术来存储数据，而不是采用传统硬盘中的旋转磁盘。由于 SSD 的技术与传统硬盘所用的技术完全不同，所以在大多数情况下，SATA 驱动器接口虽然在旋转磁盘上可以很好地工作，但对于 SSD 来说是一个非常严重的性能障碍。

要访问磁盘驱动器上的任意数据块（称为**扇区**（sector）），驱动器磁头必须移动到该扇区所在的磁道上，并且必须等待扇区的起点旋转到磁头所在的位置之后，驱动器才可以开始读取数据。与这些步骤相比，SSD 可以直接寻址任何数据区，寻址的方式与处理器访问 DRAM 位置的方式非常类似。

开发 M.2 接口规范是为了给小型便携式设备中的闪存存储提供小尺寸和高性能的接口。该接口不仅消除了 SATA 接口的性能限制，而且 SSD 的数据传输速率比 SATA 所能支持的速率快好几倍。

除了支持大容量的存储设备外，M.2 还支持 PCIe、USB、蓝牙和 Wi-Fi 等其他接口。现代主板已经开始含有 M.2 插槽，除了具有更高的性能外，在计算机机箱中所占用的空间也要比传统磁盘更少。

4.4.5 USB

通用串行总线（Universal Serial Bus，USB）接口提供了一个将多种外围设备连接到计算机系统中的简单接口（从用户的角度来看）。USB 电缆具有快速识别的连接器类型且支持热插拔（在通电时拔插设备）。USB 设备是自动配置的，因此在大多数情况下，用 USB 电缆将新设备连接到计算机时，用户不需要安装设备驱动程序。

早期的 USB 数据线（USB 2.0）含有一个差分信号对，一次只能沿一个方向传递数据。更高版本的 USB 标准（USB 3.2 Gen1 及更高版本）可支持双向数据传输。此外，USB 3.2 及 USB4 能提供两条通道，使得数据传输速率加倍。

表 4.3 给出了 USB 标准的主要修订版本、发布年份、可支持的最大通道数以及数据传输性能。

表 4.3 USB 版本

USB 版本	发布年份	通道数	传输速率	有效的单向传输速率
1.1	1998	1	0.012GT/s	1.5MB/s
2.0	2000	1	0.48GT/s	60MB/s
3.2 Gen 1	2008	1	5GT/s	500MB/s
3.2 Gen 2	2013	1	10GT/s	1200MB/s
3.2 Gen 2x2	2017	2	20GT/s	2400MB/s
USB4	2019	2	40GT/s	4800MB/s

在 USB 2.0 版本中，通信完全在主机的控制下进行。每次通信都由主机发起，首先将数据包地址发送给指定的设备，然后进行和设备之间的数据传输。从 USB 3.2 Gen 1 开始，设备可以发起与主机的通信，从而有效地为连接在外围的设备提供中断功能。

4.4.6 Thunderbolt

雷电接口（Thunderbolt）是 2011 年推出的高速串行接口标准集。原始的雷电接口是用两个串行的雷电通道将 PCIe 和显示端口（DisplayPort）信号传输结合在一起。

雷电 4（Thunderbolt 4）是最新一代的雷电标准，其中增加了与 USB4 的兼容性，同时支持使用一个计算机端口与 PCIe 设备和多个高分辨率显示器的连接。雷电 4 使用的连接器与 USB 3.2 及更高版本（USB-C 的连接器）相同，支持 40Gbit/s 的 USB4 数据传输速率。当连接到计算机的雷电 4 接口时，所有的 USB 设备都能正常运行。然而雷电 4 外围设备与非雷电 4 USB-C 端口不兼容。

下一节将介绍最流行的图形显示接口标准。

4.5 图形显示

在游戏、视频编辑、图形设计和动画领域，视频处理性能至关重要。生成和显示高分辨率图形需要大量的数学计算。尽管通用处理器能够执行一些必要的计算，但还是达不到用户的期望。

名为**图形处理单元**（Graphics Processing Unit，GPU）的高性能显卡本质上就是微型超级计算机，在经过严格优化后执行 3-D 场景渲染等图形计算任务。由于场景渲染中涉及的计算是高度重复的，因此可以通过使用硬件并行化来提高性能。图形处理器中包含大量相对简单的计算单元，每个计算单元执行一部分任务。

GPU 可能包含数千个独立的功能类似于 ALU 的处理单元。促使高性能 GPU 发展的最初动力是 3D 场景生成，这项技术的新版本在大数据分析和机器学习等领域中得到了广泛的应用。任何能够被分解为并行运算集合的数值计算密集型任务都适合用 GPU 加速。

当然，并非所有用户都需要极高的视频性能。为了满足用户适度的图形需求和有限预算的需求，现代处理器通常将相对功能较弱的 GPU 集成到处理器芯片中。在许多应用程序中，这种方法提供了充足的图形性能，这样的配置称为**集成显卡**（integrated graphics），意味着 GPU 功能已经集成到处理器中，并与处理器共享系统内存。具有集成显卡的计算机系统成本较低，同时为电子邮件、Web 浏览和观看视频等基本计算任务提供了足够的图形性能。

许多台式计算机和笔记本计算机在提供集成显卡的同时，还可以选择安装高性能显卡，以便用户可以根据其成本和性能需求定制计算机系统。

目前，有几种不同的视频标准用于将显示器连接到计算机上。由于计算机生成的图形界面必须与所连接的显示器兼容，因此计算机通常提供多种类型的视频连接器。计算机显示器和高清电视通常也提供多种视频连接器的类型。

第 6 章将详细介绍 GPU 处理体系结构。接下来各节将介绍过去和现在的计算机应用程序中使用的一些流行的视频接口标准。

4.5.1 VGA

1987 年，IBM 推出了用于个人计算机的**视频图形阵列**（Video Graphic Array，VGA）视频标准。尽管大多数现代计算机不提供 VGA 连接器，但 VGA 仍然是一种广泛使用的模拟接口。只支持 VGA 接口的老式计算机使用转换电缆连接到支持 DVI 和 HDMI 视频输入的显示器的情况很常见。

现代版本的 VGA 标准在刷新频率为 60Hz 的情况下支持的显示分辨率高达 1920 × 1200 像素。由于 VGA 视频信号是模拟信号，因此在传输到显示器的过程中会产生一些信号质量的损失。在高屏幕分辨率下，这种质量损失的效果最为明显。

4.5.2 DVI

数字视频接口（Digital Visual Interface，DVI）视频标准的开发是为了提高计算机显示器的视觉质量，在计算机和显示器之间以数字形式传输视频信号。为了保持与早期的计算机和显示器的向后兼容性，DVI 电缆也能够传输 VGA 模拟信号。

与前面讨论的高速串行接口相似，DVI 使用差分串行信号传输视频数据。一个 DVI 连接器包含有 4 条串行通道：其中 3 条通道分别传输红、绿、蓝这 3 种颜色信息，第 4 条通道传输公共时钟信号。

根据支持的数字视频和模拟视频类型的组合，定义了 3 种 DVI 变体：

- DVI-A 只支持模拟视频信号，该模式提供了与 VGA 计算机和显示器的向后兼容性。DVI-A 连接器与传统 VGA 连接器的引脚布局不同，因此需要适配器电缆才能够连接到传统 VGA 设备上。
- DVI-D 是一个数字接口，并支持单链路和双链路两种方式。双链路提供了额外的串行数据通道，增加更高分辨率的显示器的视频带宽。双链路并不意味着电缆就可以支持两个显示器。
- DVI-I 是一个集成接口，可以同时支持 DVI-A 的模拟接口和 DVI-D 的数字接口。DVI-I 的数字接口可以是单链路，也可以是双链路。

DVI 接口主要用于计算机的显示应用程序。单链路 DVI-D 连接的有效传输速率为 3.96Gbit/s。双链路 DVI-D 连接的传输视频速率是单链路的两倍，为 7.92Gbit/s。

4.5.3 HDMI

大多数现代计算机、显示器、所有现代电视和 DVD 播放器等视频娱乐设备都支持**高清多媒体接口**（High Definition Multimedia Interface，HDMI）。HDMI 只支持数字视频（没有模拟的能力），并且使用与 DVI-D 相同的差分串行总线。除视频数据外，HDMI 电缆还传输多通道数字音频。

HDMI 自 2002 年推出以来，其标准已经历了多次修订。后续的每次修订都保持了向后兼容性，同时增加了新功能。该标准的更高版本增加了视频带宽、扩大了可支持的屏幕分辨率范围、增添了高清音频功能、使用 HDMI 电缆支持以太网通信并增加了支持游戏的功能。尽管 HDMI 的每个版本都向后兼容，但是只有在信号源设备、显示设备和连接电缆均与新标准版本兼容的配置中，新的特征才能发挥作用。

HDMI 2.1 版本在 2017 年推出，该标准在 4 条差分串行通道上支持 42.6Gbit/s 的有效数据传输速率。

4.5.4 DisplayPort

DisplayPort（显示端口）是于 2006 年发布的一种支持数字视频、音频和 USB 连接的数字接口标准。尽管 HDMI 的目标是电视机和家庭影院系统等消费类电子产品，但 DisplayPort 却更多地面向计算机应用。DisplayPort 传输嵌入时钟信息的数据包，从而消除了独立时钟通道的需求。

单个计算机的 DisplayPort 输出可以驱动以菊花链连接的多个显示器，其中一根电缆将计算机连接到第一台显示器，第二根电缆把第一台和第二台显示器连接起来，以此类推。显示器必须支持这种能力，以这种方式组合的最大显示器数量受显卡的性能以及显示器的分辨率和刷新率的限制。

DisplayPort 2.0 于 2019 年发布，在 4 条差分串行通道上的有效数据传输速率高达 77.4Gbit/s。

4.6 网络接口

计算机网络是在共享的通信介质上进行交互的数字设备的集合。**局域网**（Local Area Network，LAN）是由数量有限且部署在家中或办公楼中等较小的物理空间的计算机组成。把家里的计算机、电话和其他数字设备连接在一起就是一个局域网。局域网环境中的设备连接可以使用有线接口或无线接口，通常有线接口是以太网，无线接口是 Wi-Fi。

通常，独立的计算机使用**广域网**（Wide Area Network，WAN）和局域网进行通信。WAN 服务通常由有线电视供应商或电话公司等电信公司提供。家庭局域网通过电话公司或有线电视公司提供的 WAN 服务连接到互联网。

通常情况下，WAN 服务供应商提供的家庭和企业网络设备（路由器）将本地设备通过以太网和 Wi-Fi 连接到 WAN。以下两节分别介绍以太网和 Wi-Fi。

4.6.1 以太网

以太网（Ethernet）是一组计算机网络标准，用于在局域网的环境中使用电缆连接计算机。最初的以太网版本由 Xerox Palo Alto 研究中心的 Robert Metcalfe 在 1974 年开发。使用同轴电缆对计算机进行连接，传输率为 10Mbit/s 的商用以太网技术于 1980 年发布。该技术的名称源自历史术语"发光的醚"，意思是一个充满整个空间并能够传播电磁波的假想介质。以太网电缆是一种概念上的通信介质。

电气电子工程师学会（Institute of Electrical and Electronics Engineers，IEEE）于 1980 年开始开发包括以太网在内的 LAN 技术标准。IEEE 802.3 以太网标准于 1985 年发布。此后，该标准进行了多次修订，可以支持更高的数据速率和不同的网络拓扑。现代计算机网络与原始以太网标准的最明显区别是使用点对点双绞线电缆代替了原来的共享同轴电缆。

现代计算机通常使用千兆以太网接口通过非屏蔽双绞线电缆进行通信。千兆以太网在 IEEE 802.3ab 标准中被正式定义，并支持 1.0Gbit/s 的速率，尽管不同的通信协议开销不同，但其有效数据传输速率高达 99%。

以太网通信由大小可变的数据单元组成，这些数据单元称为帧（frame），帧的最大长度为 1518 字节。每个帧的帧头包含用于标识以太网接口的源地址和目标地址等寻址信息。因为现代双绞线是点对点的连接方式，所以连接一组计算机的最常见结构是用电缆把每台计算机与交换机（switch）连接。交换机用来接收所连接的计算机传输的帧，并根据每个帧中的目标地址，将该帧立即转发给正确的接收者。以太网电缆的最大建议长度限制为 100 米，这限制了以太网 LAN 到独立的办公楼或家庭等区域的实际规模。

现代主板通常包含一个内置的以太网接口，这样就不需要一个占用 PCIe 插槽的以太网卡了。无论是内置在主板中还是安装在 PCIe 扩展插槽中，以太网接口都会在处理器和芯片组之间都使用一条 HSIO 通道。

4.6.2　Wi-Fi

IEEE 于 1997 年发布了工作在 2.4GHz 频段且原始数据传输速率为 2Mbit/s 的 802.11 无线通信标准的第一个版本。802.11b 标准于 1999 年发布，原始数据速率为 11Mbit/s，事实证明该标准在商业上很受欢迎。该项技术在 1999 年被命名为 Wi-Fi。

2003 年发布 802.11g 标准的原始速率为 54Mbit/s。802.11n 于 2009 年发布，支持**多输入多输出**（Multiple-Input Multiple-Output，MIMO）天线和 5GHz 频段中一些可选择的操作。2013 年发布的 802.11ac 标准使用增强的 MIMO 天线配置，在 5GHz 频带中支持超过 500Mbit/s 的传输速率。2021 年通过的 802.11ax 标准，对单客户端提供的吞吐率比 802.11ac 高 39%，并为在密集无线电信号环境中使用提供了增强型的支持。802.11ax 的销售代号为 Wi-Fi 6，适用于 2.4 和 5GHz 频段，而 Wi-Fi 6E 适用于 6GHz 频段。

Wi-Fi 设备可能会受到所在区域内无线电话、微波炉和其他一些 Wi-Fi 网络等家用电器的干扰。Wi-Fi 信号传播也会受到一些因素的影响，例如发射器与接收器之间的墙壁或其他障碍物、多路径（直接路径信号与信号的反射副本之间的破坏性干扰），并且受到 Wi-Fi 发射器能够发射的最大功率的限制。在 802.11n、802.11ac 和 802.11ax 配置中使用多条天线可以大大缓解与多路径相关的传播问题。

电信服务供应商提供的现代 WAN 接口设备，通常包含以太网和 Wi-Fi 组合的通信接口。在这些应用中，与以太网相比，Wi-Fi 的主要好处是减少了所需的布线量。因为射频信号可能会传播到通信系统所在的建筑物之外，所以 Wi-Fi 存在着潜在的安全问题。Wi-Fi 协议通过 **Wi-Fi 保护接入 2**（Wi-Fi Protected Access 2，WPA2）等协议为安全通信提供了实质性支持，但是系统管理员和用户必须确保启用了合适的安全功能，并且机密信息（例如网络密码）足够复杂并被安全地保存。

笔记本计算机、智能手机和平板计算机等大多数便携式数字设备都支持使用 Wi-Fi，在这些设备中，Wi-Fi 直接内置在主板中。

下一节讨论带宽要求最低的计算机接口：键盘和鼠标。

4.7 键盘和鼠标

与本节前面讨论的高速设备接口相比，键盘和鼠标的带宽要求适中。这些设备是操作员在大多数计算机中仅能使用的输入方法，只需要以人类的反应速度进行操作。即使是最快的打字员，每秒也只能按下一两个键。

4.7.1 键盘

机械计算机键盘由一组按键组成，每个按键都有一个瞬时电子开关。标准的全尺寸键盘有 104 个键，包括方向键、控制键（Home 键，滚动锁等）和数字小键盘。现代键盘通常提供 USB 电缆，通过有线或无线方式连接到计算机系统。

由于键盘对人机交互的带宽要求非常低，因此一些计算机主板为键盘连接提供了较慢的 USB 2.0 端口，同时为高速外围设备提供了性能更高的 USB 3.2 或更好的接口，这样可以减少主板上元器件的成本。

键盘记录了每个键的按下和释放，所以计算机能够处理同时按下的组合键。例如，按住 a 键的同时按住 Shift 键可产生大写字母 A。

一些计算机和数字设备（例如平板计算机和电话）都提供了触摸屏界面。当这些设备需要文本输入时，系统会在屏幕上显示键盘图案，用户通过触摸字母位置产生按键效果。

机械键盘提供相对更准确的输入，并且受到需要输入大量文本的用户的青睐。因为触摸屏的表面是完全平坦的，所以不会向用户的手指反馈是否与按键对齐的信息。使用触摸屏键盘时会导致相对频繁的输入错误。当然，触摸屏键盘不需要为该设备提供机械键盘，这对于便携式设备来说很方便。另外，虽然对于戴着手套的用户而言，触摸屏输入更加困难，但是触摸屏键盘不会有机械键盘中出现器件机械故障的问题。

4.7.2 鼠标

计算机鼠标是一种手持式设备，可在计算机屏幕上水平或垂直地移动光标指针。用户根据光标指针的位置，按鼠标上的按钮进行操作。现代鼠标通常会提供一个能够沿任一方向滚动的小滚轮，用于执行像滚动文本文档之类的操作。

与键盘一样，鼠标通常以有线或无线的方式通过 USB 连接到计算机。鼠标对带宽的要求很低，USB 2.0 端口即可支持鼠标。

鼠标的操作通常需要在桌面一类水平表面进行，以便用户在其上移动鼠标。现代鼠标通常使用光学发射器和传感器来检测整个表面的运动。许多鼠标很难在玻璃桌等高反射性的表面上操作。

从概念上看，轨迹球与鼠标类似，只不过与在表面上移动鼠标不同，它是将球保持在固定位置，允许通过手向任意方向旋转。用户通过向前、向后、向左和向右滚动轨迹球在计算机显示屏上移动光标指针。鼠标需要表面具有一定的可用面积，而轨迹球不需要，并且轨迹球可以固定在固定位置，这种能力使轨迹球成为地面车辆、轮船和飞机上的计算机站的首选定位设备。

与键盘一样，计算机将每个鼠标按钮的按下和释放看成独立的事件。用户可以利用此功能来按照以下步骤进行操作，例如在屏幕上拖动图标：

1. 将光标指针放在图标上。
2. 按住鼠标左键。
3. 将指针（现在带有图标）移动到新位置。
4. 释放鼠标按钮。

键盘和鼠标一起为大多数计算机用户提供了执行交互任务需要的所有输入功能。

下一节将综合本章介绍的接口，介绍现代计算机主板的规范。

4.8 现代计算机系统规格

到目前为止，读者应该能够说明现代计算机主板、处理器和芯片组的大多数规格。本节提供了当前主板规格的示例，并解释了各自的特点。

计算机主板设计者必须做出许多决定，例如，特定主板型号中要提供的 PCIe 扩展端口数量、DIMM 插槽数量、USB 端口数量和 SATA 端口数量。这些决定需要以目标客户（客户可以是游戏玩家、企业用户还是对成本敏感的家庭用户）的需求为指导。

表 4.4 所示是 ASUS Prime X570-pro 主板的设计，这是一款用于游戏应用的且支持超频（Overclocking）等游戏相关的技术的高性能主板。超频通过增加处理器和其他系统构件的时钟频率来提高性能。

如果用过高的频率驱动构件，则超频可能会导致发热量的增加和性能的不稳定。

表 4.4 主板规格示例

功能	规格	说明
处理器	兼容第 3 代 AMD Ryzen™ 处理器的 AMD AM4 插槽	插槽包含 1331 个触点。处理器与 DDR4 系统内存直接接口。处理器通过 PCIe 4.0 x16 直接与 GPU 接口
芯片组	AMD X570 16 x PCIe 4.0 通道 6 个 SATA 端口，端口传输率为 6Gbit/s	处理器到芯片组的接口是 PCIe 4.0 x 4
显卡	多达 3 个 PCIe4.0 x16 插槽	多个 GPU 可以使用 Nvidia 可扩展链路接口（Scalable Link Interface，SLI）或 AMD Crossfire 技术并行工作
扩展插槽	3 个 PCIe 4.0 x16 插槽 3 个 PCIe 4.0 x1 插槽	x16 插槽可以配置为 1 个 x16 插槽，也可以配置为 2 个 x8 插槽或 2 个 x8 插槽加 1 个 x4 插槽
系统内存	4 个 Dual Channel DDR4 3200MHz DIMM 插槽，最大可支持 128GB	最多可以安装 4 个 DDR4 模块，每个模块最多有 32GB。超频可达到 5100MHz
磁盘接口	2 个 M.2 6 个 SATA 6Gbit/s	M.2 插槽使用 PCI4.0 支持高性能 SSD，SATA 端口支持传统磁盘
以太网	1 个千兆以太网	支持高速以太网
USB/Thunderbolt 3 端口	2 个 USB2.0 接口 1 个 USB3.2 Gen1（5Gbit/s）接口 1 个 USB3.2 Gen2（10Gbit/s）接口	每个接口支持多个 USB 端口。将 USB 2.0 用于键盘和鼠标。将 USB 3.2 用于外部驱动器等快速的外围设备

本示例介绍了一些关于 2021 年的高端消费级计算机的功能性能的特征。

如果要购买计算机，请充分掌握本章提供的信息，使自己成为一个明智的消费者。

4.9 总结

本章介绍了计算机内存子系统、MOSFET 和电容器，考察了实现 DRAM 位单元的电路。还回顾了 DDR5 内存模块的体系结构和多通道内存控制器的操作。接着引入了其他类型的 I/O 设备，重点放在高速差分串行接口以及该接口与 PCIe、SATA、USB 和视频接口等连接中的广泛应用。

本章介绍了非常流行的视频接口标准，包括 VGA、DVI、HDMI 和 DisplayPort；研究了以太网和 Wi-Fi 网络技术；讨论了包括键盘和鼠标在内的标准计算机外围设备接口。本章最后以现代主板为例进行说明，重点介绍了它的一些有趣的功能。

学完本章，读者应该从技术规范层次到电路实现层次对现代计算机的构件有一个比较深入的理解。

下一章继续探讨计算机系统实现的高级服务，例如磁盘 I/O、网络通信以及与用户间的交互。下一章将从处理器指令集和寄存器开始，研究从软件层来实现这些功能。还将覆盖操作系统的几个关键方面，包括启动、多线程和多处理。

4.10 习题

1. 使用两个 CMOS 晶体管搭建一个 NAND 门电路。与 NPN 晶体门电路不同，本电路不需要电阻。
2. 16Gbit 的 DRAM 集成电路具有 2 个输入用于存储阵列组选择，2 个输入用于存储阵列选择和 17 个行地址输入。该设备存储阵列的每一行中有多少位？

| 第 5 章 |

Modern Computer Architecture and Organization, Second Edition

硬件软件接口

绝大多数计算机软件不是用汇编语言编写的。日常生活中所使用的大多数应用程序都是用某种高级语言编写的，使用提前编写好的功能库，程序员在开发过程中再进行扩展。由高级语言及相关库组成的实际编程环境，提供了包括磁盘 I/O、网络通信以及与用户的交互等各种服务，这些服务都可以通过编程轻松实现。

本章从设备驱动程序的处理器指令层次开始，介绍实现这些功能的软件层。同时将介绍操作系统几个关键方面，包括引导、多线程和多处理。

通过学习本章，读者将了解操作系统提供的服务，**基本输入输出系统**（Basic Input/Output System，BIOS）和**统一可扩展固件接口**（Unified Extensible Firmware Interface，UEFI）固件中提供的功能。也将学习如何在处理机级别执行线程功能，以及如何在一个计算机系统内协调多个处理器。还将从执行的第一条指令开始，深入理解安全启动操作系统的过程。

本章包含以下主题：

- 设备驱动程序
- BIOS
- 引导过程
- 操作系统
- 进程和线程
- 多处理

5.1 设备驱动程序

设备驱动程序为应用软件提供了一个标准化接口，以便与外围设备进行交互。这就避免了每个应用开发人员需要理解和实现每种设备正确操作所需要的全部技术细节。大多数设备驱动程序允许多个同时执行的应用程序以安全高效的方式与相关外围设备的多个实体交互。

在最低级别的交互中，设备驱动程序代码提供软件指令来管理与外围设备的通信交互，包括处理由设备服务请求生成的中断。设备驱动程序控制由处理器、外围设备，以及处理器芯片组等其他系统部件提供的硬件资源的操作。

在支持特权执行模式的计算机系统中，设备驱动程序通常在一个较高的特权级上运行，保证了特权级较低的代码无法访问外围接口，同时只允许可信代码直接与这些接口交互。如果未经授权的应用程序代码能够访问外围设备的硬件接口，则导致设备无法正常运行的编程错误将立即影响所有想要使用该设备的应用程序。在第 9 章将介绍指令执行和数据流在非特权用户代码和特权驱动程序代码之间转换的步骤。

使用高特权执行的驱动程序称为内核模式驱动程序。内核是操作系统的核心，在计算机硬件和高级操作系统功能之间充当接口（例如调度器）。

从第 3 章可知，访问 I/O 设备的两种主要方法是端口映射 I/O 和内存映射 I/O。虽然内存映射 I/O 在现代计算机中占主导地位，但一些体系结构（如 x86）继续支持和使用端口映射 I/O。在 x86 系统中，许多现代外围设备都提供了一个将端口映射 I/O 和内存映射 I/O 相结合的接口。

Linux 和 Windows 等现代操作系统上的编程工具，为开发能够使用端口映射 I/O 技术和内存映射 I/O 技术与外围设备进行交互的设备驱动程序提供了资源。在这些操作系统中安装设备驱动程序需要提升权限，但使用驱动程序的用户不需要任何特权。

虽然对于那些不熟悉硬件设备和内部固件的人来说，外围设备的驱动程序可能相当复杂且难以理解，但是一些传统设备相当简单。例如，早期个人计算机上的并行打印机端口也是个人计算机多年来的标准构件。尽管现代计算机很少包含这些接口，但廉价的并行端口扩展卡仍然可以使用，现代操作系统为这些端口提供了驱动程序支持。电子爱好者经常使用并行端口作为简单接口，在运行 Windows 或 Linux 的 PC 机上使用 5V 的晶体管 – 晶体管逻辑（Transistor-Transistor Logic，TTL）数字信号与外部电路交互。

下一节将研究并行端口接口的一些设备驱动程序的详细信息。

5.1.1 并行端口

PC 并行打印机端口的编程接口由三个 8 位寄存器组成，这三个寄存器的地址为从 0x378 开始的顺序 I/O 端口号。这个 I/O 端口集合为打印机 1 提供接口，在运行 MS-DOS 和 Windows 的 PC 兼容计算机中将其标识为 LPT1。现代 PC 机可能会在 PCI 设备初始化期间将并行端口映射到不同范围的 I/O 端口，但是与早期 PC 相比，接口的操作没有改变。

现代计算机中并行端口的设备驱动程序使用与早期 PC 中相同的指令来执行相同的功能。本节假设在 Linux 64 位版本中，打印机端口映射到传统的 I/O 端口范围。

为了与并行端口硬件交互，x86 处理器执行 in（输入）和 out（输出）指令，分别读取和写入 I/O 端口。假设并行端口驱动程序已经安装并初始化，用户应用程序可以调用驱动程序函数来读取和写入并行端口输入线上的数据。驱动程序代码中的以下一对指令读取并行端口 8 条数据线上的数据，并将所得的 8 位值存储在处理器的 `al` 寄存器中：

```
mov edx,0x378
in al,dx
```

在 x86 汇编语言中，包含两个操作数的指令以（`opcode destination, source`）的形式编写。本示例使用 `al`、`edx` 和 `dx` 这三个处理器内的寄存器。`al` 寄存器是 32 位 `eax` 寄存器的低 8 位。`dx` 是 32 位 `edx` 寄存器的最低 16 位。此指令序列将立即数 `0x378` 加载到 `edx` 寄存器中，然后从 `dx` 指明的端口将 8 位数据值读入 `al`。

生成上述汇编指令的 C 语言源代码如下：

```
char input_byte;
input_byte = inb(0x378);
```

Linux 操作系统提供了 `inb` 函数，用于从 I/O 端口执行 8 位输入操作。仅当操作系统提升了该代码的特权级别时，该代码才能正常运行。以用户权限运行的应用程序不能正确地执行这些指令，因为此类代码没有对 I/O 端口进行操作的权限。

以下代码块将一个字节写入并行端口数据寄存器，从而设置 8 个数字输出信号的状态：

```
mov edx,0x378
movzx eax,BYTE PTR [rsp+0x7]
out dx,al
```

这些指令将 `edx` 寄存器设置为端口号，然后将栈中的变量加载到 `eax`。`rsp` 是 64 位的栈指针。因为该驱动程序运行在 64 位版本的 Linux 上，所以 `rsp` 是 64 位的。`movzx` 代表"零扩展移动"，意思是将给定地址 `rsp+0x7` 的 8 位数据值（`BYTE PTR` 指定）复制到 32 位 `eax` 寄存器的低 8 位，并用零填充 `eax` 寄存器中剩余的 24 位。最后一条指令将 `al` 中的字节写入 `dx` 中指明的端口号。

生成这些指令的 C 源代码如下：

```
char output_byte = 0xA5;
outb(output_byte,0x378);
```

与 `inb` 类似，Linux 提供 `outb` 函数，使设备驱动程序能够将 8 位值写入给定的 I/O 端口。

这个例子演示了在最低特权级的设备驱动程序操作中，处理器上执行的软件与外围设备硬件寄存器之间如何进行交互。x86 系统上更复杂设备的驱动程序通常将端口映射 I/O 与内存映射的 I/O 结合在一起，使用与内存访问相同的处理器指令对设备接口进行读写访问。

这些示例介绍了在原始并行 PCI 总线体系结构上使用驱动程序访问硬件的方法。下一节将讨论允许传统 PCI 驱动程序继续在基于 PCIe 的现代计算机上正常运行，以便充分利用 PCIe 的高速串行通信技术。

5.1.2　PCIe 设备驱动程序

如第 4 章所述，PCIe 使用高速串行连接方式，在处理器和 PCIe 外围设备之间进行通信。设备驱动程序必须执行哪些步骤才能与这种特殊的硬件交互？简单的答案是，驱动程序不需要做任何特别的事情就可以充分利用 PCIe 的高性能。PCIe 在软件上与 20 世纪 90 年代 PC 中使用的并行 PCI 总线兼容，因此为 PCI 编写的设备驱动程序在使用串行 PCIe 总线的计算机中能够正常工作。处理器 I/O 指令（`in` 和 `out`）和与 PCIe 设备通信所必需的顺序串行数据传输之间的转换任务由处理器中的 PCIe 总线控制器、芯片组和 PCIe 设备以透明的方式完成。

在系统启动期间，或者在正在运行的系统中进行热拔插时，PCI 和 PCIe 设备进行自动配置。热插拔是在通电的系统中安装硬件。

操作系统在配置完成后就可以识别设备接口。PCI 或 PCIe 外围设备与处理器之间的接口可能包括以下通信路径的任意组合：

- 一个或多个 I/O 端口范围
- 一个或多个支持内存映射 I/O 的内存区域
- 与处理器中断处理程序连接

接口配置过程同时适用于 PCI 和 PCIe 驱动程序，使传统 PCI 驱动程序能够在 PCIe 系统中正常工作。当然，并行 PCI 和串行 PCIe 设备之间的物理接口差别很大，因此这些设备本身不能跨总线互换。PCIe 的总线插槽特意与 PCI 插槽不同，以防止 PCI 设备意外插入 PCIe 插槽，反之亦然。

在 PCI 和 PCIe 系统中，进出外围设备的大量数据传输通常依赖于直接存储器访问（DMA）技术。在 PCIe 系统中，DMA 操作充分利用了多通道串行连接能够提供的高数据速率，以接近每个通道或多通道链路可以支持的最大理论速度在接口上传输数据。在保持设备驱动程序兼容性的同时，用性能更高的 PCIe 多通道串行技术取代了传统的并行总线 PCI 技术，这一技术的发展非常迅速。

5.1.3 设备驱动程序结构

设备驱动程序是实现一组预定义功能的软件模块，使操作系统能够将驱动程序与兼容的外围设备相关联，并对这些设备执行受控的访问。这种方式允许系统进程和用户应用程序在共享设备上执行 I/O 操作。

本节简要概述了 Linux 设备驱动程序必须实现的一些常用函数。下面的 C 语言示例用虚拟设备名 mydevice 作为函数名的前缀。

以下函数执行与驱动程序本身的初始化和终止相关的任务：

```
int mydevice_init(void);
void mydevice_exit(void);
```

操作系统在系统启动时调用 mydevice_init 初始化设备，如果设备是通过热插拔连接的，则在设备插入时进行初始化。mydevice_init 函数返回一个指示初始化是否成功的整数代码，如果初始化不成功，则返回错误码。如果驱动程序初始化成功，则返回零。

在系统关闭过程中或在系统运行时移除设备等不再需要驱动程序的情况下，将调用 mydevice_exit 释放分配给驱动程序的所有系统资源。

下面一对函数允许系统进程和用户应用程序启动和终止与设备的通信会话：

```
int mydevice_open(struct inode *inode, struct file *filp);
int mydevice_release(struct inode *inode, struct file *filp);
```

mydevice_open 尝试启动对设备的访问，并报告进程中可能发生的任何错误。inode 参数是指向包含访问特定文件或其他设备所需信息的数据结构的指针。filp 参数是指向包含打开文件信息的数据结构的指针。在 Linux 中，所有类型的设备都表示为文件，即使设备本身不是基于文件的。filp 是文件指针（file pointer）的缩写。对该文件进行操作的所有函数都将指向该数据结构的指针作为输入。filp 结构表明文件是以读取、写入、还是读写方式打开的。

mydevice_release 函数关闭设备或文件，并释放在调用 mydevice_open 时分配的所有资源。

成功调用 mydevice_open 后，应用程序代码可以开始对设备进行读写操作。执行这些操作的函数如下：

```
ssize_t mydevice_read(struct file *filp, char *buf,
    size_t count, loff_t *f_pos);
ssize_t mydevice_write(struct file *filp, const char *buf,
    size_t count, loff_t *f_pos);
```

mydevice_read 函数对设备或文件进行读操作，并将读取到的数据传送到应用程序内存空间中的缓冲区。count 参数表示请求的数据量，f_pos 表示从文件中开始读取的偏移量。buf 参数是数据的目标地址。实际读取的字节数（可能小于请求的数目）作为函数返回值，数据类型为 ssize_t。

mydevice_write 函数的大部分参数与 mydevice_read 相同，只是 buf 参数声明为 const（常量），其原因是 mydevice_write 从 buf 指示的内存地址读取数据并将数据写入文件或设备。

实现这些功能的一件有趣的事是，特权驱动程序代码无法（或至少在系统允许的情况下不应该）直接访问用户内存，这是为了防止驱动程序代码有意或无意地读写内核空间等不应该访问的内存位置。

为了避免这个潜在的问题，操作系统提供了名为 copy_to_user 和 copy_from_user 的特殊函数，供驱动程序访问用户内存。这些函数在复制数据之前采取必要的步骤来验证函数调用中提供的用户空间地址。

本节简要介绍了设备驱动程序在硬件层执行的操作，并介绍了设备驱动程序的顶层结构。

系统上电期间，在操作系统可以启动和初始化其驱动程序之前，必须运行固件程序以执行低级自检和系统配置。下一节将介绍在计算机上电时首先执行的代码：BIOS。

5.2 BIOS

计算机的 BIOS 包含系统启动时首先执行的代码。在早期的 PC 中，BIOS 提供了一组编程接口，对键盘和视频显示器等外围接口的细节进行了抽象。

在现代 PC 中，BIOS 在启动时执行系统测试和外围设备配置。该过程完成后，处理器无须进一步使用 BIOS 就可以直接与外围设备进行交互。

早期的 PC 将 BIOS 代码存储在主板上的**只读存储器**（ROM）芯片中。该代码已被永久编译，无法更改。现代主板通常将主板 BIOS 存储在可重新编程的闪存中，这样就可以更新 BIOS，从而可以添加新功能或修复早期固件版本中存在的问题。更新 BIOS 的过程通常称为刷新 BIOS。

BIOS 可重编程的一个缺点是有可能使得恶意代码通过写入 BIOS 闪存而引入系统。一旦这种攻击得逞，会使恶意代码在计算机每次启动时执行。幸运的是，成功的 BIOS 固件攻击相当罕见。

当 BIOS 在系统启动期间取得控制权后，它首先要做的事情就是对关键系统构件进行**开机自检**（Power-On Self-Test，POST）。测试期间，BIOS 尝试与键盘、视频显示器和引导设备等系统构件交互，其中引导设备通常是磁盘驱动器。虽然计算机可能包含高性能图形处理器，但 BIOS 在启动期间使用的视频接口通常是仅支持文本显示的简单视频模式。

BIOS 使用视频和键盘接口来显示系统测试期间检测到的任何错误，允许用户进入配置模式并更改存储设置。BIOS 提供的键盘和视频接口可以对尚未包含启动设备的计算机进行初始设置和配置。

当视频显示不能正常工作时，BIOS 将无法显示错误信息。在这种情况下，BIOS 会尝试使用 PC 扬声器的蜂鸣模式来指示错误。主板说明文档会提供关于每种蜂鸣模式代表的错误类型的信息。

根据系统配置，BIOS 或操作系统在系统启动期间管理 PCIe 设备的初始化。在成功完成配置过程后，所有 PCIe 设备都被分配了兼容的 I/O 端口范围、内存映射 I/O 范围和中断号。

随着启动的进行，基于 PCIe 提供的制造商和设备标识信息，操作系统为每个外围设备关联适当的驱动程序。在成功初始化之后，驱动程序直接与每个外围设备交互，并根据请求执行 I/O 操作。系统进程和用户应用程序调用一组标准化的驱动程序函数来访问设备、执行读写操作以及关闭设备。

BIOS 的一个常见功能是要在可用的存储设备中选择引导顺序。例如，如果驱动器中包含光盘驱动器且其中包含有效的操作系统镜像，用户可以使用 BIOS 指定光盘为首选的引导方式。如果找不到可引导光盘，系统可能会尝试从主磁盘驱动器引导。通过这种方式可以按优先级顺序配置多个大容量存储设备。

在启动过程的早期，通过按特定的键（例如 Esc 或 F2 功能键）可以访问 BIOS 配置模式。启动时，屏幕上通常会显示要按下的相应键。进入 BIOS 配置模式后，配置选项以菜单形式显示在屏幕上。用户可以在不同的屏幕之间进行选择，以修改与功能相关的参数，例如，修改启动优先级顺序。在修改参数之后，会提供一个选项来将修改的结果保存到**非易失性存储器**（Non-Volatile Memory，NVM）并恢复启动过程。因为对 BIOS 设置进行不适当的更改可能会使计算机无法启动，所以执行此操作时需要非常小心。

自从 IBM PC 面世以来，BIOS 实现的功能已经极大增强。然而，随着 PC 体系结构发展为需要支持 32 位操作系统，之后又需要支持 64 位操作系统，传统的 BIOS 体系结构无法跟上新的、功能更强的系统的需求。主要的行业参与者发起了一项倡议，定义了一个突破 BIOS 局限性的系统固件体系结构。这一努力的结果是 UEFI 标准，它取代了现代主板中传统的 BIOS 功能。

UEFI

UEFI 是于 2007 年推出的标准，定义了一个固件体系结构，在实现传统 BIOS 功能的基础上添加了一些重要的增强功能。与 BIOS 一样，UEFI 包含系统启动后立即执行的代码。

UEFI 支持许多设计目标，包括支持更大的引导磁盘设备（特别是磁盘大小大于 2TB）、更短的启动时间以及提高启动过程的安全性。UEFI 提供了多种功能，如果能够正确使用这些功能，可大大降低存储在 UEFI 闪存中的固件被意外或恶意破坏的可能性。

除了实现传统 BIOS 的功能之外，UEFI 还支持以下功能：

- **UEFI 应用程序**是存储在 UEFI 闪存中的可执行代码模块。UEFI 能够在操作系统启动之前，提供更加强大的主板配置能力。在某些情况下，还提供操作系统运行时使用的服务。UEFI 应用程序的一个示例是 UEFI Shell，它提供了一个用于与处理器和外围设备进行交互的命令行界面（Command-Line Interface，CLI）。UEFI Shell 支持设备数据查询，并允许修改非易失性的配置参数。
- **GNU 项目的多操作系统启动程序**（GRand Unified Bootloader，GRUB）是 UEFI 应用程序的另一个示例。GRUB 通过一个菜单来支持多引导配置，在系统启动期间，用户可以从多个可用的操作系统映像中选择一个来引导。
- **体系结构无关的设备驱动程序**提供了供 UEFI 使用的与处理器实现无关的设备驱动程序。这使得 UEFI 固件的单一实现可以在 x86 和 ARM（Advanced RISC Machine）处理器等不同的体系结构上使用。与体系结构无关的 UEFI 驱动程序以由处理器专用固件解释的字节码格式存储。通过这些驱动程序，可以在启动过程中实现 UEFI 与显卡和网络接口等外围设备的交互。
- **安全引导**使用加密证书确保在系统启动期间仅执行合法的设备驱动程序和操作系统加载程序。该功能在执行之前验证每个固件构件的数字标识，可防止多种基于固件的恶意软件的攻击。
- **快速引导**通过并行执行 BIOS 中按顺序发生的操作来实现。实际上，由于启动速度太快，以至于许多 UEFI 的实现都不会在引导过程中为用户提供按键选项，因为等待响应会延迟系统启动。Windows 等操作系统通过允许用户在操作系统运行时请求访问 UEFI，然后重新启动以进入 UEFI 配置屏幕，从而设置 UEFI。

UEFI 并不是简单地替换旧 BIOS 的功能，它是一个支持高级功能的微型操作系统，例如，允许远程技术人员使用网络连接来对不能启动的 PC 进行故障排除。

在 POST 和系统设备的低级配置之后，根据启动优先级顺序识别出适当的启动设备，系统开始操作系统的引导过程。

5.3 引导过程

根据包含映像的大容量存储设备分区类型及引导的安全性特征的不同，引导系统映像的过程会有所不同。引导过程的目标是在上电后启动系统，并对操作系统进行初始化，使计算机处于一个已知的状态并准备好执行工作。

从 20 世纪 80 年代初开始，标准磁盘分区格式被称为**主引导记录**（Master Boot Record，MBR）。MBR 分区有一个位于其存储空间的逻辑起始位置的引导扇区。MBR 引导扇区中包含描述设备逻辑分区的信息。每个分区都包含一个由目录和其中的文件组成的树状结构（文件系统）。

由于 MBR 数据结构的固定格式，一个 MBR 存储设备最多可以包含四个逻辑分区，大小不能超过 2TB，相当于 2^{32} 个 512 字节的数据扇区。随着商用磁盘大小超过 2TB，这些限制越来越成为问题。为了解决这些问题，随着 UEFI 的发展，技术人员开发了一种新的分区格式，称为 **GUID 分区表**（GPT）（GUID 代表**全局唯一标识符**），以消除对磁盘大小和分区数量的限制，同时提供一些其他的增强功能。

GPT 格式的磁盘的最大容量为 2^{64} 个 512 字节扇区，可容纳超过 80 亿 TB 的数据。通常配置下，GPT 能为每个驱动器最多提供 128 个分区。每个分区的类型由一个 128 位的 GUID 指示，允许在将来定义无限个新分区类型。大多数用户不需要在一个磁盘上有很多分区，因此 GPT 对用户最明显的好处是支持更大的驱动器。

引导过程在 BIOS 和 UEFI 主板之间存在一些差异。

5.3.1 BIOS 引导

在 BOIS 主板中，完成 POST 和 PCIe 设备配置后，BIOS 开始引导过程。BIOS 尝试按配置的优先级顺序从第一个设备引导。如果存在一个有效的设备，则固件会从 MBR 引导扇区读取一小段名为引导加载程序（Boot Loader）的可执行代码，并将控制权交给它。此时，BIOS 固件已执行完成，并且在系统运行期间不再处于活动状态。Boot Loader 初始化加载并启动操作系统。

如果引导管理器与 BIOS 主板一起使用，则 MBR 引导扇区代码必须启动管理器，而不是直接加载操作系统。引导管理器（例如 GRUB）提供一个列表，用户可以从中选择所需的操作系统映像。BIOS 固件本身并不知道多引导情况，启动管理器的操作系统选择过程是在没有 BIOS 参与的情况下进行的。

> **多引导与引导优先级顺序**
> 多引导允许用户从菜单中的可用选项中选择所需的操作系统。这与 BIOS 维护的引导优先级列表不同，后者使 BIOS 本身能够选择第一个可用的操作系统映像。

5.3.2 UEFI 引导

在 POST 和设备配置阶段完成后（以与相应的 BIOS 步骤非常相似的方式），UEFI 开始引导过程。在 UEFI 主板中，引导管理器可能会作为 UEFI 引导过程的一部分进行显示。作为 UEFI 固件一部分，UEFI 引导管理器提供了一个菜单，用户可以从中选择所需的操作系统映像。

如果用户在几秒钟内没有从引导管理器中选择操作系统（或者如果没有显示引导管理器菜单），则 UEFI 将尝试按照配置的优先级顺序从第一个设备进行引导。

UEFI 固件从系统磁盘上的配置区域读取引导管理器可执行代码（与 UEFI 引导管理器分开）和 Boot Loader 文件，并在引导过程中执行这些文件。

以下屏幕快照显示了存储在 Windows10 系统中的部分系统**引导配置数据**（Boot Configuration Data，BCD）信息。要在计算机上显示此信息，必须以管理员权限从命令提示符运行 `bcdedit` 命令：

```
C:\>bcdedit
Windows Boot Manager
--------------------
identifier {bootmgr}
device partition=\Device\HarddiskVolume1
path \EFI\MICROSOFT\BOOT\BOOTMGFW.EFI
…
Windows Boot Loader
-------------------
identifier {current}
device partition=C:
path \WINDOWS\system32\winload.efi
…
```

在本例中，Windows 引导管理器位于 \EFI\MICROSOFT\BOOT\BOOTMGFW.EFI。这个文件通常存储在一个隐藏的磁盘分区上，一般不在目录列表中显示。

Windows boot loader 被标识为 \WINDOWS\system32\winload.efi，位于 C:\Windows\System32\winload.efi。

在系统引导过程中，有可能对 UEFI 固件或磁盘上的软件构件进行恶意修改，因此需要通过可信引导过程提供额外的保护。

5.3.3 可信引导

可信引导过程的目标是执行整个引导序列，同时确保所有执行的软件都得到正确的授权，并且没有被修改。引导软件通过计算每个软件组件字节的加密哈希值来验证固件和软件文件的真实性，并使用数字签名确保得到的哈希值有效。

加密哈希函数为任意长度的数据块生成一个"指纹"。给定的加密哈希函数总是产生相同长度的输出值。例如，对于任意长度的输入数据，256 位**安全哈希算法**（Secure Hash Algorithm，SHA-256）总是产生 256 位的输出。

加密哈希函数具有安全性的原因是，任何试图修改函数输入数据的尝试都将导致哈希输出的不同。要想对输入数据块进行一系列修改，从而产生与原始数据块相同的哈希输出，实际上是不可能的。虽然在理论上可以对一个数据块进行修改得到与原始数据块相同的 SHA-256 哈希值，但在当今最快的超级计算机上，这样做所需的计算时间将超过地球剩余的寿命。我们将在第 15 章详细讨论哈希函数。

为了产生数字签名，软件发布者必须计算固件或软件构件内存映像的哈希值。下一步是使用私有签名密钥加密哈希值。该私有加密密钥与一个公开可用的解密密钥相关联。加密的哈希值形成数字签名并与固件或软件文件一起存储。

虽然公共密钥不刻意保密，但密钥的用户必须确保密钥本身来自可信来源，并且没有被恶意替换。为了确保在引导过程中只使用可信的公钥，这些密钥存储在未授权用户和软件无法访问的硬件位置。PC 中的这种标准机制称为**可信平台模块**（Trusted Platform Module，TPM）。TPM 实际上是一个用于保护加密密钥的精心设计的微控制器。

在较新的计算机中，TPM 密钥由系统制造商配置，以确保系统从初始上电那一刻起以安全的方式引导。

与 PC 不同，大多数嵌入式设备使用更简单的引导过程，不涉及 BIOS 或 UEFI。下一节将讨论嵌入式设备中的引导过程。

5.3.4 嵌入式设备

大多数嵌入式系统（如智能手机等）通常没有 PC 中的 BIOS 或 UEFI 等独立的引导固件。正如我们在 6502 上看到的，这些设备在打开电源时执行处理器硬件复位操作，并在指定的地址开始执行代码。这些设备中的所有代码通常位于非易失性存储区域（例如，闪存）中。

在启动过程中，嵌入式设备执行一系列与 PC 启动过程类似的事件。在第一次使用前会测试外围设备是否正常工作并初始化。这种设备中的 boot loader 可能需要在多个内存分区中进行选择，以识别适当的系统映像。与 UEFI 一样，在引导过程中，嵌入式设备经常包含安全特性，以确保 boot loader 和操作系统映像在允许引导过程继续之前是可信的。

在 PC 和嵌入式系统中，boot loader 的启动都是启动操作系统的第一步。

5.4 操作系统

操作系统是一套多层软件，为应用程序提供一个能够执行文字处理、拨打电话或软件管理等功能的环境。在操作系统中运行的应用程序执行使用处理器指令序列实现的算法，并根据需要与外围设备进行 I/O 交互以完成其任务。

操作系统提供了标准化的编程接口，应用程序开发人员可以使用它们访问系统资源，系统资源包括处理器执行线程、磁盘文件、输入设备和输出设备等。

操作系统可以大致分为实时操作系统和非实时操作系统。

实时操作系统（Real-Time Operating System，RTOS）可以确保在指定的时限内对输入进行响应。执行汽车发动机管理或厨房设备操作等任务的处理器通常运行 RTOS，以确保它们控制的电气和机械部件能够及时接收到对任何输入变化的响应。

非实时操作系统不确保在任何特定的时间限制内进行响应。相反，这些系统试图尽可能快地运行程序，即使有时需要很长时间。

> **实时操作系统与非实时操作系统**
> 实时操作系统不一定比非实时操作系统快。与 RTOS 相比，非实时操作系统的平均速度可能更快，但非实时系统有时可能会超过为 RTOS 指定的时间限制。实时操作系统的目标是永远不超过响应时间限制。

在大多数情况下，Windows 和 Linux 等通用操作系统都是非实时操作系统。它们试图对将文件读入到文字处理器或计算电子表格等任务进行调度，以便尽快完成所有任务，但完成一项操作的时间可能会有很大的差异，这取决于系统正在执行的其他任务的特征。

通用操作系统的某些方面（特别是音频和视频输出）有特定的实时性要求。读者可能都见过质量较差的一些视频回放，画面断断续续，显得非常不流畅。发生这种情况的主要原因是不能满足视频显示的实时性要求。手机在通话期间对支持双向音频也有类似的实时要求。

在标准 PC 机和嵌入式设备中，无论是实时操作系统还是非实时操作系统，它们往往以相似的步骤顺序启动。boot loader 要么将操作系统内核加载到内存中，要么直接跳转到 NVM 中的一个地址，然后开始执行操作系统代码。

操作系统内核执行以下步骤（但不一定必须按以下顺序执行）：

- 配置处理器和其他系统设备，包括设置所需处理器内部寄存器以及如芯片组等任何相关的 I/O 管理设备。
- 在使用分页的虚拟内存系统中（参见第 7 章），内核配置内存管理单元。
- 启动包括调度程序和空闲进程在内的基本系统进程。调度程序管理进程中线程的执行顺序。空闲进程包含在没有其他线程可供调度程序运行时执行的代码。
- 枚举设备驱动程序并将其与系统中的每个外围设备进行关联。如本章前面所述，为每个驱动程序执行初始化代码。
- 配置并启用中断。一旦启用了中断，系统便开始与外围设备进行 I/O 交互。
- 启动系统服务。这些进程支持非操作系统活动（如网络）和持久已安装功能（如 web 服务器）。
- 对于 PC 类型的计算机，启动一个显示登录屏幕的用户界面进程。该屏幕允许用户启动与计算机的交互会话。在嵌入式设备中，实时应用程序开始执行。简单嵌入式应用程序的基本操作顺序是从 I/O 设备读取输入、执行计算算法生成输出、然后将输出写入 I/O 设备，并在固定的时间间隔重复此过程。

本节使用进程来表示在处理器上运行的程序。线程表示一个进程中的执行流，一个进程中可以有多个线程。下一节将更详细地研究这些主题。

5.5 进程和线程

许多（但不是所有）操作系统都支持多线程执行。线程是在逻辑上独立于其他线程执行的程序指令序列。在单核处理器上的操作系统会使用时间片轮转方法来并发运行多个线程。

在时间片轮转方法中，操作系统调度程序会为每个准备运行的线程分配一段执行时间。当一个线程执行的时间片结束时，调度程序将中断其执行，并继续执行线程队列中的下一个线程。通过这种方式，调度程序在每个线程返回到线程队列的起始并重新开始调度之前，会为其分配一段运行时间。

在能够支持同时运行多个程序的操作系统中，进程是计算机程序的一次执行。系统为每个进程分配系统资源，比如分配内存，或是将其加入可执行线程队列中。

当进程第一次开始执行时，它只包含一个线程。进程在执行过程中可能会创建更多的线程。

程序员创建多线程应用程序有多种原因，包括：
- 一个线程可以执行 I/O，同时另一个线程则可以执行程序的主要算法。例如，当一个线程处于阻塞状态等待用户从键盘输入时，主线程可以用接收到的信息周期性地更新用户显示。
- 通过将大型计算任务分解成能够并行执行的一组小任务，具有大量计算需求的应用程序可以利用多处理器和多核计算机体系结构。通过将这些较小的任务作为单独的线程运行，调度程序能够分配线程同时在多个内核上执行。

进程在其生命周期中经历一系列状态，操作系统定义的一些进程状态如下：
- **初始态**：当一个进程第一次启动时（可能是由于用户双击桌面上的图标），操作系统开始将程序代码加载到内存中，并为其分配系统资源。
- **就绪态**：在进程初始化完成后，它准备运行了。此时，它的线程被分配给调度程序的可运行线程队列。进程保持在就绪状态，直到调度程序允许它开始运行。
- **运行态**：线程执行其代码部分包含的程序指令。
- **阻塞态**：当从一个设备请求 I/O 操作而使线程暂停时，线程进入阻塞态。例如，从文件中读取数据通常会导致阻塞。在这种状态下，线程等待设备驱动程序完成对请求的处理。一旦一个正在运行的线程被阻塞，即该线程正在进行 I/O 操作时，调度程序就可以切换到另一个可运行的线程。被阻塞的线程完成 I/O 操作后将返回到调度程序队列中的就绪态，并最终返回到运行状态，在此状态下它将处理 I/O 操作的结果。

准备运行的进程依赖于系统调度程序来获得执行时间。调度程序进程负责向所有系统线程和用户线程分配执行时间。

调度器是一个中断驱动的周期性运行程序，它也可以用于响应线程本身的行为，如初始化一个 I/O 操作。在操作系统初始化期间，会向调度程序中断处理程序中添加一个周期性的定时器，并启动该计时器。

当进程处于初始态时，内核会在其运行进程列表中添加一个称为进程控制块（PCB）的数据结构。PCB 包含系统在其生命周期内需要维护的信息以及与进程交互所需的信息，包括内存分配和包含其可执行代码的文件的详细信息。进程通常由在其生存期内保持不变的整数来标识。

在 Windows 中，**资源监视器**（可以通过在 Windows 搜索框中键入 Resource Monitor 并单击标识为 Resource Monitor 的结果来启动该工具）显示正在运行的进程，包括每个进程的**进程标识符**（Process Identifier，PID）。在 Linux 中，`top` 命令显示消耗最多系统资源的进程，并通过其 PID 标识每个进程。

调度器维护与每个线程相关联的**线程控制块**（Thread Control Block，TCB）中的信息。每个进程都有一个自己的 TCB 列表，其中至少有一个条目。TCB 包含处理器上下文等线程信息。处理器上下文是内核用来恢复执行被阻塞线程的信息的集合，包括以下各项：

- 保存的处理器寄存器
- 栈指针
- 标志寄存器
- 指令指针

与 PID 类似，每个线程都有一个整数线程标识符，在其生命周期内保持不变。

调度程序使用一种或多种调度算法来确保在系统进程和用户进程之间公平地分配执行时间。计算机发展的早期，抢占式和非抢占式这种线程调度算法就已经被广泛应用，如下所述：

- **非抢占式调度**给线程分配完全的执行控制权，使它可以运行直到终止，或自愿将控制权释放给调度器，以便其他线程有机会运行。
- 在**抢占式调度**中，调度器有权停止一个正在运行的线程，并将执行控制权交给另一个线程，而无须获得第一个线程的批准。

当抢占式调度程序将执行从一个线程切换到另一个线程时，它将执行以下步骤：

1. 如果发生了定时器中断，或者正在运行的线程执行初始化等可以导致阻塞的操作，调度器开始执行。
2. 调度器查询其可运行线程列表，并确定要将哪个线程调度为运行状态。
3. 调度器将要阻塞的线程的处理器寄存器复制到线程 TCB 的上下文字段中。
4. 调度器将即将转为运行态的线程的上下文加载到处理器寄存器中。
5. 调度器通过跳转到线程的程序计数器所指向的指令来执行新转为运行态的线程。

线程调度的发生频率很高，这意味着调度器中的代码必须尽可能高效。特别是，存储和恢复处理器上下文需要一些时间，因此操作系统设计者竭尽全力优化调度器的上下文切换代码的性能。

因为在给定时刻可能有许多进程在竞争执行时间，调度器必须确保关键系统进程能够按所需的时间间隔执行。同时，从用户的角度来看，应用程序为长耗时计算任务提供可接受的性能的同时，必须保持对用户输入的响应。

多年来，为了有效地管理这些相互竞争的任务，人们开发了多种算法。大多数线程调度算法的一个关键特性是使用进程优先级。下一节将介绍几种基于优先级的线程调度算法。

调度算法与进程优先级

支持多个进程的操作系统通常提供优先级机制，以确保即使在系统负载很重的情况下，最重要的系统功能也能获得足够的处理时间，同时继续为优先级较低的用户进程提供足够的执行时间。已经开发了几种算法来满足不同类型操作系统的不同性能目标。下面从最简单的算法开始，给出了多年来流行的一些算法：

- **先来先服务**（FCFS）：这种非抢占式方法在传统的批处理操作系统中很常见。在 FCFS 调度算法中，每个进程被分配了执行控制权，并保持控制权直到执行完成。进程没有优先级，任何进程的完成时间取决于输入队列中该进程前面的进程的执行时间。
- **协作多线程**：早期版本的 Windows 和 macOS 使用了一种非抢占式多线程体系结构，该体系结构依赖于每个线程以频繁的间隔自愿地将控制权交给操作系统。应用程序开发人员需要付出巨大的努力，以确保单个应用程序不会因未能按适当的时间间隔释放控制权而使其他应用程序缺乏执行机会。操作系统每次收到控制权时，都会从可运行线程的优先级列表中选择下一个要执行的线程。
- **时间片轮转调度**：抢占式时间片轮转调度程序维护一个可运行线程的列表，并依次为每个线程分配一个执行时间片，在到达线程列表末尾时，再从列表的开头处开始调度。该方法有效且平等地设置所有进程优先级，使每个进程都有机会在指定的时间片内执行，其时间片大小取决于调度程序列表中进程的数量。
- **固定优先级抢占式调度**：在该算法中，每个线程都被分配一个固定的优先级值，以指示其处于就绪状态时的执行优先级。当线程进入就绪状态时，如果它具有比当前正在运行的线程更高的优先级，则调度程序将立即停止正在运行的线程，并将控制权移交给刚刚进入就绪态的高优先级线程。调度程序按优先级顺序维护就绪进程的列表，最高优先级线程位于最前面。如果较高优先级的线程一直占有控制权，则该算法可能导致较低优先级的线程无法执行。
- **单调速率调度**（RMS）：一种固定优先级抢占式调度算法，常用于具有硬截止时间（硬截止时间是不能错过的）的实时系统。该算法为执行频率更高的线程分配了更高的优先级。只要满足几个条件（线程执行时间等于截止时间；线程之间不可能存在导致延迟的交互；上下文切换时间可以忽略不计），如果每个线程的最大可能执行时间低于计算出来的限制，则可以保证满足截止时间。
- **公平调度**：公平调度尝试最大限度地利用处理器时间，同时确保每个用户都被分配相同的执行时间。每个线程的有效优先级不是由数字优先级确定，而是由其消耗的执行时间确定。当一个线程使用的处理器时间越来越长时，它的优先级会下降，从而使其他线程有更多的机会运行。这种方法的优点是，对于不消耗太多执行时间的交互式用户，提高了系统的响应速度。Linux 内核使用公平调度算法作为其默认调度算法。
- **多级反馈队列**：该算法使用多个队列，每个队列具有不同的优先级。新线程将被添加到最高优先级队列的末尾。在每个调度间隔，调度程序将执行权分给高优先级队列开头的线程，并从队列中删除该线程，从而使其余线程更接近执行。最终，新创建的线程得到执行的机会。如果线程消耗了分配给它的所有时间片，它将在时间片结束时被抢占剥夺控制权，并添加到下一个低优先级队列的尾部。Windows 调度程序是一个多级反馈队列。

系统空闲进程包含当没有用户或系统分配的线程处于就绪状态时执行的线程。一个空闲进程可以像一条指令一样简单，它形成一个无限循环，并跳转自身。某些操作系统在空闲期间将系统置于省电模式，而不是执行空闲循环。

通过确定系统在一个测量周期内执行非空闲线程的时间比例，可以计算处于运行态的进程所消耗的处理器时间的百分比。图 5.1 是一个 Windows 资源监视器视图，显示平均占用处理器时间最多的处于运行态的进程。

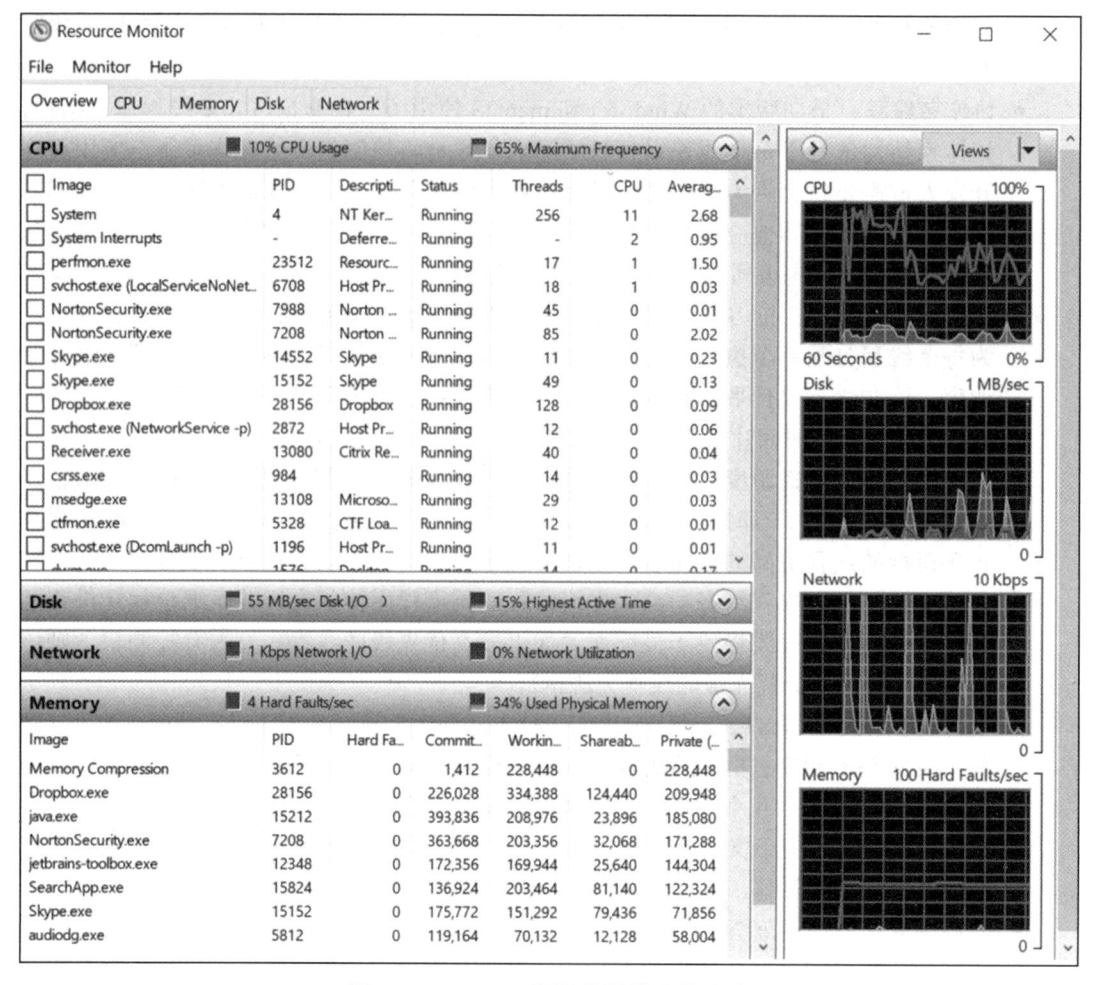

图 5.1 Windows 资源监视器进程显示

在图 5.1 中，PID 列显示数字进程标识符，Threads 列显示进程中的线程数。所有处于**运行态**的进程都会显示。

图 5.2 显示了在 Linux 系统上运行 top 命令的结果。

图 5.2 的上部包含摘要信息，包括处于每个状态的进程（Tasks）数。

图 5.2 的下部的每一行均显示一个运行进程的信息。与 Windows 一样，PID 列指示 PID。每个进程的状态显示在 S 列中，可能有以下值：
- R：可运行的，表示正在运行或处于准备运行（就绪态）的线程队列中。
- S：休眠：被阻塞导致暂停；等待事件完成。
- T：响应作业控制命令而停止（按 CTRL+Z 将执行此操作）。
- Z："僵尸"态（Zombie），当另一个进程的子进程终止时发生，但子进程信息将继续由系统维护，直到父进程结束。

PR 列显示进程的调度优先级。数字越小表示优先级越高。

到目前为止，把计算机处理器称为一个实体。在大多数现代 PC 中，处理器集成电路包含两个或多个处理器核心，每个核心实现一个完整且独立的处理器功能，包括一个控制单元、寄存器集和算术逻辑单元（ALU）。下一节讨论包含多个处理单元的系统的属性。

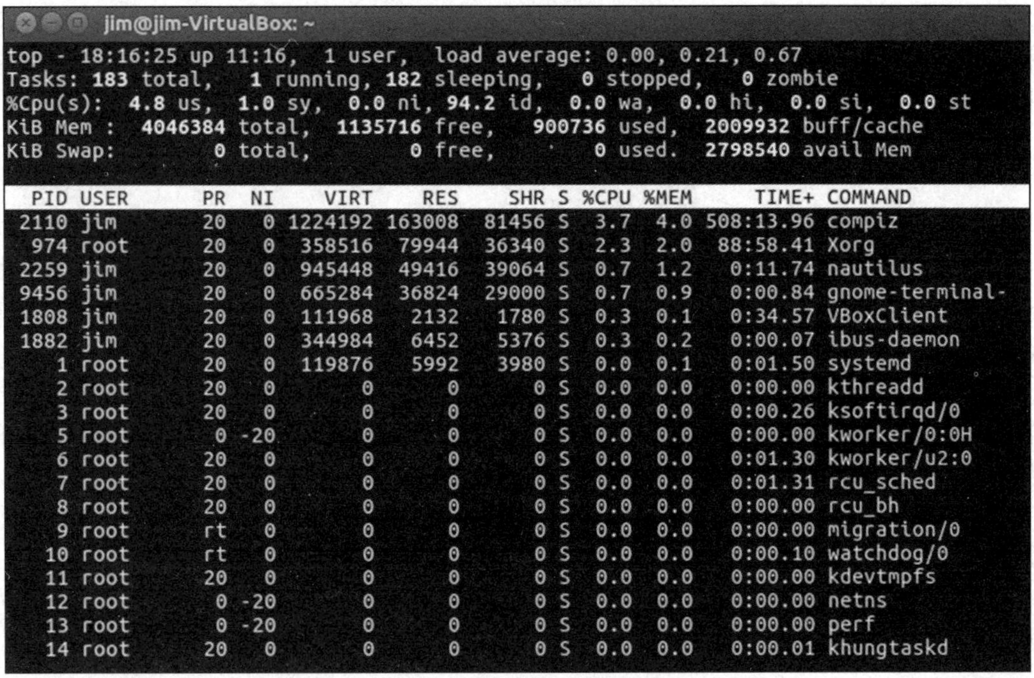

图 5.2　Linux top 命令进程显示

5.6　多处理

多处理计算机包含两个或多个同时执行指令序列的处理器。这种系统中的处理器通常共享系统资源，例如主存储器和外围设备。多处理系统中的处理器可以是相同的体系结构，也可以是不同的体系结构，以支持不同的系统需求。所有处理器都相同的系统称为对称多处理系统。在一个集成电路中包含多个处理器的器件称为多核处理器。

在操作系统调度程序层面，对称多处理环境仅提供了更多用于线程调度的处理器。在此类系统中，调度器在分配执行线程时将多个处理器视为资源。

在一个设计良好的对称多处理系统中，只要对共享资源的争夺最小，吞吐量就可以接近于与可用处理器内核数呈线性关系的理想状态。例如，如果不同处理器内核上的多个线程试图同时执行对内存的大量访问，由于系统需要对访问资源的请求进行仲裁以便在多个竞争的线程间共享资源，性能将不可避免地降低。在这种情况下，DRAM 的多通道接口可以提高系统性能。

对称多处理系统是**多指令多数据**（Multiple-Instruction Multiple-Data，MIMD）体系结构的一个例子。MIMD 是一种并行处理模式，其中每个处理器内核都在其自己的数据集上执行独立的指令序列。而**单指令多数据**（Single-Instruction Multiple-Data，SIMD）并行处理模式同时对多个数据元素执行相同的操作。

现代处理器采用 SIMD 指令对大型数据集（如图形图像和音频数据）执行并行处理。在当前的 PC 中，使用多核处理器可以实现 MIMD 形式的并行执行，而处理器中的专用指令则提供了一定程度的 SIMD 来实现并行性。SIMD 处理将在第 8 章中进一步讨论。

处理器时钟频率已从最初 PC 的 4.77MHz 增长到现代处理器的 4GHz 以上，增长了近千倍。由于基本的物理限制，未来的处理器运行速度增长可能会受到很大的限制。为了补偿通过提升时钟频率来提升性能受到的限制，处理器行业已转向在 PC 系统和智能设备中强调各种形式的并行性。未来的趋势是在 PC、智能手机和其他数字设备中集成的可并行执行的处理器内核数目从数十个增加到数百个，最终会增加到成千上万个。

5.7 总结

本章首先简单介绍了设备驱动程序，包括用于读写一个简单 I/O 设备（PC 的并行端口）的驱动程序代码。接下来讨论传统的 BIOS 和新型的 UEFI，它们提供了在 PC 上电时首先执行的代码，以执行设备测试和初始化以及操作系统的加载。然后介绍了可信引导过程如何确保只有经过授权且未被修改过的代码才能在系统启动期间执行。

紧接着介绍了操作系统的一些基本元素，包括进程、线程和调度程序。介绍了过去的计算机和当今系统中使用的各种调度算法。研究了 Windows 和 Linux 中可提供有关运行进程信息的工具的输出。

本章最后讨论了多处理及其对当今计算机系统的性能影响，以及 MIMD 和 SIMD 并行处理对未来计算的影响。

下一章将介绍在实时计算、数字信号处理和图形处理单元（GPU）方面专用计算领域及其独特的处理要求。

5.8 习题

1. 重新启动计算机，然后进入 BIOS 或 UEFI 设置。检查此环境中可用的每个菜单。你的计算机使用的是 BIOS 还是 UEFI？主板是否支持超频？完成后，除非确定要进行更改，否则请确保选择不保存更改并退出。
2. 在计算机上运行相应的命令以显示当前正在运行的进程。用于运行此命令的进程的 PID 是什么？

第 6 章

专用计算领域

大多数用户都熟知（至少知道一些）PC 和智能数字设备的关键性能指标，如处理器速度和随机存储器的容量等。本章将介绍普通用户不太熟知的计算领域中的性能需求，这些计算领域包括实时系统、数字信号处理，以及图形处理单元（GPU）。

本章将研究每个领域独有的计算特征，并介绍一些用于相应领域的现代设备的例子。

通过学习本章，读者将能够识别需要实时计算的应用领域，并将理解数字信号处理的基本概念，重点是它在无线通信中的广泛应用。还将了解现代 GPU 的基本体系结构，并将熟悉现代专用计算领域中构件的一些高级实现。

本章包含以下主题：
- 实时计算
- 数字信号处理
- GPU 处理
- 专用体系结构示例

6.1 实时计算

第 5 章根据系统对输入变化的响应能力，简要介绍了实时计算的要求。这些要求以时间期限的形式给出，即系统根据输入变化产生输出所需的时间。本节将更详细地研究这些时间规范，并介绍实时计算系统为满足时序要求而实现的专用功能。

实时计算系统可分为软实时系统和硬实时系统两类。软实时系统在大多数情况下（但不一定是所有情况下）都满足其期望的响应时间，如手机上的时钟显示就是软实时应用程序。在一些实现中，当打开时钟显示时会暂时显示上一次打开时所显示的时间，然后迅速更新为当前的正确时间。当然，用户希望时钟每次显示时都能显示当前的正确时间，但是通常不会将此类瞬时的小故障视为严重问题。

然而，硬实时系统要求必须在其时间期限内及时响应，否则认为该硬实时系统是不合格的。硬实时系统一般应用于对安全要求极其严格的系统，如汽车中安全气囊控制器和商用飞机的飞行控制系统，这些系统对实时性都有严格的要求。硬实时系统的设计人员非常重视时序要求，确保实时处理器在任何情况下都能满足其时序要求。

图 6.1 给出了一个简单的实时系统的控制流：

图 6.1 表示了一个使用硬件定时器控制其操作顺序的实时计算系统，递减计数的定时器将循环执行以下步骤：

1. 将预定义的数值加载到计数寄存器中。
2. 计数器以固定的时钟频率递减。

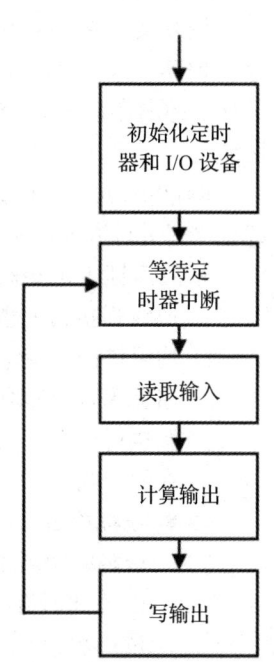

图 6.1 实时系统控制流

3. 当计数器减到零时，通过设置寄存器中的一位或触发一个中断来产生一个事件。
4. 返回到步骤 1。

由石英晶体驱动的系统时钟，其系统时钟的特性决定了定时器产生时间精确的周期性事件序列。在图 6.1 所示的系统中，每个循环从等待定时器事件开始以固定的时间间隔执行。

为了满足硬实时操作的要求，循环内的代码（图 6.1 中的"读取输入""计算输出"和"写输出"模块中包含的代码）的执行时间必须始终小于定时器的定时间隔。谨慎的系统开发人员会确保执行时间小于硬实时限制。一个保守的系统设计规则可能会规定循环内代码的执行时间一般不超过定时器间隔的 50%。

在这种配置下构建的实时系统可以运行主频为数十至数百 MHz 的 8 位、16 位或 32 位处理器，在此类系统的主循环中，用于产生事件的定时器的频率由开发人员决定，通常在 10Hz 到 1000Hz 之间。

图 6.1 中的代码可直接运行于处理器硬件上，无须软件层干预。此配置不包含第 5 章中所述类型的操作系统。与简单体系结构相比，一个复杂的实时应用程序通常具有更加广泛的需求，这将使实时操作系统更具吸引力。

实时操作系统

实时操作系统（Real-Time Operating System，RTOS）包含一些类似于第 5 章中讨论的通用操作系统的特征。然而，实时操作系统与通用操作系统在设计上有很大区别，从内核到设备驱动程序再到系统服务，RTOS 的各个方面都致力于满足严格的实时要求。

大多数 RTOS 都采用抢占式多线程，在 RTOS 术语中通常将多线程称为多任务。在 RTOS 中，任务和线程是同义词，因此为了保持一致性，将用线程来表示 RTOS 任务。

复杂程度较低的 RTOS 设计通常在单个应用程序环境内支持多线程。这些简单的 RTOS 支持线程优先级，但通常缺少内存保护特征。

较复杂的 RTOS 架构提供多个线程优先级，还提供除优先级外的操作系统特征，如内存保护等。这些 RTOS 允许多个进程同时处于运行态，且每个进程可能包含多个线程。在受保护的内存系统中，禁止应用程序访问内核内存空间，且应用程序也无法访问彼此的内存区域。

RTOS 环境（无论其复杂程度如何）都提供了多种数据结构和通信技术，旨在有效地在线程之间进行数据传输，并支持对共享资源的受控访问。这些特征包括：

- **互斥锁**（mutex，mutual exclusion 的缩写）：在该机制下，一个线程可以在不暂停其他线程执行的情况下访问共享资源。在最简单实现方式中，互斥锁是一个所有线程均可访问的变量，当资源空闲时其值为 0，而在被占用时其值为 1。当一个线程要使用资源时会读取互斥量变量的当前值，如果该值为 0，则将变量设置为 1 并使用该资源执行操作。完成该操作后，线程将互斥锁重新设置为 0。然而，互斥锁存在一些潜在的问题：
    - **线程抢占**：假设一个线程读取了互斥量变量，并发现其值是 0。由于调度程序可以随时中断正在执行的线程，因此该线程可能会在将互斥锁设置为 1 之前被中断。由于此时互斥锁变量仍为 0，另一个线程可以开始执行，由于它看到互斥锁变量仍然为 0，所以占有该互斥资源，当原始线程恢复执行后，它将执行互斥锁设置为 1（尽管到目前为止，它已被设置为 1）的操作。在这种情况下，两个线程都认为自己独占资源的访问权,从而可能发生两个线程同时使用该资源,进而导致严重的问题。

为避免这种情况,许多处理器都采用测试并设置(test-and-set)指令,该指令使用不可中断的操作(也称原子操作)从内存地址中读取一个值,并设置该内存单元的值为 1。在 x86 体系结构中,BTS(bit test and set)指令执行这样的原子操作。在没有测试并设置指令的处理器体系结构中(例如 6502),为了消除被抢占的风险,可以通过在检查互斥锁状态之前禁用中断,然后在将互斥锁设置为 1 之后重新启用中断。但这种方法也有缺点,禁用中断降低了实时响应能力。

- **优先级反转**:当较高优先级线程尝试获得对资源的访问权时,而相应的互斥锁被较低优先级的线程占有,有可能会发生优先级反转。在这种情况下,RTOS 通常将高优先级线程置于阻塞状态,从而允许低优先级线程完成其操作并释放互斥锁。当优先级位于高、低优先级之间的中优先级线程开始执行时就发生了优先级反转问题。在中优先级线程运行时,它阻止低优先级的线程执行并释放互斥量,这时高优先级线程必须等待,直到中优先级线程完成执行为止,从而破坏了整个线程的优先级方案。这可能会导致高优先级线程无法按时完成任务。

  防止优先级反转的一种方法是**优先级继承**(priority inheritance)。在采用优先级继承的 RTOS 中,每当较高优先级线程(`hi_thread`)请求由较低优先级线程(`lo_thread`)占有的互斥锁时,`lo_thread` 的优先级就会临时提升到 `hi_thread` 的级别。这消除了任何中优先级线程先于低优先级线程执行的可能性。当 `lo_thread` 释放互斥量时,RTOS 将恢复其原始优先级。

- **死锁**:当多个线程尝试锁定多个互斥锁时,可能会发生死锁。如果线程 1 和线程 2 都需要互斥锁 mutex1 和 mutex2,则可能出现以下情况:线程 1 锁定 mutex1 并尝试锁定 mutex2,与此同时,线程 2 已经锁定 mutex2 并尝试锁定 mutex1。那么这两个任务都不能从当前状态继续运行,因此称为死锁。一些 RTOS 实现会在尝试锁定期间检查互斥锁的所有权,并在产生了死锁情况下报告错误。在较简单的 RTOS 设计中,由系统开发人员确保不会发生死锁。

• **信号量**:信号量是互斥量的泛化。有两种类型的信号量:二进制和计数。二进制信号量与互斥锁相似,不同之处在于,二进制信号量不用于控制对资源的访问,而是旨在由一个任务用来向另一个任务发送信号。如果线程 1 在信号量 1 不可用的情况下尝试获取信号量 1,则线程 1 将阻塞,直到另一个线程或中断服务程序释放信号量 1 为止。

  - **计数信号量**包含一个上限计数器,用于控制对多个可互换资源的访问。当线程获得计数信号量时,计数器将递增,并且任务将继续进行。当计数器达到其上限时,再次试图获取信号量的线程将阻塞,直到另一个线程释放了信号量从而使计数器递减。

    考虑一个系统,该系统支持数量有限的文件同时打开。计数信号量可用于管理文件打开和关闭操作。如果系统最多支持 10 个打开的文件,某个线程尝试打开第 11 个文件时,则计数信号量(限制为 10)将阻止文件打开操作,直到关闭一个打开的文件并且该文件可用为止。

• **队列**:队列(也称为消息队列)是进程或线程之间的单向通信路径。发送线程将数据项放入队列，接收线程按顺序依次检索读取这些数据项。RTOS 在发送方和接收方之间进行同步，因此接收器读取完整的数据项。队列通常使用固定大小的存储缓冲区来实现。如果发送线程产生数据项的速度快于接收线程读取数据项的速度，则缓冲区最终将被填满从而阻止新的数据项进入队列。

RTOS 消息队列为接收线程提供了一个编程接口，以检查队列中是否包含数据。许多队列还支持在数据可用时，通过发送信号量来通知被阻塞的接收线程。

- **临界区**：多个线程需要访问一个共享数据结构的情况很常见。使用共享数据时，来自不同线程的读取和写入操作在时间上不能重叠。如果发生重叠，读取线程在另一个线程正在进行更新时访问数据结构，则可能会收到不一致的信息。互斥锁和信号量机制可用于控制对此类数据结构的访问。临界区是另外一种方法，该方法对访问共享数据结构的代码进行隔离，并且一次仅允许一个线程执行该代码序列。

实现临界区的一种简单方法是在进入临界区之前禁用中断，并在完成关键部分后重新启用中断。这将阻止调度程序运行，并确保线程在访问数据结构时具有唯一的控制权，直到退出临界区为止。这种方法的缺点是，在禁用中断的情况下，阻止了包括线程调度在内的中断的响应，会降低实时响应能力。

一些 RTOS 提供了更复杂的临界区实现技术，包括使用临界区数据对象。临界区对象为向进入临界区的线程提供两种典型的操作，一种是进入阻塞状态直到临界区可进入，另一种是不阻塞线程，不断测试临界区是否可用。用于测试临界区可用性的操作允许线程在等待临界区空闲时执行其他工作。

当今实时计算系统计算机的数量要远远多于通用计算机的数量。在每年生产的数字处理器中，通用计算机占比不到 1%。从儿童玩具到数字温度计、电视、汽车、航天器等设备中，通常含有一个到数十个嵌入式处理器，每个处理器上都运行某种类型的 RTOS。

本节简要介绍了 RTOS 中常见的一些通信和资源管理功能。下一节将介绍用于处理模拟信号数字采样的处理体系结构。

6.2 数字信号处理

数字信号处理器（Digital Signal Processor，DSP）经过优化，可以对模拟信号的数字化表示进行计算。音频、视频、手机射频（RF）传输和雷达等现实世界中的信号本质上是模拟信号，这意味着处理的信息是电学传感器对连续变化输入电压的响应。在数字处理器开始处理模拟信号之前，必须先通过**模数转换器**（Analog-to-Digital Converter，ADC）将信号电压转换为数字表示形式。下节将介绍模数转换器和**数模转换器**（Digital-to-Analog Converter，DAC）。

6.2.1 ADC 和 DAC

ADC 测量模拟输入电压，并产生一个表示输入电压的数字输出字。ADC 在转换过程中通常使用内部的 DAC。DAC 执行 ADC 的逆操作，将数字值转换为模拟电压。

在 DAC 应用中可以使用多种电路结构，通常是为了降低成本并获得高速度和高精度。R-2R 梯形结构是最简单的 DAC 设计结构之一，此处以 4 位输入的配置显示，如图 6.2 所示。

该 DAC 使用输入端 $d_0 \sim d_3$ 上的 4 位数据字来生成模拟电压 V_0。如果假设 4 位字 d 的每位以 0V（逻辑 0）或 5V（逻辑 1）驱动，则输出 V_0 就等于 $(d/2^4) \times 5V$，其中 d 的范围是 0~15。输入为 0 对应的输出为 0V，输入为 15 对应的输出为 $(15/16) \times 5V = 4.6875V$。$d$ 的

中间值会以相同间隔产生等距的输出电压，间隔为（1/16）× 5V = 0.3125V。

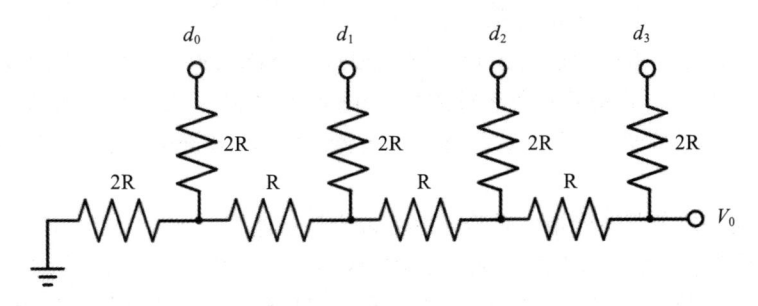

图 6.2　R-2R 梯形 DAC

ADC 内部可以使用这种方式的 DAC（通常位数更多，电压分辨率也相应更高）来确定与模拟输入电压等效的数字值。由于模拟输入信号会随时间连续变化，因此在转换过程中，ADC 电路通常通过采样 - 保持（sample-and-hold）电路保持恒定的模拟输入电压。采样 - 保持电路具有一个名为 hold 的数字输入信号，当 hold 输入无效时，采样 - 保持输出跟随输入电压变化；当 hold 输入有效时，采样 - 保持电路将 hold 激活时的输入电压值作为该电路的输出电压。

在输入保持恒定的情况下，ADC 通过内部的 DAC 确定与输入电压等效的数字值。ADC 会使用一个比较器对模拟电压进行比较，并产生一个数字输出信号用来指示哪个模拟电压值比较高。ADC 将采样 - 保持输出电压反馈到比较器的一个输入，将 DAC 的输出反馈到另一输入，如图 6.3 所示，其中 DAC 输入字为 n 位。

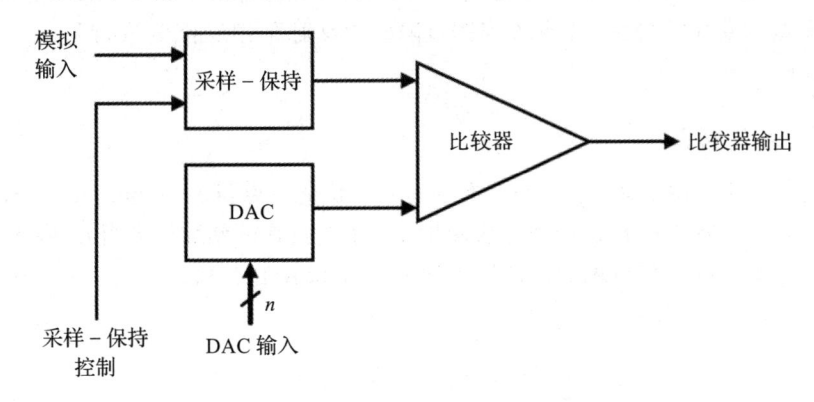

图 6.3　ADC 的结构

ADC 的工作是确定使比较器改变状态的 DAC 输入字的大小。一种简单的方法是从零开始向上计数，将每个数字值写入 DAC 输入，然后检查比较器输出以查看其状态是否改变。初次使比较器改变状态的 DAC 输出是大于采样 - 保持输出电压的最小 DAC 输出电压。实际采样的模拟电压介于此 DAC 输出电压和小一个计数的数据字驱动时的 DAC 输出电压之间。这种 ADC 称为计数器型 ADC。

尽管在概念上很简单，但计数器型 ADC 可能会非常慢，尤其是在字长较大的情况下。一种更快的方法是从最高有效位开始依次比较 DAC 数据字中的每个位。在 4 位的示例中，从数据字 1000b 开始，第一个比较器的读数表明模拟输入电压是高于还是低于 DAC 的电压中点。这将确定 ADC 读数的位 d_3 是 0 还是 1。在 d_3 为已知值的情况下，以同样的方式将 d_2

设置为 1 或 0，以指示输入电压位于满量程范围的哪四分之一。重复该过程，顺序地确定每个剩余位的值，直到确定最低有效位。

这种 ADC 转换技术称为逐次逼近。逐次逼近型 ADC 的转换速度比计数器型 ADC 快得多。在这个示例中，最大可能的比较次数从 16 次下降到 4 次。在 12 位逐次逼近型 ADC 中，潜在的比较次数 4096 降至 12。逐次逼近型 ADC 的分辨率为 8 位～18 位，最大转换速率高达几 MHz。

ADC 和 DAC 的主要性能指标是分辨率和最大转换速度。ADC 或 DAC 的分辨率取决于其数据字中的位数。最大转换速度决定了 ADC 或 DAC 产生输出的速度。

为了处理实时数据，ADC 以周期性的时间间隔生成一系列测量值，作为下一步处理的输入。分辨率和采样率的需求因特定的 DSP 应用而异。标准数字化模拟数据格式的一些示例如下：

- 光盘数字音频以 44.1kHz 的频率进行双通道 16 位采样，两个通道分别对应左右扬声器。
- 摄像机测量二维阵列中每个像素的模拟光强度，并通常将其转换为 8 位宽的数字量。带有彩色滤光片的传感器可对图像中的每个像素产生红色、绿色、蓝色的测量值。单个像素的完整数据由三个 8 位（总共 24 位）颜色值组成。一幅图像可包含数千万个像素，摄像机通常每秒产生 30 至 60 帧。由于数字视频记录产生的数据量巨大，所以通常使用压缩算法来减少存储和传输的需求。
- 手机中包含一个射频收发器，该收发器将接收到的射频信号的频率降低为适合 ADC 的输入频率范围。手机中 ADC 的典型参数是 12 位分辨率和 50MHz 的采样率。
- 汽车雷达系统以 5MHz 的频率对附近障碍物反射的射频能量进行采样，其分辨率为 16 位。

6.2.2　DSP 硬件特性

DSP 对数字化模拟信息的信号处理算法进行了优化。**点积**（dot product）是许多 DSP 算法中基本运算。如果 A 和 B 是两个等长向量（一个向量是一维数值数组），将 A 的每个元素与 B 的对应元素相乘，然后求和，这样就得到了 A 和 B 的点积。在数学上，如果每个向量的长度为 n（索引为 $0 \sim n-1$），则向量的点积如下：

$$A \cdot B = \sum_{i=0}^{n-1} A_i B_i = A_0 B_0 + A_1 B_1 + A_2 B_2 + \cdots + A_{n-1} B_{n-1}$$

点积计算具有重复的性质，这为数字系统中的性能优化提供了途径。点积计算中执行的基本运算称为**乘积累加**（Multiply Accumulate，MAC）。

单个 MAC 包括将两个数字相乘并将乘积加到累加器中，在点积计算开始时必须将累加器初始化为零。DSP 芯片的性能通常以每秒执行的 MAC 数来衡量。许多 DSP 体系结构能够在每个指令时钟周期执行一次 MAC 操作。

为了在每个时钟周期上执行一个 MAC 操作，DSP 无法只使用一个时钟周期来完成从程序存储器中读取 MAC 指令、从数据存储器中读取每个要相乘的向量元素、计算乘积并将其加到累加器中。所有这些操作必须一步完成。

在第 1 章中介绍的冯·诺伊曼体系结构使用单个存储器存储程序指令和数据。这种配置导致了**冯·诺伊曼体系结构**只能从一个处理器－内存接口顺序地传送需要的指令和数据，这种局限性称为**冯·诺伊曼瓶颈**。

将程序指令和数据存储分为两个独立的内存区域（每个都有自己的处理器接口）的体系结构可以减轻这种影响，该体系结构称为**哈佛体系结构**。在哈佛体系结构中，允许并行访问程序指令和数据内存，从而使指令能够以较少的时钟周期执行。

具有哈佛体系结构的 DSP 必须执行两次数据内存访问以获得在 MAC 操作中需要相乘的 A 向量和 B 向量中的元素。这通常需要两个时钟周期，无法满足每个时钟周期一个 MAC 的性能目标。**改进型哈佛体系结构**支持使用程序存储器来存储除指令之外的数据。在许多 DSP 应用程序中，点积所涉及的向量之一（假定为 A 向量）的值是在编译应用程序时已知为常数值。在改进型哈佛体系结构中，A 向量的元素可以存储在程序存储器中，而 B 向量的元素（表示从 ADC 读取的输入数据）可以存储在数据存储器中。

为了此体系结构中执行 MAC 运算，从程序存储器中读取 A 向量的一个元素，从数据存储器中读取 B 向量的一个元素，并将累加的乘积存储在处理器寄存器中。如果 DSP 中有用于保存程序指令的高速缓存，则一旦从内存中读取了第一个 MAC 运算的指令后，执行点积操作每一步的 MAC 指令将会从缓存中读取，从而避免后面的内存访问。一旦第一个 MAC 完成，此配置（具有程序指令缓存的改进型哈佛体系结构）就可以对点积的所有迭代进行单周期 MAC 运算。由于实际点积计算中涉及的向量通常包含数百甚至数千个元素，因此点积运算的总体性能接近每个 DSP 时钟周期一个 MAC 理想值。

DSP 可以分为定点体系结构和浮点体系结构。定点 DSP 使用有符号或无符号整数来执行 MAC 等数学运算。定点 DSP 的成本通常比浮点 DSP 更低。但是，定点运算可能会出现溢出等问题，从而导致结果超出点积累加器所能表示的范围。

为了降低溢出的可能性，DSP 通常使用扩展的累加器，在 32 位的架构中，有时用 40 位宽来支持长向量上的点积。由于定点数学运算有溢出和相关的问题，对定点 DSP 进行编程需要考虑更多，以确保不会出现不可接受的性能降低。

浮点 DSP 通常使用 32 位宽的格式进行内部计算。一旦 DSP 接收到 ADC 读数，便使用浮点运算执行后续的运算。利用浮点运算可以大大减少发生溢出等问题的可能性，从而缩短软件开发周期。

与等效的定点实现方式相比，浮点数还通过提高**信噪比**（Signal-to-Niose Ratio，SNR）来提高计算结果的保真度。定点运算将每个数学运算的结果量化为整数最低有效位的整数倍。浮点运算通常会将每个运算的准确结果精度保持在相应定点最低有效位的一小部分之内。

6.2.3 信号处理算法

基于对 DSP 硬件及其支持的操作的了解，接下来将学习一些实际应用中的数字信号处理算法。

1. 卷积

卷积是在形式上与加法和乘法相同的数学运算。与加法和乘法进行数字运算不同，卷积对信号向量进行运算。在 DSP 中，信号是按相同时间间隔对随时间变化的输入进行采样得到的一系列数字值。卷积是数字信号处理领域中最基本的操作。

在许多实际应用中，卷积操作中涉及的一个信号是 DSP 存储器中的数字向量。另一个信号是源自 ADC 测量的一系列采样值。

为了实现卷积运算，在接收到每个 ADC 测量值时，DSP 计算一个更新后的输出，该输出是固定的数据向量（假设该向量的长度为 n）与从 ADC 接收到的最新 n 个输入采样的点积。为了计算这些向量的卷积，DSP 每次接收到 ADC 样本时必须执行 n 次 MAC 运算。

在此示例中使用的固定向量为 h，称为**脉冲响应**。数字脉冲定义为理论上无限的样本序列，其中一个样本为 1，其前后的样本均为 0。使用此向量作为与向量 h 的卷积的输入，将产生与序列 h 相同的输出，前后由零包围。在连续迭代中，脉冲序列中的单个 1 值乘以 h 的每个元素，而 h 的所有其他元素乘以 0。

向量 h 中包含的特定值决定了卷积运算对输入数据序列的影响。数字滤波是卷积的一种常见应用。

2. 数字滤波

频率选择滤波器（frequency selective filter）是一种能够将输入信号在某一频率范围内的分量不失真地传送到输出的电路或算法，在此过程中，将其他范围的频率分量消除或衰减到可接受的水平。

音频娱乐系统中对低音和高音的控制就是频率选择滤波器的应用示例。低音功能实现了可变增益**低通滤波器**，即对音频信号进行滤波以选择音频信号的低频部分，并将此滤波后的信号送到放大器，放大器根据低音控制的位置改变其输出功率。高音部分的实现方式类似，使用**高通滤波器**选择音频信号中的高频部分。对这些放大器的输出进行合并，以产生发送到扬声器的信号。

频率选择滤波器可以采用模拟技术或数字信号处理技术来实现。简单的模拟滤波器很便宜，只包含几个电路元件。但是，这些滤波器的性能尚待提升。

频率选择滤波器的关键参数包括**阻带抑制**和**过渡带**宽度。阻带抑制表示滤波器消除输出中不相关频率的能力。通常，滤波器不会把不相关的频率全部消除，但是出于实用性的目的，可以将这些频率减小到不影响结果的水平。

滤波器的过渡带描述了**通带和阻带**之间的频率跨度。通带是要通过滤波器的频率范围，阻带是要被滤波器阻止的频率范围。通带和阻带之间没有完全清晰的边界。通带和阻带之间需要一定的间隔，并且要使从通带到阻带的过渡尽可能窄，这需要更复杂的滤波器。

可以使用一组精心选择的 h 向量值，通过卷积运算实现一个数字频率选择滤波器。通过适当选择 h 中的元素，可以设计高通、低通、带通和带阻滤波器。如前所述，高通和低通滤波器分别通过高频和低频信号，同时阻塞其他频率。**带通滤波器**仅允许通过指定范围内的频率，并阻止该范围外的所有其他频率。**带阻滤波器**通过除指定频率范围之外的所有频率。

高性能频率选择滤波器的目标是使通带中的信号失真最小，在阻带中提供有效的频率阻塞，并使其过渡带尽可能窄。

高性能模拟滤波器可能需要复杂的电路设计以及昂贵的精密构件。另外，高性能数字滤波器仍然只是一种卷积运算。要实现具有最小通带失真和窄过渡带的高性能低通滤波器的数字电路，可能需要一个很长的 h 向量，该向量可能包含数百个甚至数千个元素。实现这样的数字滤波器需要高效的 DSP 资源，以及能够满足滤波器工作频率要求的 MAC 操作。

3. 快速傅里叶变换

傅里叶变换是以法国数学家让·巴普蒂斯·约瑟夫·傅里叶（Jean-Baptiste Joseph Fourier）的名字命名的，将时域信号分解为频率和幅度不同的正弦波和余弦波的集合。可以通过逆傅里叶变换过程将这些波叠加在一起来重建原始信号。

DSP 对以固定间隔采样的时域信号进行操作。因此，傅里叶变换的 DSP 实现称为**离散**

傅里叶变换（DFT）。通常，DFT 将函数的 n 个等距时间样本序列转换为 n 个 DFT 样本序列，其频率间隔相等。每个 DFT 样本都是一个由实数和虚数组成的复数。对虚数做平方运算的结果为负数。

本书将不深入研究虚数的数学。查看表示 DFT 频率分量（称为**频率仓**，frequency bin）的复数的另一种方法是，将复数的实部视为在仓频率（bin frequency）处的余弦波的乘数，而将虚部视为在相同频率处的正弦波的乘数。对频率仓的余弦波和正弦波分量求和会产生该 DFT 频率仓的时域表示。

对于长度为 n 的序列，DFT 算法最简单的实现是两层嵌套循环，其中每个循环都迭代 n 次。如果需要增加 DFT 的长度，则数学运算的数量将随 n 的平方增加。例如，要对一个长度为 1000 个样本的信号进行离散傅里叶变换，则需要超过一百万次的操作。

1965 年，IBM 的 James Cooley 和普林斯顿大学的 John Tukey 发表了一篇论文，给出了一种更高效的 DFT 算法实现，该算法后来被称为**快速傅里叶变换**（Fast Fourier Transform，FFT）。他们描述的算法最初是由德国数学家卡尔·弗里德里希·高斯（Carl Friedrich Gauss）于 1805 年前后发明的。

FFT 算法将 DFT 分解为更小的 DFT，更小的 DFT 的长度可以相乘在一起以形成原始 DFT 的长度。当 DFT 长度是 2 的幂时，FFT 算法是最高效的，因为这样通过 DFT 长度中的每个因子 2 进行递归分解。一个 1024 点 FFT 仅需要几千次运算，而两层嵌套循环的 DFT 实现则需要超过一百万次的运算。

当 FFT 与 DFT 的输入相同，并产生与 DFT 相同的输出时，FFT 的速度更快。

FFT 在信号处理的许多实际应用中使用。以下是一些应用示例：

- **频谱分析**：DFT 在时域信号上的输出是一组复数，代表在表示信号的频率范围内正弦波和余弦波的振幅。这些振幅直接表示哪些频率分量大量存在于信号中，哪些频率贡献较小，哪些频率是可忽略的。

    频谱分析用于音频信号处理、图像处理和雷达信号处理等应用中。频谱分析仪（实验室仪器）通常用于测试和监视射频系统，例如，无线电发射器和接收器。频谱分析仪会显示随周期更新的图像，该图像表示从其信号的 FFT 得出的输入信号的频率内容。

- **滤波器组**：滤波器组是一系列单独的频率选择滤波器，每个滤波器包含一个单独的滤波频带。组中的全套滤波器覆盖了输入信号的整个频率范围。高保真音频应用中使用的**图形均衡器**就是一个滤波器组。

    基于 FFT 的滤波器组可用于分解具有多频率的数据通道，这些数据通道可由单个组合信号发送。在接收端，FFT 将接收到的信号分成多个频带，每个频带包含一个独立的数据通道。每个频带中包含的信号都经过进一步处理以提取其数据内容。

    基于 FFT 的滤波器组在宽带数字数据通信服务（如数字电视和 5G 移动通信）的无线电接收器中非常常见。

- **数据压缩**：可以通过执行 FFT 并丢弃不重要的频率分量来压缩信号，以减小其数据大小。余下的频率分量形成较小的数据集，可以使用标准化编码技术对其进行进一步压缩。

    因为输入信号中的某些信息会丢失，所以该方法称为**有损压缩**。与**无损压缩**相比，有损压缩通常具有更大的信号压缩率。在任何数据都不能丢失的情况下，需要使用无损压缩算法,例如压缩计算机数据文件。
- **离散余弦变换**(Discrete Cosine Transform,DCT):DCT 在概念上与 DFT 相似,只是 DFT 将输入信号分解为一组正弦和余弦函数,而 DCT 仅将输入信号分解为余弦函数,每个余弦函数均乘以实数,可以通过与 FFT 相同的加速技术来加速 DCT 的计算。

  在许多数据压缩应用中,DCT 具有非常好的属性,与其他算法(例如,DFT)相比,DCT 的大多数信号信息都以较少数量的 DCT 系数表示。这允许丢弃大量次要的频率分量,从而提高数据压缩率。

基于 DCT 的数据压缩应用于许多应用领域,例如 MP3 音频、JPEG(Joint Photographic Experts Group)图像和 MPEG(Moving Picture Experts Group)视频等用于计算机用户和音频/视频娱乐消费者日常交互的领域。

DSP 最常用于涉及一维和二维数据源的应用程序。音频信号和移动电话无线电收发器接收的射频信号是一维数据源。一维信号数据在每个时间点可能由几个输入通道中的采样值组成。

照片图像是二维数据的示例。根据图像的宽度和高度(以像素为单位)及其像素位数来描述二维图像。图像中的每个像素都通过水平和垂直空间偏移与周围像素分开。图像中的每个像素都在同一时间点采样。

运动视频代表三维信息。定义视频片段的一种方法是将二维图像序列按固定的时间间隔顺序显示。尽管传统的 DSP 经过优化可用于单幅图像的二维数据处理,但它们在以高更新速率处理连续图像方面并不理想。

下一节将介绍 GPU,GPU 是经过优化的处理器,用于处理视频合成和显示的计算要求。

6.3　GPU 处理

GPU 是经过优化的数字处理器,用于执行与屏幕上的图形图像相关的数学运算。GPU 的主要应用是播放视频记录和创建三维场景的合成图像。

GPU 的性能根据屏幕分辨率(图像的像素宽度和高度)和图像更新速率(以每秒帧数为单位)进行衡量。视频回放和场景生成是硬实时过程,其中任何未能及时进行的更新都可能被用户视为不可接受的图形卡顿。

与摄像机一样,GPU 通常将每个像素表示为三个 8 位颜色值,分别表示红色、绿色和蓝色的强度。通过适当组合这三种颜色中每种颜色的值,可以生成任何颜色。在每个颜色通道中,0 表示无颜色,而 255 表示最大强度。黑色由三原色(红色,绿色,蓝色)=(0,0,0)表示,白色则由(255,255,255)表示。使用 24 位色彩数据,可以表示超过 1600 万种颜色。通常,相邻的 24 位颜色值之间的粒度比人眼所能分辨的还要细。

在现代 PC 中,GPU 功能可通过多种配置使用:
- 可以在 PCIe 插槽中安装 GPU 卡。
- 系统可以使用 GPU 作为主处理器板上的一个或多个独立的集成电路。
- GPU 可以集成到主处理器的电路中。

最强大的消费级 GPU 以 PCIe 扩展卡实现。这些高端 GPU 包含专用图形内存以及与主系统处理器(通常为 PCIe x16)快速通信的路径,用于接收场景命令和数据。一些 GPU 设计在一个系统中支持使用多个相同的扩展卡来为单个图形显示生成场景。该技术通过一套高速通信总线将多个 GPU 进行互连。在系统中使用多个 GPU 可以有效地提高图形处理的并行度。

GPU 利用**数据并行性**对向量数据同时执行相同的计算，从而生成相应的输出向量。现代 GPU 支持数千个同时执行的线程，从而能够以每秒 60 帧（或超过 60 帧）的速度渲染包含数百万像素的复杂三维图像。

典型 GPU 的体系结构由一个或多个多核处理器组成，每个处理器都支持数据并行算法的多线程执行。GPU 处理器和图形内存之间的接口经过优化，可以提供最大的数据吞吐量，而不是试图最大程度地减少访问延迟（这是主系统内存的设计目标）。GPU 可以牺牲一定程度的延迟性能来实现 GPU 与其专用内存之间的峰值流速率，因为最大化吞吐量可实现最高的帧更新率。

在商务应用等不需要极致图形处理能力的计算机系统中，将一个低端 GPU 嵌入到主处理器中形成一个芯片，是一种低成本并且更易于被接受的配置。然而与高端 GPU 相比，集成 GPU 能够播放流式视频，并只能提供有限的三维场景渲染功能。

这些集成的 GPU 无须使用专用的图形内存，而是将系统内存的一部分用于图形渲染。这样会导致性能下降，但此类系统可为大多数家庭和办公场景提供足够的图形性能。

便携式电话和平板计算机等智能设备中也包含 GPU，与大型的计算机系统一样，它们提供相同的视频播放和三维场景渲染功能。小物理尺寸和功耗约束必然会限制便携式设备 GPU 的性能。尽管如此，现代智能手机和平板计算机完全能够播放高清流视频并渲染复杂的游戏图形。

GPU 作为数据处理器

多年来，GPU 体系结构经过专门的设计，可满足实时三维场景渲染的计算需求。最近几年，用户和 GPU 供应商越发意识到，这些设备实际上是适合在更广泛的应用中使用的小型超级计算机。现代 GPU 提供的浮点执行速度可以达到万亿次浮点运算每秒（teraflops）。截至 2019 年，高端 GPU 配置提供了数十万亿次浮点运算性能，在执行数据并行数学算法时比标准台式计算机快数百倍。

利用高端 GPU 的强大并行计算能力，供应商已经开始提供编程接口和扩展的硬件功能，以实现更通用的算法。当然，即使进行了增强以支持通用计算需求，GPU 仅在加速能够开发数据并行的算法方面真正有效。

一些适合 GPU 加速的应用领域有：

1. 大数据

在气候建模、遗传图谱、业务分析和地震数据分析等应用中，共性问题是需要尽可能高效地分析大量数据，数据量通常是 TB 或 PB（1PB 等于 1024TB）量级的。在许多场景中，这些分析算法会在大型数据集上进行迭代，以寻找最初似乎完全无关的样本之间变化趋势、相关性以及更加复杂的联系。

由于这种分析需要大量的执行时间，因此人们认为以通常的粒度分析这些数据集是不可行的。但是，如今许多大数据应用通过结合使用 GPU 处理，在包含多个互连 GPU 卡的机器上将问题分散到云环境中的多个计算机系统上，都在可接受的时间范围内得到了结果。与超级计算系统的历史成本相比，当今使多台计算机（每个计算机包含多个 GPU）在一个巨大的数据集上执行高度并行的算法的成本出奇的低。

2. 深度学习

深度学习是**人工智能**（Artificial Intelligence，AI）的一类，使用人工神经元的多层网络来模拟人脑的基本操作。生物神经元是处理信息的一种神经细胞。神经元通过突触相互连接，并使用电化学脉冲相互传递信息。在学习过程中，人脑会调整神经元之间的连接，对正在学习的信息进行编码供以后检索。人脑包含数百亿个神经元。

人工神经网络（Artificial Neural Network，ANN）使用神经元行为的软件模型来模仿人脑学习和检索过程。每个人工神经元都从许多其他神经元接收输入，并计算出一个数字输出。一些神经元直接由要处理的输入数据驱动，而其他一些神经元则产生输出，这些输出作为 ANN 的计算结果。神经元之间的每条通信路径都有一个与之相关的权重，它与沿该路径传播的信号强度相乘。神经元的数字输入是它接收到的输入信号总和，每个信号都乘以相关路径对应的权重。

神经元使用**激活函数**来计算其输出。激活函数可确定每个神经元被其输入"触发"的程度。

图 6.4 表示单个神经元的示例，该神经元将来自其他三个神经元（$N_1 \sim N_3$）的输入乘以权重（$w_1 \sim w_3$）的结果相加。和（Sum）传递到激活函数 $F(x)$，该函数产生神经元的输出信号。在此示例中，三个输入的使用是任意的。在实际应用中，每个神经元都可以从其他神经元接收输入。

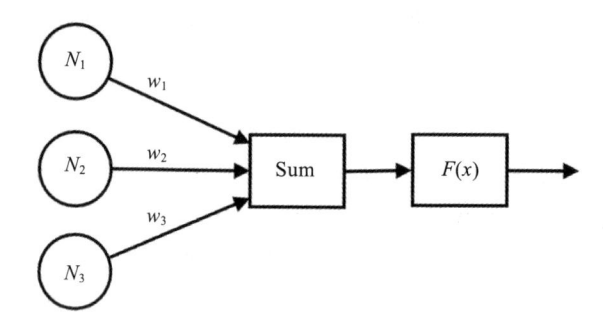

图 6.4　一个神经元从三个神经元接收输入

ANN 是按层组织的，其中第一层称为**输入层**，其后是一个或多个内部层（称为"**隐藏层**"），然后是**输出层**。一些 ANN 按照数据流顺序从输入层到输出层进行排列，称为**前馈网络**，也有 ANN 提供从某些神经元到前一层神经元的反馈，称为**循环网络**。

图 6.5 展示了一个简单的前馈网络示例，该网络具有三个输入神经元、一个由四个神经元组成的隐藏层和两个输出神经元。此网络的神经元完全连接，这意味着输入层和隐藏层中的每个神经元都连接到下一层中所有神经元。此图中未显示连接权重。

训练 ANN 包括调整神经元之间的加权连接，以便对一组特定的输入数据产生所需的输出。通过使用适当的学习算法，可以使用由大量输入数据对应的正确输出组成的数据集对 ANN 进行训练。

训练大型复杂的人工神经网络以执行驾驶汽车或下棋等复杂任务，需要从非常大的数据集中进行大量的训练迭代。在训练过程中，每次迭代都会对网络中的权重进行微调，从而将网络缓慢地更新到收敛状态。一旦完全收敛，就可以认为该网络已训练好，可对新的输入生成相应的输出。换句话说，网络将其在训练中学习到的信息进行提取，并应用于新场景。

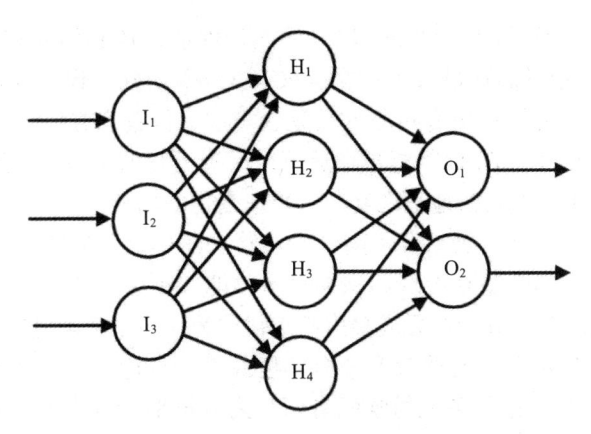

图 6.5　一个三层前馈网络

ANN 的并行特性特别适合 GPU 处理。人脑实际上是具有数十亿个独立处理单元的大规模并行计算机。在 ANN 训练阶段利用这种形式的并行性，通过并行执行与多个人工神经元相关的计算来加速网络的收敛。

下一节将基于本章介绍的体系结构概念，介绍一些计算机系统类型的示例。

6.4　专用体系结构示例

本节研究了一些以应用为中心的计算系统配置，并着重介绍了每种设计的特殊要求。研究的配置如下：

- **云计算服务器**：许多供应商都提供可供客户通过互联网访问的计算平台。这些服务器允许用户将自己的软件应用加载到云服务器并执行任何类型的计算。通常，这些服务根据使用的计算资源的类型和数量以及使用时间长短向客户收费，不使用则不收费。

  面向更高端性能需求，多台包含多个互连 GPU 卡的服务器可以组织在一起，协同对庞大的数据集执行大规模浮点密集型计算。在云环境中，将计算分解成在多个支持 GPU 的服务器上并行执行的较小部分，通常比较简单且成本低廉。组织（或者资金有限的个人）也可以使用云环境的计算能力。而直到几年前，只有政府、大型企业和研究型大学等拥有足够资金部署计算设施的拥有者独享这类计算能力。

- **商务桌面计算机**：商务信息技术经理致力于以最低成本为员工提供完成工作所需的计算能力。尽管他们的计算机系统需要支持显示员工培训视频等的视频演示要求，但大多数办公室工作人员并不需要出色的图形或计算性能。

  对于企业用户而言，集成到现代处理器中的 GPU 通常绰绰有余。企业可以以合理的价格购买包含性能尚可、带有集成显卡的处理器的计算机系统。这些系统为现代操作系统和标准办公应用程序（如文字处理器、电子邮件和电子表格）提供全面支持。如果需要使用更高性能的图形来扩展系统功能，则在扩展插槽中安装 GPU 即可直接升级。

- **高性能游戏计算机**：运行最新 3D 游戏的计算机游戏爱好者需要极高的 GPU 性能，才可达到以最高帧速率生成高分辨率场景。游戏爱好者一般都愿意购买功能强大、耗电且价格昂贵的 GPU（甚至多个 GPU），以实现最佳的图形性能。

高性能游戏计算机不仅需要较好的图形性能，还必须具有快速的系统处理器。处理器和 GPU 通过高速接口（通常是 PCIe x16）协同工作，以确定场景观察者的位置和视角，以及场景中所有对象的数量、类型、位置和方向。系统处理器将这些几何信息传递给 GPU，GPU 执行数学运算以呈现逼真的图像。该过程必须以足够的速率重复进行，才可以流畅地呈现复杂、快速变化的场景。

- **高端智能手机**：智能手机结合了高性能计算和图形显示功能，并严格限制了产生的功耗和热量，用户希望在游戏和视频显示中能够呈现快速、流畅、生动的图像，但他们无法忍受以电池寿命过短或触摸起来很烫为代价来实现这些性能。

  现代手机显示屏包含数百万个全彩色像素、高达 12GB 的随机存储器，并支持高达 1TB 的闪存。这些手机通常配有两个高分辨率摄像头（一个在前面，一个在后面），能够捕获静态图像，也可以录制视频。高端手机通常包含具有集成 GPU 的 64 位多核处理器，以及旨在实现节能与高性能的各种功能。

  智能手机体系结构包含 DSP，以执行在电话呼叫期间对语音音频进行编码和译码的任务，或者处理各种无线电收发器中已接收和已发送的射频信号。典型的手机支持数字蜂窝服务、Wi-Fi、蓝牙和**近场通信**（Near Field Communication，NFC）。现代智能手机是功能强大且连接良好的计算平台，并对电池供电进行了优化。

本节讨论了仅代表计算机技术当前和未来应用的部分计算机系统体系结构。计算机系统无论是应用于办公、智能手机、还是交通工具，在系统设计和实现过程中都会应用同一套通用体系结构原理。

6.5 总结

本章研究了几个专用的计算领域，包括实时系统、数字信号处理和 GPU 处理。完成本章后，现代计算机在游戏、语音通信、视频显示以及类似超级计算机的 GPU 等应用中，读者应该更加熟悉其中的实时操作、模拟信号处理以及图形处理等功能。这些功能是对中央处理器（无论是在云服务器、台式机还是智能手机中）执行核心计算任务的重要扩展。

下一章将更深入地研究现代处理器体系结构，特别是冯·诺伊曼体系结构、哈佛体系结构和改进型哈佛体系结构。同时还将介绍分页虚拟存储器（PVM）的使用以及通用内存管理单元的功能和特性。

6.6 习题

1. **速率单调调度**（RMS）算法用于在周期性执行的抢占式、硬实时应用中为线程分配优先级。RMS 将最高优先级分配给执行周期时间最短的线程，将第二优先级分配给执行时间长度第二短的线程，以此类推。RMS 系统是可调度的，这意味着如果满足以下条件，则可以保证所有任务都按时完成（假设线程间没有交互或其他如中断导致的延迟处理等事件）：

$$\sum_{k=1}^{n} \frac{C_i}{T_i} = n(2^{1/n} - 1)$$

该公式表示 n 个线程可以消耗的最大可用处理时间比例。在公式中，C_i 是线程 i 所需的最大执行时间，而 T_i 是线程 i 的执行周期。

由以下三个线程组成的系统是否可调度？

线程	执行时间（C_i），ms	执行周期（T_i），ms
线程 1	50	100
线程 2	100	500
线程 3	120	1000

2. 一维离散余弦变换的常用公式如下：

$$X_k = \sum_{n=0}^{N-1} x_n \cos\left[\frac{\pi}{N}\left(n+\frac{1}{2}\right)k\right]$$

在该公式中，DCT 系数索引 k 由 0 变化到 $N-1$。

编写一个计算以下序列 DCT 的程序：

$$x = \{0.5, 0.2, 0.7, -0.6, 0.4, -0.2, 1.0, -0.3\}$$

公式中的余弦项仅取决于索引 n 和 k，而与输入数据序列 x 无关，这意味着余弦项可以只计算一次并作为常量存储以备后面使用。使用该步骤作为准备工作，每个 DCT 系数的计算将简化为一系列 MAC 操作。

该公式表示未经优化的 DCT 计算形式，需要使用 MAC 运算进行 N^2 次迭代才能计算所有 N 个 DCT 系数。

3. 双曲正切函数通常在 ANN 中用作激活函数。双曲正切函数定义如下：

$$\tanh(x) = \frac{e^x - e^{-x}}{e^x + e^{-x}}$$

给定一个神经元，其输入来自前面的三个神经元，如图 6.4 所示，使用以下的神经元输出和权重，以双曲正切作为激活函数 $F(x)$ 计算神经元的输出。

神经元	神经元输出	权重
N_1	0.6	0.4
N_2	−0.3	0.8
N_3	0.5	−0.2

第 7 章

Modern Computer Architecture and Organization, Second Edition

处理器和存储器体系结构

本章将更深入地研究现代处理器体系结构，特别是冯·诺伊曼体系结构、哈佛体系结构、改进型哈佛体系结构，以及每种体系结构适用的计算领域。也会介绍在消费类应用、商业计算以及便携式智能设备中广泛使用的分页虚拟内存的概念和优点。还会在 Windows NT 和更高版本的 Windows 等实际环境中研究内存管理的细节。本章最后讨论内存管理单元的特点和功能。

通过学习本章，读者可以掌握现代处理器体系结构的关键特征、物理内存和虚拟内存的应用，将会理解内存分页的优点和内存管理单元的功能。

本章包含以下主题：
- 冯·诺伊曼体系结构、哈佛体系结构、改进型哈佛体系结构
- 物理内存和虚拟内存
- 内存管理单元

7.1 冯·诺伊曼体系结构、哈佛体系结构、改进型哈佛体系结构

前面已经对冯·诺伊曼体系结构、哈佛体系结构和改进型哈佛体系结构的历史和现代应用进行了简单介绍。本节将更加深入地研究这些结构，并介绍每种体系结构适用的计算应用场景。

7.1.1 冯·诺伊曼体系结构

冯·诺伊曼（von Neumann）体系结构是约翰·冯·诺伊曼（John von Neumann）于 1945 年提出的。这种处理器结构由一个控制单元、一个算术逻辑单元、一个寄存器集和一个包含程序指令和数据的存储器组成。冯·诺伊曼体系结构和哈佛体系结构最主要的区别在于冯·诺伊曼体系结构使用单个内存空间存放程序指令和数据，这对于程序员来说编程相对简单，对于电路设计者来说实现相对容易。

图 7.1 给出了冯·诺伊曼体系结构的组成。

虽然单一内存架构的方法简化了早期处理器和计算机的设计，但是程序和数据共享内存为系统性能以及近年来日益严重的安全问题带来了很大的挑战。下面是一些重要的问题：

- **冯·诺伊曼瓶颈**：处理器和主存储器之间使用单一接口来频繁地访问指令和数据，通常需要多个内存周期才能获得一条指令及其所需的数据。在某些情况下，在一次内存访问时立即数与操作码一起被载入，因此对于立即数紧跟在其指令操作码之后的情况，可能几乎没有受存储瓶颈的影响。但是大多数程序会花费大量时间来处理在内存中与程序指令分开存储的数据。在这种情况下，需要多次内存访问操作才能获得操作码和需要的数据。

  我们将在第 8 章中详细介绍使用高速缓存存放程序指令和数据以明显减少这一瓶颈的限制。但是当处理的代码和数据超过高速缓存大小时，缓存的优势就会降低。

无法避免的事实是，将代码和数据放在同一内存中并且通过共享的通路连接到处理器，有时会限制系统性能。

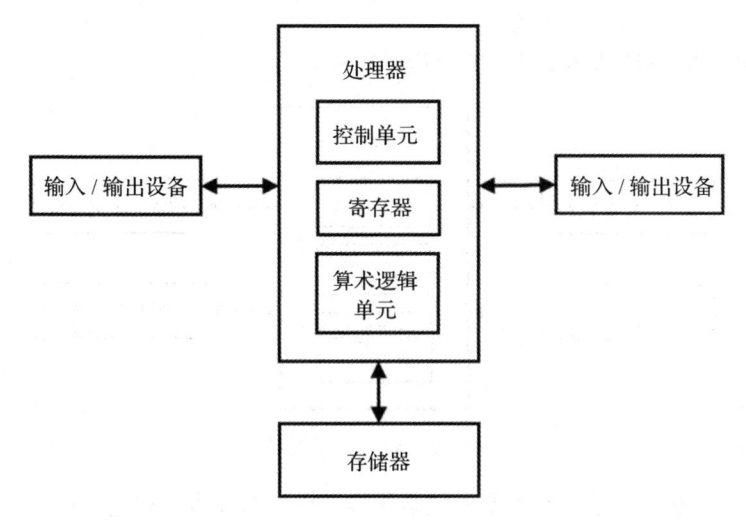

图 7.1　冯·诺伊曼体系结构

- **冯·诺伊曼安全考虑**：由于代码和数据使用统一的存储区域，聪明的程序员可以将指令作为"数据"存储在内存中，并引导处理器执行这些指令。可以将代码写入内存并执行的程序称为**自修改代码**。除了难以进行故障排除和调试以外（因为许多软件调试工具希望内存中的程序包含最初编译到其中的指令），这种功能已经被黑客利用了多年。

    缓冲区溢出（Buffer overflow）是一种在操作系统、web 服务器和数据库等常用软件工具中存在的常见缺陷。当程序请求输入并将该输入数据存储在固定长度的数据缓冲区中时，可能发生缓冲区溢出。如果不仔细检查用户提供的输入长度，则用户可能输入比可用存储空间更长的输入序列。当这种情况发生时，多出的数据会覆盖其他内存。如果被覆盖的缓冲区位于栈中，用户就有可能通过一个足够长的输入序列覆盖当前栈上正在执行的函数的返回地址。

    攻击者通过仔细分析输入数据，可以控制正在执行的应用程序，并指示它执行任何需要的指令。为此，黑客必须准备一个超过输入缓冲区容量的输入序列，并用精心准备的不同地址去覆盖函数的返回地址，将从这个地址开始执行的一系列指令写入内存。当最初请求用户输入的函数返回时，黑客插入的指令就开始执行，并获得程序的控制权。这使得黑客可以"掌控"计算机。

自从 1988 年这类攻击首次发生以来，计算机安全研究人员多年来花费了大量时间试图解决缓冲区溢出的问题，处理器供应商和操作系统开发人员已经实现了多种方法来对抗缓冲区溢出攻击，例如，**数据执行预防**（Data Execution Prevention，DEP）和**地址空间布局随机化**（Address Space Layout Randomization，ASLR）等。

7.1.2　哈佛体系结构

哈佛体系结构最初于 1944 年在哈佛马克一号（Harvard Mark I）计算机上实现。标准的哈佛体系结构使用一个地址空间和内存总线来执行指令，使用另一个独立的地址空间和内存总线用于存放数据。这种结构的直接好处是能同时访问指令和数据,从而实现并行。当然,这种好处是以增加地址线、数据线和控制信号的数量为代价的,这些用于访问两个内存区域的控制信号必须由处理器实现。

图 7.2 展示了实现哈佛体系结构的处理器结构。

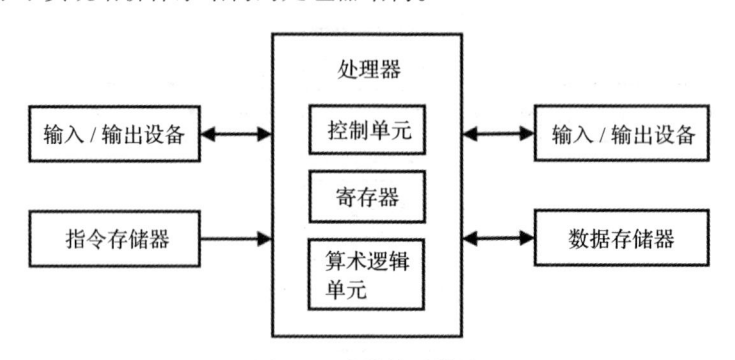

图 7.2 哈佛体系结构

哈佛体系结构通过并行访问指令和数据获得了更高的性能。假定内存以可信的方式加载指令,只要指令存储器不能被程序指令修改,哈佛结构还可以消除恶意将数据作为指令执行的这类安全问题。

随着逐渐了解了冯·诺伊曼体系结构带来的安全威胁,现在看来有理由怀疑,如果早日接受哈佛体系结构,将代码和数据存储区域完全分离,这样整个信息技术行业可能会更好,当然这也会造成成本问题。

实际上标准的哈佛体系结构很少用于现代计算机。哈佛结构的几种改进形式被普遍采用,称为改进型哈佛体系结构。

7.1.3 改进型哈佛体系结构

一般来说,采用改进型哈佛体系结构计算机在程序指令和数据之间有一定程度的分隔,但这种分隔也不是绝对的。虽然采用改进型哈佛体系结构的系统拥有单独的程序指令和数据存储区域,但此类系统通常可以在指令存储器中存储数据,也可以在数据存储器中存储指令。

图 7.3 展示了一种典型的改进型哈佛体系结构,可以代表现实世界中的多种计算机系统。

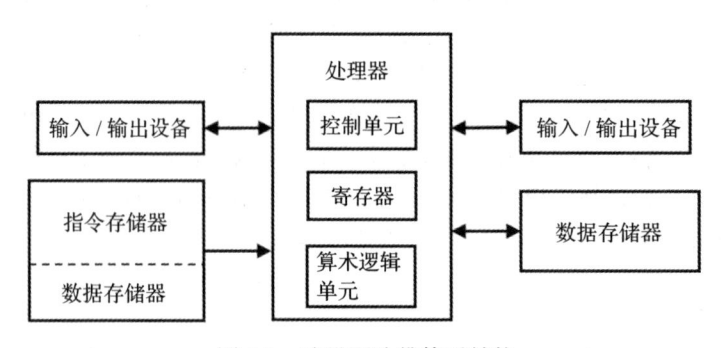

图 7.3 改进型哈佛体系结构

如前所述，**数字信号处理器**（DSP）通过使用类似哈佛的结构获得了显著的好处。通过在指令存储器中存储一个数字向量，在数据存储器中存储第二个向量，DSP 就可以在每个时钟周期执行一次**乘积累加**（MAC）运算。在这些系统中，指令存储器及其包含的数据通常是只读的。在图 7.3 中，指令存储器指向处理器的箭头是单向的。因此，只有常数适合存储在指令存储器中。

除了 DSP 以外，大多数现代通用处理器都包含独立的指令和数据缓存，从而实现了哈佛体系结构的典型特征。当请求的数据或指令恰好位于一级缓存中时，x86 和 ARM 等处理器体系结构支持并行、独立地访问指令和数据。当片上缓存查找不到需要的指令或数据时，处理器必须通过冯·诺伊曼结构中的共享总线访问主存，这将需要更长的时间。

实际上，在特定处理器的实现细节中，除了性能以外，体系结构对软件开发人员来说并不重要。程序员通常使用高级语言开发程序，由编译器或汇编器处理与数据和指令分配有关的细节。

下节将讨论内存虚拟化的优势。

7.2 物理内存和虚拟内存

计算机中的内存可以分为 RAM 和 ROM，前者可以随意读写，后者可以读但不能写。**闪存**和**电擦除可编程只读存储器**（Electrically-Erasable Programmable Read-Only Memory，EEPROM）等介于它们之间的存储设备的数据可以改变，但不像标准的 RAM 那样简单、快速，内容能够更新的次数也远远少于标准的 RAM。

必须对计算机中的存储设备进行配置，确保每种存储设备（或器件）占用系统地址空间的唯一一段，使处理器能够通过地址线来访问不同的 RAM 或 ROM 设备。现代计算机系统通常根据存储设备占用的插槽自动进行地址空间分配。

在早期的计算机系统以及当今不太复杂的计算机或嵌入式处理器（如基于 6502 的系统）上运行的软件，使用指令中 RAM 和 ROM 设备的地址来执行读写操作。

例如，6502 的指令 `JMP $1000` 指示处理器将十六进制值 `$1000` 加载到指令指针，并从该内存地址处执行指令。在执行这条指令的过程中，6502 的控制单元把 `$1000` 传给它的地址线，并从这个地址读取字节数据。读取的字节数据被当作下一条要执行指令的操作码。类似地，用 `LDA $0200` 指令从内存加载一个字节，结果是将值 `$0200` 放在地址线上，并将该地址处的字节数据复制到寄存器 A 中。

在使用物理寻址的系统中，指令中的内存地址是要访问的指令或数据的实际地址。这表明指令中的内存地址与真实用于访问存储器的地址相同。

虽然这种体系结构方法在处理器设计中易于实现，但在任何涉及多个同时执行的程序（指的是多道程序设计）的应用场景中，软件开发的负担可能会变得过重。如果多个程序中的每一个子程序都是独立开发的（比如在有多个开发人员的情况下），在不干扰其他程序对内存使用的情况下，必须有方法将可用的 RAM 和 ROM 地址空间分配给各个程序，以便多道程序可以在对其他应用程序内存不发生干扰的情况下同时处于运行状态（也许是在实时操作系统中）。

早期，在单个地址空间支持多个程序的同时执行的著名方法是 MS-DOS 的**终止和驻留**（Terminate and Stay Resident，TSR）程序概念。TSR 程序为多个程序分配内存并将它们的代码加载到内存中，然后将控制权返回给操作系统。用户可以继续正常地使用系统，加载和使用其他应用程序（一次只能加载一个），但也可以根据需要（通常通过键入特殊的组合键）访问 TSR。可以同时在内存中加载多个 TSR 程序，每个 TSR 程序都可以通过自己的组合键访问。激活 TSR 程序后，用户根据需要与其交互，然后执行 TSR 命令返回到当前运行的主应用程序。

虽然 TSR 程序在许多方面受到限制（包括早期 PC 机中支持的最大 RAM 容量仅为 640KB），但它有效地实现了在单个 RAM 地址空间中执行多个程序。

开发 TSR 应用程序是一项艰巨的任务，而在 20 世纪 80 年代和 90 年代推出的更先进的 TSR 程序实现了 MS-DOS 中未公开的特征，以便为用户提供最大的实用性。这种复杂性导致 TSR 程序会引起系统不稳定。显然需要不同的方法来支持多道程序设计。

虚拟内存克服了早期 PC 中不能广泛使用多道程序设计的最大挑战。虚拟内存是一种内存管理方法，它使每个应用程序都能在自己的内存空间中运行，与在同一系统上同时运行的其他应用程序互不影响。在具有虚拟内存管理的计算机中，操作系统负责将物理内存分配给系统进程和用户应用程序。内存管理硬件和软件将来自应用程序虚拟内存环境中的内存请求转换为物理内存地址。

除了简化开发和能并发运行应用程序之外，虚拟内存还可以分配比计算机中实际内存更大的物理内存。这可以通过辅助存储器（通常是磁盘文件）来临时保存从物理内存中移出的部分内存副本，从而允许不同的程序（或同一程序的不同部分）在当前空闲的内存中运行。

在现代通用计算机中，内存段通常以"固定大小"的块（称为**页**）的倍数进行分配和移动。内存页通常为 4KB 或者更大。在虚拟内存系统中，页面在内存和辅存之间进行移动称为**页面交换**。包含从内存中换出页面的文件是**交换文件**。

在虚拟内存系统中，应用程序开发人员和代码本身都不需要关心有多少其他应用程序正在系统上运行，也不必担心物理内存的使用情况。当应用程序为数据数组分配内存和调用库例程（要求将这些例程的代码加载到内存中）时，操作系统将管理物理内存的使用，并采取必要的措施来确保每个应用程序根据请求获得内存。在可用物理内存全部被填满，且交换文件也被填充到其极限的特殊情况下，系统对内存分配请求将强制返回失败代码。

除了减轻了程序员的负担外，虚拟内存还具有如下显著优势：

- 应用程序不仅可以忽略彼此的存在，还可以防止互相干扰，虚拟内存管理硬件负责确保每个应用程序只能访问分配给它的内存页。试图访问另一个进程的内存或其分配的内存空间之外的任何其他地址，都会导致**访问冲突**异常。
- 每个内存页都有一组属性，这些属性限制了该页面所支持的操作类型。如果一个页面被标记为只读，则无法将数据写入该页面。如果一个页面被标记为可执行，则意味着它包含能够被处理器执行的代码。如果一个页面被标记为可读写，则应用程序可以随意修改该页面。通过合理配置这些属性，可以提高操作系统的稳定，这是因为指令不可修改，同时也能够防止将数据组位指令来运行。
- 可以将内存页标记为最低的特权级，从而允许内核代码访问该页面。此限制可确保即使在应用程序运行异常的情况下，操作系统也可以继续正常运行。这样可以将系统内存映射到每个进程的地址空间，同时禁止应用程序代码与该内存直接交互。应用程序只能通过由系统函数调用组成的程序接口间接地访问系统内存。
- 内存页可以标记为可在应用程序间共享，这意味着一个页面被明确授权为可以从多个进程进行访问。这有效地实现了进程间通信。

微软早期版本的 Windows 使用 80286 和 80386 处理器的内存分段功能实现内存虚拟化的某些功能。在 Windows 发展历程中，1993 年，随着 Windows NT 3.1 的引入，虚拟内存的使用应运而生。Windows NT 系统体系结构基于数字设备公司（DEC）于 20 世纪 70 年代开发的**虚拟地址扩展**（Virtual Address Extension，VAX）体系结构。VAX 体系结构实现了一个 32 位虚拟内存环境，在一个多道程序环境中运行的每个应用程序都可使用 4GB 的虚拟地址空间。名为**虚拟内存系统**（Virtual Memory System，VMS）的 VAX 操作系统的核心体系结构设计师之一是 David Cutler，他后来领导了 Microsoft Windows NT 的开发。

Windows NT 具有扁平的 32 位内存组织，这意味着可以使用 32 位地址访问整个 32 位空间中的任何位置，而不需要程序员做额外工作来操作段寄存器。默认情况下，Windows NT 虚拟地址空间被分成两个大小相等的块：下半部分是一个 2GB 的用户地址空间，上半部分是一个 2GB 的内核空间。

下一节将详细讨论在 Intel 处理器上 32 位 Windows NT 中分页虚拟内存的实现。虽然 Windows NT 并不能完全代表其他操作系统中虚拟内存的实现方式，但通常的设计原理适用于其他环境，即使它们在实现细节上有所不同。该简介将提供有关虚拟内存概念的背景知识，而与现代体系结构（例如 64 位处理器和操作系统）有关的其他细节详见后文。

7.2.1 分页虚拟内存

在 Intel 处理器上的 32 位 Windows NT 中，内存页大小为 4KB。这意味着寻址指定页面内的位置需要 12 个地址位（$2^{12} = 4096$）。32 位虚拟地址的其余 20 位用于虚拟地址到物理地址的转换。

在 Windows NT 中，程序中的所有内存地址（在源代码中和已编译的可执行代码中）都是虚拟地址。直到程序在内存管理单元的控制下运行，程序中的内存地址才与物理地址相关连。

Windows NT 物理内存中连续的 4KB 称为一个页面。页面是 Windows 虚拟内存系统管理的最小粒度。每个页面都从 4KB 的边界开始，这意味着在任何页面基地址的低 12 位都是零。系统在页表中跟踪与页面有关的信息。

一个 Windows NT **页表**可以占用单个 4KB 的页。页表中的每个 4 字节条目都可以将程序指令使用的 32 位虚拟地址转换为访问 RAM 或 ROM 中某个位置所需的物理地址。一个 4KB 页表包含 1024 个用于页地址转换的项。单个页表管理对 4MB 地址空间的访问：每个页表包含 1024 个页面（每页 4KB）。一个进程可能有多个相关的页表，所有页表都由页表目录进行管理。

页表目录是一个 4KB 的页，其中包含一系列用于访问页表的 4 字节信息。一个页表目录可以包含 1024 个页表的信息。单个页表目录覆盖 32 位 Windows NT 的整个 4GB 地址空间（每个页表 4MB 乘以 1024 个页表）。

每个 Windows NT 进程都有自己的页表目录、页表集合和页面集合。进程页表适用于进程内的所有线程，因为进程的所有线程共享相同的地址空间和内存区域。当系统调度程序从一个进程切换到另一个进程时，使用调入进程的虚拟内存上下文替换调出进程的上下文。

Intel x86 处理器在 CR3 寄存器（也称为**页目录基址寄存器**（Page Directory Base Register，PDBR））中维护当前进程页表目录的地址。这是页表目录和页表的入口点，PDBR 使处理器能够将任何有效的虚拟地址转换为相应的物理地址。

在访问内存中的任意有效位置时，假设用于加速访问的信息尚未存储在高速缓存中，处理器先使用虚拟地址的高 10 位在页表目录中查找相关页表的物理地址。然后访问页表并使用接下来的次高 10 位地址来选择包含所请求数据的物理页。然后地址的低 12 位指定指令所请求的页面中的内存位置。

> **页面不代表物理内存中的实际划分**
> 物理内存实际上并没有被划分为页面。页结构仅仅只是系统用来跟踪将虚拟地址转换为物理内存地址的一种方法。

为了满足用户的性能需求，内存访问必须尽可能快速。在执行每一条指令时需要取得操作码和数据，必须至少进行一次虚拟地址到物理地址的转换。由于这一过程的不断重复，处理器设计者花费了大量的精力来确保虚拟地址转换过程尽可能高效地进行。

在现代处理器中，转换缓存保留了最近的虚拟内存转换过程中查找页表的结果。使用这种方法，大部分虚拟内存转换的工作可以在处理器内部完成。相比处理器需要先从页表目录中查找页表地址，然后访问页表来确定访存的物理地址的方式，这种方法快了很多。

以用户权限级别运行的应用程序无法访问虚拟地址到物理地址转换中使用的数据结构。所有与地址转换相关的活动都发生在处理器硬件和内核模式的软件进程中。

为了帮助理解虚拟内存的使用，图 7.4 展示了 Windows 如何将 32 位虚拟地址转换为物理地址。

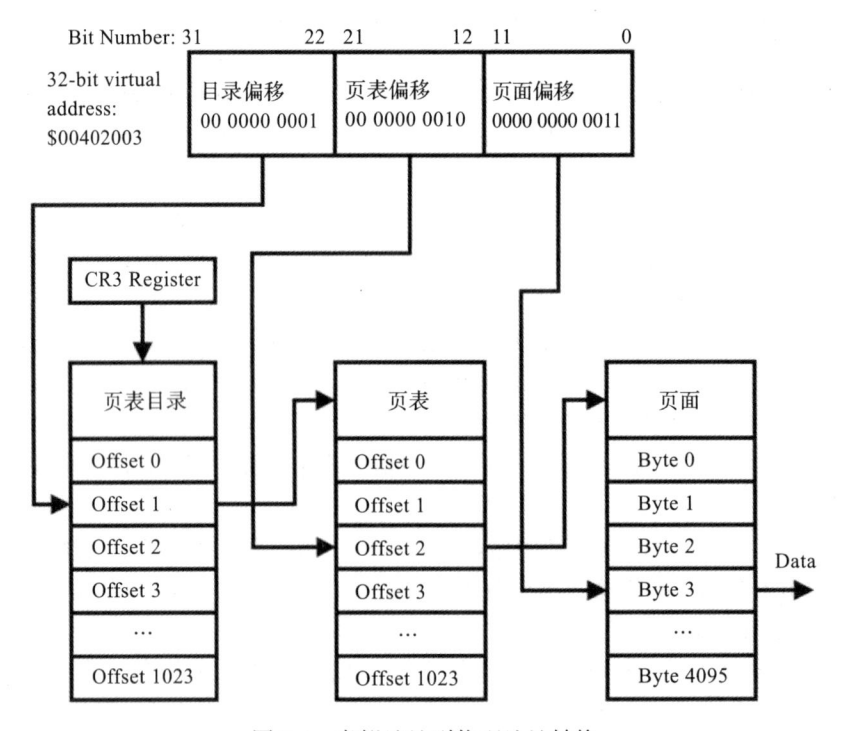

图 7.4 虚拟地址到物理地址转换

我们将逐步说明图 7.4 中的转换过程，假设处理器使用 mov al,[ebx] 指令请求存储在虚拟地址 $00402003 处的 8 位数据值，其中 ebx 事先已经加载了数值 $00402003。假定此地址的转换信息尚未存储在处理器转换缓存中，并且该页驻留在内存中。以下流程描述了转换的过程：

1. 处理器试图执行 `mov al,[ebx]` 指令，因为无法立即将 `ebx` 寄存器中的虚拟地址转换为物理地址，所以该指令无法完成。这会引起页面故障㊀，将控制权转移到操作系统，以便解决地址转换问题。
2. 请求的虚拟地址被右移 22 位，保留 10 位目录偏移量，本例中的值为 1。
3. 目录偏移量左移 2 位（因为页目录中的每一项是 4 个字节），将移位结果与处理器寄存器 CR3（PDBR）的内容相加，结果是包含相关页表基地址的页表目录项的地址。
4. 请求的虚拟地址被右移 12 位，并只保留 10 位页表偏移量，在本例中其值为 2。
5. 页表偏移量左移 2 位（因为该表中的每一项也是 4 个字节），并将移位结果与步骤 3 中所得的页表基地址相加，访问所得的地址读取的 32 位数据是包含所请求数据的页面的物理地址。
6. 处理器将该转换过程中虚拟页面和物理页面的对应关系存入转换缓存中，用于直接将虚拟地址的高 20 位转换为页面地址相应的高 20 位。
7. 使用高速缓存完成虚拟地址到物理地址的转换，将请求的数据字节成功移动到 al 寄存器中，完成指令的执行。在本例中值为 3 的虚拟地址低 12 位（页面偏移量）与在步骤 5 中计算的页面地址相加得到最终的物理地址，从而访问请求的字节。

完成这些步骤后，请求的页面转换在处理器转换缓存中仍可用。对同一虚拟地址或同一页面中其他位置的后续请求将立即执行，直到稍后执行的代码覆盖此页面的缓存项为止。

前面步骤中描述的页面故障㊁过程是一个**软故障**，它为处理器已经可以访问但不在转换缓存中的页面设置了虚拟地址到物理地址的转换。

访问已交换到二级存储器的页面时发生的是**硬故障**。处理硬故障需要几个额外的步骤，包括在内存中分配页面来存放请求的页面、从二级存储器请求页面以及使用页的物理地址更新页表。由于硬故障涉及磁盘传输，因此这种类型的故障对应用程序性能的影响非常大。

虚-实地址转换过程将虚拟地址的高 20 位转换为物理地址的相应 20 位。每个页表项中剩余的 12 位用来存储页面的状态和配置信息。这些位的使用将在下一节中介绍。

7.2.2 页面状态位

表 7.1 描述了 32 位 Windows NT 页表项中的 12 个状态位。

表 7.1 页面状态位

位	名字	描述
0	有效位	1 表示该页表项可用于地址转换。如果位为 0，其余位可能具有不同的含义，由操作系统定义。在假设有效位为 1 的情况下，下面给出其余各位的描述
1	写入	1 表示该页可写入。0 表示该页只读
2	所有者	1 表示该页是用户模式。0 表示该页是内核模式
3	写直达	1 表示将页面的更改立即刷新到磁盘。0 表示页面更改保留到 RAM

㊀ 这里使用"故障"一词并不意味着发生了某种错误。页面错误是应用程序执行的一个常规部分，但译者认为这里不会发生"页面故障"，因为在 x86 处理器中，当页表项缓存信息不存在时，CPU 硬件完成页表目录及页表的访问，不需要将控制权交给操作系统。——译者注

㊁ 这里应没有页面故障发生，原文表述有误。——译者注

（续）

位	名字	描述
4	禁用缓存	1 表示该页不可被缓存。0 表示可以被缓存
5	已访问	1 表示已经对该页进行过读或写操作。0 表示还未对该页进行任何方式访问
6	脏位	1 表示该页已经被写入过。0 表示还没有进行过写入操作
7	保留位	未使用
8	全局	1 表示该转换适用于所有进程。0 表示该项只适用于一个进程
9	保留位	未使用
10	保留位	未使用
11	保留位	未使用

处理器使用页面状态位来维护状态信息，并控制系统和用户进程对每个页面的访问。所有者位标识一个页面为内核或用户所有。用户进程不能读写内核模式的任何页面。任何试图向标记为只读的页（页的写入位为 0）写入都会导致访问冲突异常。

系统使用页面状态位来尽可能高效地管理内存。如果已访问位为 0，则该页已被分配但从未使用过。当系统需要释放物理内存时，从未被访问过的页面是主要的换出对象，因为从内存中换出它们时不需要保存它们的内容。同样，如果一个页面的脏位为 0，那么自从它进入内存后，它的内容就没有被修改过。内存管理器可以换出脏位为 0 的页面，再次需要该页面时，可以从其源位置（通常是磁盘文件）重新加载它来准确地进行恢复。

设置了脏位的页在从内存中换出时需要在交换文件中存储。当一个页面移动到交换文件时，页表项将以与表 7.1 不同的格式更新，以表明它不能进行转换（有效位为 0），并将其位置存储在交换文件中。

有效页表项的格式由处理器体系结构定义，在本例中是 Intel x86 系列处理器的定义。

处理器硬件直接访问页表项来执行虚拟地址到物理地址的转换，并在处理器全速运行时进行页保护。

除了管理每个进程使用的内存外，系统还必须跟踪计算机中的所有 RAM 和 ROM 页面，无论页面是否正在被进程使用。系统在名为**内存池**的列表中维护这些信息，如下所述。

7.2.3 内存池

Windows NT 将内存池分为两种类型：非分页池和分页池。

- **非分页池**：非分页池包含始终驻留在内存中的所有页面。出于系统性能的原因，中断服务例程、设备驱动程序和内存管理器本身的代码必须始终保持可被处理器直接访问，只有内存管理器常驻内存，系统才能正常工作。非分页虚拟地址位于进程虚拟地址空间的系统部分。
- **分页池**：分页池包含可以根据需要临时交换出物理内存的虚拟内存页。

系统使用**页面号**（Page Frame Number，PFN）来跟踪物理内存中每个页面的状态。PFN 是页面物理基址的高 20 位。根据当前和以往的使用情况，每个页面可以处于几种状态之一。下面是一些关键的页面状态：

- **活动**（Active）：页面是系统或用户进程工作集的一部分。**工作集**是当前存在于物理内存中的进程的虚拟地址空间的一部分。

- 备用（Standby）：备用页已从进程工作集中移出，并且尚未被修改。
- 已修改（Modified）：已从进程工作集中移出并已被修改的页。这些页必须先写入磁盘，然后才能重新使用它们的页面。
- 空闲（Free）：空闲页未使用，但仍包含其在工作集中最后拥有者的数据。出于安全原因，只有在数据内容被零覆盖之后，用户进程才能使用这些页面。
- 归零（Zeroed）：归零的页面是可用的，并且已被零覆盖。这些页可供用户进程分配。
- 坏（Bad）：坏页在处理器访问期间引起硬件错误。坏页在 PFN 数据中被跟踪，操作系统不会使用它们。

当系统服务和应用程序启动、运行和关闭时，页面在系统控制下进行状态之间的转换。在 Windows NT 中，系统任务在空闲期间运行，并通过用零覆盖空闲页来将空闲页转换为零页。

本节讨论的重点是 Windows NT 下的 x86 处理器体系结构中虚拟内存的实现。其他处理器体系结构和操作系统使用类似的概念实现虚拟内存。

控制内存分配、地址转换和保护功能的处理器部件称为内存管理单元。下一节将内存管理单元作为一个通用的计算机系统部件进行研究。

7.3 内存管理单元

支持分页虚拟内存的处理器体系结构要么在处理器内部实现**内存管理单元**（Memory Management Unit，MMU）功能，要么（尤其是在早期的设计中）将 MMU 作为一个单独的集成电路来实现。在 MMU 中，处理器的虚拟地址空间被划分为页面大小的分配单元。

页面可以是"固定大小"（如 Windows NT 示例中所示），也可以有多种大小。包括下一代 x86 处理器在内的现代处理器通常支持两种页面大小，一种是小页面，一种是大页面。小页面通常只有几 KB，而大页面可能有几 MB。对大页面的支持避免了在处理大数据对象时分配大量小页面所带来的效率低下问题。

之前讨论过，MMU 通常包含一个高速缓存，通过避免在每次内存访问期间遍历页表目录和执行页表查找来提高内存访问速度。虽然使用高速缓存来提升性能是第 8 章中的一个主题，但本章将在这里介绍虚拟地址到物理地址转换缓存，因为这是大多数 MMU 设计的核心功能。

MMU 中存储以前使用的虚拟地址到物理地址转换关系的缓存构件称为**转换后援缓冲器**（Translation Lookaside Buffer，TLB，也称为"快表"）。理论上，每次访存操作首先在页表目录中查找页表，然后访问页表查找物理页面，为了加速该访问过程，TLB 将虚拟地址和查询产生的页面之间的转换存储在称为**联想存储器**（associative memory）的硬件结构中。

每次处理器需要访问物理内存的时候（在一条指令的执行过程中可能多次发生），它首先检查 TLB 的联想存储器，以确定转换信息是否驻留在 TLB 中。如果在的话，指令会立即使用 TLB 中存储的信息来访问物理内存。如果 TLB 不包含所请求的转换，则发生 TLB 缺失，处理器必须遍历页表目录和页表以确定转换的地址，前提是引用的页还驻留在内存中。

图 7.5 显示了 TLB 的操作。

每次访问内存时，处理器都会提取虚拟地址的高 20 位来标识虚拟页号。在本例中页号是 $10000，用于在 TLB 中搜索匹配的项。TLB 硬件将请求的虚拟页号与 TLB 中驻留的所有虚拟页号同时进行比较。如果找到匹配项，则会立即提供相应的物理页面号，以供访问物理内存时使用。

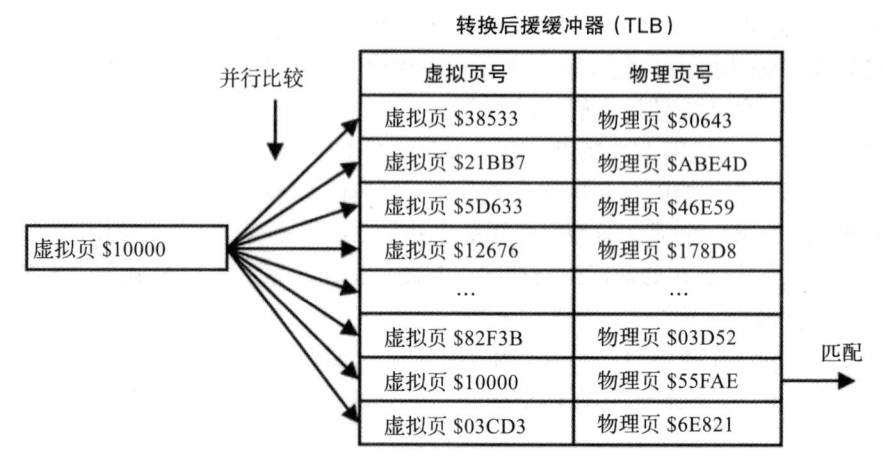

	转换后援缓冲器（TLB）	
	虚拟页号	物理页号
	虚拟页 $38533	物理页 $50643
	虚拟页 $21BB7	物理页 $ABE4D
	虚拟页 $5D633	物理页 $46E59
	虚拟页 $12676	物理页 $178D8
	...	...
	虚拟页 $82F3B	物理页 $03D52
	虚拟页 $10000	物理页 $55FAE
	虚拟页 $03CD3	物理页 $6E821

并行比较；虚拟页 $10000；匹配

图 7.5　TLB 的操作

TLB 包含有限数量的项，通常为 64 个或更少。处理器必须管理保留哪些 TLB 项，以及在处理不同内存位置的地址请求时丢弃哪些 TLB 项。当 TLB 已满时，MMU 决定现有 TLB 项中的哪一个被新信息覆盖。MMU 可以随机选择一个 TLB 项来替换，或者根据历史信息来替换最近最长时间内未被使用的 TLB 项。

除了执行虚拟地址到物理地址转换之外，MMU 通常还执行以下功能：

- **将虚拟内存分为内核空间和用户空间**：内核空间保留给操作系统和相关构件（如设备驱动程序）使用。用户空间可供应用程序使用，也可用于用户启动的其他操作，例如，处理输入到命令提示符窗口中的命令。用户级代码不能直接访问系统内存，而必须调用系统函数来请求内存分配等服务。
- **进程内存的隔离**：每个进程都有自己的地址空间，这是允许它访问的唯一内存。除非在进程之间设置系统授权的内存共享区域，否则每个进程都禁止访问另一个进程正在使用的内存。一个进程不能错误地或有意地修改另一个进程专用的内存。
- **页级访问限制**：除了保护系统页不被用户访问和保护进程专用页不被其他进程访问之外，进程还可以对其拥有的各个页设置保护。页可以标记为只读，从而禁止修改其内容。在某些体系结构中，标记为不可访问（no-access）的页禁止读取和写入。包含可执行代码的页面可以标记为只读，以防止无意或有意修改内存中的指令。
- **软件问题的检测**：在某些编程语言（特别是 C 语言）中，很常见的一个问题是尝试使用包含无效地址的指针（指针是一个变量，其中包含另一个变量的地址）。在这种情况下，最常见的无效地址是 0，因为变量经常初始化为 0。这个问题很常见，因此系统对它的响应有自己的名称：**空指针异常**。当 C 语言程序试图访问不在程序有效虚拟地址范围内的内存位置（如地址 $00000000）时，MMU 会触发一个异常，除非由程序处理，否则通常会导致程序崩溃，并将错误消息打印到控制台窗口。在没有虚拟内存的系统中，访问错误位置可能是在没有报告任何错误信息的情况下对指定的地址进行读写操作，从而导致应用程序或整个系统的错误操作。如果没有立即发现问题，那么在没有 MMU 的系统中，这样的 bug 极难修复。

运行 Linux、Windows 和大多数智能设备操作系统的现代处理器通常要求其主机系统使用虚拟内存管理，并提供页面保护机制。

执行操作飞机控制器或管理汽车安全气囊操作等高安全任务的实时嵌入式处理器可能支

持（也可能不支持）MMU 的完整功能集。在实时系统中使用虚拟内存的一个缺点是，由于需要处理软故障和（如果实现了页面交换）硬故障，会导致可变时间延迟。在许多实时系统中必须严格控制执行时间，因此它们的设计者不使用虚拟内存。这样的系统不包含 MMU，但它们通常会实现 MMU 提供的许多其他功能，例如，系统内存的硬件保护和 RAM 区域的访问控制。

7.4 总结

本章研究了现代处理器体系结构的主要类别，包括冯·诺伊曼体系结构、哈佛体系结构和改进型哈佛体系结构，以及它们在不同计算领域的应用。同时还研究了分页虚拟内存的概念，包括运行于 x86 处理器上的 Windows NT 中实现分页虚拟内存的一些细节。

本章讨论了内存管理单元的一般结构，重点讨论了 TLB 作为虚拟到物理转换性能优化技术的应用。

下一章将进一步研究广泛使用的处理器加速方法，包括高速缓存、指令流水线和指令并行。

7.5 习题

1. 一个 16 位嵌入式处理器有独立的代码存储区和数据存储区，代码存储在闪存中，可修改的数据存储在 RAM 中。一些数据的值（比如 RAM 数据项中的常量和初始值）与程序指令存储在同一个闪存区域中。RAM 和 ROM 在同一个地址空间中。本章讨论的哪种处理器体系结构最适合该处理器？
2. 习题 1 中的处理器能够防止修改程序指令内存区域来实现代码安全性。处理器使用物理地址访问指令和数据。这个处理器包含内存管理单元（MMU）吗？
3. 大型数据结构中顺序元素的访问顺序可能会对处理速度产生明显的影响，例如 TLB 项的重用。顺序访问数组中间隔较远的元素（也就是与先前访问的元素不在同一页面中的元素）会导致 TLB 条目被频繁地换入换出。

    编写一个程序，创建一个容量巨大的二维数组，例如 10000 行乘 10000 列。按列优先对数组进行迭代，将每个元素赋值为其行索引和列索引之和。列优先表示列索引增量变化最快。换句话说，列索引在内循环中递增。

    精确计算此过程所需的时间。需要注意的是，如果以后不使用数组产生的结果，则可能需要采取多个步骤确保编程语言不会优化整个计算[○]。在计算完成时，可以打印其中一个数组值，或者执行其他一些操作，如对所有数组元素求和并打印结果。

    重复这个过程，包括计时，正如前面所解释的那样，只是将内部循环更改为迭代行索引，将外部循环更改为根据列索引进行迭代，从而访问行优先序列。

    因为通用计算机在运行代码时执行许多其他任务，所以需要多次执行这两个过程才能得到有效的结果。可以先从运行这个实验 10 次开始，然后求列优先和行优先的平均访问时间。

    你能得出一个最好的阵列访问方法吗？在选定语言的系统上哪个顺序最快？注意列优先和行优先访问之间的差异可能不会太大，或许只有百分之几。

○ 如果在完成计算之后直到程序结束，计算的结果没有被使用，则编译器有可能会将计算的过程优化掉。——译者注

第 8 章

Modern Computer Architecture and Organization, Second Edition

性能提升技术

根据前面讨论的处理器和内存体系结构的基本内容，我们能够设计出一个完整且实用的计算机系统。然而，如果不提高指令执行速度，与大多数现代处理器相比，这种系统的性能将很差。

我们通常在处理器和系统设计中采用几种性能提升技术，使实际计算机系统达到最高执行速度。这些技术不会改变处理器在程序执行和数据处理方面的功能，只是加速这一过程。

通过学习本章，读者将了解多级缓存在计算机体系结构中的意义，以及与指令流水线相关的优势和挑战。还将了解同时多线程处理带来的性能改进，以及单指令多数据处理的目标和应用。

本章包含以下主题：
- 高速缓存
- 指令流水线
- 同时多线程
- SIMD 处理

8.1 高速缓存

高速缓存是一个高速存储区域，用来存放以备未来使用的程序指令或数据。通常，这些指令和数据是最近从内存中访问过的指令或数据，并很有可能在短时间内会被再次访问。

高速缓存的主要目的是提高重复访问同一内存位置或邻近内存位置的速度。为了达到效果，访问高速缓存中的数据必须比访问原始源数据（称为**后备存储**）快得多。

当使用高速缓存时，每次内存访问都会从搜索高速缓存开始。如果数据在缓存中，处理器会立即获取数据并进行使用，这称为**高速缓存命中**（cache hit）。如果高速缓存搜索不成功（**高速缓存未命中**，cache miss），则必须从后备存储中取回数据。在取回请求数据的过程中，将副本添加到高速缓存中，以备未来使用。

高速缓存在计算机系统中有多种用途。下面是一些高速缓存的应用示例：

- **快表**（Translation Lookaside Buffer，TLB）：如第 7 章中所述，快表是支持分页虚拟内存的一种缓存形式。TLB 包含一个虚拟地址到物理地址的转换集合，这些地址转换信息可以加快访问物理内存页。当指令执行时，每次主存访问都需要进行虚拟地址到物理地址的转换。与 TLB 未命中后的页表查找过程相比，TLB 命中会使指令执行速度更快。TLB 是 MMU 的一部分，与本节后面讨论的各种处理器高速缓存没有直接关系。

- **磁盘驱动缓存**：读写磁盘要比访问 DRAM 器件慢几个数量级。磁盘驱动器通常采用高速缓存来存储读操作的输出，并临时保存数据以备写入。驱动器控制器通常将比原始请求数量更多的数据读入内部高速缓存，以备读取与原始请求相邻的数据。如果事实证明这是正确的假设（通常是这样），则驱动器将通过缓存来立即满足第二个请求，而不会引入与访问磁盘相关的延迟。
- **Web 浏览器缓存**：Web 浏览器通常将最近访问过的网页的副本存储在内存中，以应对用户单击"后退"按钮返回到以前浏览过的页面。发生这种情况时，浏览器可以从本地缓存中获取部分或全部页面内容，并立即重新显示页面，而无须访问远程 Web 服务器来再次获取相同的信息。
- **处理器指令和数据缓存**：接下来各节将详细介绍处理器的缓存结构。与访问 DRAM 模块时产生的延迟相比，这些缓存的目的是提高对指令和数据的访问速度。

因为操作系统和应用程序执行的很多算法都显示出访问的局部性，所以高速缓存提高了计算机性能。访问的局部性是指重用最近访问过的数据（称为**时间局部性**），以及访问与以前访问过的数据在物理上临近的数据（称为**空间局部性**）。

以 TLB 的结构为例，通过在最初访问特定页面之后，将该虚拟地址 – 物理地址转换信息在 TLB 中存储一段时间来利用时间局部性。在随后的指令中，对同一页面的任何访问都可以快速进行虚拟地址 – 物理地址转换，直到该页面的虚拟地址 – 物理地址转换信息被其他页面的相关信息替换为止。

TLB 通过使用单个 TLB 条目项引用整个页面来利用空间局部性。后续对同一页面上不同地址的任何访问都将受益于首次访问该页面时产生的 TLB 项。

一般来说，与后备存储器相比，高速缓存容量较小。设计高速缓存是为了获得最高速度，这通常意味着它们比后备存储中使用的数据存储技术更复杂，且每位的成本更高。由于其容量有限，高速缓存设备往往会快速填充。当高速缓存没有可用的位置来存储新数据时，必须丢弃旧数据。高速缓存控制器使用**缓存替换策略**来选择哪个缓存项将被新数据覆盖。

处理器高速缓存的目标是提升高速缓存的命中率，从而提供最高的指令执行率。为了实现这个目标，缓存逻辑必须确定哪些指令和数据将被放入缓存中并保留以备未来使用。

一般而言，处理器的缓存逻辑并不能保证缓存的数据项一旦被插入缓存后会再次被使用。

缓存逻辑依赖于这样一种可能性：由于时间局部性和空间局部性，缓存的数据很有可能在不久的将来被访问。在现代处理器的实际实现中，内存访问中高速缓存命中率通常为 95%~97%。高速缓存延迟比 DRAM 低，与无缓存设计相比，高缓存命中率可显著提高性能。

接下来几节讨论现代处理器的多级缓存技术以及常用的一些缓存替换策略。

8.1.1 多级处理器缓存

自从出现 PC 以来，处理器的指令处理速度大幅提高。现代 Intel 和 AMD 处理器的内部时钟比第一台 IBM 计算机中使用的 8088 处理器快近 1000 倍。相比之下，DRAM 的速度提升要慢得多。考虑到这两种趋势，如果现代处理器直接访问 DRAM 以获取其所有指令和数据，那么将花费大量时间等待 DRAM 对每一条指令和数据请求做出响应。

为了通过数据更加直观地对本主题进行讨论，考虑一种现代处理器，能够在 1ns 内从处理器寄存器中访问 32 位数据。从 DRAM 中访问相同的数据可能需要 100ns。如果每条指令都需要对内存进行一次访问，并且每条指令的执行时间都由内存访问时间决定，那么对同一个算法的实现而言，从寄存器获取数据比从内存获取数据快 100 倍。

现在，假设向系统添加了一个访问时间为 4ns 的缓存。通过利用缓存，算法中每条指令在第一次访问 DRAM 中给定地址时的延迟为 100ns，但随后对相同地址和邻近地址的访问将以 4ns 的缓存速度进行。虽然访问高速缓存的时长是访问寄存器的 4 倍，但比访问 DRAM 快 25 倍。这个例子表明，在现代处理器中，有效地使用缓存可以加快执行程度。

高性能处理器通常采用多级缓存以达到最高的指令执行率。处理器缓存硬件在大小和性能方面受到半导体技术经济性的限制。在达到最终用户可接受的价格点的同时，选择处理器缓存类型和大小的最佳组合是处理器设计者的一个关键目标。

常用作主存储器和处理器内部存储器的两类 RAM 电路是动态 RAM（DRAM）和静态 RAM（SRAM）。DRAM 价格低廉，但访问速度相对较慢，这主要是由于在读写操作期间，位单元电容器的充放电需要一定的时间。

SRAM 比 DRAM 快得多，但价格昂贵，因此在性能至关重要的应用程序中，只能使用少量的 SRAM。DRAM 设计针对密度进行了优化，从而使单个 DRAM 集成电路中存储的位数达到最大。SRAM 设计针对速度进行了优化，最大限度地减少了读写时间。处理器缓存通常使用 SRAM 实现。

8.1.2 静态 RAM

尽管电路更加复杂，但 SRAM 的访问速度比 DRAM 快得多。与能够存储等量数据的 DRAM 单元相比，SRAM 位单元在集成电路芯片上所占的空间要大得多。正如第 4 章所述，单个 DRAM 位单元仅由一个 MOSFET 晶体管和一个电容器组成。

一个 SRAM 位单元的标准电路包含 6 个 MOSFET 晶体管。其中 4 个晶体管用来形成 2 个非门。这些门基于图 4.3 所示的 CMOS 电路。该电路基于 MOSFET 器件部分，这些门在图 8.1 中标记为 G_1 和 G_2。

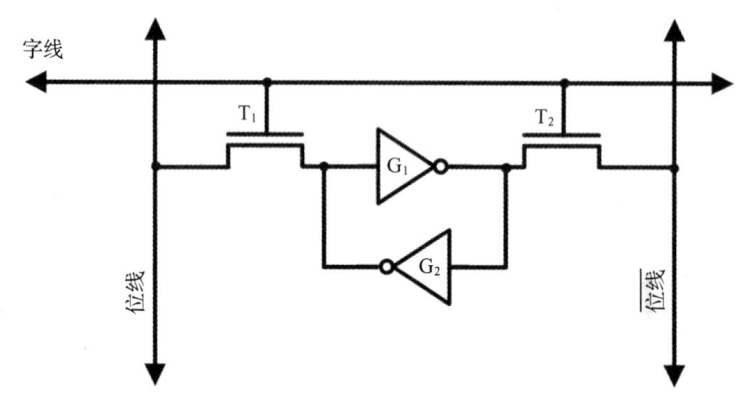

图 8.1　SRAM 电路图

每一个非门的输出连接到另一个非门的输入，形成一个触发器。字线（wordline）在大多数时间处于低电平，使得晶体管开关 T_1 和 T_2 处于关闭状态，从而隔离这对非门。当字线为低电平时，只要加电，非门就会保持在两种状态之一：

- 存储位是 0：G_1 的输入为低电平，输出为高电平。
- 存储位是 1：G_1 的输入为高电平，输出为低电平。

晶体管（T_1 和 T_2）作为开关将位线（bitline）连接到单元以进行读、写操作。与 DRAM 一样，将字线驱动为高电平可以通过将每个晶体管两端的电阻降低到非常小从而访问该存储单元。为了读取单元内容，读出电路测量位线和$\overline{位线}$（上划线表示非操作）对之间的电压。两个位线信号总是相反，形成一个有差异的位线对。通过测量两个信号之间的电压差的符号可以确定单元存储的是 0 还是 1。

向位单元写入数据时，字线被驱动为高电平，并且位线和$\overline{位线}$的信号电平与要写入的所需值（0 或 1）的电平相反。将数据写入位线的晶体管必须具有比位单元非门晶体管更大的驱动能力，这样就可以将所需的值写入单元，即使触发器状态必须被强制改变以便切换到要写入的状态。

与 DRAM 类似，SRAM 存储体组织成矩形阵列。字线允许访问一行中的所有 SRAM 位单元。位线连接到位单元阵列中的所有列。

需要注意的是，与 DRAM 不同，SRAM 不需要定期刷新来保留其数据内容，这就是为什么它被称为静态 RAM。

下一节，我们将介绍如何使用 SRAM 构建处理器的一级缓存。

8.1.3 一级缓存

在多级缓存体系结构中，缓存级别从 1 开始编号。一级缓存（也称为 **L1 缓存**）是处理器从内存请求指令或数据项时搜索的第一个缓存。因为是缓存搜索中的第一站，所以一级缓存通常使用最快的 SRAM 技术构建，并且物理位置尽可能靠近处理器的逻辑电路。

对速度的强调使一级缓存成本高且功耗大，这意味着其容量必须相对较小，特别是在成本敏感的应用中。即使它的容量很小，与不使用缓存的同等处理器相比，一个一级高速缓存也能够带来显著的性能提升。

处理器（或 MMU，如果存在的话）在 DRAM 和缓存之间以固定大小的数据块（称为**缓存行**）传输数据。使用 DDR DRAM 模块的计算机通常使用 64 字节的缓存行。所有缓存中通常使用相同大小的缓存行。

现代处理器经常将一级缓存分成两个大小相等的部分，一部分用于指令，另一部分用于数据。该配置称为**独立缓存**。一级指令缓存称为 **L1 I-cache**，一级数据缓存称为 **L1 D-cache**。处理器使用独立的总线分别访问每个缓存，从而实现了哈佛体系结构的一个重要特征。假设两个一级缓存都命中，通过并行访问指令缓存和数据缓存可以加快指令执行速度。

现代处理器采用多种策略来组织缓存阵列并控制其操作。最简单的缓存配置是直接映射，见 8.1.4 节。

8.1.4 直接映射缓存

直接映射缓存是将一块存储阵列组织成以**缓存组**（cache set）为元素的一维数组，主存中的每个地址都映射到缓存的一个组中。每个缓存组包含以下内容（在直接映射缓存中，缓存组、缓存块、缓存行可以认为是同一个概念）：

- 一个缓存行，其中包含从主存读取的数据块。
- 一个标识值，指明缓存数据在主存中相应的位置。
- 一个有效位，指明缓存组中是否包含有效数据。

本示例是一个只读的指令缓存，后面将介绍可读写的数据缓存。

有时缓存中没有任何数据，比如处理器刚启动时。每个缓存块的有效位最开始被清除来表示该缓存块中没有数据。当有效位被清除时，该块将不可使用。一旦数据加载到缓存块中，硬件将对有效位进行置位。

以使用512字节的小型一级指令缓存为例，因为这是一个只读指令缓存，所以它不需要支持对内存的写操作。缓存块大小为64字节，将512字节按64字节分成8个缓存组。64个字节也就是2^6个字节，这意味着使用内存地址的低6位来选中缓存组内的位置。需要内存地址的另外3位来决定8个缓存组的位置。

图8.2显示了将32位物理内存地址划分为标识、组号和字节偏移的过程。

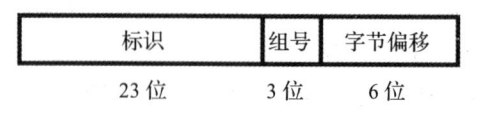

标识	组号	字节偏移
23位	3位	6位

图8.2 一个32位物理内存地址的组成

处理器每次从DRAM读取一条指令（当指令不在缓存中时必须这样做）时，内存管理单元（MMU）就会读取内存地址对应的64字节存储块，并将其存储在由图8.2的3位缓存组号确定的一级指令缓存组中。地址的高23位存储在缓存组的标识位中，如果有效位尚未置位，则对有效位进行置位。

当处理器读取每条后续指令时，控制单元用指令地址中的3位组号来选择一个缓存组进行比较。硬件将执行指令地址的高23位与存储在选定缓存组的标识值进行比较。如果二者匹配，则缓存命中，接着处理器从缓存组中读取指令。如果缓存未命中，MMU将从DRAM读取相应的数据块并放入缓存组中（覆盖该缓存组中的内容），并向控制单元提供要执行的指令。

图8.3显示了512字节缓存的组织结构及其与32位指令地址中的3个字段的关系。

32位物理地址

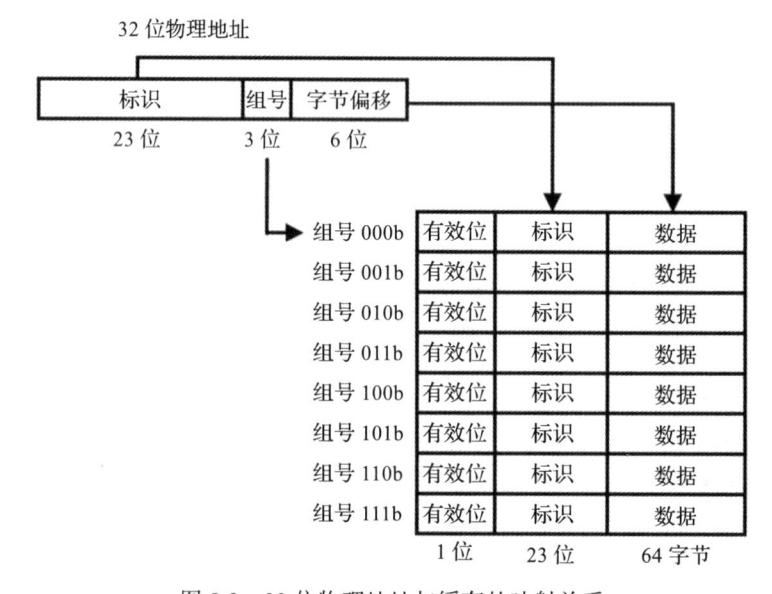

标识	组号	字节偏移
23位	3位	6位

	有效位	标识	数据
组号 000b	有效位	标识	数据
组号 001b	有效位	标识	数据
组号 010b	有效位	标识	数据
组号 011b	有效位	标识	数据
组号 100b	有效位	标识	数据
组号 101b	有效位	标识	数据
组号 110b	有效位	标识	数据
组号 111b	有效位	标识	数据
	1位	23位	64字节

图8.3 32位物理地址与缓存的映射关系

为了说明直接映射缓存可以实现高命中率的原因，可以假设运行的程序包含一个从物理内存地址8000h开始的循环（为了简单起见，忽略32位地址的高16位），该循环包括256字节的代码。循环从256字节的开始到结束依次执行指令，然后执行分支指令返回循环的顶部，开始执行下一轮循环。

地址 8000h 的组号字段为 000b，所以如图 8.3 所示，该地址映射到第一个缓存块。在第一轮循环的过程中，MMU 在 DRAM 中找到组号 000b 对应的 64 字节，并将其存储在第一个缓存块中。当执行存储在同一个 64 字节块中的其他指令时，这些指令都直接从缓存中读取。

当执行到第二个 64 字节时，需要从 DRAM 再次读取。当本轮循环结束时，000b 到 011b 的块将被循环里的 256 字节代码填充。对于余下的循环，假设线程运行时不出现中断，处理器将达到 100% 的缓存命中率，从而实现最大的指令执行速度。

相反，如果循环中的指令占用大量内存，则缓存的优势将降低。假设循环的指令占用 1024 个字节，是缓存大小的两倍。循环按自上而下的顺序执行。当指令地址到达循环的中点时，缓存已经被前 512 个字节的指令完全填满。在超过中点的下一个缓存行的开头，地址将是 8000h 加 512，即 8200h。8200h 与 8000h 具有相同的组号，这会导致地址 8000h 的缓存行被地址为 8200h 的缓存行覆盖。在执行循环代码的后半部分时，每个缓存行都将被覆盖。

即使所有的缓存区域在每轮循环中都被覆盖，缓存结构仍然有明显的优势，因为该 64 字节的行从 DRAM 中读取之后就会保留在缓存中，可供指令执行使用。缺点是缓存未命中的概率增加了。这意味着更大的开销，因为从 DRAM 访问一条指令的时长可能是从一级指令高速缓存访问同一条指令时长的 25 倍。

> **缓存中的虚拟地址标识和物理地址标识**
>
> 本节中的示例假设高速缓存使用物理内存地址来标记缓存块。这意味着缓存查找中使用的地址是分页虚拟内存系统中虚拟地址转换后的物理地址。到底是使用虚拟地址还是物理地址来查找缓存取决于处理器设计者的选择。
>
> 在现代处理器的缓存中，在一级或多级缓存中使用虚拟地址标识，而在其余缓存中使用物理地址标识并不少见，因为在缓存访问时不需要进行虚拟地址到物理地址的转换，所以使用虚拟地址标识的一个优点是速度快。虚拟地址到物理地址的转换需要 TLB 查找，并且可能在 TLB 未命中的情况下进行页表访问。但是使用虚拟地址标识会引入其他问题，例如，当同一虚拟地址指向不同的物理地址时会产生**别名问题**。这需要在设计缓存系统时进行权衡。

通过假设指令从循环的顶部到底部顺序执行简化了本示例。而在实际代码中，经常会调用程序内存不同区域中的函数和系统提供的库。

除此之外，其他系统活动（如中断处理和线程切换）也经常会覆盖缓存中的信息，从而增加缓存未命中的概率。主程序的执行顺序每次改变之后，必须执行额外的 DRAM 访问来重新加载缓存，这会导致缓存覆盖，从而影响应用程序的性能。

一个减少非顺序代码影响的方法是设置多个并行运行的缓存，这被称为组相联缓存，下面进行讨论。

8.1.5 组相联缓存

在两路组相联（高速）缓存中，存储阵列被分成两个大小相等的缓存区域，二者的缓存项数都是直接映射缓存的一半。硬件每次访问内存时都会并行地查询这两个缓存区域，任何一个都可能命中。图 8.4 比较了 32 位地址标记与两个一级指令缓存包含的标记。

标识	组号	字节偏移
24 位	2 位	6 位

32 位物理地址

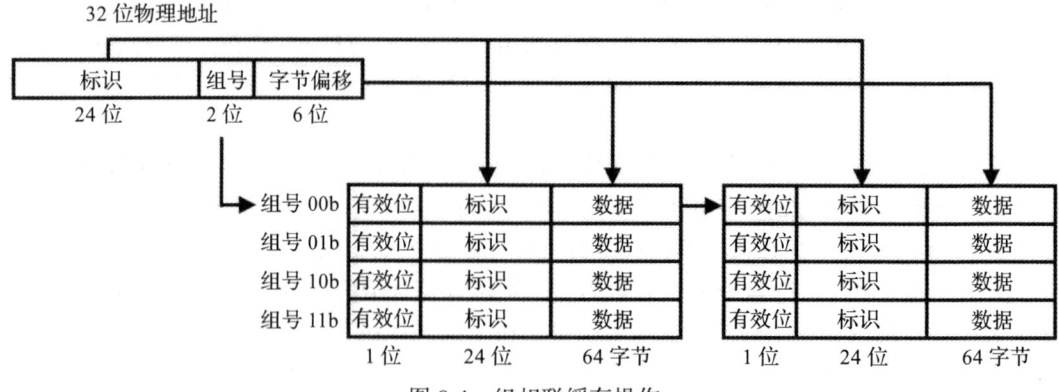

	有效位	标识	数据	有效位	标识	数据
组号 00b						
组号 01b						
组号 10b						
组号 11b						
	1 位	24 位	64 字节	1 位	24 位	64 字节

图 8.4 组相联缓存操作

此处的缓存块与图 8.3 的缓存块大小相同（64 字节），但每个缓存区域的缓存块数只有原来的一半。缓存的大小与前面的示例一样：每块 64 字节乘以 4 行乘以 2 个缓存区域等于 512 字节。因为每个区域一共 4 块，所以物理地址的组号字段减少到 2 位，标识字段增加到 24 位。每组都由两个缓存块组成。

当缓存未命中时，内存管理逻辑必须从两个缓存表项（即缓存的两个区域）中选择一个，作为从 DRAM 中取回的数据的目标缓存块。一种常见的方法是跟踪两个表中哪个相关的缓存块未被访问的时间最长，然后覆盖该缓存块。这一替换策略称为**最近最少使用**（Least-Recently Used，LRU），需要硬件支持来确定哪个缓存块处于空闲状态的时间最长。LRU 策略受到了时间局部性的启发，即在长时间内未被访问的数据在近期内不太可能再次被访问。

在两个表之间进行选择的另一个方法是，在连续插入某个缓存组时，插入的目标块在该组的两个块之间来回切换。此替换策略在硬件上比 LRU 实现起来更简单，但是任意选择要被替换的缓存块使其无效可能会影响性能。缓存替换策略的选择是在增加硬件复杂性与提高性能之间的权衡。

在两路组相联高速缓存中，假设两个缓存块都有效，则来自不同物理位置且具有组号字段的两个缓存块同时存在。同时，与总大小相同的直接映射缓存相比，每个两路组相联高速缓存的组数只有直接映射缓存的一半。这是另一种缓存设计时进行的权衡：与直接映射缓存相比，两路组相联高速缓存中组号数的值减少了，但是可以同时缓存多个具有相同组号字段的缓存块。

能够提供最佳系统整体性能的缓存配置模式取决于系统中程序的访存特征。

组相联高速缓存包含的缓存区域可以不止 2 个。现代处理器通常有 4 个、8 个或 16 个并行访问的缓存区域，分别称为 4 路、8 路或 16 路组相联高速缓存。这些缓存称为组相联高速缓存是因为地址的标识字段同时与所有缓存块相联。直接映射缓存实现了一路组相联高速缓存。

与直接映射缓存相比，多路组相联高速缓存的优势在于它往往具有更高的缓存命中率，从而在大多数实际应用中提供比直接映射缓存更好的系统性能。如果多路组相联高速缓存提供比一路直接映射缓存更好的性能，为什么不进一步增加相联的缓存块呢？因为增加到极限就成为全相联高速缓存。

8.1.6 全相联缓存

假定缓存中的块数是 2 的次方,重复将整个内存划分为更多较小的并行缓存区域,直到每个缓存区域仅包含一个缓存块为止,就会得到一个**全相联(高速)缓存**。

在示例的 512 字节缓存中,每个缓存块有 64 个字节,这是 8 个并行的缓存区域,每个缓存区域只有一块。

在全相联高速缓存中,每次访问内存都会同时与所有缓存块的标识字段进行比较。虽然在电路复杂度和集成电路芯片面积方面付出了很大的代价,但是使用有效的替换策略(如 LRU)的全相联高速缓存可以获得非常高的缓存命中率。

在功耗敏感的应用(如电池供电的移动设备)中,全相联高速缓存的电路复杂性将导致电池能耗增加。在台式计算机和云服务器中,必须将处理器功耗降到最低来避免额外的冷却需求,并且将拥有数千台服务器的云服务提供商的电费降到最低。由于这些成本问题,在现代处理器中很少使用全相联高速缓存作为指令缓存和数据缓存。

全相联高速缓存的概念听起来可能很熟悉,因为它与第 7 章中介绍的 TLB 中使用的概念相同。TLB 通常是包含虚拟地址到物理地址转换的全相联高速缓存。尽管在 TLB 中使用全相联高速缓存会导致电路复杂度增加、芯片面积增大和功耗升高等,但是 TLB 提供的性能优势非常显著,以至于几乎所有实现分页虚拟内存的高性能处理器都使用了全相联。

到目前为止关于缓存的讨论主要集中在指令缓存上,指令缓存通常只进行读操作。数据缓存的功能要求与指令缓存类似,但是数据缓存除了从内存读取数据之外,处理器还必须能够写入数据。

8.1.7 处理器缓存写策略

在具有独立缓存的处理器中,除了要求电路必须允许处理器对缓存进行读写操作以外,L1 D-cache 在结构上与 L1 I-cache 相似。处理器每次将数值写入内存时,都必须更新包含该数据的一级数据缓存块,并且有时还必须更新包含该缓存块的物理内存中的 DRAM 位置。与写入 L1 D-cache 的速度相比,对 DRAM 进行读写的速度很慢。

现代处理器中最常见的高速缓存写策略如下:
- **写直达**(write through):处理器每次将数据写入缓存时都会立即更新 DRAM。
- **写回**(write back):该策略将修改后的数据仅保存在缓存中,直到该缓存块需要从缓存中移出。写回策略的缓存必须为每个缓存块提供额外的状态位,指示数据从 DRAM 读取后是否已被修改。该位称为**脏位**(dirty bit)。如果脏位为 1,就表示该缓存块中的数据已被修改,系统必须先将缓存块中的数据写入 DRAM,然后才能覆盖缓存块中的数据。

因为写回策略允许处理器对同一缓存块执行多次写入操作,而不需要在每次写入时都访问主存,所以通常会带来更好的系统性能。在多核系统或者多处理器系统中,因为写入某个核的 L1 D-cache 后,其内容将与相应 DRAM 以及其他处理器或核中的缓存内容不同,所以使用写回策略增加了复杂性。在缓存块写入 DRAM 并刷新其他处理器的缓存之前,不同处理器相应的缓存块的内容将一直保持不一致的状态。

当访问同一内存位置时,不同的处理器得到不同的值通常是不能接受的,因此必须提供一种解决方案来确保所有处理器得到相同的数据。在多个处理器之间保持内存相同的挑战称为**缓存一致性**(cache coherence)问题。

多核处理器可以通过在所有内核之间共享相同的 L1 D-cache 来解决这个问题，但是现代多核处理器通常为每个内核实现一个单独的 L1 D-cache 来提升访问速度。在具有共享主存的多处理器系统中，处理器位于不同的集成电路上，而在不共享一级缓存的多核处理器中，问题会更复杂。

一些多处理器通过窥探（snooping）来保证缓存一致性。窥探指每个处理器监视其他处理器执行的内存写入操作。当某个处理器发现其他处理器要对内存进行写操作，且该内存块存在于自己的缓存中时，将采取两种操作之一：通过将有效位设置为 0 来使其缓存块无效，或者使用其他处理器写入的数据更新其缓存块。如果缓存块无效，下一次对该缓存块进行访问之前需要先访问 DRAM，从而得到其他处理器修改的数据。

窥探在处理器数量有限的系统中很有效，但对于包含几十个或几百个处理器的系统，它的性能并不好，因为每个处理器必须一直监视其余所有处理器的写入行为。在具有大量处理器的系统中可以通过更复杂的协议来实现缓存一致性。

8.1.8 二级处理器缓存和三级处理器缓存

关于缓存的讨论集中在一级指令缓存和数据缓存上。在设计上，一级缓存应该追求高速度，但是由于缓存电路的复杂性和功耗要求，过于追求速度限制了它们的大小。

由于一级缓存和 DRAM 在性能上存在巨大差异，因此可以考虑在一级缓存和 DRAM 之间增加多级缓存，相对于只使用一级缓存，这种方法能否提高性能？答案是肯定的，添加二级缓存可以显著提高性能。

现代高性能处理器通常在芯片上包含大量的二级缓存（即片上二级缓存）。与一级缓存不同，二级缓存通常是数据和指令混合存放的，它使用冯·诺伊曼体系结构，而一级缓存使用的哈佛体系结构。

二级缓存通常比一级缓存慢，但仍然比直接访问 DRAM 快得多。虽然二级缓存使用 SRAM 位单元，其基本电路结构如图 8.1 所示，但二级缓存的电路设计相对于一级缓存更加强调减少芯片面积和功耗。这些修改使得二级缓存比一级缓存大得多，但与此同时速度也会变慢。

一个典型的二级缓存的大小可能是一级数据缓存和一级指令缓存之和的 4 倍或者 8 倍，访问时间是一级缓存的 2~3 倍。二级缓存可能包含（也可能不包含）一级缓存的内容，具体取决于处理器设计。**包含型二级缓存**（inclusive L2 cache）总是包含一级缓存中的缓存块。

处理器每次访问内存时，首先查询一级缓存。如果一级缓存未命中，再检索二级缓存。因为二级缓存比一级缓存大，所以很可能在二级缓存中找到数据。如果在二级缓存块中也找不到，则需要访问 DRAM。处理器通常并行执行其中的一些步骤，以确保缓存未命中时获取所需的数据不会耗费过多的时间。

一级缓存和二级缓存的每一次同时未命中，会导致读取 DRAM 并更新一级缓存和二级缓存中相应的缓存块（假设二级缓存包含一级缓存）。处理器每次写入内存时，一级缓存和二级缓存最终都会更新。一级数据缓存实现缓存写策略（通常是写直达或写回）以决定何时必须更新二级缓存。类似地，二级缓存实现自己的写策略，决定何时将脏位有效的缓存块写入 DRAM。

如果使用两级缓存有助于提高性能，为什么不继续增加缓存的级数呢？事实上，大多数现代高性能处理器实现了三级及以上的片上缓存。与从一级缓存到二级缓存的转换类似，从二级缓存到三级缓存转换时，缓存容量变得更大但访问速度变得更慢。三级缓存与二级缓存类似，通常将指令和数据放在同一个缓存存储区中。在消费级计算机的处理器上，三级缓存通常由几兆字节的 SRAM 组成，访问时间比二级缓存长 3～4 倍。

> **程序员对缓存的看法**
>
> 虽然软件开发人员不需要采取任何措施来利用缓存，但了解软件运行的执行环境可以提高在多级缓存的处理器上运行代码的性能。在灵活性允许的情况下，将数据结构和代码内部的循环调整到一级、二级、三级缓存的容量范围内，可以显著提高执行速度。
>
> 由于任何一段代码的性能都受到许多与处理器体系结构和系统软件有关的因素影响，因此在多个可行方案中确定最优的算法就是要仔细衡量每一个方案的性能。

与不使用缓存的相同规模的系统相比，现代处理器中多级缓存层次结构显著提高了性能。缓存允许最快的处理器以最小的 DRAM 访问延迟运行。虽然缓存增加了处理器设计的复杂性并且显著增加了芯片面积和功耗，但是处理器供应商已经确定使用多级缓存体系结构是值得的。

缓存通过减少获取指令的时间和获取这些指令所需数据时的内存访问延迟来加速指令的执行。

下一个性能提升的方法是通过处理器内部的优化来提高指令的执行速度。现代处理器实现这种性能提升的主要方法是流水线技术。

8.2 指令流水线

在介绍流水线之前，首先将一条处理器指令的执行分解为一系列步骤：

- **取指**：处理器控制单元访问要执行的下一条指令的内存地址，其中指令的地址通常由上一条指令确定，在系统上电时取程序计数器预先设定的初始值，在响应中断时取与中断类型相关的给定值。控制单元将从这个地址读取的指令码加载到处理器的内部指令寄存器中。
- **译码**：控制单元决定在指令执行过程中要采取的动作。这可能涉及 ALU，还可能需要对寄存器或内存进行读写访问。
- **执行**：控制单元执行请求的操作，如果需要的话可以执行 ALU 操作。
- **写回**：控制单元将指令执行的结果写入寄存器或存储器，程序计数器更新为下一条要执行指令的地址。

从通电到关机，处理器重复地执行取指、译码、执行、写回这一循环。在 6502 这种相对简单的处理器中，处理器将这些步骤的每一步作为独立的、顺序的操作来执行。

在程序员看来，每一条指令都在下一条指令开始之前完成这些步骤。每条指令的所有结果和对寄存器、内存、处理器标志产生的影响都可供下来的指令立刻使用。这是一个简单的执行模型，汇编语言程序可以认为当下一条指令开始执行时，上一条指令的所有结果都已产生。

图 8.5 是一个在处理器中执行指令的例子，指令的取指、译码、执行和写回等每一个步骤都是一个时钟周期。请注意图中的每一步都由其首字母：F（取指）、D（译码）、E（执行）或 W（写回）进行表示。

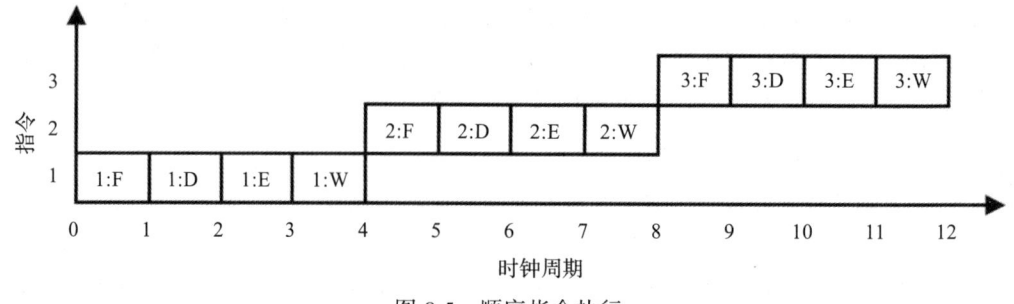

```
指
令    3                                    3:F  3:D  3:E  3:W
       2                   2:F  2:D  2:E  2:W
       1  1:F  1:D  1:E  1:W
          0   1   2   3   4   5   6   7   8   9   10  11  12
                              时钟周期
```

图 8.5 顺序指令执行

每条指令需要 4 个时钟周期才能完成。在硬件层面，图 8.5 所示的处理器由 4 个执行子系统组成，每一个子系统在 4 个指令时钟周期中的其中一个周期内处于活动状态。与每个步骤相关联的处理逻辑从存储器和寄存器读取输入信息，并将中间结果存储在锁存器中，方便之后的执行阶段使用。每一条指令完成后，下一条指令立即开始执行。

每时钟周期完成的指令数（IPC）以相对于处理器时钟速度（时钟周期时间）的指令执行快慢作为性能指标。图 8.5 中的处理器中每条指令需要 4 个时钟周期，所以 IPC 为 0.25。

由于完成每个步骤的电路在其余三个步骤执行时都是空闲的，因此本示例的性能还有提升的可能。假设取指硬件在取指一条指令后，立即开始取指下一条指令。图 8.6 显示了指令的这种执行过程，在每个时钟周期，每个执行过程涉及的硬件将从一条指令的处理转向下一条指令的处理。

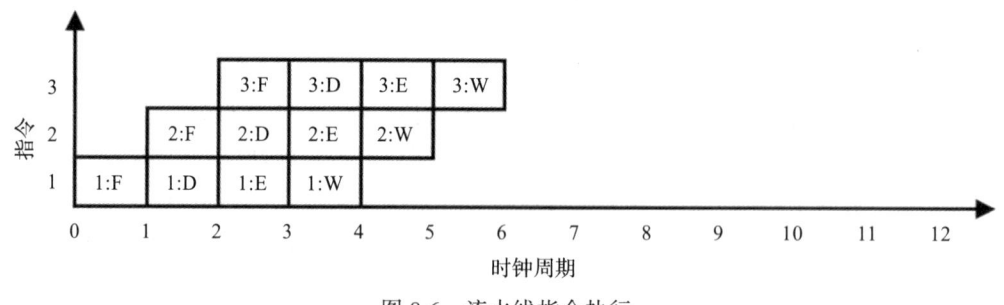

```
指
令    3            3:F  3:D  3:E  3:W
       2       2:F  2:D  2:E  2:W
       1  1:F  1:D  1:E  1:W
          0   1   2   3   4   5   6   7   8   9   10  11  12
                              时钟周期
```

图 8.6 流水线指令执行

因为指令从开始到完成，就像液体在物理流水线中移动，所以这一执行过程称为**流水线**。处理器流水线同时包含处于不同阶段执行的多条指令。这种工作模式的处理器每个时钟周期完成一条指令，IPC 为 1.0，是图 8.5 的非流水线模型执行速度的 4 倍。在实际中使用流水线可以实现类似程度的性能提升。

除了通过流水线重叠执行顺序指令外，还可以利用其他机会有效地利用空闲的处理器子系统。处理器指令根据执行时所需电路的不同分为几个不同的类别。例如：

- **分支指令**：有条件分指令和无条件分支指令通过控制程序计数器来设置下一条要执行指令的地址。
- **整数指令**：涉及整数运算和微操作的指令使用 ALU 中的整数部分。
- **浮点指令**：在为浮点运算提供硬件支持的处理器上执行，浮点操作一般使用与整数 ALU 不同的电路。

通过增加处理器指令调度逻辑的复杂度，如果两条指令碰巧使用不同的处理资源，则可以在同一时钟周期内开始执行这两条指令。例如，处理器通常会将浮点指令分派到**浮点处理**

单元（Floating-Point Unit，FPU），同时在主处理器内核上执行非浮点指令。

事实上，许多现代处理器包含某些子系统的多个副本来支持同时执行多条指令，例如包含多个整数 ALU。在这种体系结构模式，处理器同时执行多条指令，称为**多发射处理**。图 8.7 描述了在每个处理器时钟周期内启动两条指令的多发射处理情况。

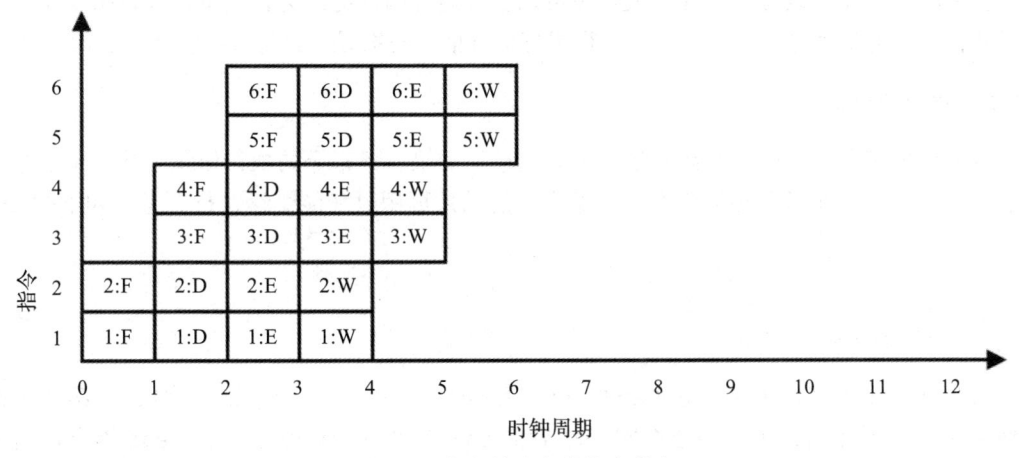

图 8.7 多发射流水线指令执行

这一执行模型使图 8.6 中一条流水线中每个时钟周期完成的指令数加倍，从而其 IPC 为 2.0。这是**超标量处理器**（superscalar processor）的一个例子，它可以在每个时钟周期发射（也就是开始执行）多条指令。相比之下，**标量处理器**每个时钟周期只发射一条指令。需要说明的是，图 8.5 和图 8.6 都表示标量处理器的行为，而图 8.7 表示的是超标量处理器。超标量处理器通过实现**指令级并行**（Instruction Level Parallelism，ILP）来提高执行速度。事实上，所有现代高性能通用处理器都是超标量处理器。

8.2.1 超流水线

回顾图 8.5 所示的标量非流水线处理模型，可以考虑如何选择处理器的时钟速度。在不考虑功耗和散热的情况下，通常希望处理器时钟尽可能快。图 8.5 中处理器时钟速度上限由四级流水线中最长的流水级决定。不同的指令可能有完全不同的执行时间要求。例如，清除处理器标志的指令只需要很短的执行时间，而 32 位除法指令可能需要很长时间才能产生输出。

根据单条指令最坏情况的耗时对整个系统的执行速度进行限制非常低效。相反，处理器设计者一直在设法将复杂指令的执行分解成更多的顺序步骤。这种方法被称为**超流水线**，它通过将复杂阶段分解为多个简单阶段来增加流水线级数。超流水线本质上是一个多级处理器流水线。现代高性能处理器除了超标量以外通常也采用超流水线技术。

将流水线分解为许多级超流水级可以简化每一级，从而减少每个流水级所需的时间。可以通过加快每一级流水线来提高处理器的时钟速度。只要指令发射速度可以维持，超流水线就代表指令执行速度随着处理器时钟速度增加而按比例增加。

RISC 处理器指令集一般都支持流水线。大多数 RISC 指令执行的都是简单操作，例如在寄存器和内存之间移动数据或对两个寄存器的内容求和。与 CISC 处理器相比，RISC 处理器的流水线通常更短。CISC 处理器及其丰富且复杂的指令集都会受益于将长指令分解为包含一系列连续执行级的流水线。

对基于 x86 等传统指令集的处理器来说，要实现高效流水线有一个很大的挑战：指令集最初设计时没有充分考虑之后出现的超标量和超流水线技术。因此，现代 x86 兼容处理器将很大一部分芯片面积用于实现这些性能提升所需的复杂逻辑。

如果将一条流水线分成十几个流水级可以极大地提高性能，为什么不继续将指令流水线分成几百甚至上千个更小的流水级来获得更好的性能？答案是：这会导致流水线冒险。

8.2.2 流水线冒险

在通用处理器中实现流水线并没有那么简单。如果一条指令的执行依赖于前一条指令产生的结果，那么当前指令必须等到上一条指令的结果可用时才能继续执行。考虑如下的 x86 代码段：

```
inc eax
add ebx, eax
```

假设在一个处理器上执行这两条指令的情况如图 8.6 所示（单发射流水线）。第一条指令使 eax 寄存器递增，第二条指令将递增后的 eax 值加到 ebx 寄存器中。add 指令在上一条指令的运算结果可用之前无法执行加法运算。如果第二条指令的执行阶段（在图 8.6 中为"2:E"）在第一条指令的写回阶段完成（在图 8.6 中为"1:W"）之前无法执行，那么"2:E"阶段除了等待"1:W"阶段完成以外别无选择。因缺少相关信息而导致流水线无法执行指令下一流水级的情况称为**流水线冒险**。

实现**旁路**（bypass）是解决流水线冒险的一种方法。在第一条指令的执行阶段完成（在图 8.6 中为"1:E"）时，eax 寄存器递增后的值已经计算出来，但尚未写入 eax 寄存器。第二条指令的执行阶段（在图 8.6 中为"2:E"）需要 eax 寄存器增加后的值作为输入。如果流水线逻辑使"1:E"阶段的结果可以直接用于"2:E"阶段，而不必先写入 eax 寄存器，那么第二条指令可以在没有延迟的情况下完成执行。在源指令和目标指令之间快速传递数据而无须等待源指令完成的方式称为旁路。旁路在现代处理器设计中广泛使用，保证流水线尽可能高效地工作。

因为目标指令准备使用所需的操作数时，该操作数作为源指令的结果可能还没有计算出来，所以在某些情况下旁路不可能解决问题。在这种情况下，目标指令的执行必须暂停并等待源指令的结果。这会导致流水线执行阶段的暂停，并会通过流水线传给余下的阶段，使得其他阶段暂停。

这种传播延迟称为**流水线气泡**（pipeline bubble），类似于气泡通过液体流水线的传递。气泡的存在降低了流水线的效率。

因为气泡对性能的负面影响，所以流水线处理器设计人员要尽可能地避免气泡。一种方法是**乱序指令执行**（Out-of-Order instruction execution，OoO）。根据前面示例中列出的两条指令，现增加第三条指令：

```
inc eax
add ebx, eax
mov ecx, edx
```

由于第三条指令不依赖前面指令的结果，因此处理器可以使用乱序指令执行来避免流水线气泡，而不是使用旁路来避免延迟。最终的指令序列如下所示：

```
inc eax
mov ecx, edx
add ebx, eax
```

这样执行这三条指令的最终结果是一样的，但是第一条指令和第三条指令之间的时间间隔增加后，降低了产生流水线气泡的可能性，即使出现气泡，其持续时间也会缩短。

乱序指令执行需要检测指令之间的依赖（相关）性，并对它们重新排序，虽然这改变了指令最初的执行顺序，但最终的结果都是相同的。有些处理器（CISC）在程序执行期间实时改变指令顺序，其他体系结构（RISC）则依赖于编译器在软件构建过程中对指令进行重新排序来减少流水线气泡。第一种方法需要在处理逻辑和相应的芯片上大量投资，以便进行重新排序。第二种方法简化了处理器逻辑，但使汇编语言程序员的工作更加复杂，他们现在必须承担起确保流水线气泡不会过度影响性能的责任。

一些 CISC 处理器使用微操作和寄存器重命名等技术来获得一些 RISC 体系结构的性能优势。这些技术将在下一节介绍。

8.2.3 微操作和寄存器重命名

x86 指令集体系结构给处理器设计者带来了一个特殊的挑战。尽管 x86 体系结构已有几十年的历史，但它仍然是个人计算和商业计算的主流。指令流水线技术在只有 8 个寄存器的 CISC 结构（32 位 x86）中比使用大量寄存器的 RISC 结构的优势要小得多。

为了利用 RISC 方法的优点，x86 处理器设计者将 x86 指令作为微操作序列来实现。微操作缩写为 μop，是处理器指令的一个子步骤。简单的 x86 指令可以分解为 1~3 个微操作，而复杂的指令需要大量的微操作。将指令分解为微操作可以提供更精细的粒度，用于评估其对其他微操作结果的依赖性，并且支持执行并行性的提升。

随着微操作的使用，现代处理器通常会提供额外的几十个甚至几百个内部寄存器，用于保存微操作的中间结果。这些寄存器保存部分计算结果，目的是在指令的微操作全部完成之后传送给处理器的物理寄存器。这些内部寄存器的使用称为**寄存器重命名**（register renaming）。每个重命名的寄存器都有一个标记值来指示它最终将更新的物理寄存器。通过增加重命名寄存器的数量，指令并行的可能性得到了提升。

多个微操作可能在同一时间处于不同的执行阶段。一条指令对前一条指令结果的依赖性将阻止微操作的执行，直到通过旁路机制使其所需的输入可用为止。一旦所有必需的输入都可用，就调用微操作执行。

这种操作模式代表了一种**数据流处理**模型。当数据依赖关系被消除时，数据流处理允许通过触发微操作的执行，在超标量体系结构中实现并行操作。

高性能处理器在完成取指之后将指令译码成微操作。在一些芯片设计中，译码的结果保存在处理器和一级指令缓存之间的零级指令缓存中。零级指令缓存提供了对预译码微操作的最快访问，从而以最快的速度执行代码的内部循环。通过缓存译码的微操作，处理器可以避免在随后访问相同指令时重新执行指令译码。

除了指令间的数据依赖导致的冒险外，流水线冒险的第二个重要来源是下一节要讨论的条件分支。

8.2.4 条件分支

条件分支对流水线执行带来了很大的难度。条件分支指令之后的下一条指令的地址在分支条件确定之前不能被确认。

有两种可能：如果分支条件不满足，处理器将执行条件分支指令之后的指令；如果分支条件满足，下一条指令位于条件分支指令指定的地址处。

有多种技术可以处理流水线处理器中条件分支所带来的挑战。其中一些技术如下：

- 尽可能避免分支。软件开发人员可以设计具有内部循环的算法，使得条件代码减少甚至完全消除。优化编译器尝试对操作序列进行重新排序和简化，以减少条件分支的负面影响。
- 处理器可以延迟读取下一条指令，直到计算出分支条件为止。这通常会在流水线中引入气泡，降低性能。
- 处理器可以在流水线中尽可能早地计算分支条件。这将更快地确定正确的分支，从而以最小的延迟继续执行。
- 一些处理器试图猜测分支条件的结果，并沿着该路径开始执行指令，称为**分支预测**。如果预测结果不正确，处理器必须从流水线中清除错误执行路径的结果（称为"**清洗流水线**"），然后从正确的路径重新开始执行。虽然错误的预测会严重影响性能，但是正确地预测分支方向可以使执行毫无延迟地继续进行。一些执行分支预测的处理器会跟踪以前分支条件的执行结果，并在重新执行相同指令时使用这些信息来提高将来预测的准确性。
- 遇到条件分支指令时，处理器可以使用其超标量功能沿着两条分支路径开始执行指令，这种方法称为 eager execution。一旦确定了分支条件，沿着错误路径执行的结果将被丢弃。只有在指令能够避免做出无法丢弃的更改时，才能以这种方式继续执行。向主内存或输出设备写入数据就是一个不容易撤销更改的例子，因此，如果在预测路径上执行时发生此类操作，则此类执行将会暂停。

现代高性能处理器的很大一部分逻辑资源用于支持各种处理条件下流水线的高效执行。多核、超标量和超流水线处理等是最近几代复杂处理器体系结构性能提升的关键技术。通过执行指令流水线和以超标量执行指令，在原先面向非并行开发的代码中引入了并行执行的特性。

在同时多线程单核处理器上引入多线程并行执行，可以进一步提高处理性能。

8.3 同时多线程

如前所述，每个执行进程都包含一个或多个执行线程。在单核处理器上使用时间片轮转执行多线程处理时，任何时候只有一个线程处于运行状态。通过在多个准备执行的线程之间快速切换，处理器会产生（从用户的角度来看）多个程序同时运行的感觉。

本章介绍了超标量处理的概念，它是一个能够在每个时钟周期内发射多条指令的单处理器内核。由于超标量处理器具有多种执行单元，因此如果指令序列所需的处理器资源不能与这些执行单元的功能很好地匹配，则处理器的性能提升会受到限制。例如，在一个给定的指令序列中，整数处理单元可能被大量使用（而导致流水线气泡），而地址计算单元大多保持空闲。

提高处理器超标量功能利用率的一种方法是在每个时钟周期内从多个线程发出指令，称为**同时多线程**。通过同时执行来自不同线程的指令，指令序列更有可能依赖于处理器内不同的功能，从而增加指令的执行并行性和执行率。

支持同时多线程的处理器必须为每个同时执行的线程提供一组单独的寄存器以及一套重命名的内部寄存器，从而为充分利用处理器的超标量处理能力提供更多的机会。

许多现代高性能处理器支持同时执行两个线程，还有一些处理器最多支持 8 个线程。与本章中讨论的大多数其他性能提升技术一样，由于同时多线程争夺共享资源，因此当处理器内核支持的并发线程数量增加到某个点时，继续增加并发线程的数量会使得性能逐渐下降。

> **同时多线程、多核处理器与多处理**
>
> 同时多线程是指处理器内核具有在同一时钟周期内，在相同的流水级执行来自不同线程的指令的能力。多核处理器是指在一块硅片上的多个处理器内核各自独立地执行指令，核间的相互通信通过某一级缓存进行。
>
> 多处理计算机包含多处理器集成电路，每个集成电路通常单独封装。或者将多处理器封装在一个管壳中实现多处理器芯片。

迄今为止讨论的性能优化技术都试图提高标量数据的处理性能，即每个指令序列只对少量的数据值进行操作。即使是超标量处理，无论是否采用同时多线程也只是尝试加快指令的执行速度，这些指令通常一次只对一个或两个寄存器大小的数据项进行操作。

向量数据处理是同时对一组数据元素执行相同的数学运算。下一节将讨论提高向量处理操作执行并行性的处理器体系结构特性。

8.4 SIMD 处理

每个时钟周期发射一条仅能够处理零个、一个或两个数据项的指令的处理器称为标量处理器。能够在每个时钟周期内发出多条指令但不显式地执行向量处理指令的处理器称为超标量处理器。有些算法能够从显式向量化执行中获益，显式向量化执行是指对多个数据项同时执行相同的操作。为这类任务量身打造的处理器指令称为**单指令多数据**（SIMD）指令。

超标量处理器同时发射的指令通常对不同的数据执行不同的任务，代表了一种**多指令多数据**（MIMD）的并行处理系统。一些处理操作（如第 6 章介绍的数字信号处理中使用的点积运算）对一组数据执行相同的数学运算。

在第 6 章介绍乘法累加（MAC）运算时，按顺序对每对向量元素执行标量数学运算，也可以用处理器硬件和指令来实现同时对多组数据进行类似运算。

在现代处理器中，SIMD 指令可用于执行数值数组的数学运算、图形数据的操作以及在字符串中搜索子字符串等任务。

Intel 在 1999 年推出的 Pentium III 处理器实现了**流式 SIMD 扩展**（Streaming SIMD Extension，SSE）指令，提供了一组能够同时对 128 位数值数组执行运算的处理器指令和工具。数组中的数据元素可以是整数或浮点数。第二代 SSE（SSE2）指令可以并行处理以下数据类型：

- 2 个 64 位浮点数
- 4 个 32 位浮点数
- 2 个 64 位整数

- 4 个 32 位整数
- 8 个 16 位整数
- 16 个 8 位整数

SSE2 提供了常见的浮点加、减、乘和除运算指令，还支持直接使用指令来计算平方根、倒数平方根、倒数以及求数组的最大元素等。SSE2 整数指令包括比较操作、位操作、数据洗牌（data shuffling）和数据类型转换。

后续的 SSE 指令集增加了数据宽度和操作类型。最新版 SSE 的处理能力（截至 2021 年）见 AVX-512 指令。AVX 代表**高级向量扩展**（Advanced Vector Extension），提供 512 位的寄存器宽度。除了其他基本特性外，AVX-512 还包含支持神经网络算法优化的指令。

阻碍不同代 SSE 和 AVX 指令广泛应用的一个原因是，为了让最终用户能够有效地使用，这些指令必须在处理器中实现，操作系统必须支持这些指令，最终用户使用的编译器和其他分析工具必须能够利用 SSE 特性。从历史上看，从引入新的处理器指令开始到最终用户能够方便地利用它们的优势，往往要花费数年的时间。

现代处理器中的 SIMD 指令在科学计算领域发挥着巨大作用。对于运行复杂模拟、机器学习算法或复杂数学分析的研究人员来说，使用 SSE 和 AVX 指令可以使数学运算、符号处理和其他面向向量的任务的代码获得很高的性能提升。

8.5 总结

大多数 32 位和 64 位现代处理器综合使用了本章介绍的大部分或全部的性能提升技术。典型的消费级 PC 或智能手机包含一个四核主处理器集成电路，每个内核都支持两个线程以同时多线程方式执行。这种处理器是超标量、超级流水线并包含三级缓存。处理器将指令译码成微操作并执行复杂的分支预测。

虽然本章介绍的技术看起来可能过于复杂和神秘，但事实上，每个用户日常都在使用这些技术，并且每次与任何类型的计算设备交互时都会享受到这些技术带来的性能优势。虽然实现流水线和超标量操作所需的处理逻辑确实很复杂，但半导体制造商努力实现这些提升功能的原因很简单：达到用户期待的产品性能和价值是非常划算的。

本章介绍了处理器和计算机体系结构中使用的主要性能提升技术，以使实际计算系统达到最高的执行速度。这些技术不会改变处理器的任何输出，只是更快地完成处理过程。本章研究了提高系统性能最重要的技术，包括使用高速缓存、指令流水线、同时多线程和 SIMD 处理。

第 9 章将重点讨论通常在处理器指令集级实现的扩展，以支持一般计算要求之外的附加系统需求。第 9 章讨论的扩展包括处理器的特权模式、浮点算术、功耗管理和系统安全管理。

8.6 习题

1. 考虑一个容量为 32KB 的直接映射一级指令缓存。每个缓存块大小为 64 字节，系统地址空间为 4GB。缓存中的标识有多少位？它们在地址字中（位 0 是最低有效位）是哪些位？

2. 考虑一个容量为 256KB、8 路组相联、数据和指令混合的二级缓存，每个缓存块大小为 64 个字节。这个缓存有多少组？

3. 一个 4 级流水线处理器，其 1~4 级的最大延迟分别为 0.8ns、0.4ns、0.6ns 和 0.3ns。如果将第一级替换为最大延迟分别为 0.5ns 和 0.3ns 的两级流水线，则处理器时钟速度将增加多少？

第 9 章

专用处理器扩展

前面的章节详细讲述了通用计算机体系结构以及旨在解决一些特定领域需求的专用体系结构。本章将重点介绍在处理器指令级进行扩展，以实现通用计算需求之外的功能。

通过学习本章，你可以了解处理器的特权模式以及它们在多处理和多用户环境中的运行方式。你还会了解浮点处理器和浮点指令集的概念、电池供电设备中的功率管理技术，以及旨在增强系统安全的处理器特性。

本章包含以下主题：
- 处理器的特权模式
- 浮点数运算
- 功率管理
- 系统安全管理

9.1 处理器的特权模式

大多数运行在 32 位和 64 位处理器上的操作系统使用特权级别概念来控制对系统资源的访问，从而提高系统的稳定性，防止对系统硬件资源和数据进行未经授权的访问。

基于特权的执行只允许可信代码执行指令，从而无限制地访问处理器配置寄存器和 I/O 设备等资源，提升了系统的稳定性。操作系统内核和包括设备驱动程序在内的操作系统模块需要特权访问才能完成各自的功能。任何内核进程或设备驱动程序的崩溃都可能会使整个系统立即停止运行，所以这些软件构件在正常发布之前通常会经过精心的设计和严格的测试过程。

在特权模式下运行操作系统可防止未经授权的应用程序访问系统管理的页表和中断向量表等数据结构。无论是出于偶然还是出于恶意，用户应用程序都有可能尝试访问在系统内存中的数据或内存中其他用户的数据。系统会使程序停止运行来阻止此类访问，并通过启动异常将违例情况发给发生越权访问的应用程序，这通常会导致程序崩溃并显示错误消息。

我们在第 3 章介绍了与中断相关的概念以及中断处理流程。在介绍处理器的特权模式具体细节之前，我们首先将更详细地介绍中断和异常处理。

9.1.1 中断处理和异常处理

硬件中断允许处理器对来自外围设备的服务请求做出迅速的响应。硬件中断会通知处理器要采取一些措施，这些措施通常与外部设备的数据输入和输出相关。

异常与中断类似，两者的关键区别在于异常通常是对处理器内部出现的一些意外状况做出响应。例如，除零错误就是一个内部异常。

用户代码也有可能故意产生异常。实际上，在操作系统内核和设备驱动程序中，这是非特权代码请求由特权代码提供系统服务的一个标准方法。

中断和**异常**之间的区别并没有精确的定义。中断处理和异常处理通常都依赖相同或者相似的处理器硬件资源，并且其操作方式也基本相同。实际上，在 x86 的体系结构中，用于启动软件中断（或异常）的指令助记符是 int，它是 interrupt 的缩写。

异常包括在软件执行期间发生的错误情况（例如，被零除），以及非错误情况（例如，页面故障）。如果中断或异常不会导致终止应用程序的剧烈响应，那么中断服务例程或异常处理程序将处理该事件，并将控制权交回给系统调度程序，系统调度程序完成对中断或异常的响应后，被中断的线程随即恢复执行。

当中断或异常发生时，处理器以如下方式把控制权交给相应的处理程序：

- 当中断发生时，处理器允许当前正在执行的指令完成，然后将控制权交给**中断服务例程**（interrupt service routine，ISR），ISR 中的代码完成中断请求所需的处理，然后返回原先执行的代码。在中断发生时，任何正在执行的线程都不会察觉或批准这项活动。
- 响应异常时，处理器将控制权交给类似于 ISR 的异常处理例程。指令执行期间可能会出现异常，阻止指令的执行完成。如果指令的执行被异常打断，则在异常处理程序执行完毕并恢复线程执行后，重新执行发生异常的指令。有了这种机制，在程序执行期间的任何时候发生页面故障，都不会影响程序的结果（除了处理页面故障引入的延迟）。

每个中断或异常类型都有一个向量编号，用于访问系统中断向量表中的一行。当发生中断或异常时，处理器硬件将查询**中断向量表**（Interrupt Vector Table，IVT），以确定合适的响应。使用 IVT 向量编号访问的行包含该向量的处理程序的地址。

在处理中断或异常时，处理器将所有必需的上下文信息压入堆栈，并将控制权交给处理程序。在发生中断的情况下，处理程序将为设备提供服务并清除其中断请求。在处理完中断或异常后，处理程序将控制权交回给操作系统。在发生异常的情况下，这可能涉及重新启动异常发生时正在执行的指令。

表 9.1 总结了 x86 处理器在保护模式下可用的一些中断和异常类型。

表 9.1　x86 IVT

向量	类型	原因
0	除法错误	div 或 idiv 指令试图对一个整数进行除零操作
2	不可屏蔽中断请求	NMI 硬件信号被置为有效
3	断点	执行 int 3 指令
6	无效操作码	试图执行保留的操作码
13	一般保护	试图对内存或系统资源进行越权访问
14	页面故障	MMU 发出从外存中调页的请求
32-255	用户自定义	这些向量可用于硬件中断或 int 指令

以下是表 9.1 中列出的与中断和异常相关的一些详细信息：

- 由 NMI 输入引起的向量 2 的操作类似于第 3 章中提到的 6502 处理器对 $\overline{\text{NMI}}$ 输入的响应。
- 尽管现代处理器提供了复杂的、非入侵式的断点功能，但 x86 体系结构仍保留了早期 8086 处理器中 int 3 指令提供的断点功能。正如第 3 章所述，6502 软件调试器在指定的地址中断程序执行的机制是，用 6502BRK 操作码临时替换中断位置的操作码。当执行到该位置时，BRK 处理程序获得控制权，允许用户与系统进行交互。x86 架构中的 int 3 指令以相同的方式执行。实际上，与 x86 int 指令中使用其他任何向量编号不同，int 3 指令为单字节指令，其值为 CCh。而 int 32 等使用其他向量的软件中断是两字节指令，int 3 指令通过用值 CCh 替换单个字节的代码来实现断点插入。
- 向量 13 对应通用保护异常处理程序，在应用程序尝试访问未分配给其使用的内存或系统资源时激活。在 32 位和 64 位操作系统中，默认情况下由系统为该向量提供的处理程序将终止正在运行的应用程序，并显示错误信息。
- 向量 14 对应页面故障处理程序，当应用程序尝试访问物理内存中不存在的页面时激活。处理程序尝试找到要使用的页面（该页面可能位于磁盘文件中或系统的交换文件中），将页面加载到内存中，更新虚拟－物理转换表（即页表），然后重新启动引发异常的指令。

总之，硬件中断由需要数据传输或其他类型服务的 I/O 设备发出。当出现必须暂停执行程序以处理页面故障或试图进行越权访问等情况时，就会发生系统异常。

虽然相同的代码在相同的数据上执行时，软件产生的异常行为通常是可重复的，但是硬件中断和系统异常往往是随机发生的。

尽管某些异常（例如，一般性保护故障）会导致异常的进程终止，但大多数中断和异常会在处理程序完成处理后，会随着被中断的线程恢复执行而结束。

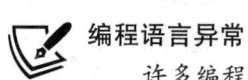

编程语言异常

许多编程语言提供了在应用程序内执行异常处理的工具。编程语言异常与处理器处理的异常类型有很大的不同，理解这一点很重要。与处理器硬件处理的异常相比，编程语言中的异常涉及的错误条件通常具有更高的级别。

例如，当内存分配请求失败时，C++ 将生成（用 C++ 术语"throw"表示）一个异常，这种异常与在处理器中处理的系统异常的类型不同。注意不要混淆高级编程语言中的异常与处理器直接处理的异常。

9.1.2 保护环

现代处理器和操作系统采用的保护策略与中世纪城堡设计中采用的防御措施相似。城堡通常有高墙环绕，有时还使用护城河来加强防御。外墙具有少量防卫良好的出入点，每个出入点都通过吊桥和全天候警卫等机制来加强防御。在城堡大院内，城堡本身有坚固的墙和防卫良好的少量出入口，进一步加强了对最敏感区域的防御。

城堡层次结构中最高权限的成员可以自由出入城堡和外墙。社会地位较低的成员有权向内通过外墙，但禁止进入城堡。当地居民中权限最低的成员在大多数情况下都禁止进入城堡，即使获得了进出城堡的权限，他们的行动也会受到限制，例如只能进入特定的公共区域。

这种保护策略可以使用同心圆表示，如图 9.1 所示，最高权限能够访问最内层的环，越往外需要

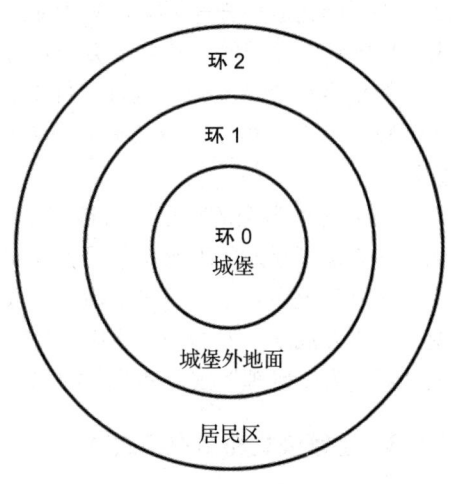

图 9.1 保护环的示例

的权限越低。

该保护策略包含三个权限级别，规定了系统中每个用户可用的访问类型。环 0 要求最高的特权级别，而环 2 则不需要特殊的权限。

现代处理器和运行在处理器上的操作系统使用一种相似的方式来防止对关键资源进行未经授权的访问，但也可以授权非特权级用户能够访问其可以使用的系统功能。

尽管原则上可以在最高权限环与最低权限环之间设置多个中间级，但是大多数现代计算机体系结构仅实现两个环：一个命名为内核或管理员的特权环和一个非特权用户环。一些操作系统将设备驱动程序在中间环层次实现，在与 I/O 交互时，它只负责授权访问被请求的资源，但这个中间环本身不能无限制的在全系统自由访问。

Windows 和 Linux 等操作系统仅支持两个权限环是因为这些系统的设计目标支持跨不同处理器体系结构的可移植性。有些处理器仅支持两个权限环，而有些则支持更多的环。如果任何底层处理器体系结构不支持所需数量的环，则可移植的操作系统不能实现两个以上的权限环。例如，x86 体系结构最多支持 4 个环，但是其中只有两个被 Windows 和 Linux 使用（环 0 的权限最高，环 3 的权限最低）。

图 9.2 表示大多数在 x86 体系结构上运行的环结构。

这种基于环的权限管理系统是 20 世纪 90 年代著名的 Windows "蓝屏死机"的主要原因，该现象在最新版本的 Windows 中很少出现。Web 浏览器、电子邮件客户端和文字处理器等用户应用程序有时会遇到导致程序崩溃的问题。由于 Windows、Linux、macOS 和 Android 等操作系统提供了特权强化机制，操作系统能够容忍单个应用程序的崩溃，从而防止操作系统本身或在系统上正在运行的任何其他程序崩溃（至少这些程序的执行不依赖于崩溃的程序）。

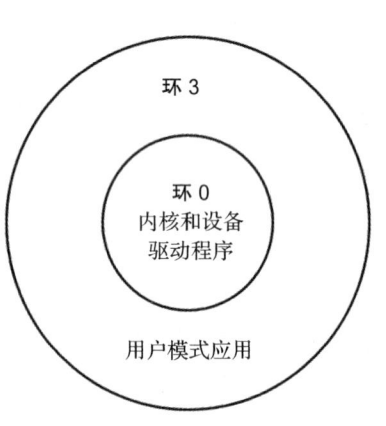

图 9.2　x86 操作系统的保护环

应用程序崩溃后，操作系统将回收并清除崩溃程序正在使用的所有资源，包括分配的内存页和打开的文件。在 Web 服务器主机等计算机系统中，尽管其上运行的软件应用程序偶尔会发生崩溃和重新启动，它们仍然能够连续运行数百天。

除了防止应用程序崩溃，基于环的权限控制机制还提供了大量的安全机制以对抗恶意攻击。黑客经常使用的一种攻击类型是将一些代码插入在环 0 运行的系统模块中。这种代码插入可能发生在磁盘上的可执行文件中。攻击者也可能会尝试修改在内存中运行的内核代码。如果攻击成功，由于恶意代码在环 0 运行，那么攻击者可以使用此代码访问系统中的任何数据。

因为这种类型的攻击有可能成功，所以现代处理器和操作系统已采用了一系列安全措施，并修复了早期版本操作系统中发现的许多漏洞。如果系统管理员和用户能够充分利用现代计算机系统中基于环的安全措施，攻击者的攻击行为几乎不会成功。事实上，在大多数情况下，黑客成功入侵的关键原因是攻击者利用了与用户相关的安全漏洞。我们将在本章后面的"系统安全管理"部分和第 14 章讨论网络安全威胁和确保系统和应用软件安全的方法。

9.1.3　监管模式和用户模式

在两层保护环中，正在执行线程的特权级别通常使用寄存器中的一位来表示。在环 0 上运行时，**监管模式**（supervisor mode）位为 1，在**用户模式**（x86 上的 3 环）运行时，管理模式位为 0。监管模式位只能被运行在管理模式下的代码修改。

监管模式位的状态决定了线程可以执行哪些指令。可能干扰系统操作的指令在用户态下无法执行，例如 x86 中暂停处理器执行的 `hlt` 指令。

如果试图执行被禁止执行的指令则会导致一个一般保护故障。在用户模式下，禁止用户应用程序访问系统内存区域和分配给其他用户的内存。在监管模式下，可以执行所有指令，也可以访问所有存储区域。

以城堡为例，监管模式位表示提供给城堡卫士进行检查的标识，该标识允许访问城堡外的场地和城堡本身。置位时，监管模式位提供了访问王国的钥匙。

9.1.4 系统调用

属于内核和设备驱动程序的所有代码始终在环 0 中运行。所有的用户代码始终在环 3 中运行，即使对于具有更高操作系统特权的用户（例如系统管理员）也是如此。在环 3 中运行的代码被系统严格控制，无法直接执行任何涉及分配内存、打开文件、在屏幕上显示信息或与 I/O 设备进行交互的操作。环 3 的用户代码必须向内核发出服务请求，才能访问这些系统功能。

内核服务请求必须首先通过一个门（正如访客进入城堡一样），门（gate）的作用是在允许执行操作之前会对请求的操作类型以及所有的相关参数进行仔细检查和验证。请求操作的代码在环 0 中以监管模式运行，运行完成后，将控制权交回给环 3 中的用户模式的调用例程。

在早期的 Windows 版本（Windows XP 之前的版本）中，应用程序使用了软件中断机制的 2eh 向量来请求系统服务。系统调用协议将请求的服务所需的参数放入处理器寄存器中，然后执行 `int 2eh` 指令，触发软件中断。处理程序将以监管模式运行，从而导致从环 3 到环 0 的特权级切换。处理程序完成后，系统在 `int 2eh` 之后的指令返回到环 3。

使用 `int 2eh` 机制请求内核服务的一个问题是效率不高。实际上，从 `int 2eh` 指令执行到开始真正处理异常内核代码，通常有 1000 个以上的处理器时钟周期延迟。负载较重的系统可能会每秒请求数千次内核服务。

为了解决效率问题，Intel 从 1997 年的 Pentium Ⅱ 处理器开始，在 x86 架构中实现了 `sysenter` 和 `sysexit` 指令。这两条指令加快了从环 3 到环 0 的调用过程以及随后返回到环 3 的过程。通过使用这些指令代替 `int 2eh`，进入和退出内核模式的速度大约提高了三倍。

几乎在 Intel 开始使用 `sysenter` 和 `sysexit` 指令的同时，AMD 在其处理器架构中发布了 `syscall` 和 `sysret` 指令，它们具有与 Intel 指令相同的性能目标。不幸的是，Intel 和 AMD 处理器体系结构不兼容，导致了当使用加速内核调用的指令时，需要操作系统能够在不同的体系结构之间进行区分。

接下来将研究与浮点数处理相关的数据格式和运算。

9.2 浮点数运算

现代处理器通常支持 8、16、32 和 64 位的整数数据类型。一些较小的嵌入式处理器可能不直接支持 64 位甚至 32 位整数，而更复杂的设备可能支持 128 位整数。尽管整数数据类型应用广泛，但是许多计算领域，尤其是在科学计算、工程计算和导航领域，都要求能够支持高精度小数表示。

我们以计算 5 除以 3 为例来说明整数运算的局限性。在只能使用整数的计算机上，使用 C++ 完成表达式的整数计算如下：

```cpp
#include <iostream>
int main(void)
{
    int a = 5;
    int b = 3;
    int c = a / b;
    std::cout << "c = " << c << std::endl;
    return 0;
}
```

该程序输出以下结果：

```
c = 1
```

如果把该表达式输入小型计算器，得到的输出结果与实际结果不太接近，约为 1.6667。在需要采用实数进行精确计算的应用程序中，浮点数提供了一种有效的解决方案。

在数学上，实数集由数轴上从负无穷到正无穷之间的所有数组成，包括所有整数和小数。在实数中，整数和小数部分的位数没有限制。

即使是最强大的计算机，其存储空间也是有限的，在计算机程序中显然不可能将整个实数范围都表示出来。如果要用一种有效的方式来表示实数，就需要一种折中方式。普遍采用的折中方式是用尾数和指数来表示实数。

极大或极小的数通常以尾数和指数表示。例如，在物理学中的万有引力常数 $G = 6.674 \times 10^{-11} \frac{m^3}{kgs^2}$。在这种格式中，**尾数**代表数字的非零位，这些非零位使用乘法操作缩放到合适的表示范围内。**指数**部分给出了这个缩放因子，尾数必须与指数部分相乘才能得到实际的数值。

在本例中，尾数为 6.674，指数为 −11。这个例子使用便于手算的以 10 为底的尾数，因为只需将小数点移动 11 位就可以执行乘以比例因子 10^{-11}。在本例中，指数为 −11 表示需要将小数点向左移动 11 位，得到的等效数字为 0.000 000 000 066 74。

使用浮点数表示法避免了使用易出错的长零序列，并使极大或者极小的数字用一种紧凑的形式表示。数轴上的任何数字都可以用浮点数表示。但是如果要准确地表示所有实数，那么就不能限制尾数或指数的位数。

在浮点数的计算机表示中，尾数和指数都受限于预先定义的位宽。这些范围的选择依据是为了为各种应用提供充足的尾数和指数数量的同时，将浮点数和标准数据的宽度（通常为 32 或 64 位）进行匹配。

增加尾数位数会提高浮点数的精度，增加指数位数则会扩大可表示数字的范围。由于尾数和指数的长度是有限的，所以浮点计算的结果并不能精确地表示实际的结果，但已经非常接近实际结果了。

现代处理器通常支持 32 位和 64 位的浮点数表示。在计算机的浮点数表示中，指数的基数为 2。计算机浮点数的一般格式为：
$$符号 \times 尾数 \times 2^{指数}$$

符号是 +1 或 -1。在二进制表示形式中，正数的符号位为 0，负数的符号位为 1。将符号与数字的其余部分分开后，其余值为非负数。对于零以外的任何值（0 被作为特殊情况处理），可以使用以乘以 2 的次方的方法把该数字缩放到大于等于 1 且小于 2 的范围内。

以重力常数为例，因为符号为 +1，所以去掉符号后的值不变，仍为 6.674×10^{-11}。该数字的尾数可通过乘以 2^{34} 来缩放到（$1 \leqslant m < 2$）这个范围，其中 m 表示尾数。此缩放的结果是：$G = +1 \times 1.146\ 584\ 5 \times 2^{-34}$。

将原始数字乘以 2^{34}，以使尾数达到所需范围，因此必须将数字的浮点表示乘以 2^{-34}，才能抵消缩放操作。

由于计算机使用二进制数进行操作，必须将尾数转换为二进制表示形式。在浮点处理中是用无符号整数表示 1 到 2 之间的范围。

例如，如果假设二进制尾数是 16 位，那么尾数 1.0 用 0000h 表示，略低于 2.0 的值（实际值是 1.999 984 74）用 FFFFh 表示。使用表达式 $(m-1) \times 2^{16}$ 将十进制尾数 m 转换为 16 位二进制的尾数，并将结果四舍五入到最接近的整数。16 位二进制尾数 m 可以用表达式 $1 + m \times 2^{-16}$ 转换为十进制。

在该示例中，十进制尾数 1.146 584 5 转换为 16 位二进制尾数 0010010110000111b 或 2587h。

使用本节描述的缩放时，浮点数可以用二进制形式表示，尾数和指数具有任何所需的位宽。为了兼容，定义能够适用于多种应用场合的有限数量的二进制浮点数格式，并在工业中进行广泛应用是非常有意义的。

因此，1985 年推出了 IEEE 754 标准用于计算机的浮点数表示。在了解该标准之前，我们先探讨 Intel 8087 浮点协处理器的设计，IEEE 754 标准中的概念来源于该协处理器。

9.2.1 8087 浮点协处理器

具有浮点硬件的现代处理器通常实现一组浮点计算指令，并在专用功能单元中执行这些指令。在超标量处理器中，在**浮点单元**（FPU）执行浮点计算的同时，主处理器内核继续执行其他类型的指令。

回顾第 1 章，1981 年发布的 IBM PC 有一个 8087 浮点协处理器的插槽。8087 在硬件中执行浮点运算的速度比在主机处理器上运行的功能相同的软件实现能够快大约 100 倍。由于 8087 的安装是可选的，因此大多希望利用其功能的 PC 软件应用程序会首先测试 8087 是否存在，如果找不到，则使用一个速度慢得多的浮点代码库。

8087 支持以下数据类型的计算：
- 16 位二进制补码整数
- 32 位二进制补码整数
- 64 位二进制补码整数
- 18 位有符号压缩**二进制编码十进制**（BCD）
- 32 位有符号短实数，24 位尾数和 8 位指数
- 64 位有符号长实数，53 位尾数和 11 位指数
- 80 位带符号临时实数，64 位尾数和 15 位指数

每种数据类型都以连续字节形式存储在内存中。实数类型的格式如图 9.3 所示：

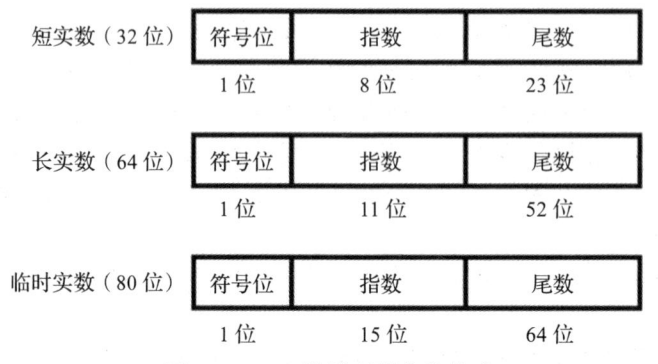

```
短实数（32 位）  | 符号位 | 指数 | 尾数 |
                   1 位    8 位   23 位

长实数（64 位）  | 符号位 | 指数 | 尾数 |
                   1 位   11 位   52 位

临时实数（80 位）| 符号位 | 指数 | 尾数 |
                   1 位   15 位   64 位
```

图 9.3　8087 协处理器实数格式

短实数格式和长实数格式使用隐含的 1 位作为尾数的最高有效位，并且二进制表示形式中不包含此位。作为一种特殊情况，零值是通过将尾数和指数都设置为 0 来表示的。

8087 内部使用临时实数格式来存储中间结果。与长实数格式相比，这种格式具有更高的精度，以尽量减少舍入误差在一系列计算中的传递。

每种实数格式都可以表示为 $(-1)^S (2^{E\text{-bias}}) (m)$，其中 S 是符号位，E 是指数，m 是尾数。在短实数格式中，偏差为 127，在长实数格式中，偏差为 1023，在临时实数格式中，偏差为 16 383。减去偏差将存储在指数字段中的无符号整数转换为有符号值。

重力常数 G 的十进制尾数为 1.146 584 5，二进制缩放因子为 2^{-34}，以短实数格式表示它的符号位为 0，指数为 $(-34 + 127) = 5\text{Dh}$，尾数为 $(1.146\ 584\ 5 - 1) \times 2^{23} = 12\text{C}348\text{h}$。将三个组成部分组合在一起，$6.674 \times 10^{-11}$ 以 32 位表示为：（符号位 = 0）× 2^{31} + 移码 = 5Dh × 2^{23} +（尾数 = 12C348h）。其 32 位单精度浮点数表示为 2E92C348h。

8087 在 8086/8088 指令集中增加了 68 个操作码助记符，以执行算术、三角、指数和对数等运算。在使用 8087 的 PC 程序中，代码由 8088 和 8087 指令的单个流组成，该指令流由 8088 主处理器以通常的顺序进行执行。当主机处理器执行指令时，8087 会监控地址和数据总线，并且仅在出现 8087 操作码时才进入执行指令的状态。8088 将 8087 指令视为空操作（或 nop）指令并将其忽略。

当 8087 开始执行指令时，它可以控制主机总线，使用 DMA 周期在其内部寄存器和系统内存之间传输数据。8087 和 8088 不会在它们之间直接传输数据，而只能通过将数据存储在内存中供其他处理器共享。8087 指令执行继续独立于 8088，使配备 8087 的 PC 成为真正的并行处理系统。8087 具有 BUSY 输出信号供 8088 主处理器使用，以确定 8087 当前是否正在执行指令。

当 8088 需要 8087 操作的结果时，8088 必须等待 8087 的 BUSY 信号无效，此时 8088 才可以自由访问存放 8087 指令输出的内存位置。

9.2.2　IEEE 754 浮点数标准

在现代计算机系统中，最常用的浮点数格式是 IEEE 754 标准中定义的格式。IEEE 发布了与电力、电子和计算相关的各种标准。IEEE 754 标准的最初版本于 1985 年推出，主要基于 Intel 8087 的数据类型和数学运算。

8087 并不完全符合最初的 IEEE 754 标准，该标准是在 8087 推出几年后发布的。Intel 浮点协处理器从 1987 年的 80387 开始才完全符合该标准。当今的 32 位和 64 位处理器通常将符合 IEEE 754 标准的浮点协处理器与主处理器集成在同一块芯片上。

IEEE 754 标准在 2008 年和 2019 年进行了更新。当前版本是 IEEE 754-2019，包含了 16、32、64、128 和 256 位的以 2 为基数的浮点数格式的定义，还包含了 32、64 和 128 位的以 10 为基数的浮点数格式。具有浮点运算的编程语言通常支持 32 位和 64 位的以 2 为基数的浮点格式。处理器、编程语言和操作系统对其余 IEEE 754 数据类型的支持比较有限且并不标准。

下一节将介绍现代处理器体系结构中的功耗管理功能。

9.3 功耗管理

对于使用便携式电池供电设备（例如智能手机、平板计算机和笔记本计算机）的用户而言，设备的续航能力是一项十分重要的指标。为了增加设备的续航能力，设计人员使用了如下技术：

- 使空闲的子系统处于低功耗状态，或者完全关闭它们。对于必须对输入请求随时进行响应的外围设备（例如网络接口），此解决方案可能无法实现。
- 在执行速度不是关键因素的时间段内降低集成电路电源电压和 CPU 的主频。
- 在可能的情况下，保存系统状态信息并完全关闭处理器电源。便携式计算机用户比较熟悉系统空闲时降低功耗的两种选项：待机和休眠。在待机模式下，系统 RAM 继续供电，其余部分关闭。当用户恢复使用系统时，待机模式可实现非常快速的启动。但是这种模式也是有代价的：保持 RAM 供电会有较大功耗。在休眠模式下，会把整个系统状态写入磁盘，并且系统完全断电。休眠模式基本上是零功耗，但是通常要比待机模式花费更多时间才能恢复使用。
- 当需要周期性处理时（例如在实时应用程序中），每次处理完成后将处理器置于低功耗状态。处理器保持该状态，直到定时器中断将处理器唤醒以进行下一次迭代。许多嵌入式处理器提供了一种低功耗的空闲模式，在该模式下，指令流水线被暂停，但当发生中断时，立即恢复执行以响应中断。在一些 RTOS 中，当所有任务由于等待中断或其他事件而被阻塞时，通过使处理器处于空闲状态来支持这种方式。

智能手机和其他电池供电设备通过使用以上的方法将电池使用量降至最低，同时保持对用户输入和外部输入（如来电和社交媒体通知）的即时响应。

高性能计算机和嵌入式设备中的现代处理器通常支持在代码执行期间调整 CPU 主频的能力，在某些情况下还具有改变处理器电源电压的能力。下一节将讨论这种电源管理技术。

动态电压频率缩放

对处理器运行频率和电源电压进行优化，使得功耗最小的技术称为**动态电压频率调节**（Dynamic Voltage Frequency Scaling，DVFS）。执行 DVFS 时，处理器会定期评估其当前工作状态的性能要求，在保持其性能处于一个可接受水平的同时，调整处理器时钟频率和电源电压以尽量降低功耗。

在包含大量晶体管的 CMOS 芯片中，使用 $P = \sum_{i=1}^{N} C_i v_i^2 f_i$ 来估算功耗。在该表达式中，P

表示包含 N 个 MOS 晶体管的芯片的总功耗，C_i 是第 i 个晶体管驱动的电容，v_i 是晶体管的电源电压，f_i 是其工作频率。

通过这个公式，可以看到电路功耗与电源电压的平方成正比，与电容和工作频率成正比。由于电路中的电容在功耗中起着重要作用，因此采用减小电路门尺寸的制造工艺来实现该器件，从而将电容保持在最小水平。这是当集成电路制造工艺转向较小特征尺寸时，器件功耗降低的原因之一。

DVFS 试图通过尽可能降低电源电压和处理器时钟频率来最大程度地降低总功耗。

虽然降低电路电源电压可以大大降低功耗，但是与此同时必须精心调整 CPU 的时钟频率。当电源电压降低时，CMOS 晶体管的开关速度会更慢。这是因为每个晶体管驱动的电容保持不变，但是用来驱动电容充电/放电的电压降低会导致充放电速率降低。随着系统电压的降低，必须同时降低 CPU 的时钟频率，电路才能正常工作。

与第 2 章的液压系统类似，降低 CMOS 电源电压的效果等同于降低了对气球充水的水管水压：在降低系统压力的情况下，气球充水速度会更慢。

降低处理器电源电压也会降低电路的抗干扰能力。发生这种情况时，外界干扰（例如，家用电器中启动的电动机产生的电场）会更容易破坏处理器的内部运行。为了确保处理器持续可靠地运行，必须对降低的电压幅度做出一定的限制。

降低 CPU 时钟频率（除了供电电压降低导致的时钟频率减慢）几乎可以等比例降低功耗。因为降低频率可以使得每个门可以有更长的时间进行状态转换、并传输至下一级门进行锁存，所以降低频率能够提高系统可靠性。

对于智能手机这样的复杂嵌入式设备，因为有多种不同的输入（用户操作、定时器触发的事件以及通过无线传输到达的信息）可能触发其工作，所以可能需要在高功耗状态和低功耗状态之间快速转换。随着环境的变化，系统可以灵活地在低功耗模式和高功耗模式之间切换，然而，由于功耗模式之间的切换也会消耗一些功率，所以有必要限制这种切换发生的速度。

用户希望其计算机和其他复杂数字设备的功耗较低，同时也希望这些系统是安全的。下一节介绍系统安全管理的关键因素。

9.4 系统安全管理

前面已经讨论了内核模式和用户模式使用不同的特权级将一个用户启动的应用程序与其他用户的程序和系统进程进行有效地分离。这代表了执行软件的安全级别。正常情况下这种方法已经很好了，但是当不可信用户获得了对系统的不受限制的访问权限时，如何使系统保持安全呢？这就必须在硬件级别实施其他措施，以防止好奇或恶意的用户访问受保护的代码、数据和硬件资源。

在详细地介绍硬件级安全功能之前，我们先列出一些数字系统中必须进行保护的信息和其他资源会很有帮助：

- **个人信息**：诸如身份证号码、用于访问银行账户的密码、联系人列表、电子邮件和短信消息等信息，即使保存这些信息的便携式设备丢失或被盗，信息也必须受到保护。
- **商业信息**：商业秘密、客户清单、研究成果和战略计划都是机密商业数据，在竞争对手或犯罪分子手中可能具有巨大价值。企业还收集了大量有关其客户的个人信息，需要采取有效地措施来确保这些信息的安全。
- **政府信息**：政府组织保留大量的公民个人信息，必须确保这些信息的安全。政府还有大量与国家安全有关的信息，这些信息需要大量的安全协议。

除了将敏感的信息存储在一个坚固的、访问受控的且具有有效地报警系统的场所外，还可以采取多种措施来确保系统免受各种攻击的影响。

以智能手机为例。有技术能力的个人或组织能够拆解手机并获得电路级硬件的访问权。如果此人能够监控处理器的外部电信号及其与系统中其他部件通信的链路，那他可能会收集到哪些信息？答案取决于系统设计中实现的硬件安全性策略的类型和数量。

安全系统设计的第一步是避免在开发过程中引入安全漏洞。在开发有嵌入式处理器的系统时，提供硬件调试器接口非常有用。**硬件调试器**通过专用电缆接口将 PC 连接到设备。使用此连接，开发人员可以重新对闪存编程、在代码中设置断点、显示寄存器和变量的值，以及单步执行代码。如果在设计的发行版中，调试器的连接仍保留在电路板上，则用户可以将自己的调试器连接到系统，以与开发人员相同的方式使用它。

对于任何旨在安全运行的系统来说，这都是不希望出现的。因为即使在产品发布后，连接调试器的能力仍然非常有用，所以开发人员有时会尝试将调试器信号保留在电路中，但会以某种方式对其进行伪装以使其功能不那么明显。尽管这种方法在某种程度上可能有效，但是专业的黑客已经证明了能够找出最隐蔽的调试接口，并利用这些接口访问处理器内部。在发布的产品中保留可访问的硬件调试接口是一个严重的安全漏洞。

许多处理器供应商已开始实施安全功能以保护处理器。系统开发人员必须在其系统设计中启用并充分利用这些功能。安全技术的一些例子如下：

- **受密码保护的硬件调试器接口**：某些处理器系列支持向标准硬件调试接口添加密码。这些系统中，在处理器启用调试功能之前，所连接的系统必须提供一个很强的密码（例如，256 位数字）来完成握手。这是一种有效的方法，可在产品发布后保留对出现的问题进行安全故障排除的功能。
- **具有密钥存储的内部加密引擎**：某些处理器提供加密和解密功能，并存储在操作期间使用的密钥。密钥必须在系统制造期间存储在处理器中，并且在存储之后不能从外部访问。这种加密引擎和存储密钥相结合的方式允许与授权的外部设备进行安全通信。使用基于硬件的高速加密和解密功能，允许处理器和物理上分离的子系统（例如汽车内的子系统）之间进行安全的全速通信。
- **设备内存保护**：许多处理器提供了几种保护内存区域的选项。例如，可以在编程后锁定包含代码的 ROM 模块，以确保以后无法对其进行重新编程。还可以阻止从代码区域读取数据，同时仍然允许执行访问。缺少完整内存管理单元的处理器通常具有一个名为**内存保护单元**（Memory Protection Unit，MPU）的子系统，用于管理各种处理器内存区域的安全需求。

确保安全系统操作所必需的几个功能已经集成在一个称为可信平台模块的设备中，该设备将在下一节中讨论。

9.4.1 可信平台模块

现代 PC 一个包含名为**可信平台模块**（Trusted Platform Module，TPM）的子系统，它提供了各种安全特性。TPM 是一种专门设计的防篡改处理器，用于支持加密操作。现代 PC

中的 TPM 可能是插在主板上的一个小模块，也可能会作为一个单独的功能单元集成在主处理器集成电路中。

TPM 提供的一般功能包括：

- **随机数生成**：当需要选择一个很难让人猜出的大数字时，最好的方法是使用真正随机的方法来生成这个数字。虽然大多数编程语言提供了生成随机数字序列的机制，但在大多数情况下，一旦有了一系列样本，这些"随机序列"通常在一定程度上是可预测的。TPM 具有真正的随机数生成能力，能够为安全数据生成具有强大保护能力的加密密钥。真正的随机数生成器使用专门的硬件来生成不可预测的序列。
- **密钥生成**：TPM 可以根据用户应用程序的请求，以标准格式创建用于系统内部的加密密钥。这些密钥通常用于电子邮件数字签名和确保访问 web 应用程序的安全等。
- **密钥存储**：除了生成加密密钥之外，TPM 还可以安全地存储用于各种用途的多个密钥。**公钥密码**使用成对生成的密钥，其中一个是**公钥**，它可以自由地与任何人共享；另一个是必须受到保护的**私钥**，私钥只供密钥所有者使用。使用公钥加密的数据只能使用私钥解密。同样，用私钥加密的数据只能用相应的公钥解密。公钥加密技术支持许多安全功能，如电子邮件加密和文档数字签名等。可以规定 TPM 永久地锁定其中的私钥，以确保它不会被恶意软件发现，甚至不会被对系统具有完全物理访问权限的高级攻击者发现。
- **系统完整性验证**：TPM 与安全启动过程密切相关。该流程可确保在启动过程中只允许执行受信任的固件和软件组件。安全启动过程包括计算和验证启动过程中使用的每个固件和软件组件在执行前的数字签名。
- **系统健康监控**：TPM 可确保系统安全功能（如磁盘加密和安全启动要求）在系统运行期间持续保持激活状态。
- **认证服务**：TPM 提供了一个可根据需要提供密码功能的编程接口，供非特权级别的应用程序使用。这是一种将用户身份绑定到数字设备的安全机制。TPM 中包含的私钥提供了强大且不可伪造的用户标识。

由于 TPM 的存在，现代 PC 和其他数字设备能够通过不安全的通信渠道（包括互联网）安全地进行财务信息和隐私信息的交互。

TPM 等安全机制的首要目的是破坏网络攻击者试图窃取计算机系统用户的信息或金融资产的意图。下一节将讨论所攻击范围和针对它们的防御方法。

9.4.2 网络攻击防御

仅靠设计一套标准安全功能的计算机系统来防御黑客是不够的。在标准安全技术之外，我们还需要考虑如下方面：

- **功耗、时序和发射分析**：通过对系统功耗、外部信号活动的时序甚至算法执行过程中产生的射频发射进行细粒度的监控，可以反推出处理器内正在进行的活动。例如，基于这些方法的攻击已成功地在密码算法执行过程中提取了加密密钥。
- **电源干扰**：在系统通电或运行过程中，故意引起电源电压波动或电压下降，会使其中一些安全功能不起作用，从而使许多系统处于易受攻击的状态。无论这种行为是自然的还是有意的，一个健壮的系统设计必须能够预见并应对这样的行为，在电源没有达到既定参数时，恢复到一个安全的、可靠的状态。

- **物理变更**：攻击者可能会替换系统中的某些构件以试图获得控制权。例如，更换 ROM 设备可能使系统能够正常运行，同时也使攻击者可以使用替换 ROM 中的代码获得不受限制的内部访问权限。越来越多的处理器支持使用数字签名来验证 ROM 代码的真实性。为了检查 ROM 中的内容，处理器运行一个密码哈希算法，该算法完成对 ROM 数据的一个复杂数学计算。在执行 ROM 代码之前，哈希算法的结果（签名）必须与处理器中预加载的签名匹配。哈希算法使得在改变了 ROM 内容的情况下几乎不可能再产生预期的签名。此外，ROM 数据内容也可以加密，这可以防止攻击者分析其中的代码。

本节列出了保证数字设备安全的一些基本方法，并简要地分析了一些已被专业攻击者利用的更深层的安全漏洞。安全系统设计必须从坚实的安全基础开始，但也需要一些独创性的手段来防止专业的攻击者使用各种方法来破坏系统安全性。

9.5 总结

本章建立在前几章的基础之上，重点介绍了在处理器指令集级别实现的扩展，提供了超出一般计算需求的额外系统能力。

你现在应该很好地理解了特权处理器模式以及它们如何在多处理和多用户环境中的使用，你应该也理解了浮点处理器和指令集的概念、电池供电设备中的电源管理技术以及旨在增强系统安全性的处理器特性。

下一章将介绍目前在个人计算、商业计算和智能便携式设备中使用的最流行的处理器体系结构和指令集。这些架构是 x86、x64 以及 ARM 的 32 位和 64 位变体。

9.6 习题

1. 使用支持访问浮点数据类型的编程语言（如 C 或 C++），编写一个接受 32 位单精度值作为输入的函数。从浮点值的字节中提取符号、指数和尾数并进行显示。在显示其值之前，从指数中去除偏差，并将尾数显示为十进制。使用值 0、−0、1、−1、6.674e-11、1.0e38、1.0e39、1.0e-38 和 1.0e-39 对程序进行测试。这里列出的包含 e 的数值是使用 C/C++ 文本表示的浮点数。例如，6.674e-11 表示 6.674×10^{-11}。
2. 修改习题 1 中的程序，使其也可以接受双精度浮点值，并从值中打印符号、指数（去除偏差）和尾数。使用与习题 1 相同的输入值以及 1.0e308、1.0e309、1.0e-308 和 1.0e-309 进行测试。
3. 在互联网上搜索有关 NXP 半导体 i.MX RT1060 处理器系列的信息。下载产品系列数据表，并回答有关这些处理器的以下问题。
4. i.MX RT1060 处理器是否支持在监管模式下执行指令？并说明原因。
5. i.MX RT1060 处理器是否支持分页虚拟内存的概念？并说明原因。
6. i.MX RT1060 处理器是否支持硬件浮点数运算？并说明原因。
7. i.MX RT1060 处理器支持哪些功耗管理功能？
8. i.MX RT1060 处理器支持哪些安全功能？

第 10 章
Modern Computer Architecture and Organization, Second Edition

现代处理器体系结构与指令集

大多数现代 PC 都包含支持 Intel 或 AMD 的 x86 32 位或 x64 64 位体系结构处理器。另外，几乎所有的智能手机、智能手表、平板计算机和许多嵌入式系统都包含 ARM 32 位或 64 位处理器。本章详细介绍了这些处理器系列的寄存器和指令集。

通过学习本章，你将了解 x86、x64、32 位 ARM 和 64 位 ARM 寄存器、指令集、汇编语言的高级体系结构和独特属性，以及这些体系结构中支持传统功能的关键技术。

本章包含以下主题：
- x86 体系结构与指令集
- x64 体系结构与指令集
- 32 位 ARM 体系结构与指令集
- 64 位 ARM 体系结构与指令集

10.1 x86 体系结构与指令集

在本章中，术语 x86 是指 1978 年推出的 Intel 8086 系列处理器中的 16 位和 32 位指令集体系结构。1979 年发布的 8088 在功能上与 8086 非常相似，只是 8088 的数据总线是 8 位，而 8086 的数据总线是 16 位。8088 是早期 IBM PC 中的中央处理器。

该处理器系列的后续几代被命名为 80186、80286、80386 和 80486，因此该系列简称为 "x86"。后来的几代放弃了数字命名约定，取名为 Pentium、Core、i 系列、Celeron 和 Xeon。

与 Intel 竞争的**超威半导体公司** AMD 自 1982 年以来一直在生产 x86 兼容的处理器。最近几代 AMD x86 处理器被命名为 Ryzen、Opteron、Athlon、Turion、Phenom 和 Sempron。

大多数情况下，Intel 和 AMD 处理器之间的兼容性很好。这两家厂商的处理器也有一些关键的区别，包括芯片引脚配置和芯片组兼容性等。

一般来说，Intel 处理器只能在为 Intel 芯片设计的主板和芯片组上工作，而 AMD 处理器只能在为 AMD 芯片设计的主板和芯片组上工作。在本节后面将介绍 Intel 和 AMD 处理器之间的其他差异。

尽管 8088 具有 8 位数据总线，但 8086 和 8088 都是 16 位处理器。这些处理器的内部寄存器是 16 位的，指令集对 16 位数据值进行操作。8088 透明地执行两个总线周期以在处理器和存储器之间传输一个 16 位数据值。

8086 和 8088 不支持现代处理器具有的更复杂的功能，例如，分页虚拟内存和保护环。这些早期的处理器也只有 20 条地址线，将可寻址内存容量限制为 1MB。因为 20 位地址不能直接放进 16 位寄存器，所以有必要使用一个稍复杂的段寄存器和偏移量来访问完整的 1MB 地址空间。

1985 年，Intel 发布了 80386，并对其进行了改进以减轻这些限制。80386 引入了如下功能：
- **32 位体系结构**：地址、寄存器和 ALU 都是 32 位宽，并且指令在 32 位宽的操作数上进行操作。
- **保护模式**：该模式支持多级特权机制，包括从 0 到 3 的环数。在 Windows 和 Linux 中，环 0 是内核模式，环 3 是用户模式。在这些操作系统中不使用环 1 和环 2。
- **片上 MMU**：80386 MMU 支持扁平内存模型，允许使用 32 位地址访问 4GB 空间中的任何位置。不再需要操作段寄存器和偏移量。MMU 支持分页虚拟内存。
- **三级指令流水线**：如第 8 章所述，流水线加速了指令执行。
- **硬件调试寄存器**：调试寄存器支持设置多达 4 个断点，当访问指定虚拟地址并且满足指定的条件时，代码将在指定的虚拟地址处停止执行。可用的中断条件为代码执行、数据写入和数据读写。这些寄存器仅适用于在环 0 中运行的代码。

现代 x86 处理器启动时进入 8086 的 16 位操作模式，现在称为**实模式**。该模式与为 8086/8088 环境编写的软件（如 MS-DOS 操作系统）保持兼容。在大多数运行在 x86 处理器上的现代系统中，在系统启动期间完成到保护模式的转换。从进入保护模式直到计算机关机，操作系统通常保持在保护模式。

> **现代 PC 上的 MS-DOS**
> 虽然现代 PC 中的 x86 处理器在指令级与早期的 8088 兼容，但在现代计算机系统上运行一个旧版的 MS-DOS 并不简单。这是因为现代 PC 的外围设备及其接口与 20 世纪 80 年代的 PC 接口不兼容，例如，MS-DOS 需要一个驱动程序与连接到现代主板的 USB 连接键盘进行交互。

当今，x86 处理器中 16 位模式主要用于引导和加载保护模式操作系统。由于大多数计算设备及其软件开发人员不太可能参与实现这种功能，因此本章中剩余的有关 x86 讨论将集中在保护模式和与之相关的 32 位扁平内存模型上。

x86 体系结构支持无符号和有符号二进制补码整数，宽度为 8、16、32、64 和 128 位。分配给这些数据类型的名称具体如下：
- **字节**：8 位
- **字**：16 位
- **双字**：32 位
- **四字**：64 位
- **双四字**：128 位

在大多数情况下，x86 体系结构不强制将这些数据类型存储在自然边界。数据类型的**自然边界**是任何可以被数据类型的大小（以字节为单位）整除的地址。

虽然允许在未对齐的边界存储任何多字节类型，但是一般不建议这样做，因为它会降低性能：操作未对齐的数据指令需要额外的时钟周期。一些操作双四字运算的指令需要自然对齐的存储数据，而且如果尝试未对齐的访问将产生一般保护故障。

x86 原生地支持 16、32、64 和 80 位宽度的浮点数据类型。其中 32 位、64 位和 80 位格式已在第 9 章介绍扩展。16 位格式称为**半精度**浮点，有 11 位尾数（隐含的前导 1 位）和 5 位指数。半精度浮点格式在 GPU 处理中广泛使用。

10.1.1 x86 寄存器集

在保护模式下，x86 体系结构有 8 个 32 位的通用寄存器、一个标志寄存器和一个指令指针。还有 6 个段寄存器和额外的与处理器型号相关的配置寄存器。段寄存器和与型号相关的寄存器由系统软件在启动过程中配置，通常与应用程序和设备驱动程序的开发人员无关。基于这些原因，将不再进一步讨论段寄存器和与型号相关的寄存器。

在最初的 8086 体系结构中，16 位通用寄存器被命名为 AX、CX、DX、BX、SP、BP、SI 和 DI。如此排序是因为 pushad（压入所有寄存器）指令按该顺序将这 8 个寄存器压入栈。

在向 80386 的 32 位体系结构过渡时，每个寄存器增长到 32 位。寄存器名称的 32 位版本以字母"E"作为前缀来表示这种扩展。

可以以较小的位宽访问 32 位寄存器的一部分。例如，32 位 EAX 寄存器的低 16 位为 AX。可以使用名称 AH（高位字节）和 AL（低位字节）进一步访问 AX 寄存器。图 10.1 显示了每个寄存器的名称和其子集：

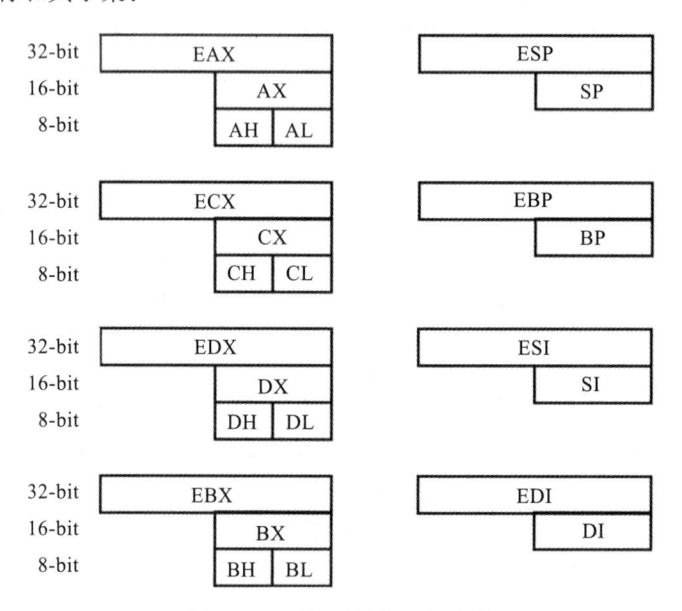

图 10.1　寄存器的名称和子集

对 32 位寄存器的一部分（例如，寄存器 AL）进行写操作，只影响该部分中的位。将一个 8 位数加载到 AL 时，只会修改 EAX 的最低 8 位，而其他 24 位不受影响。

为了与 x86 的**复杂指令集计算机**（Complexed Instruction Set Computer，CISC）体系结构保持一致，与各种指令相关联的几个功能被绑定到特定的寄存器上。表 10.1 给出了与每个 x86 通用寄存器关联的功能的说明。

表 10.1　x86 通用寄存器和相关功能

寄存器	名称	功能
EAX	累加器	算术运算
ECX	计数器	循环计数器和移位/循环移位计数器
EDX	数据	算术运算和 I/O 操作
EBX	基址	数据指针
ESP	栈指针	栈顶指针
EBP	基指针	在函数中指向栈底的指针

（续）

寄存器	名称	功能
ESI	源索引	数组操作中指向源位置的指针
EDI	目标索引	数组操作中指向目标位置的指针

这些寄存器指定的功能与许多精简指令集计算机（Reduced Instruction Set Computer, RISC）处理器的体系结构形成鲜明对比，后者倾向于提供更多的通用寄存器。RISC 处理器中的寄存器在很大程度上是相互等价的。

x86 标志寄存器 EFLAGS 包含表 10.2 中描述的处理器状态位。

表 10.2 x86 标志寄存器状态位

位	名称	功能
0	CF	进位标志：指示加法中产生的进位和减法中产生的借位。可用作加法和减法的输入
2	PF	奇偶标志：如果结果的低 8 位包含偶数个 1，则置位
4	AF	调整标志：用于 BCD 算法，表示加减法是否在低 4 位产生了进位或借位
6	ZF	零标志：如果操作结果为零，则置位
7	SF	符号标志：如果操作结果为负数，则置位
8	TF	自陷标志：用于单步调试
9	IF	中断允许标志：此位置位使能硬件中断
10	DF	方向标志：控制字符串处理的方向。清除时，顺序从最低地址到最高地址。置位时，顺序从最高地址到最低地址
11	OF	溢出标志：如果操作导致有符号溢出则置位
12-13	IOPL	I/O 特权级：当前执行线程的特权级别。IOPL 0 是内核模式，3 是用户模式
14	NT	嵌套任务标志：控制中断的嵌套
16	RF	恢复标志：用于在调试期间处理异常
17	VM	虚拟 8086 模式标志：如果置位，则激活 8086 兼容模式。此模式允许在保护模式操作系统的上下文中运行某些 MS-DOS 应用程序
18	AC	对齐检查标志：置位，则在内存访问时检查访问是否对齐。例如，如果设置了 AC 标志，则将 16 位数据值存储到奇数地址会导致对齐检查异常。X86 处理器可以在未设置此标志时执行未对齐内存访问，但所需的指令周期数可能会增加
19	VIF	虚拟中断标志：虚拟 8086 模式下 IF 标志的虚拟版本
20	VIP	虚拟中断挂起标志：在虚拟 8086 模式下，如果中断被挂起则置位
21	ID	ID 标志：如果该位置位，则支持 cupid 指令。cpuid 指令返回处理器标识和功能信息

EFLAGS 寄存器中未在上表中列出的所有位都被保留且未使用。

32 位指令指针 EIP 包含下一条要执行的指令的地址（除了当前指令是分支指令并且分支执行）。

x86 体系结构是小端模式（little-endian），这意味着当多字节值存储在内存中时，最低有效字节位于最低地址，最高有效字节位于最高地址。

10.1.2 x86 寻址方式

作为 CISC 体系结构的优势，x86 支持多种寻址方式。x86 必须遵循与源操作数和目标操作数寻址相关的几条规则才能生成有效的指令。例如，`mov` 指令的源操作数和目标操作数的大小必须相等。汇编器将尝试为大小不明确的操作数（例如，立即数 7）选择合适的大小，来与目标位置（例如 32 位寄存器 EAX）的宽度进行匹配。在无法推断操作数大小的情况下，必须使用类似于 `byte ptr` 等指明操作数大小的关键字。

这些示例中的汇编语言使用 Intel 语法，它将操作数按"目标 – 源"的顺序排列。Intel 语法主要用于 Windows 和 MS-DOS 上下文中。另一种表示法称为 AT&T 语法，将操作数按"源 – 目标"的顺序排列。AT&T 语法用于基于 Unix 的操作系统。本书中的所有示例都将使用 Intel 语法。

下面将介绍 x86 体系结构支持的多种寻址方式。

1. 隐含寻址

寄存器由指令操作码隐含，例如：

```
clc ; Clear the carry flag (CF in the EFLAGS register)
```

2. 寄存器寻址

源寄存器和目的寄存器的一个或全部在指令中进行编码，例如：

```
mov eax, ecx ; Copy the contents of register ECX to EAX
```

可以使用寄存器作为第一个操作数、第二个操作数或全部操作数。

3. 立即数寻址

立即数作为指令的操作数，例如：

```
mov eax, 7 ; Move the 32-bit value 7 into EAX
mov ax, 7 ; Move the 16-bit value 7 into AX (the lower 16 bits of EAX)
```

当使用 Intel 语法时，不需要在立即数前加字符 #。

4. 直接寻址

使用指令的一个操作数给出地址值，例如：

```
mov eax, [078bch] ; Copy the 32-bit value at hex address 78BC to EAX
```

在 x86 汇编代码中，使用中括号括起来的表达式表示地址。如果对中括号括起来的数据进行移动（`mov`）或其他操作，操作的对象是存储器中给定地址处存放的数据。该规则的一个例外是 LEA（加载有效地址）指令，该指令将在后面介绍。

5. 寄存器间接寻址

操作数字段的寄存器中存放的是操作数的地址，例如：

```
mov eax, [esi] ; Copy the 32-bit value at the address contained in ESI to
               ; EAX
```

该模式与 C 或 C++ 中使用指针访问变量类似。

6. 变址寻址

操作数表示寄存器加偏移量，用于计算数据值的地址，例如：

```
mov eax, [esi + 0bh] ; Copy the 32-bit value at the address (ESI + 0bh) to
                     ; EAX
```

此模式对于访问数据结构的元素非常有用。在本例中，`ESI` 寄存器包含结构的起始地址，添加的常量是元素从结构开始处的字节偏移量。

7. 基址变址寻址

操作数表示一个基址寄存器、一个变址寄存器和一个偏移量，它们进行相加来计算数据的地址，例如：

```
mov eax, [ebx + esi + 10] ; Copy the 32-bit value starting at the address
                          ; (EBX + ESI + 10) to EAX
```

此模式对于访问结构阵列中的单个数据元素非常有用。在本例中，`EBX` 寄存器包含结构阵列的起始地址，`ESI` 包含阵列中引用结构的偏移量，常量值（`10`）是所需元素从所选结构开始的偏移量。

8. 具有比例因子的基址变址寻址

操作数由一个基址寄存器、一个乘以比例因子的变址寄存器和一个偏移量组成，对这些值进行相加来计算数据的地址，例如：

```
mov eax, [ebx + esi*4 + 10] ; Copy the 32-bit value starting at the
                            ; address (EBX + ESI*4 + 10) to EAX
```

在这种模式下，变址寄存器中的值可以乘以 1（默认）、2、4 或 8，然后再与操作数地址的其他部分相加。使用比例因子不会导致性能损失。当对元素大小位为 2、4 或 8 字节的数组进行迭代处理时，此功能非常有用。

在这种寻址方式中，大多数通用寄存器都可以用作基址寄存器或变址寄存器。图 10.2 显示了可能的组合。

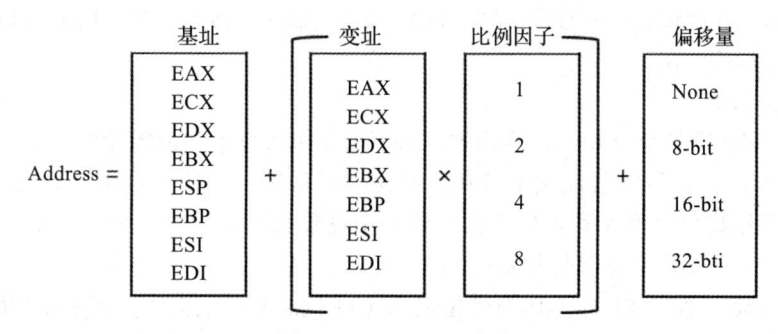

基址		变址		比例因子		偏移量
EAX		EAX		1		None
ECX		ECX				
EDX		EDX		2		8-bit
Address = EBX	+	EBX	×		+	
ESP		EBP		4		16-bit
EBP		ESI				
ESI		EDI		8		32-bti
EDI						

图 10.2 基址寻址方式

8 个通用寄存器都可用作基址寄存器。在这 8 个寄存器中，只有 `ESP` 不能用作变址寄存器。

10.1.3 x86 指令类别

x86 指令集是随 Intel 8086 一起推出的，多年来已经扩展了多次。一些最重要的变化与架构从 16 位扩展到 32 位有关，增加了保护模式和分页虚拟内存。在几乎所有情况下，新功能都是在保持完全向后兼容性的情况下添加的。

x86 指令集包含几百条指令，在这里不会对全部指令进行讨论。本节将简要总结适用于用户模式应用程序和设备驱动程序的比较重要和常用的指令。这个 x86 指令子集可分为几个常用类别：数据移动、栈操作、算术和逻辑、转换、控制流、字符串和标志操作、输入 / 输出和保护模式指令。还有一些不属于任何特定类别的杂项指令。

1. 数据移动

数据移动指令不影响处理器标志。以下指令执行数据移动：

- mov：将第二个操作数指明的数据值复制到第一个操作数指定的位置。
- cmovcc：如果 cc 条件为真，则有条件的将第二个操作数的数据移动到第一个操作数指定的寄存器中。条件由一个或多个处理器标志确定：CF、ZF、SF、OF 和 PF。条件代码为 e（等于）、ne（不等于）、g（大于）、ge（大于或等于）、a（高于）、ae（高于或等于）、l（小于）、le（小于或等于）、b（低于）、be（低于或等于）、o（溢出）、no（无溢出）、z（零）、nz（非零）、s（SF=1）、ns（SF=0）、cxz（寄存器 CX 为零）和 ecxz（ECX 寄存器为零）。
- movsx、movzx：分别对源操作数进行符号扩展和零扩展。源操作数的大小（或长度）必须小于目标操作数。
- lea：计算第二个操作数提供的地址，并将其存储在第一个操作数中指定的位置。第二个操作数被方括号括住。与其他数据移动指令不同，该指令将计算出的地址存入目的地，而不是使用该地址中的数值。

2. 栈操作

栈操作指令不影响处理器标志。这些指令如下：

- push：将 ESP 递减 4，然后将 32 位操作数放入 ESP 指向的栈位置。
- pop：将 ESP 指向的 32 位数据值复制到操作数位置（寄存器或内存地址），然后将 ESP 递增 4。
- pushfd、popfd：将 EFLAGS 寄存器压入栈或从栈弹出。
- pushad、popad：按顺序将 EAX、ECX、EDX、EBX、ESP、EBP、ESI 和 EDI 寄存器压入栈或从栈弹出。

3. 算术与逻辑

算术指令和逻辑指令修改处理器标志。以下指令执行算术和逻辑操作：

- add、sub：执行整数加法或减法。减法时，从第一个操作数中减去第二个操作数。两个操作数可以都在寄存器中，或者一个操作数在内存中，另一个操作数可以在寄存器。一个操作数可以是常量。
- adc、sbb：使用 CF 标志作为进位输入（用于加法）或作为借位输入（用于减法）执行整数加减运算。
- cmp：两个操作数相减并丢弃结果，同时根据结果更新 OF、SF、ZF、AF、PF 和 CF 标志。
- neg：对操作数求相反数。
- inc、dec：对操作数递增 1 或递减 1。
- mul：执行无符号整数乘法。乘积的大小取决于操作数的大小。字节操作数乘以 AL，结果放入 AX。字操作数乘以 AX，结果放入 DX:AX，高 16 位放入 DX。双字乘以 EAX，结果放入 EDX:EAX。
- imul：执行有符号整数乘法。第一个操作数必须是寄存器并存放运算结果。总共可能有两个或三个操作数。在双操作数形式中，第一个操作数乘以第二个操作数，结果存储在第一个操作数（寄存器）中。在三操作数形式中，第二个操作数乘以第三个操作数，结果存储在第一个操作数寄存器中。在三操作数形式中，第三个操作数必须是立即数。
- div、idiv：执行无符号（div）或有符号（idiv）除法。结果的大小取决于操作数的大小。AX 除以一个字节操作数，商放入 AL，余数放入 AH。DX:AX 除以一个字操作数，商放入 AX，余数放入 DX。EDX:EAX 除以一个双字操作数，商放入 EAX，余数放入 EDX。
- and、or、xor：对两个操作数执行相应的逻辑运算，并将结果存储到目标操作数位置。
- not：对单个操作数执行逻辑 not（位反转）运算。
- sal、shl、sar、shr：对字节、字或双字操作数进行算术左移（sal）、逻辑左移（shl）、算术右移（sar）或逻辑右移（shr），移位次数可以为 1 到 31。sal 和 shl 将最后移出的位放入进位标志中，并在空出的最低有效位中插入 0。shr 将最后一个移出的位放入进位标志，并将 0 插入空出的最高有效位。sar 与 shr 的不同之处在于将符号位传播到空出的最高有效位。
- rol、rcl、ror、rcr：可选择通过进位标志执行 0 到 31 位的向左或向右的循环移位。rcl 和 rcr 通过进位标志进行循环，而 rol 和 ror 的循环不需要通过进位标志。
- bts、btr、btc：将第一个操作数内指定位号（作为第二个操作数提供）的值读入进位标志，然后对选中的位进行置位（bts）、清零（btr）或取反（btc）。这些指令前面可以加上 lock 关键字，使操作成为原子操作。
- test：对两个操作数执行逻辑"与"且不保存结果，根据运算结果更新 SF、ZF 和 PF 标志。

4. 转换
转换指令将较小的数据扩展为较大的数据。这些指令如下：
- cbw：将字节（寄存器 AL）转换为字（AX）。
- cwd：将字（寄存器 AX）转换为双字（DX:AX）。
- cwde：将字（寄存器 AX）转换为双字（EAX）。
- cdq：将双字（寄存器 AX）转换为四字（EDX:EAX）

5. 控制流
控制流指令有条件或无条件地将执行转移到一个地址。控制流指令如下：
- jmp：将控制权转移到操作数指定的地址处的指令。
- jcc：如果条件 cc 为真，则将控制权转移到操作数指定的地址处的指令。条件代码已在前面的 cmovcc 指令说明中描述过。条件由一个或多个处理器标志确定：CF、ZF、SF、OF 和 PF。
- call：将 EIP 的当前值压入栈，并将控制权转移到操作数指定的地址处的指令。
- ret：弹出栈顶的值并将其存储在 EIP 中。如果提供了一个操作数，它将从栈中弹出给定的字节数以清除参数。
- loop：使 ECX 中的循环计数器递减，如果不为零，则将控制权转移到操作数指定的地址处的指令。

6. 字符串操作
字符串操作指令可以使用 rep 关键字作为前缀，对操作重复执行，重复次数由 ECX 寄存器给定，根据 DF 标志的状态，在每次迭代中对源地址和目标地址进行递增或递减。每次迭代处理的操作数大小可以是字节、字或双字。每个字符串元素的源地址由 ESI 寄存器给定，目标地址由 EDI 寄存器给定。这些指令如下：
- mov：移动字符串元素。
- cmps：比较两个字符串中相应位置的元素。
- scas：根据操作数大小，将字符串元素与 EAX、AX 或 AL 中的值进行比较。
- lods：根据操作数大小将字符串加载到 EAX、AX 或 AL 中。
- stos：根据操作数大小，将 EAX、AX 或 AL 中的值存储到 EDI 指定的存储单元中。

7. 标志操作

标志操作指令修改 EFLAGS 寄存器中的位。标志操作说明如下：
- stc、clc、cmc：置位、清除或补码进位标志 CF。
- std、cld：置位或清除方向标志 DF。
- sti、cli：置位或清除中断标志 IF。

8. 输入 / 输出

输入 / 输出指令从外部设备读取或向外部设备写入数据。输入 / 输出指令如下：
- in、out：根据操作数大小，在 EAX、AX 或 AL 与 I/O 端口之间移动 1、2 或 4 个字节。
- ins、outs：以与字符串指令相同的方式在内存和 I/O 端口之间移动数据元素。
- rep ins、rep outs：以与字符串指令相同的方式在内存和 I/O 端口之间移动数据块。

9. 保护模式

以下指令访问保护模式的功能：
- sysenter、sysexit：在 Intel 处理器中，将控制从环 3 转移到环 0（sysenter）或从环 0 转移到环 3（sysexit）。
- syscall、sysret：在 AMD 处理器中，将控制从环 3 转移到环 0（syscall）或从环 0 转移到环 3（sysret）。在 x86（32 位）模式下，AMD 处理器还支持 sysenter 和 sysexit。

10. 杂项指令

这些指令不属于前面列出的类别：
- int：启动软件中断。操作数是中断向量号。
- nop：空操作。
- cpuid：提供有关处理器型号及其功能的信息。

11. 其他指令类别

本节列出的指令是一些在 x86 应用程序和设备驱动程序中常见的通用指令。x86 体系结构包含多种指令类别，包括：
- **浮点指令**：这些指令由 x87 浮点单元执行。
- **SIMD 指令**：此类指令包括 MMX、SSE、SSE2、SSE3、SSE4、AVX、AVX2 和 AVX-512 指令。
- **AES 指令**：这些指令支持使用**高级加密标准**（Advanced Encryption Standard，AES）进行加密和解密。
- **MPX 指令**：**内存保护扩展**（Memory Protection Extensions，MPX）通过防止缓冲区溢出等错误来增强内存完整性。
- **SMX 指令**：**安全模式扩展**（Safer Mode Extensions，SMX），当用户进入可信模式时，提高了系统的安全性。

- **TSX 指令**：事务同步扩展（Transactional Synchronization Extensions，TSX）使用共享资源提高多线程执行的性能。
- **VMX 指令**：虚拟机扩展（Virtual Machine Extensions，VMX）支持虚拟化操作系统的安全和高效执行。

x86 提供了额外的处理器寄存器供浮点和 SIMD 指令使用。还有其他种类的 x86 指令，其中一些已经在后来的架构中已经失效。

12. 用指令模式

下面的示例是在编译代码中经常遇到的指令使用模式。这些示例中使用的技术，可以用最短的代码长度最快地产生正确的结果：

```
xor reg, reg ; Set reg to zero
test reg, reg ; Test if reg contains zero
add reg, reg ; Shift reg left by one bit
```

10.1.4　x86 指令格式

单个 x86 指令的长度是可变的，大小可以是 1~15 个字节。单个指令的组成部分（包括任何可选字节）按以下顺序排列在内存中：

- **前缀字节**：一个或多个可选前缀字节提供辅助操作码执行信息。例如，`lock` 前缀在多处理器系统中执行总线锁定，以启用原子"测试并设置"（test-and-set）类型操作。`rep` 和相关前缀实现的字符串指令能够在单个指令中对字符串元素执行重复操作。其他前缀可用于提供条件分支指令的提示，或改变地址或操作数的默认大小。
- **操作码字节**：任何前缀字节后面都有一个由 1 到 3 个字节构成的 x86 操作码。对于某些操作码，在操作码后面的 Mod R/M 字节中编码一个额外的 3 位操作码。
- **Mod R/M 字节**：并非所有指令都需要该字节。Mod R/M 字节包含三个信息字段，提供地址模式和操作数寄存器信息。这个字节的最高两位（Mod 字段）和最低三位（R/M 字段）组合起来形成一个 5 位字段，可以编码 32 个可能的值。其中，8 个值标识寄存器操作数，另外 24 个值指定寻址方式。剩余的 3 位（reg/opcode 字段）根据指令的不同，要么指示寄存器，要么提供 3 个额外的操作码。
- **地址位移字节**：使用 0、1、2 或 4 个字节来提供用于计算操作数地址的地址偏移量。
- **立即数字节**：如果指令包含立即数，则它位于指令的最后 1、2 或 4 个字节中。

x86 指令的可变长度特性使得指令译码过程相当复杂。对于调试工具来说，以相反的顺序反汇编一系列指令，或者显示指向断点的代码也很困难。之所以会出现这种困难，是因为在一条长指令中，尾部字节子集有可能形成一条完整、有效的指令。这种复杂性与 RISC 体系结构中使用的常规指令格式显著不同。

10.1.5　x86 汇编语言

用汇编语言可以开发任何复杂程度的程序。然而，大多数现代应用程序大部分或全部是用高级语言开发的。汇编语言倾向于在需要使用专用指令的情况下使用，或者需要进行的优化却无法使用优化编译器实现时使用。

不管应用程序开发中使用什么语言，所有代码最终都必须以处理器指令执行。为了完全理解代码在计算机系统上是如何执行的，在执行每条单独的指令之后，必须检查系统状态。

编写一些汇编代码是学习如何在这种环境中操作的一个好方法。

下面给出的 x86 汇编语言示例是一个完整的 x86 应用程序，它在 Windows 命令控制台中运行，打印文本字符串，然后退出。

```
    .386
    .model FLAT,C
    .stack 400h

    .code
    includelib libcmt.lib
    includelib legacy_stdio_definitions.lib

    extern printf:near
    extern exit:near

    public main
    main proc
        ; Print the message
        push    offset message
        call    printf

        ; Exit the program with status 0
        push    0
        call    exit
    main endp

    .data
    message db "Hello, Computer Architect!",0

    end
```

汇编语言文件的内容说明如下：
- 386 指令表示本文件中的指令应解释为适用于 80386 及更新版本的处理器。
- model FLAT，C 指令指定 32 位扁平内存模型和使用 C 语言函数调用约定。
- .stack 400h 指令指定的栈大小为 400h（1024）字节。
- .code 指令指示可执行代码的开始。
- includelib 和 extern 指令指出程序使用的系统库和函数。
- public 指令表明函数名 main 是一个外部可见的符号。
- main proc 和 main endp 之间的行是组成 main 函数的汇编语言指令。
- .data 指令指示数据存储器的开始。message db 语句将消息字符串定义为一个字节序列，后跟一个零字节。
- end 指令标志着程序的结束。

该文件名为 hello_x86.asm，使用以下命令进行汇编和链接，以形成可执行的 hello_x86.exe 程序来运行 Microsoft 宏汇编程序：

```
ml /Fl /Zi /Zd hello_x86.asm
```

此命令的组成部分如下：
- `ml` 运行汇编程序。
- `/Fl` 创建一个列表文件。
- `/Zi` 在可执行文件中包含符号调试信息。
- `/Zd` 在可执行文件中包含行号调试信息。
- `hello_x86.asm` 是汇编语言源文件的名称。

下面是由汇编程序生成的 `hello_x86.lst` 列表文件的一部分：

```
                            .386
                            .model FLAT,C
                            .stack 400h
 00000000                   .code
                            includelib libcmt.lib
                            includelib legacy_stdio_definitions.lib

                            extern printf:near
                            extern exit:near

                            public main
 00000000                   main proc
                                ; Print the message
 00000000  68 00000000 R        push    offset message
 00000005  E8 00000000 E        call    printf

                                ; Exit the program with status 0
 0000000A  6A 00                push    0
 0000000C  E8 00000000 E        call    exit
 00000011                   main endp

 00000000                   .data
 00000000 48 65 6C 6C 6F     message db "Hello, Computer Architect!",0
          2C 20 43 6F 6D
          70 75 74 65 72
          20 41 72 63 68
          69 74 65 63 74
          21 00
```

上面的列表在左栏中显示了从 main 函数开始的地址偏移量。在指令行中，操作码跟随地址偏移量。代码中的地址引用（例如，`offset message`）在列表中显示为 `00000000`，因为这些值是在链接过程中确定的，而不是在生成此列表的汇编过程中确定的。

下面是运行此程序时显示的输出：

```
C:\>hello_x86.exe
Hello, Computer Architect!
```

接下来将研究 32 位 x86 体系结构到 64 位 x64 体系结构的扩展。

10.2 x64 体系结构与指令集

AMD 在 2000 年推出了将 x86 处理器和指令集扩展到 64 位的处理器体系结构的原始规范，名为 AMD64。第一个名为 Opteron 的 AMD64 处理器于 2003 年发布。Intel 效仿 AMD 开发了一种与 AMD64 兼容的体系结构，最终命名为 Intel 64。第一个实现 64 位体系结构的 Intel 处理器是 2004 年推出的 Xeon。AMD 和 Intel 共享的体系结构名称后来被称为 x86-64，反映了 x86 到 64 位的发展，在流行用法中，这个术语被缩短为 x64。

第一个支持 x64 架构的 Linux 版本于 2001 年发布，比第一个 x64 处理器的出现早很多。Windows 从 2005 年开始支持 x64 架构。

实现 AMD64 和 Intel 64 体系结构的处理器对用户模式程序来说，在指令级上基本上是兼容的。两种体系结构之间存在一些差异，其中最显著的差异是 Intel 指令支持的 sysenter/sysexit 和 AMD 指令支持的 syscall/sysret。

一般来说，操作系统和编程语言编译器管理这些差异，使得它们很少成为软件和系统开发人员关心的问题。内核软件、驱动程序和汇编代码的开发人员必须考虑到这些差异。

x64 体系结构的主要特点如下：

- x64 是对 32 位 x86 体系结构在基本兼容的基础上进行的 64 位扩展。在 32 位环境下编写的大多数应用程序，特别是用户模式下的应用程序，都能够不经修改地在运行 64 位模式的处理器中执行。64 位模式也称为**长模式**。
- x86 的 8 个 32 位通用寄存器在 x64 中扩展到 64 位。寄存器名前缀 R 表示 64 位寄存器。例如，在 x64 中，扩展的 x86 EAX 寄存器称为 RAX。x86 寄存器组成部分 EAX、AX、AH 和 AL 继续在 x64 中得到支持。
- 指令指针 RIP 现在是 64 位。标志寄存器 RFLAGS 也扩展到 64 位，但最高的 32 位是保留的。RFALGS 的低 32 位与 x86 体系结构中的 EFLAGS 相同。
- 增加了 8 个 64 位通用寄存器，命名为 R8~R15。
- 支持 64 位整数作为基本数据类型。
- x64 处理器保留在 x86 兼容模式下运行的选项。此模式允许使用 32 位操作系统，并允许在 x86 下设计的任何应用程序都能在 x64 处理器上运行。在 32 位兼容模式下，64 位扩展不可用。

x64 体系结构中的虚拟地址宽 64 位，支持 16 EB 的地址空间，相当于 2^{64}B。然而，目前 AMD 和 Intel 的处理器只支持 48 位的虚拟地址空间。此限制降低了处理器硬件的复杂性，同时仍支持高达 256TB 的虚拟地址空间。当前一代处理器还支持最多 48 位的物理地址空间。这允许处理器寻址 256 TB 的物理 RAM，尽管现代主板无法支持这样一个系统所需的 DRAM 器件数量。

10.2.1 x64 寄存器集

在 x64 体系结构中，将 x86 寄存器长度扩展到 64 位，而且添加了 8 个寄存器（R8~R15），寄存器映射如图 10.3 所示。

上一节中描述的 x86 寄存器以及 x64 中的 x86 寄存器显示在图 10.3 的阴影中。在 64 位模式下运行时，x86 寄存器具有相同的名称和大小。x86 寄存器的 64 位扩展版本的名称以字母 R 开头。新的 64 位寄存器（R8~R15）可以使用适当的后缀以较小的宽度访问：

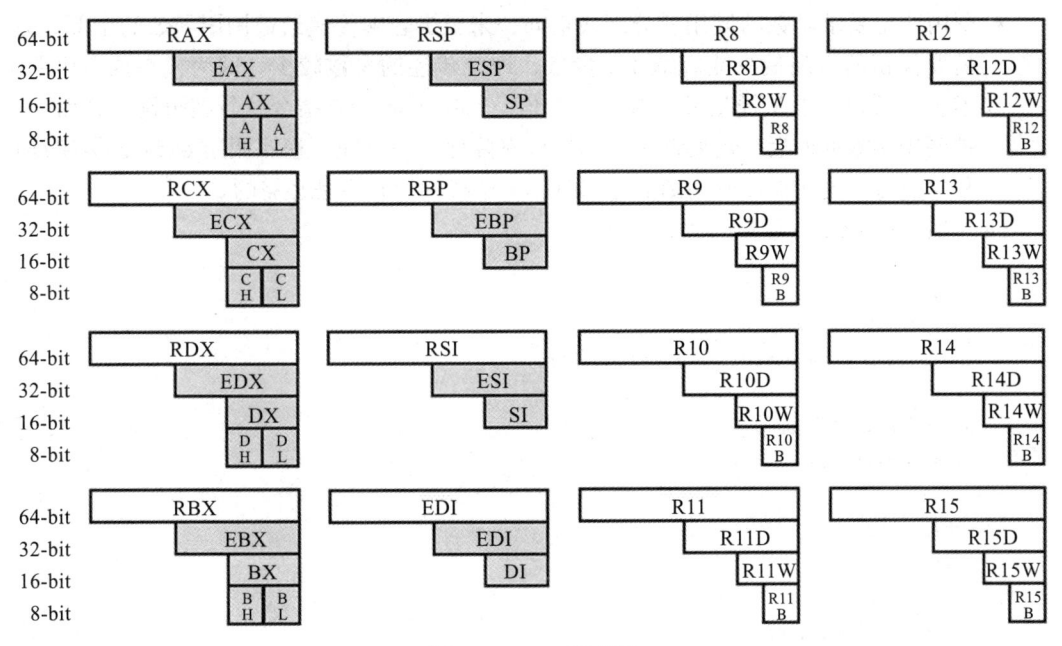

图 10.3 x64 寄存器

- 后缀 D 访问寄存器的低位 32 位：R11D。
- 后缀 W 访问寄存器的低 16 位：R11W。
- 后缀 B 访问寄存器的低 8 位：R11B。

与 x86 寄存器不同，x64 体系结构中的新寄存器是真正通用的，在处理器指令级上不指定任何特殊功能。

10.2.2 x64 指令类别与格式

x64 体系结构使用 64 位扩展实现了与 x86 基本相同的指令集。在 64 位模式下操作时，x64 体系结构使用 64 位的默认地址和 32 位的默认操作数。x64 体系结构提供了一个新的操作码前缀字节 rex，用于指明使用 64 位操作数。

内存中 x64 指令的格式与 x86 体系结构的格式相匹配，但有些例外，这些例外通常是次要的。添加对 rex 前缀字节的支持是相对于 x86 指令格式最显著的变化。除了 x86 支持的所有位宽之外，某些指令中的地址偏移量和立即数也可以是 64 位宽。

虽然可以定义长度超过 15 字节的指令，但如果试图对长度超过 15 字节的指令进行译码，处理器指令译码器将引发一般保护故障。

10.2.3 x64 汇编语言

hello 程序的 x64 汇编语言源文件与此代码的 x86 版本类似，但有一些显著的区别：

- 因为只有一个 x64 内存模型，所以没有指定内存模型的指示符。
- Windows x64 应用程序接口（API）使用一个调用约定，将调用函数的前四个参数按顺序存储在 RCX、RDX、R8 和 R9 寄存器中。这与默认的 x86 调用约定不同，x86 调用约定是将参数压入栈。这个程序调用的两个库函数（printf 和 exit）都使用 RCX 传入一个参数。

- 调用约定要求函数的调用者分配栈空间，来至少容纳传递给被调用函数的全部参数，需要保留的空间最少能容纳 4 个参数，即使传递的参数较少。因为栈在内存中向下增长，所以需要从栈指针中减去一个值。`sub rsp, 40` 指令执行栈分配。通常，在被调用函数返回后，需要调整栈指针以删除此空间分配。程序调用 `exit` 函数来终止程序执行，这使得被调用函数返回时，调整栈指针并不是必需的。

64 位版本的 hello 程序的代码如下：

```
.code
includelib libcmt.lib
includelib legacy_stdio_definitions.lib

extern printf:near
extern exit:near

public main
main proc
    ; Reserve stack space
    sub     rsp, 40

    ; Print the message
    lea     rcx, message
    call    printf

    ; Exit the program with status 0
    xor     rcx, rcx
    call    exit
main endp

.data
message db "Hello, Computer Architect!",0

end
```

此文件名为 hello_x64.asm，通过以下命令调用对 Microsoft 宏汇编程序（x64）进行汇编和链接，以形成可执行的 hello_x64.exe 程序：

```
ml64 /Fl /Zi /Zd hello_x64.asm
```

此命令的组成部分包括：
- ml64 运行 64 位汇编程序。
- /Fl 创建一个列表文件。
- /Zi 在可执行文件中包含符号调试信息。
- /Zd 在可执行文件中包含行号调试信息。
- hello_x64.asm 是汇编语言源文件的名称。

下面是由汇编命令生成的 hello_x64.lst 列表文件的一部分：

```
    00000000                    .code
                                includelib libcmt.lib
                                includelib legacy_stdio_definitions.lib

                                extern printf:near
                                extern exit:near

                                public main
    00000000                    main proc
                                ; Reserve stack space
    00000000  48/ 83 EC 28          sub     rsp, 40

                                ; Print the message
    00000004  48/ 8D 0D             lea     rcx, message
              00000000 R
    0000000B  E8 00000000 E         call    printf

                                ; Exit the program with status 0
    00000010  48/ 33 C9             xor     rcx, rcx
    00000013  E8 00000000 E         call    exit
    00000018                    main endp

    00000000                    .data
    00000000 48 65 6C 6C 6F     message db "Hello, Computer Architect!",0
             2C 20 43 6F 6D
             70 75 74 65 72
             20 41 72 63 68
             69 74 65 63 74
             21 00
```

运行该程序的输出如下：

```
C:\>hello_x64.exe
Hello, Computer Architect!
```

x86 和 x64 体系结构的简要介绍到此为止。更多详细信息可参考 *Intel 64 and IA-32 Architectures Software Developer's Manual, Volumes 1 through 4*。

接下来我们将详细介绍 ARM 32 位和 64 位体系结构。

10.3　32 位 ARM 体系结构与指令集

ARM 体系结构定义了一系列适合于各种应用的 RISC 处理器。基于 ARM 架构的处理器在需要高性能、低功耗和小物理尺寸的设计中是首选。

英国半导体和软件公司 ARM Holdings 开发了 ARM 架构，并将其授权给其他实现硅处理器的公司。ARM 架构的许多应用都是**单片系统**（SoC）设计，将处理器与专用硬件结合起来，以支持智能手机中的蜂窝无线电通信等功能。

ARM 处理器的应用非常广泛，应用范围从小型电池供电设备到超级计算机。ARM 处理器在高安全要求的系统（如汽车防抱死制动器）中用作嵌入式处理器，在智能手表、便携式电话、平板电脑、笔记本计算机、台式计算机和服务器中用作通用处理器。截至 2021 年，已经制造了超过 1800 亿个 ARM 处理器。

ARM 处理器是真正的 RISC 系统，使用大量的通用寄存器，而且大多数指令单周期执行。标准的 ARM 指令是 32 位固定宽度，但是有一个名为 T32（以前称为 Thumb）的独立指令集可用于内存受限的应用程序。T32 指令集由 16 位和 32 位宽的指令组成。当代 ARM 处理器同时支持 ARM 和 T32 指令集，并且可以在指令集之间动态切换。由于 T32 使得代码密度得到了提高，大多数操作系统和应用程序都喜欢使用 T32 指令集，而非 ARM 指令集。

ARM 是一种加载 – 存储（Load/Store）**体系结构**，要求在对数据进行任何处理（如 ALU 操作）之前先将其从内存加载到寄存器。然后，再用一条单独的指令将结果存储回内存。虽然这看起来像是从 x86 和 x64 体系结构后退了一步，后者在一条指令中直接对内存中的操作数进行操作，但实际上，Load/Store 方法允许在一个操作数加载到多个可用寄存器中的一个后，对其高速执行多个顺序操作。

ARM 处理器是双端模式。对于多字节数据，可以通过配置来选择大端模式或小端模式。默认的设置是小端模式。

ARM 体系结构支持以下数据类型：
- 字节：8 位
- 半字：16 位
- 字：32 位
- 双字：64 位

什么是一个字？

ARM 架构的数据类型名称与 x86 和 x64 架构的数据类型名称有一个令人困惑的区别：在 x86 和 x64 中，一个字是 16 位，一个双字是 32 位。在 ARM 中，一个字是 32 位，一个双字是 64 位。

ARM 处理器支持八种不同的执行特权级。这些特权级及其缩写如下：
- 用户（USR）
- 管理员（SVC）
- 快速中断请求（FIQ）
- 中断请求（IRQ）
- 监控（MON）
- 异常中止（ABT）
- 未定义（UND）
- 系统（SYS）

对于操作系统和用户应用程序，最重要的特权级是 USR 和 SVC。FIQ 和 IRQ 这两种中断请求模式被设备驱动程序用来处理中断。

在大多数运行于 ARM 的操作系统（包括 Windows 和 Linux）中，内核模式在 ARM SVC 模式下运行，相当于 x86/64 上的环 0。ARM USR 模式相当于 x86/x64 上的环 3。在 ARM 处理器上运行的 Linux 应用程序使用软件中断来请求内核服务，这涉及从 USR 模式到 SVC 模式的转换。

ARM 体系结构通过协处理器支持核心处理器以外的系统功能。一个系统中最多可以实现 16 个协处理器，其中 4 个具有预定义的功能。

协处理器 15 实现 MMU 和其他系统功能。如果存在，协处理器 15 必须支持为 MMU 指定的指令操作码、寄存器集和功能。协处理器 10 和 11 结合在一起支持浮点功能。协处理器 14 提供调试功能。

这些年来，ARM 体系结构已经演进了几个版本。目前常用的体系结构变体是 ARMv8-A。ARMv8-A 支持 32 位和 64 位的操作系统和应用程序。32 位的应用程序可以在 64 位的 ARMv8-A 操作系统上运行。

事实上，自 2016 年以来生产的所有高端智能手机和便携式电子设备都是围绕基于 ARMv8-A 架构的处理器或 SoC 设计的。下面将重点介绍 ARMv8-A 32 位模式，并在本章后面的部分讨论与 ARMv8-A 64 位模式的不同。

10.3.1 ARM 寄存器集

在 USR 模式下，ARM 架构有 16 个（R0~R15）通用 32 位寄存器。前 13 个寄存器是真正的通用寄存器，后三个寄存器具有如下定义的功能：

- R13 是栈指针，在汇编代码中也称为 SP。该寄存器指向栈顶。
- R14 是链接寄存器，也称为 LR。该寄存器保存被调用函数中的返回地址。使用链接寄存器不同于 x86/x64，后者将返回地址压入栈。使用寄存器保存返回地址的原因是，在函数末尾从 LR 中的地址恢复执行，比从栈中弹出返回地址并再从地址继续执行要快得多。
- R15 是程序计数器，也称为 PC。由于使用流水线，PC 中包含的值通常是当前执行指令的下面两条指令。与 x86/x64 不同，用户代码可以直接读写 PC 寄存器。将地址写入 PC 会导致执行指令立即跳转到新写入的地址。

当前程序状态寄存器（CPSR）包含状态和模式控制位（见表 10.3），类似于 x86/x64 体系结构中的 EFLAGS/RFLAGS。

表 10.3 CPSR 位的定义

位	名称	功能
0-3	M	Mode（模式）：当前的执行特权级（USR、SVC 等）
4	T	Thumb：如果 T32（Thumb）指令集处于激活状态，则进行置位。如果清除，则 ARM 指令激活。用户代码可以对该位进行置位和清除
9	E	Endianness（字节顺序）：置位将启用大端模式。如果清除，则使用小端模式。大多数代码使用小端模式
27	Q	累计饱和标志：如果在一系列操作中的某一点发生溢出或饱和，则置位
28	V	溢出标志：如果操作导致有符号溢出则置位
29	C	进位标志：指示加法是否生成进位或者减法是否产生借位
30	Z	零标志；如果操作结果为零，则置位
31	N	负标志：如果一个操作的结果是负数，则进行置位

表 10.3 中未列出的 CPSR 位要么是保留位要么表示本章未讨论的功能。

默认情况下，大多数指令不影响标志。例如，S 后缀必须与加法指令（adds）一起使用，以使结果影响标志。比较指令是此规则的例外，它们会自动更新标志。

10.3.2 ARM 寻址方式

作为真正的 RISC 处理器，ARM 中只有执行寄存器加载和存储（load 和 store）的指令可以访问系统内存。ldr 指令从内存加载数据到寄存器，而 str 将寄存器中的数据存储到内存中。指令 mov 将一个寄存器的内容转移到另一个寄存器中，或将一个立即数移动到一个寄存器中。

当计算加载或存储操作的目标地址时，ARM 对寄存器中提供的基址加上一个增量来获得目标内存地址。在寄存器加载和存储指令中，有三种方法可用于确定将加到基址寄存器的增量：

- **偏移量**：将有符号常量加到基址寄存器中。偏移量作为指令的一部分存储。例如，ldr r0,[r1,#10] 用地址为 r1+10 处的字加载 r0。如以下寻址模式示例所示，在访问内存位置之前或之后，前索引或后索引可以选择性地将基址寄存器更新到目标地址。
- **寄存器**：存储在寄存器中的无符号增量可与基址寄存器中的值相加或相减。例如，ldr r0,[r1,r2] 用地址为 r1+r2 处的字加载 r0。两个寄存器中的任何一个都可以被认为是基址寄存器。
- **比例寄存器**：寄存器中的增量在被加到基址寄存器值或从基址寄存器值中减去之前，先按照指定的位数进行左移或者右移。例如，ldr   r0, [r1, r2, lsl#3] 用地址 r1+（r2×8）中的字加载 r0。移位可以是逻辑左移或右移（即 lsl 或 lsr），在空出的位置插入零，对于 asr 的算术移位，在空出的位置复制符号位。

下面将介绍在 ARM 指令中指定源操作数和目标操作数的寻址方式。

1. 立即寻址

立即数是指令的一部分。立即数由指令中编码的 8 位数值通过循环移位偶数次生成。因为指令本身最多只有 32 位宽，所以不能指定完整的 32 位立即数。要将任意的 32 位值加载到寄存器中，必须使用 ldr 指令从内存加载值：

```
mov r0, #10 // Load the 32-bit value 10 decimal into r0
mov r0, #0xFF000000 // Load the 32-bit value FF000000h into r0
```

第二个例子在指令操作码中包含了 8 位的值 FFh。在执行过程中，它被循环左移 24 位到字的最高 8 位。

2. 寄存器直接寻址

此模式将一个寄存器复制到另一个寄存器：

```
mov r0, r1 // Copy r1 to r0
mvn r0, r1 // Copy NOT(r1) to r0
```

3. 寄存器间接寻址

操作数的地址由寄存器提供。包含地址的寄存器用方括号括起来：

```
ldr r0, [r1] // Load the 32-bit value at the address given in r1 to r0
str r0, [r3] // Store r0 to the address given in r3
```

与大多数指令不同，str 使用第一个操作数为源，第二个操作数为目标。

4. 带偏移量的寄存器间接寻址
操作数地址通过给基址寄存器中加上一个偏移量来计算：

```
ldr r0, [r1, #32] // Load r0 with the value at the address [r1+32]
str r0, [r1, #4] // Store r0 to the address [r1+4]
```

5. 带偏移量、预增量的寄存器间接寻址
通过给基址寄存器中加上一个偏移量来计算操作数的地址，然后将基址寄存器更新为计算出的地址，并用该地址加载目标寄存器：

```
ldr r0, [r1, #32]! // Load r0 with [r1+32] and update r1 to (r1+32)
str r0, [r1, #4]! // Store r0 to [r1+4] and update r1 to (r1+4)
```

6. 带偏移量、后增量的寄存器间接寻址
基址首先用于访问内存位置。基址寄存器随后更新到计算的地址：

```
ldr r0, [r1], #32 // Load [r1] to r0, then update r1 to (r1+32)
str r0, [r1], #4 // Store r0 to [r1], then update r1 to (r1+4)
```

7. 双寄存器间接寻址
操作数的地址是基址寄存器与增量寄存器之和。寄存器名称用方括号括起来：

```
ldr r0, [r1, r2] // Load r0 with [r1+r2]
str r0, [r1, r2] // Store r0 to [r1+r2]
```

8. 双寄存器间接比例寻址
先将增量寄存器按照指定的位数进行左移或右移，然后将所得的结果与基址寄存器相加形成操作数地址。寄存器名称和移位信息用方括号括起来：

```
ldr r0, [r1, r2, lsl #5] // Load r0 with [r1+(r2*32)]
str r0, [r1, r2, lsr #2] // Store r0 to [r1+(r2/4)]
```

下一节将介绍 ARM 指令的通用类别。

10.3.3 ARM 指令类别
本节中描述的指令来自 T32 指令集。

1. 加载 / 储存（Load/Store）

这些指令在寄存器和内存之间移动数据：

- `ldr`、`str`：在寄存器和内存位置之间复制 8 位（后缀 b 表示字节）、16 位（后缀 h 表示半字）或 32 位数据。`ldr` 将数据从内存复制到寄存器，而 `str` 将寄存器内容复制到内存。`ldrb` 将一个字节复制到寄存器的低 8 位。
- `ldm`、`stm`：加载或存储多个寄存器。在内存和 1~16 个寄存器之间进行数据的复制。寄存器的任何子集都可以与内存的一个连续区域进行数据传送。例如，指令 `ldm r1,{r0, r2, r4-r11}` 将从 r1 的内容作为起始地址的连续内存单元中的数分别加载到寄存器 r0、r2 和 r4-r11 中。可使用这些指令对寄存器的任何子集进行加载或存储。

2. 栈操作

这些指令将数据存储到栈或从栈中获得数据。

- push、pop：将寄存器的任何子集压入栈或从栈弹出；例如，push{r0, r2, r4-r11}。这些指令是 ldm 和 stm 指令的变体。

3. 寄存器移动
这些指令在寄存器之间传输数据。
- mov、mvn：将寄存器（mov）或对其进行位反转后（mvn）移动到目的寄存器。

4. 算术与逻辑
这些指令大多有一个目的寄存器和两个源操作数。第一个源操作数是寄存器，而第二个源操作数可以是寄存器、移位寄存器或立即数。

这些指令如果包含 s 后缀，则设置条件标志。例如，adds 执行加法并设置条件标志。
- add、sub：对两个数字进行相加或相减。例如，add r0,r1,r2,lsl #3 等于表达式 $r0 = r1 + (r2 \times 2^3)$。lsl 运算符对第二个操作数 r2 执行逻辑左移。
- adc、sbc：带进位的加法或带借位减法运算。
- neg：取一个数字的相反数。
- and、orr、eor：执行逻辑 AND、OR 或 XOR。
- orn、eon：将第二个操作数按位取反后，与第一个操作数进行逻辑 OR 或 XOR 操作。
- bic：清除寄存器中选定的位。
- mul：将两个数字相乘。
- mla：将两个数字相乘并累加结果。此指令有一个额外的操作数来指定累加器寄存器。
- sdiv、udiv：分别为有符号和无符号除法。

5. 比较
这些指令比较两个值，并根据比较结果设置条件标志。这些指令不需要 s 后缀来设置条件标志。
- cmp：对两个数进行减法操作，不保存结果，并设置条件标志。这相当于 subs 指令，但不保存结果。
- cmn：将两个数进行相加，根据结果设置条件标志，不保存结果。这相当于 adds 指令，但不保存结果。
- tst：对两个数按位进行 AND 操作，根据结果设置条件标志，不保存结果。它相当于一个 ands 指令，但不保存结果。

6. 控制流
这些指令有条件或无条件地将控制权转移到目标地址。
- b：转移到目标地址的无条件分支。
- bcc：根据以下条件码成立与否决定分支是否执行：eq（等于）、ne（不等于）、gt（大于）、lt（小于）、ge（大于或等于）、le（小于或等于）、cs（进位置位）、cc（进位清除）、mi（减：N flag = 1）、pl（加：N flag = 0）、vs（V 标志置位）、vc（V 标志清除）、hi（更高：C 标志置位和 Z 标志清除）、ls（低或相同：C 标志清除和 Z 标志清除）。
- bl：分支到指定地址，并将下一条指令的地址存储在链接寄存器（r14，也称为 lr）中。被调用函数使用 mov pc, lr 指令返回调用代码。
- bx：分支并选择指令集。如果目标地址的第 0 位为 1，则进入 T32 模式。如果第 0 位为 0，则进入 ARM 模式。由于 ARM 的地址对齐要求，指令地址的第 0 位必须始终为零。这使得可以使用第 0 位选择指令集。
- `blx`：使用链接分支并选择指令集。这条指令结合了 `bl` 和 `bx` 指令的功能。

7. 监管模式

该指令允许用户模式代码启动对监管模式的调用：
- `svc`（supervisor call 监管程序调用）：发起一个软件中断，触发监管模式异常处理程序处理系统服务请求。

8. 断点指令

本指令不属于已列出的类别：
- `bkpt`（触发断点）：此指令采用 16 位操作数，通过调试软件来识别断点。

9. 条件执行

许多 ARM 指令支持条件执行，条件执行使用与分支指令相同的条件代码来确定是否执行单条指令。如果一条指令的条件计算结果为 false，则该指令将作为 no-op 处理。条件代码将附加到指令助记符中。这种技术在形式上被称为**预测**。

例如，下面的函数将**半字节**（字节的低位 4 位）转换为半字节的 ASCII 字符版本：

```
// Convert the low 4 bits of r0 to an ascii character in r0
nibble2ascii:
and    r0, #0xF
cmp    r0, #10
addpl  r0, r0, #('A' - 10)
addmi  r0, r0, #'0'
mov    pc, lr
```

`cmp` 指令从 `r0` 的半字节中减去 10，如果 `r0` 小于 10，则 N 标志置位。否则，N 标志清零，指示 `r0` 中的值为 10 或更大。

如果 N 为零，则执行 `addpl` 指令（pl 表示"大于零"，即"非负数"），而 `addmi` 指令不执行。如果 N 为 1，则不执行 `addpl` 指令，而执行 `addmi` 指令。在这个指令序列完成后，`r0` 包含一个范围为 '0'～'9' 或 'A'～'F' 的字符。

使用条件指令可以避免分支，从而保持指令流水线流动。

10. 其他指令类别

ARM 处理器可选地支持一系列 SIMD 和浮点指令。其他指令通常只在系统配置中使用。

10.3.4　32 位 ARM 汇编语言

本节的 ARM 汇编示例使用了 Android Studio **集成开发环境**（IDE）提供的 GNU 汇编程序的语法。其他汇编程序可能使用不同的语法。与 x86 和 x64 汇编语言的 Intel 语法一样，大多数指令的操作数顺序是目标 – 源。

`hello` 程序的 ARM 汇编语言源文件如下：

```
.text
.global _start

_start:
    mov    r0, #1         // int fd 1 (stdout)
    ldr    r1, =message   // const void *buf
```

```
        mov     r2, #count      // size_t count
        mov     r7, #4          // syscall 4 (sys_write)
        svc     0
        mov     r0, #0          // int status (0=OK)
        mov     r7, #1          // syscall 1 (sys_exit)
        svc     0

.data
message:
    .ascii      "Hello, Computer Architect!"
count = . - message
```

我们使用以下命令对这个名为 hello_arm.s 的文件进行汇编和链接以生成可执行程序 hello_arm。这些命令使用 Android Studio Native Development Kit（NDK）提供的开发工具。这些命令假定 Windows PATH 环境变量已设置为包含 NDK 工具目录：

```
arm-linux-androideabi-as -al=hello_arm.lst -o hello_arm.o hello_arm.s
arm-linux-androideabi-ld -o hello_arm hello_arm.o
```

这些命令的组成部分如下：
- arm-linux-androideabi-as 运行汇编程序。
- -al=hello_arm.lst 创建名为 hello_arm.lst 的链接文件。
- -o hello_arm.o 创建名为 hello_arm.o 的目标文件。
- hello_arm.s 是汇编语言源文件的名字。
- arm-linux-androideabi-ld 运行链接器。
- -o hello_arm 生成一个名为 hello_arm 的可执行文件。
- hello_arm.o 是作为链接器输入的目标文件的名称。

下面是由汇编命令生成的 hello_arm.lst 部分列表文件：

```
 1                          .text
 2                          .global _start
 3
 4                          _start:
 5 0000 0100A0E3            mov     r0, #1          // int fd 1 (stdout)
 6 0004 14109FE5            ldr     r1, =message    // const void *buf
 7 0008 1A20A0E3            mov     r2, #count      // size_t count
 8 000c 0470A0E3            mov     r7, #4          // syscall 4 (sys_write)
 9 0010 000000EF            svc     0
10
11 0014 0000A0E3            mov     r0, #0          // int status (0=OK)
12 0018 0170A0E3            mov     r7, #1          // syscall 1 (sys_exit)
13 001c 000000EF            svc     0
14
15                          .data
16                          message:
17 0000 48656C6C                    .ascii      "Hello, Computer Architect!"
17      6F2C2043
```

17	6F6D7075	
17	74657220	
17	41726368	
18		count = . - message

你可以在启用了**开发者选项**（Developer options）的 Android 设备上运行此程序。我们不在这里介绍启用这些选项的过程，你可以通过互联网搜索了解更多信息。

这是在使用 USB 线缆连接到主机的 Android ARM 设备上运行此程序时显示的输出：

```
C:\>adb push hello_arm /data/local/tmp/hello_arm
C:\>adb shell chmod +x /data/local/tmp/hello_arm
C:\>adb shell /data/local/tmp/hello_arm
Hello, Computer Architect!
```

这些命令使用 Android Studio 附带的 Android Debug Bridge（adb）工具。尽管 hello_arm 程序在 Android 设备上运行，但程序的输出被发送回 PC 并显示在命令窗口中。

下一节介绍 64 位 ARM 体系结构，它是 32 位 ARM 体系结构的扩展。

10.4　64 位 ARM 体系结构与指令集

AArch64 是 ARM 架构的 64 位版本，于 2011 年发布。该体系结构有 31 个通用 64 位寄存器、64 位寻址、48 位虚拟地址空间和一个名为 A64 的新指令集。64 位指令集是 32 位指令集的超集，允许现有的 32 位代码在 64 位处理器上不加修改地运行。

A64 寄存器的指令宽度为 32 位，大多数操作数为 32 位或 64 位。其功能在某些方面与 32 位模式不同：程序计数器不再作为寄存器直接访问，还额外提供一个始终返回零的寄存器。

在用户特权级，大多数 A64 指令与相应的 32 位指令具有相同的助记符。汇编程序根据提供的操作数确定指令是对 64 位数据还是 32 位数据进行操作。以下规则确定指令使用的操作数长度和寄存器大小：

- 64 位寄存器名称以字母 X 开头；例如 x0。
- 32 位寄存器名称以字母 W 开头；例如 w1。
- 32 位寄存器占用相应编号的 64 位寄存器的低 32 位。

使用 32 位寄存器时，使用以下规则：

- 寄存器操作（如右移）与 32 位体系结构中的相同。32 位算术右移使用第 31 位作为符号位，而不是第 63 位。
- 根据低 32 位的结果设置 32 位操作的条件代码。
- 写入 W 寄存器，将相应的 X 寄存器的高 32 位设置为零。

A64 是一种加载/存储（load/store）体系结构，其内存操作（ldr 和 str）的指令助记符与 32 位模式相同。与 32 位加载和存储指令相比，存在一些差异和限制：

- 基址寄存器必须是 X（64 位）寄存器。
- 地址偏移量可以是 32 位模式下的任何类型，也可以是 X 寄存器。可以使用零扩展或符号扩展将 32 位偏移量扩展到 64 位。
- 变址寻址方式只能使用立即数作为偏移量。

- A64 不支持在一条指令中加载或存储多个寄存器的 ldm 或 stm 指令。相反，A64 添加了 ldp 和 stp 指令，用于在一条指令中对一对寄存器进行加载或存储。
- A64 仅支持对一小部分指令进行条件执行。

A64 中的栈操作明显不同。这方面最大的区别可能是栈指针在访问数据时必须保持 16 字节对齐。

64 位 ARM 汇编语言

下面是 hello 程序的 64 位 ARM 汇编语言源文件：

```
.text
.global _start

_start:
    // Print the message to file 1 (stdout) with syscall 64
    mov     x0, #1
    ldr     x1, =msg
    mov     x2, #msg_len
    mov     x8, #64
    svc     0

    // Exit the program with syscall 93, returning status 0
    mov     x0, #0
    mov     x8, #93
    svc     0

.data
msg:
    .ascii      "Hello, Computer Architect!"
msg_len = . - msg
```

文件名为 hello_arm64.s，用以下命令汇编和链接可生成可执行的 hello_arm64 程序。这些命令使用 Android Studio NDK 提供的 64 位开发工具。使用这些命令时，假定已将环境变量 Windows PATH 设置为包括工具目录：

```
aarch64-linux-android-as -al=hello_arm64.lst -o hello_arm64.o ^
hello_arm64.s
aarch64-linux-android-ld -o hello_arm64 hello_arm64.o
```

这些命令的组成部分如下：
- aarch64-linux-android-as 运行汇编程序。
- -al=hello_arm64.lst 创建名为 hello_arm64.lst 的列表文件。
- -o hello_arm64.o 创建名为 hello_arm64.o 的目标文件。
- hello_arm64.s 是汇编语言源文件的名称。
- aarch64-linux-android-ld 运行链接器。
- -o hello_arm64 生成一个名为 hello_arm64 的可执行文件。
- hello_arm64.o 是作为链接器输入的目标文件的名称。

下面是汇编程序生成的 `hello_arm64.lst` 列表文件的一部分：

```
  1                      .text
  2                      .global _start
  3
  4                      _start:
  5                              // Print the message to file 1 (stdout) with syscall 64
  6  0000 200080D2        mov     x0, #1
  7  0004 E1000058        ldr     x1, =msg
  8  0008 420380D2        mov     x2, #msg_len
  9  000c 080880D2        mov     x8, #64
 10  0010 010000D4        svc     0
 11
 12                              // Exit the program with syscall 93, returning status 0
 13  0014 000080D2        mov     x0, #0
 14  0018 A80B80D2        mov     x8, #93
 15  001c 010000D4        svc     0
 16
 17                      .data
 18                      msg:
 19  0000 48656C6C        .ascii    "Hello, Computer Architect!"
 19       6F2C2043
 19       6F6D7075
 19       74657220
 19       41726368
 20                      msg_len = . - msg
```

如前所述，可以在启用了开发者选项的 Android 设备上运行此程序。在使用 USB 线缆连接到主机 PC 的 Android ARM 设备上运行此程序时显示如下输出：

```
C:\>adb push hello_arm64 /data/local/tmp/hello_arm64
C:\>adb shell chmod +x /data/local/tmp/hello_arm64
C:\>adb shell /data/local/tmp/hello_arm64
Hello, Computer Architect!
```

至此，我们完成了对 32 位和 64 位 ARM 体系结构的介绍。

10.5　总结

通过本章的学习，你应该对 x86、x64、32 位 ARM 和 64 位 ARM 寄存器、指令集以及汇编语言的高级体系结构和功能有很好的了解。

x86 和 x64 体系结构代表了一种 CISC 处理器设计的方法，使用可变长度的指令流水线很长，可能需要许多周期才能执行完成，并且（在 x86 中）处理器寄存器数量较少。

另外，ARM 体系结构实现的 RISC 处理器，主要特点是单周期指令执行、大量的寄存器和固定长度的指令。早期版本的 ARM 的流水线只有三级，而后来的版本流水线级数大大增多。

总的来说，体系结构没有绝对的优劣之分。可能每种处理器在某些方面更好，系统设计者必须根据正在开发的系统的特定需求来选择处理器架构。当然，在个人计算、商业计算和服务器应用程序中常使用 x86/x64 处理器。同样，ARM 处理器在智能个人设备和嵌入式系统中占据主导地位。在设计新的计算机或智能设备时，处理器的选择需要考虑很多因素。

下一章将介绍 RISC-V 体系结构。RISC-V 是一个全新的设计，它吸收了处理器开发历史中的经验教训，并且不需要为已有几十年历史的传统设计提供支持的包。

10.6 习题

1. 在 Windows PC 上安装免费的 Visual Studio Community，可以访问 https://visualstudio.microsoft.com/vs/community 获取。安装完成后，打开 Visual Studio IDE，然后选择 Tool 菜单下的 Get Tools and Features。安装 Desktop development with C++ 工作负载。

   在任务栏的"Windows 搜索"框中，键入 Developer Command Prompt for VS 2022。当应用程序出现在搜索菜单中时，选择它以打开命令提示符。

   创建一个名为 hello_x86.asm 的文件，其内容显示在本章 x86 汇编语言部分的源代码列表中。

   使用本章 x86 汇编语言部分中显示的命令构建程序并运行。验证输出 Hello, Computer Architect! 将出现在屏幕上。

2. 编写一个 x86 汇编语言程序，计算以下表达式并将结果打印为十六进制数：[(129 − 66) × (445 + 136)] ÷ 3。作为此程序的一部分，创建一个可调用函数将一个字节打印为两位十六进制数。

3. 在任务栏的"Windows 搜索"框中，键入 x64 Native Tools Command Prompt for VS 2022。当应用程序出现在搜索菜单中时，选择它以打开命令提示符。创建一个名为 hello_x64.asm 的文件，其内容显示在本章 x64 汇编语言部分的源代码列表中。使用本章 x64 汇编语言部分中显示的命令构建程序并运行。验证输出 Hello, Computer Architect! 将出现在屏幕上。

4. 编写一个 x64 汇编语言程序，该程序计算以下表达式并将结果打印为十六进制数：[(129 − 66) × (445 + 136)] ÷ 3。作为此程序的一部分，创建一个可调用函数将一个字节打印为两位十六进制数。

5. 安装免费的 Android Studio IDE，可以 https://developer.android.com/studio/ 获取。安装完成后，打开 Android Studio IDE，创建一个新工程，并在 Tools 菜单下选择 SDK Manager。选择 SDK Tools 选项并选中 NDK 选项，该选项可能显示为 NDK (Side by Side)。完成本机开发工具包（NDK）的安装。

   在 SDK 安装目录下找到以下文件（默认位置在 %LOCALAPPDATA%\Android），并将它们的目录添加到 PATH 环境变量：arm-linux androideabi-as.exe 以及 adb.exe。提示：以下命令适用于 Android Studio 的一个版本（你的路径可能会有所不同）：

   ```
   set PATH=%PATH%;%LOCALAPPDATA%\Android\Sdk\ndk\23.0.7599858\
   toolchains\llvm\prebuilt\windows-x86_64\bin
   ```

   创建一个名为 hello_arm.s 的文件，其内容显示在本章 32 位 ARM 汇编语言部分的源代码列表中。

   使用本章 32 位 ARM 汇编语言部分中所示的命令构建程序。

   在 Android 手机或平板计算机上启用 Developer Options。在互联网上搜索有关如何执行此操作的说明。

使用 USB 数据线将 Android 设备连接到计算机。

使用本章 32 位 ARM 汇编语言部分所示的命令，将程序可执行映像复制到手机上，然后运行该程序。验证输出 Hello, Computer Architect! 显示在主机屏幕上。

在 Android 手机或平板计算机上关闭 Developer Options。

6. 编写一个 32 位 ARM 汇编语言程序，该程序计算以下表达式并将结果打印为十六进制数：[(129 − 66) × (445 + 136)] ÷ 3。作为此程序的一部分，创建一个可调用函数将一个字节打印为两位十六进制数。

7. 在 Android SDK 安装目录下找到以下文件（默认位置在 `%LOCALAPPDATA%\Android`），并将它们的目录添加到 PATH 环境变量：`aarch64-linux-android-as.exe` 以及 `adb.exe`。提示：以下命令适用于 Android Studio 的一个版本（你的路径可能会有所不同）：

```
set PATH=%PATH%;%LOCALAPPDATA%\Android\Sdk\ndk\23.0.7599858\toolchains\llvm\prebuilt\windows-x86_64\bin;%LOCALAPPDATA%\Android\Sdk\platform-tools
```

创建一个名为 `hello_arm64.s` 的文件，其内容如本章 64 位 ARM 汇编语言部分的源代码列表所示。

使用本章 64 位 ARM 汇编语言部分中所示的命令构建程序。

在 Android 手机或平板计算机上启用 Developer Options。

使用 USB 数据线将 Android 设备连接到计算机。

使用本章 64 位 ARM 汇编语言部分所示的命令，将程序可执行映像复制到手机上，然后运行该程序。验证输出 Hello，Computer Architect！ 显示在主机屏幕上。

在 Android 手机或平板计算机上关闭 Developer Options。

8. 编写一个 64 位 ARM 汇编语言程序，该程序计算以下表达式并将结果打印为十六进制数：[(129 − 66) × (445 + 136)] ÷ 3。作为此程序的一部分，创建一个可调用函数将一个字节打印为两位十六进制数。

第 11 章
Modern Computer Architecture and Organization, Second Edition

RISC-V 体系结构与指令集

本章介绍了全新的 RISC-V（读作 risk five）处理器体系结构及其指令集。RISC-V 是完全开源的精简指令集。到目前为止，已经发布了一个完整的用户模式（非特权）和特权指令规范，并且也有几种基于该体系结构的低成本硬件实现。目前正在进一步开发指令集扩展的规范，使之能够支持通用计算技术、高性能计算技术以及嵌入式系统。与此同时，已有商用处理器支持并实现了其中的扩展。

本章包含以下主题：
- RISC-V 体系结构与应用
- RISC-V 基础指令集
- RISC-V 扩展
- RISC-V 变体
- 64 位 RISC-V
- 标准 RISC-V 配置
- RISC-V 汇编语言
- 在**现场可编程门阵列**（Field Programmable Gate Array，FPGA）中实现 RISC-V

通过学习本章，你将会理解 RISC-V 处理器的体系结构和功能，以及可选的扩展。你还会学习基础的 RISC-V 指令集以及如何对 RISC-V 进行定制，从而支持从低端嵌入式系统到仓储式云服务器集群的各种计算机体系结构。本章还将介绍如何在一块低成本的 FPGA 开发板上实现 RISC-V 处理器。

11.1 RISC-V 体系结构与应用

Yunsup Lee、Krste Asanović、David A. Patterson 和 Andrew Waterman 在加州大学伯克利分校研发了 RISC-V 结构，并于 2014 年公开发布。加州大学伯克利分校此前开展过 4 项基础的 RISC 体系结构设计项目，因此本项目被命名为 RISC-V，其中的 V 代表罗马数字 5。

最初，RISC-V 项目的设计目标如下：
- 设计一种适用于多种应用需求的**指令集体系结构**（ISA），其适用范围从低功耗嵌入式设备到高性能云服务多处理器。
- 提供一种所有人、所有应用都能够免费使用的 ISA。与之形成鲜明对比的是，几乎所有其他公司都将商用处理器的 ISA 视为其精心保护的知识产权。
- 吸取过去几十年里处理器设计中的经验教训，避免了其他体系结构为了保持与先前版本（甚至是古老技术）的兼容性而必须保留的错误或次优特征。
- 为嵌入式设备提供一种小而完备的基础 ISA。基础 ISA 是指任何 RISC-V 处理器都必须能够实现的最小功能集。基本的 RISC-V 处理器是 32 位的，具有 31 个通用寄存器。所有指令的字长都是 32 位。基础 ISA 支持整数加、减法运算，但并不支持整数乘、除法运算。由于一些应用程序不需要进行整数乘、除法运算，所以避免了在最小处理器的实现过程中使用昂贵的乘、除法硬件。
- 提供可供选择的 ISA 扩展，以支持浮点运算、原子内存操作和乘除法运算。
- 为了支持特权执行模式而提供额外的 ISA 扩展。这类似于第 10 章所讲的 x86、x64 和 ARM 特权实现。
- 支持一种压缩指令集，实现了许多 32 位指令的 16 位版本。在支持此扩展的处理器中，16 位指令和 32 位指令可以自由地混合使用。
- 提供支持 64 位，甚至 128 位处理器字长的 ISA 扩展选项，在单核或多核处理器中以及多道程序环境中使用分页虚拟内存。

目前，RISC-V 处理器在价格方面颇具市场竞争力。与此同时，考虑到 ISA 设计的复杂性和其可免费试用方面，我们有理由相信，在未来的几年里，RISC-V 的市场份额将会进一步大幅提升。目前已有 RISC-V Linux 发行版，其中包括在基于 RISC-V 的计算机和智能设备上构建和运行应用程序所需的所有软件开发工具。

RISC-V 处理器已经开始取得重大进展的一些应用包括：
- 人工智能和机器学习
- 嵌入式系统
- 超大规模计算
- 超低功耗处理
- IoT 边缘处理

在本章的后面部分，我们将研究 RISC-V 体系结构在这些应用领域的一些实现。

图 11.1 为 RISC-V 的基础 ISA 寄存器组。

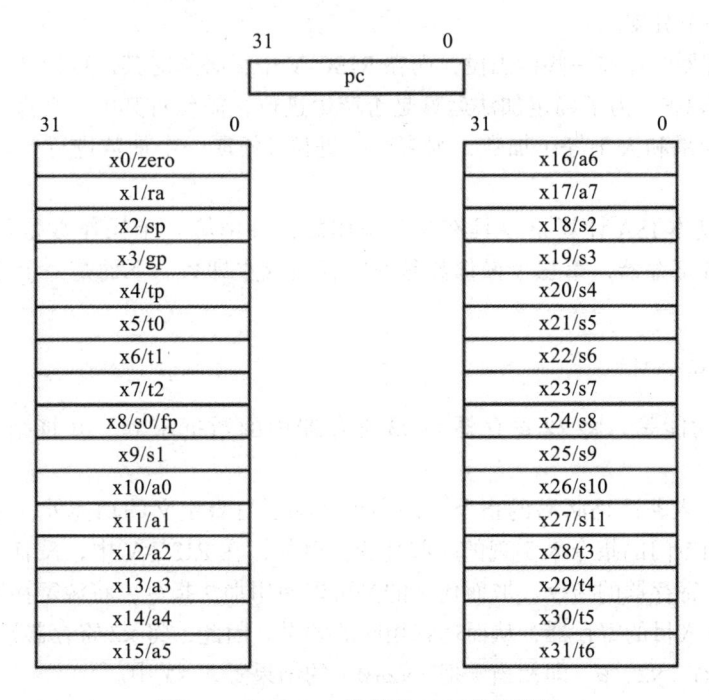

图 11.1 RISC-V 的基础 ISA 寄存器组

寄存器位宽是 32 位。用户可以自由地使用通用寄存器 x1～x31，处理器硬件也不分配特殊功能。x0 寄存器硬连线到 0，在被读取时返回 0，并且无法写入任何值。很快，将介绍 x0 寄存器的一些有趣的应用。

如图 11.1 所示，每个寄存器具有 1~2 个可用名称。这些名称对应于标准 RISC-V 应用程序二进制接口（Application Binary Interface，ABI）中寄存器的使用。因为通用寄存器 x1~x31 的功能相互之间可以互换，所以 ABI 需要进行指定：哪个寄存器用作栈指针、哪个寄存器用于存放函数的参数、哪个寄存器用于存放返回值等等。这些寄存器名称的含义如下：

- ra：函数返回地址
- sp：栈指针
- gp：全局数据指针
- tp：线程局部数据指针
- t0-t6：临时存储
- fp：函数局部栈数据的帧指针（用途可选）
- s0-s11：保存的寄存器（若 fp 未使用，则 x8 视为 s0）
- a0-a7：传递给函数的参数。任何其他参数都通过堆栈传递。函数的返回值通过 a0 和 a1 传递。

pc 寄存器包含 32 位的程序计数器，用于存放当前指令的地址。

令人惊讶的是，RISC-V ISA 中没有处理器标志寄存器。在其他的处理器中，有一些修改标志位的操作，而在 RISC-V 中是将运算结果存放在一个 RISC-V 寄存器中。例如，执行有符号（slt）和无符号（sltu）比较指令，需要将两个操作数做减法运算，并根据结果的符号为正或负，将目的寄存器置为 0 或 1。接下来，可以使用此寄存器中的值来决定条件分支指令应转向哪一个分支。

在其他处理器中存在一些标志位，而在 RISC-V 中，必须对其进行计算。例如，RISC-V 中没有进位标志 CF。为了确定加法运算是否产生进位，需要将其中一个操作数和所求得的和进行比较。如果和大于等于加数，则未产生进位（任取一个加数进行比较均可）；否则，产生进位。

大部分的基本 ISA 计算指令具有 3 个操作数，其中第一个操作数是目的寄存器，第二个操作数是源寄存器，第三个操作数是源寄存器或立即数。下面是一个三操作数指令的示例：

```
add x1, x2, x3
```

该指令的功能是，将 x2 寄存器和 x3 寄存器中的数据求和，并将结果存入 x1 寄存器中。

为了避免引入非严格必需的指令，许多指令除了自身定义的功能外，还可以执行在其他处理器中使用专门的指令来实现的一些功能。例如，在 RISC-V 中，没有直接将一个寄存器移动到另一个寄存器的指令。取而代之的是可以使用加法指令，将源寄存器与立即数 0 相加，并将结果存入目的寄存器，从而达到相同的效果。因此，将 x2 寄存器移动到 x1 寄存器的指令为 add x1, x2, 0，即相当于把（x2+0）的结果置入 x1 中。

RISC-V 汇编语言提供了很多伪指令，在实现相关功能时，伪指令往往更加通俗易懂。例如，汇编语言可以将伪指令 mv x1, x2 转换为指令 add x1, x2, 0。

11.2 RISC-V 基础指令集

RISC-V 基础指令集仅仅由 47 条指令组成。其中，8 条是用于产生系统调用和访问性能计数器的系统指令。其余 39 条指令可以分为三大类：计算指令、控制流指令和访存指令。下面一一介绍。

11.2.1 计算指令

除了 lui 和 auipc 以外，所有的计算指令都是三操作数指令模式。第一个操作数是目的寄存器，第二个操作数是源寄存器，第三个操作数是另一个源寄存器或立即数。使用立即数的指令助记符（auipc 除外）均以字母 i 结尾。下面将列出这些指令及其功能：

- add、addi、sub：执行加法和减法。在 addi 指令中，立即数为 12 位有符号数。sub 指令是第一个源操作数减去第二个源操作数。没有所谓的 subi 指令，其原因是可以通过 addi 指令加上一个数的相反数来实现。
- sll、slli、srl、srli、sra、srai：逻辑左移（sll），逻辑右移（srl），算术右移（sra）。逻辑移位时空出来的位补"0"，算术移位时空出来的位补符号位。第二个源操作数指明移位的位数，是相应寄存器的低 5 位或者是 5 位立即数。
- and、andi、or、ori、xor、xori：对两个源操作数进行按位逻辑运算。立即数为 12 位。
- slt、slti、sltu、sltui：slt 指的是 set if less than，即如果第一个源操作数小于第二个源操作数，则将目的寄存器置为 1。slt 将源操作数视为有符号数，sltu 将源操作数视为无符号数，立即数为 12 位。
- lui：将立即数加载至高位。该指令将 20 位立即数加载至目的寄存器的第 12~31 位。将一个寄存器设置为 32 位立即值需要两条指令。首先，通过 lui 指令加载该寄存器的高 20 位，即第 12~31 位。然后，通过 addi 指令加载低 12 位，从而得到完整的 32 位数据。lui 有两个操作数，分别是目的寄存器和立即数。
- auipc：将高位立即数加到 PC 寄存器，并将结果存入目的寄存器。该指令将 20 位立即数加载至 PC 寄存器的高 20 位。RISC-V 通过该指令实现 PC 相对寻址。与 lui 类似，为了得到完整的 32 位 PC 地址，auipc 指令给出了部分结果，剩下的低 12 位需要通过 addi 指令给出。

11.2.2 控制流指令

条件分支指令对两个寄存器的内容进行比较，并且根据比较结果，可能将要执行的指令从当前 PC 转移至相对于当前 PC 的 12 位有符号数的地址偏移量范围内。RISC-V 基础指令集支持两条无条件转移指令，其中，jalr 可以访问整个 32 位地址范围。

- beq、bne、blt、bltu、bge、bgeu：分别是相等则跳转（beq），不等则跳转（bne），小于则跳转（blt），无符号数小于则跳转（bltu），大于等于则跳转（bge），无符号数大于等于则跳转（bgeu）。以上这些指令，首先对于两个寄存器进行比较，若符合跳转条件，则转移至由 12 位有符号立即数偏移量所提供的地址。
- jal：跳转并链接。转移至使用 20 位有符号立即数进行 pc 相对寻址所得到的地址，与此同时将下一条指令的地址（返回地址）存入目的寄存器。
- jalr：跳转并链接，寄存器。将源寄存器和 12 位有符号立即数求和的结果作为目的地址，并跳转至该地址，然后在目的寄存器中存入下一条指令的地址。如果在此之前执行过 auipc 指令，则 jalr 指令可以在 32 位地址范围内的任意位置进行 PC 相对寻址。

11.2.3 访存指令

访存指令用来在寄存器和存储器之间传送数据。第一个操作数是需要进行存取的寄存器。第二个操作数是包含了内存地址的寄存器。将 12 位有符号立即数与寄存器中的地址相加，从而得到用于存取操作的最终地址。

加载指令对有符号数进行符号扩展，或者对无符号数进行零扩展。当取出较小的数据时（字节/半字），就需要通过符号扩展或者零扩展将其扩展为 32 位数据，并写入目的寄存器中。采用无符号数取数指令助记符以字母"u"结尾。

- lb、lbu、lh、lhu、lw：向目的寄存器中取字节（lb），取半字（lh），取字（lw）。在取字节或取半字时，会进行符号扩展（lb 和 lh）或零扩展（lbu 和 lhu），然后再填入 32 位目的寄存器中。例如，指令 lw x1, 16 (x2) 是将地址（x2+16）中的数据填入 x1 中。
- sb、sh、sw：将字节（sb），半字（sh）或字（sw）存入相应的存储单元中。
- fence：在多线程环境中确保存储器按顺序访问。该指令用于确保多线程的缓存数据的一致性。该指令有两个操作数，第一个操作数指定了哪些访存必须在 fence 指令之前完成，第二个操作数指定了哪些访存必须在 fence 指令之后完成。该指令能够为存储器读写（r 和 w）及 I/O 设备输入输出（i 和 o）进行排序。以 fence rw, rw 指令为例，该指令确保了在 fence 指令之前发生的任何有关存储地址的访存指令全部完成之后，才会在 fence 指令之后的存储器访问工作。因此，该指令可以确保处理器缓存中的任何值都和存储器或 I/O 设备一致。
- fence.i：在 fence.i 指令完成之前，确保所有对指令存储器执行写操作的指令执行完毕。该指令主要在自修改代码中使用。

11.2.4 系统指令

在 8 条系统指令中，其中一条用于激活系统调用，一条用于初始化调试器断点，其余 6 条用于读写系统控制和状态寄存器（control and status registers，CSRs）。CSR 操作指令先将被选中的 CSR 的当前值存入寄存器中，然后，通过写入新值、清除选定位或置位选定位的方式来更新 CSR。通过寄存器或 5 位立即数为 CSR 的修改提供源值。CSR 由 12 位地址指明。每条 CSR 指令将 CSR 的读写视为一个原子操作。

- ecall：激活系统调用。用于将参数传入和返回调用的寄存器通过 ABI 定义，而不是通过处理器硬件定义。
- ebreak：初始化调试器断点。
- csrrw、csrrwi、csrrc、csrrci、csrrs、csrrsi：将特定的 CSR 读入目的寄存器，然后将源操作数写入寄存器（csrrw），清除寄存器中源操作数内的任何一位（csrrc）或者置位寄存器中源操作数内的任何一位（csrrs）。这些指令均有 3 个操作数：第一个是目的寄存器，用于接收从 CSR 中读取的值；第二个是 CSR 地址；第三个是源寄存器或 5 位立即数（此时指令以 i 结尾）。

基本 RISC-V 中定义了 6 个只读的 CSR 寄存器。在只读模式下，想要执行任何 CSR 访问指令，都必须以 x0 寄存器作为第三个操作数。这些寄存器定义了 3 个 64 位性能计数器：
- cycle、cycleh：表示从参考时间（通常指系统启动）以来，经历的系统时钟周期数（以 64 位计数）的低 32 位（cycle）和高 32 位（cycleh）。如果使用了**动态电压频率调节**（DVFS），系统时钟的频率可能会发生变化。
- time、timeh：从参考时间（通常指系统启动）以来，经历的真实时钟周期数（以 64 位计数）的低 32 位（time）和高 32 位（timeh）。
- instret、instreth：处理器中退休指令数目（以 64 位计数）的低 32 位（instret）和高 32 位（instreth），退休指令是指已执行完毕的指令。

由于无法通过单次原子操作来读取性能计数器的两个 32 位，为了避免错误读取，应当使用以下步骤来正确地读取 64 位计数器：

1. 把计数器的高 32 位读入一个寄存器。
2. 把计数器的低 32 位读入另一个寄存器。
3. 把计数器的高 32 位再次读入另一个寄存器中（与第 1 步中的不是同一个寄存器）。
4. 比较高 32 位的两次读取结果。如果二者不相等，则返回第 1 步。

采用这种方法，即使在两次读取过程中计数器仍然在持续计数，仍然可以读取到有效的计数值。通常情况下，执行此过程最多需要在第 4 步向前回溯一次。

11.2.5 伪指令

RISC-V 结构的指令集相当精简，因此，相较于其他指令集，它缺少了一些指令。对于其他处理器支持但在 RISC-V 中没有直接支持的指令，RISC-V 也能间接地实现其功能。

RISC-V 汇编程序支持大量的伪指令，每条伪指令都可以实现一种在其他通用处理器指令集中可以实现的功能，并且可以转换为若干条 RISC-V 指令。表 11.1 展示了一些最为常用的 RISC-V 伪指令。

表 11.1 RISC-V 伪指令

伪指令	RISC-V 指令	功能
nop	addi x0, x0, 0	空操作
mv rd, rs	addi rd, rs, 0	将 rs 复制到 rd
not rd, rs	xori rd, rs, −1	rd = NOT rs
neg rd, rs	sub rd, x0, rs	rd = − rs
j offset	jal x0, offset	无条件跳转
jal offset	jal x1, offset	近程函数调用（20 位偏移量）
call offset	auipc x1, offset[31:12] + offset[11] jalr x1, offset[11:0](x1)	远程函数调用（32 位偏移量）
ret	jalr x0, 0(x1)	从函数返回
beqz rs, offset	beq rs, x0, offset	等于 0 则跳转
bgez rs, offset	bge rx, x0, offset	大于等于 0 则跳转
bltz rs, offset	blt rs, x0, offset	小于 0 则跳转
bgt rs, rt, offset	blt rt, rs, offset	大于则跳转

（续）

伪指令	RISC-V 指令	功能
ble rs, rt, offset	bge rt, rs, offset	小于等于则跳转
fence	fence iorw, iorw	同步所有的存储和 I/O 访问
csrr rd, csr	csrrw rd, csr, x0	读 CSR
li rd, immed	addi rd, x0, immed	加载 12 位立即数
li rd, immed	lui rd, immed[31:12] + immed[11] addi rd, x0, immed[11:0]	加载 32 位立即数
la rd, symbol	auipc rd, delta[31:12] + delta[11] addi rd, rd, delta[11:0]	加载 symbol 的地址，其中 delta = (symbol - pc)
lw rd, symbol	auipc rd, delta[31:12] + delta[11] lw rd, rd, delta[11:0](rd)	加载 symbol 中的字，其中 delta = (symbol - pc)
sw rd, symbol, rt	auipc rt, delta[31:12] + delta[11] sw rd, rd, delta[11:0](rt)	存入 symbol 中的字，其中 delta = (symbol - pc)

在表 11.1 中，rd 是目的寄存器，rs 是源寄存器，csr 是控制和状态寄存器，symbol 是绝对的数据地址，offset 是相对于 PC 的指令地址。

如果要将一个地址或立即数的高 20 位与一个立即数（包含结果的低 12 位）组合成一个 32 位数据，必须执行一个步骤来消除指令序列中第二条指令中需要对低 12 位数据的第 11 位做符号扩展带来的影响。因为 addi 指令中的立即数均视为有符号数，所以这种处理是必需的。在与上述的 20 位相加之前，要对 12 位立即数的最高位进行符号位扩展，得到 31 位数。

下面举例说明这一问题和解决方案。假设要使用 lui 和 addi 指令，将 0xFFFFFFFF 加载到寄存器中，如果我们只是简单地将高位和低位相加，如下所示：

```
lui x1, 0xFFFFF # x1 now equals 0xFFFFF000
addi x1, x1, 0xFFF
```

需要注意，对于本章所讲的 RISC-V 汇编代码，应在 # 后进行注释。

addi 指令会对 0xFFF 进行符号位扩展，扩展为 0xFFFFFFFF，然后再和 0xFFFFF000 相加。此时，加法运算结果为 0xFFFFEFFF，这显然不是预期的结果。为了解决这一问题，需要将低 12 位中的第 11 位加到高 20 位上，如下所示：

```
lui x1, 0xFFFFF+1 # Add bit 11; x1 now equals 0x00000000
addi x1, x1, 0xFFF
```

现在计算结果为 0xFFFFFFFF，正确。这个计算过程对于任何数值都是成立的。如果第 11 位是 0，则不需要向高 20 位加任何数。

11.2.6 特权级

RISC-V 结构对于线程的运行定义了三个特权级：

- 用户（U）特权级
- 监管（S）特权级

- 机器（M）特权级

任何 RISC-V 都必须支持 M 模式，这是最高特权级，可以访问所有的系统功能。当系统复位时进入 M 模式。在简单嵌入式系统中，代码可以完全以 M 模式执行。

而在更复杂一些的应用中，可能需要在 M 模式下启动安全引导进程，然后再加载、检验和启动在 U 模式执行的应用程序。这种方式用于解决嵌入式系统的安全问题。

M 级是强制执行的，除此之外，RISC-V 处理器还可以实现 U 权限级别或同时实现 S 和 U 权限级别。通用操作系统的系统使用 S 模式和 U 模式的方式，与前几章讨论的处理器和操作系统的内核模式和用户模式相同。RISC-V 的 U 模式应用程序通过 ecall（环境调用）指令来请求系统调用，此调用会产生异常在 S 模式下进行处理。RISC-V 特权结构可以直接支持各种现代操作系统，如 Linux。

RISC-V 定义了独立的 CSR 集合，以便在每一个特权级上启用系统配置、控制和检查。根据此运行线程的特权级和 CSR 的级别，该线程对于 CSR 的权限可能是读写、只读或无权限访问。高权限级别的线程有权访问低权限级别的 CSR。

RISC-V 的 S 特权级支持分页虚拟内存，将 32 位地址空间分为 4KB 大小的页面。32 位虚拟地址被划分为 20 位虚拟页地址和 12 位偏移量。RISC-V 64 位环境定义了两个额外的虚拟内存配置。第一个是 39 位地址空间，用于支持 512GB 的虚拟内存。若应用程序需要更多虚拟地址，可以使用 48 位地址空间，以支持 256TB 的虚拟内存。尽管 48 位地址比 39 位地址提供的内存空间多得多，但是，它需要存储额外的页表，并且遍历这些页表耗时更长。

下面这些指令用于支持特权级的执行：

- mret、sret、uret：这些指令从由 ecall 指令引发的异常处理程序返回。这些指令均可以在首字母所示的特权级或更高的特权级来执行。执行其中的一条指令时，若该指令引用了低于当前线程的特权级，则会从较低级别产生的异常返回。
- wfi：等待中断。该指令要求当前线程暂停，直到发生中断。RISC-V 规范中只要求将该指令视为一个提示，所以一种特殊的实现方法是将 wfi 指令视为空操作，而不是实际地暂停线程。因为 wfi 指令可以被视为空操作，所以在 wfi 之后的代码必须明确地检查是否需要处理被挂起的中断。此过程通常发生在循环中。
- sfence.vma：将虚拟内存页表数据从缓存刷新到内存。指令助记符的首字母 s 表示该指令的目标是位于 S 特权级的用户。

RISC-V 定义了支持虚拟化和管理虚拟环境的管理程序的额外指令和 CSR。RISC-V 虚拟化详见第 12 章。

11.3 RISC-V 扩展

在本节之前的内容中所介绍的 RISC-V 指令集称为 RV32I，意为 RICS-V 的 32 位指令集。尽管 RV32I ISA 提供了一个既完整又实用的指令集，但是它和 x86 或 ARM 等其他处理器相比，仍然缺少一些功能和特性。

RISC-V 扩展功能可以渐进地、兼容地向 RISC-V 基础指令集内添加功能。用户在实现 RISC-V 处理器时可以有选择地添加扩展，从而在芯片尺寸、系统容量和性能三者之间选择最优方案。同样地，基于低成本 FPGA 系统的开发人员也可以灵活地进行选择。本章的后续内容会进一步探讨如何在 FPGA 中实现 RISC-V 处理器。目前讨论的主要扩展可以命名为 M、A、C、F 和 D，同时还会讨论其他一些扩展。

11.3.1 M 扩展

RISC-V 的 M 扩展向基础指令集内添加了整数的乘、除法运算功能。该扩展中的指令如下：

- `mul`：将两个 32 位寄存器相乘，并将结果的低 32 位存入目的寄存器。
- `mulh`、`mulhu`、`mulhsu`：将两个 32 位寄存器相乘，并将结果的高 32 位存入目的寄存器。将乘数均视为有符号数（`mulh`）、均视为无符号数（`mulhu`）或 rs1 视为有符号数且 rs2 视为无符号数（`mulhsu`）。rs1 是第一个源寄存器，rs2 是第二个源寄存器。
- `div`、`divu`：将两个有符号数（`div`）或无符号数（`divu`）的 32 位寄存器相除，结果向零进行舍入。
- `rem`、`remu`：返回 `div` 或 `divu` 指令所产生的余数。

除数是 0 不会直接产生异常。为了检测此情况，代码应当对除数进行检测，若除数为 0，则跳转至适当的处理程序。

11.3.2 A 扩展

RISC-V 的 A 扩展提供了原子的读－修改－写操作功能，用于在共享内存中支持多线程处理。加载－保留（`lr.w`）和存储－条件（`sc.w`）指令一起工作，从而读取内存，再存入原子序列中的相同位置。加载－保留指令在加载时保留内存地址。在此期间，若有另一指令试图在保留生效写入同一位置，则取消该保留。

在执行存储－条件指令时会返回一个值，以指示此原子操作是否已完成。如果之前的保留仍然有效（换言之，对于该目标地址没有其他干扰输入），存储－条件指令会将寄存器写入内存，同时返回 0，代表操作成功。如果之前的保留已经被取消，存储－条件指令不会改变此内存单元，并返回一个非零值，代表操作失败。下面将介绍加载－保留和存储－条件指令的具体操作。

- `lr.w`：将一个内存单元加载至寄存器中，并保留该内存单元的地址。
- `sc.w`：有条件地将寄存器存入一个内存单元中。若成功写入了该内存单元，则将目的寄存器置为 0；若保留已被取消，则将目的寄存器置为非零值，同时，该指令将不会修改此内存单元。

原子内存操作（AMO） 指令以原子的形式从一个内存单元向寄存器中加载字，然后在加载的值和 rs2 之间执行二进制操作，最后将运算结果返回该内存地址。下面将介绍执行 AMO 操作的指令：

- `amoswap.w`：以原子的形式将 rs2 和 rs1 内存单元交换。
- `amoadd.w`：以原子的形式将 rs2 添加至 rs1 内存单元。
- `amoand.w`、`amoor.w`、`amoxor.w`：以原子的形式，对 rs2，rs1 内存单元做与、或、异或操作，并存入 rs1 内存单元。
- `amomin.w`、`amominu.w`、`amomax.w`、`amomaxu.w`：以原子的形式，在 rs2 和 rs1 之间选择最小值/最大值，有符号数/无符号数，并存入 rs1 内存单元。

11.3.3 C 扩展

RISC-V 的 C 扩展对于指令进行压缩，使得存储指令所需的内存量和取指令所需的总线流量尽可能小。

此前研究的 RV32I 指令都是 32 位的。对于最常用的一些 32 位指令，C 扩展提供了 16 位的压缩表示。每条压缩后的指令和原指令都是等价的。而且 32 位的 RV32I 指令和 16 位指令可以自由地混用，而不需要任何的模式转换操作。事实上，汇编程序员甚至不需要指定某条指令是否应当采用压缩形式。汇编程序和链接程序在产生压缩指令时是完全透明的，这样既能使代码最小化，又不会影响性能。

在使用支持 RISC-V 的 C 扩展的处理器和软件开发工具集时，使用汇编语言和高级语言进行编程的开发人员都能享受压缩指令带来的好处。

11.3.4　F 扩展和 D 扩展

RISC-V 的 F 扩展和 D 扩展提供了对符合 IEEE 754 标准的单精度（F）和双精度（D）浮点数运算的支持。F 扩展向 RISC-V 结构中添加了 32 个 32 位的浮点寄存器 f0-f31 和一个 32 位的控制和状态寄存器 fscr。该扩展包含了一组符合 IEEE 754-2008 单精度标准的浮点数指令。

大部分浮点运算指令在浮点寄存器上完成。数据传输指令用于将内存加载至浮点寄存器、将浮点寄存器存入内存中以及在浮点寄存器和整数寄存器之间传递数据。

D 扩展将 f0-f31 扩展为 64 位。此时，每个 f 寄存器可以存放一个 32 位值或一个 64 位值。D 扩展增加了符合 IEEE 754-2008 双精度标准的双精度浮点指令。只有在 F 扩展存在时才可以使用 D 扩展。

11.3.5　其他扩展

下面列出了对 RISC-V 体系结构进行的其他几个扩展，这些扩展已经定义，并且正在研发中或者至少已经考虑在未来进行研发。

- **RV32E 结构**：这并不是一种扩展；相反，它修改了 RISC-V 的结构，目的是降低处理器硬件需求，直到低于最小嵌入式系统的 RV32I 指令集的硬件需求。RV32E 和 RV32I 唯一的区别是 RV32E 只有 15 个整数寄存器。和功能相同的 RV32I 相比，这一变化减少了 25% 的芯片面积和功耗。x0 仍然专用于零寄存器。因为寄存器数量减半，所以每条指令中的寄存器的助记符减少一位。这些位在后续的修订中保持未使用状态，因此可以被用户用作定制指令扩展。
- **Q 扩展**：Q 扩展支持由 IEEE 754 标准定义的 128 位四精度浮点数运算。
- **L 扩展**：L 扩展支持由 IEEE 754 标准定义的十进制浮点数运算。
- **B 扩展**：B 扩展支持位操作，例如添加、提取和测试某一个位。
- **J 扩展**：J 扩展支持诸如 Java 和 JavaScript 等动态编译语言。
- **T 扩展**：T 扩展支持多个地址之间的原子操作所组成的内存事务。
- **P 扩展**：P 扩展为小型 RISC-V 系统中的浮点数运算提供了压缩后的单指令多数据（SIMD）指令。
- **V 扩展**：V 扩展支持数据级并行或向量操作。V 扩展并没有指定数据向量的长度，该长度由 RISC-V 处理器的设计者决定。传统的 V 扩展支持 512 位数据向量，但是目前已经实现了最长 4096 位的数据向量。
- **N 扩展**：N 扩展可以在 U 特权级处理中断和异常。
- **Zicsr 扩展**：Zicsr 扩展可以在系统状态控制寄存器（CSR）上执行原子的读 – 修改 –

写操作。在 11.2.4 中介绍过这些指令。
- **Zifencei 扩展**：Zifencei 扩展定义了 fenci.i 指令，参见 11.2.3 节。

下一节将会介绍一些当前已经存在的 RISC-V 处理器的变体。

11.4 RISC-V 变体

RISC-V 体系结构的变体在多种应用领域得到了大量的使用：

- **人工智能和机器学习**：Esperanto Technologies 开发了一种包含超过 1000 个 RISC-V 处理器的单片系统（SoC），并将 6 个芯片集成到一个 PCIe 卡上。该设计针对大型数据中心中的高性能机器学习推荐工作负载进行了优化，同时也降低了功耗。
- **嵌入式系统**：Efinix VexRiscv 核心是一种在 FPGA 中实现的软 CPU。VexRiscv 使用含有 M 和 C 扩展的 RV32I ISA。一个完整的 SoC 实现包括 CPU、内存和一套 I/O 接口（包括通用 I/O、定时器、串行接口和 SPI 等芯片间的通信接口）。
- **超大规模计算**：人们正在努力开发基于 RISC-V 处理器的**高性能计算**（HPC）系统（通常被称为超级计算机）。这些项目的具体目标包括提高处理器内核的能效和增强处理器的矢量处理能力等。
- **超低功耗处理**：Micro Magic 公司推出了一款 64 位的 RISC-V 处理器核，宣称该核在以 1GHz 的时钟频率运行时功耗仅为 0.01W。这样的能效使得对电池供电设备进行一次充电即可续航数日、数周或者数月。
- **IoT 边缘端处理**：在**物联网**（IoT）边缘端运行的智能设备可能用于人工智能推理和数据加密等任务具有较高的处理负载，同时由于电池寿命和有限的冷却能力等因素，在功耗方面受到严格限制。典型的物联网设备包括门铃摄像头、语音命令处理器（如 Amazon Alexa）和支持 Wi-Fi 的电源插座。与前面的示例类似，这些处理器设计的目标集中于最大的处理性能，同时将功耗限制在可接受的水平。

这些只是 RISC-V 正在取得进展的几个应用领域。我们可以预期，RISC-V 在这些领域和其他领域的使用将继续增长。

下一节将介绍将基本 RISC-V ISA 扩展到 64 位的情况。

11.5 64 位 RISC-V

前面已经介绍了 32 位 RV32I 的结构、指令集及其扩展。将其扩展至 64 位就是 RV64I 指令集，正如在 RV32I 中指令字宽均为 32 位一样。事实上，除了以下这几个区别，RV64I 指令集和 RV32I 几乎完全相同：

- 所有整数寄存器扩展至 64 位。
- 地址扩展至 64 位。
- 指令操作码中的移位计数字段由 5 位变为 6 位。
- 为了用类似于 RV32I 对 32 位数值进行处理，RV64I 定义了一些新的指令。之所以必须定义这些新指令，是因为 RV64I 中的大部分指令都是 64 位的，而实际应用中经常需要处理 32 位数据。这些面向单字的指令的助记符均以 w 结尾，产生的运算结果为 32 位有符号数。需要对 32 位数值做符号位扩展以填满 64 位寄存器，即将第 31 位复制到第 32~63 位。

在 RV64I 中定义如下指令：

- addw、addiw、subw、sllw、slliw、srlw、srliw、sraw、sraiw：这些指令去掉最后的 w，就和 RV32I 中的指令功能完全相同。这些指令的操作数和产生的结果都是 32 位，但结果要符号位扩展为 64 位。
- ld、sd：加载和存储 64 位的**双字**。相当于将 RV32I 中的 lw 和 sw 指令变为 64 位。

其余的 RV32I 指令在 RV64I 中执行相同的功能，除了地址和寄存器的字长变为 64 位。在汇编源代码和二进制机器码中，两个指令集所使用的操作码相同。

下一节将介绍市面上常见的一些 32 位和 64 位的标准 RISC-V 配置。每一种配置都包含了基本 ISA 和指定的扩展。

11.6 标准 RISC-V 配置

RV32I 和 RV64I 指令集提供了一些主要用于小型嵌入式系统设计中的基本功能。如果需要系统支持多线程、多特权级别和通用操作系统，需要多个 RISC-V 扩展才能够正确高效的运行。

通常用于建立应用程序开发目标的最小 RISC-V 配置包含基本的 RV32I/RV64I 指令集，可以扩充 I、M、A、F、D、Zicsr 和 Zifencei 扩展。这一功能组合的缩写为 G，例如 RV32G 或 RV64G。很多 G 配置还支持名为 RV32GC 或 RV64GC 的压缩指令扩展。

一种在嵌入式应用程序中常见的配置是 RV32IMAC。该配置支持基本指令集、乘除法运算、原子操作和压缩指令。在 RISC-V 处理器的销售资料中，通常会使用这些功能的简称。

下节将介绍一个完整的 RISC-V 汇编程序。

11.7 RISC-V 汇编语言

接下来所给出的 RISC-V 汇编语言示例，是在 RISC-V 处理器上运行的完整程序：

```
.section .text
.global main

main:
    # Reserve stack space and save the return address
    addi    sp, sp, -16
    sd      ra, 0(sp)

    # Print the message using the C library puts function
1:  auipc   a0, %pcrel_hi(msg)
    addi    a0, a0, %pcrel_lo(1b)
    jal     ra, puts

    # Restore the return address and sp, and return to caller
    ld      ra, 0(sp)
    addi    sp, sp, 16
    jalr    zero, ra, 0

.section .rodata
```

```
msg:
    .asciz "Hello, Computer Architect!\n"
```

该程序输出以下内容，然后退出执行：

```
Hello, Computer Architect!
```

此汇编程序有以下要点：

- 指示符 `%pcrel_hi` 和 `%pcrel_lo` 分别选定了标签相对于 PC 的偏移地址的高 20 位（`%pcrel_hi`）和低 12 位（`%pcrel_lo`），并将其用作参数。`auipc` 指令和 `addi` 指令一起将 message 字符串的地址写入 `a0` 中。
- `1`：是一个局部标号。在引用局部标号时，标号后面加字母 `b`（backward）代表引用代码的前一个标号，标号后面加的字母 `f`（forward）代表引用代码的后一个标号。`%pcrel_hi` 和 `%pcrel_lo` 指令通常是一起出现的，"1:" 局部标号将偏移量的低 12 位解析为 `msg` 地址。

下一节将在 FPGA 中实现的全功能 RISC-V 处理器上执行代码。

11.8 在 FPGA 中实现 RISC-V

用于在低成本 FPGA 中构建和实现完整的 RISC-V 处理器所需的源代码、处理器硬件设计知识产权模块（Intellectual Property, IP）以及开发工具，均可在网络上免费获取。本节在高层次下介绍了开源 RISC-V 设计，以及如何在 FPGA 中实现。完成此项工作的总硬件成本低于 200 美元。

在本示例中，RISC-V FPGA 的设计对象是 Digilent Arty A7-35T 开发板，详见 https://store.digilentinc.com/arty-a7-artix-7-fpga-development-board-for-makers-and-hobbyists/。在写作本书时，Arty A7-35T 售价 129 美元。

Arty A7-35T 包含了 Xilinx Artix-7 XC7A35TICSG324-1L FPGA，可以在此编程以实现 RISC-V 处理器。XC7A35TICSG324-1L 的特点如下：

- 5200 个逻辑片（logic slices）。
- 1600 个可以实现 64 位 RAM 的逻辑片。
- 41 600 个触发器。每一个逻辑片包含 8 个触发器。
- 90 个支持高性能 DSP MAC 操作的 DSP 片。
- 400kb 的分布式 RAM。
- 1800kb 的 RAM。

Artix-7 FPGA 结构使用**查找表**（LUTs）来实现组合逻辑电路。每个 Artix-7 LUT 都有 6 个输入信号和 1 个输出信号，每个信号都是 1 位。使用单个 LUT 可以表示任何由与门、或门、非门、异或门组成的无反馈电路，其实现方式是将每种输入组合的结果以一个比特存入 ROM 中。因为有 6 个输入位，所以 ROM 包含了由 6 个输入位寻址得到的 64 位数据。在有需要时，可以将每个 LUT 配置为两个 32 位的 LUT，共享 5 位输入位，并具有 2 个输出位。有时，也可以将 LUT 的输出存储在触发器中。

一个逻辑片包括 4 个 LUT 和 8 个触发器，还有多路选择器和算术进位逻辑。可以将 8 个触发器中的 4 个配置为锁存器。对于全部 1600 个具有 64 位 RAM 能力的逻辑片，每一个都可以实现一个 32 位移位寄存器，或两个 16 位移位寄存器。

在 FPGA 内部，数以千计的逻辑片提供低级 LUT 和其他功能单元，来实现完整的 RISC-V 处理器及外围设备。FPGA 使用硬件描述语言编程将 FPGA 中的硬件单元连接起来，从而形成一个复杂的数字设备。

系统设计者不需要了解 FPGA 内部的详细工作细节，而只需要在硬件设计语言的层面进行设计。本书第 2 章介绍的 Vivado 工具可以将硬件设计语言（通常是 VHDL 或 Verilog，虽然 RISC-V 是使用 Chisel 和 Scala 设计的）翻译成适合 FPGA 器件编程的编译格式。

在 FPGA 设计中，设计者最为关注的是系统设计能否在 FPGA 器件的资源约束下实现，以及最终实现结果的运行效率是否可以接受。在本例中，XC7A35TICSG324-1L FPGA 提供了足够多的资源，高效地实现了 RISC-V 处理器。

为了在 Arty A7-35T RISC-V 处理器上开发和运行程序，还需要一个低成本硬件调试器。Olimex ARM-TINY-USB-H 调试器在 https://www.digikey.com/product-detail/en/olimex-ltd/ARM-USB-TINY-H/1188-1013-ND/3471388 上的售价为 47.65 美元。还需要一些跳线将调试器和 Arty A7-35T 板相连。跳线在 https://www.adafruit.com/product/826 上的售价为 3.95 美元。最后，Arty A7-35T 需要一根 USB 线缆来将 USB Micro-B 和主机系统相连。除了主机系统以外，不需要任何额外的硬件。在 Arty 上实现 RISC-V 所需的全部软件和设计数据均可以在网上免费下载。

要在 Arty A7-35T 中实现处理器是 Freedom E310 Arty，它是一个开源并支持中断处理的 RV32I。其外围设备包含了 16 个**通用 I/O（GPIO）** 信号和一个串行端口。

Freedom E310 处理器被作为源代码来提供，所以想要定制处理器版本的用户可以对其进行修改。RISC-V 处理器中使用的硬件设计语言是 Chisel 和 Scala。

Chisel 是一种开发 SoC 等复杂数字硬件设备的专用语言，Chisel 在 Scala 之上运行，**Scala** 是一种支持函数和面向对象编程范式的通用程序设计语言。Scala 是一种纯粹的面向对象设计语言，每一个数值都是一个对象。Scala 中每个函数都是一个值，从这个角度来说，它也是一种函数式编程语言。Scala 可被编译成能够运行在标准 Java 虚拟机上的 Java 字节码。Scala 程序可以自由地使用数以千计的 Java 库。

支持自定义扩展的 RISC-V

RISC-V 结构明确地支持自定义扩展，包括自定义操作码、协处理器以及其他形式，只要和 RISC-V 自定义规则相互兼容即可。从开源 RISC-V 设计开始，用户可以实施自定义修改，并保证这些修改与未来版本的 RISC-V 标准和扩展兼容。

和 VHDL 和 Verilog 等传统的硬件设计语言相比，Chisel 和 Scala 具有更高的设计层次，因此更适合当今的复杂数字系统设计。当然，用 Chisel 设计的任何一个电路也都可以用 VHDL 进行设计，但使用 Chisel 确实有其优势，例如，Chisel/Scala 代码通过编译过程可以转化为 RTL 的**灵活的中间表示**（FIRRTL）形式，其中 RTL 代表表示**寄存器传输级**，是使用 VHDL 等硬件描述语言进行同步设计使用的一种抽象级别。使用免费工具来对用 FIRRTL 表示的电路进行优化，相比于 VHDL 或 Verilog 设计，可以得到更好的结果。

Chisel 和 VHDL/Verilog 之间的差异可以类比于 Python 和 C 语言之间的差异。虽然 Python 中实现的功能都可以通过 C 语言来实现，但是在短短几行的代码里，Python 语言所表达的高级功能远多于 C 语言。

我们可以将 Chisel 代码和 2.10 节中的 VHDL 示例相比较。在 2.10 节中，一位全加器的 VHDL 版本如以下代码所示：

```vhdl
-- Load the standard libraries

library IEEE;
  use IEEE.STD_LOGIC_1164.ALL;

-- Define the full adder inputs and outputs

entity FULL_ADDER is
  port (
    A     : in    std_logic;
    B     : in    std_logic;
    C_IN  : in    std_logic;
    S     : out   std_logic;
    C_OUT : out   std_logic
  );
end entity FULL_ADDER;

-- Define the behavior of the full adder

architecture BEHAVIORAL of FULL_ADDER is

begin

  S     <= (A XOR B) XOR C_IN;
  C_OUT <= (A AND B) OR ((A XOR B) AND C_IN);

end architecture BEHAVIORAL;
```

而一位全加器在 Chisel 中等价的实现代码如下所示：

```scala
import chisel3._

class FullAdder extends Module {
  val io = IO(new Bundle {
    val a     = Input(UInt(1.W))
    val b     = Input(UInt(1.W))
    val c_in  = Input(UInt(1.W))
    val s     = Output(UInt(1.W))
    val c_out = Output(UInt(1.W))
  })
  io.s := (io.a ^ io.b) ^ io.c_in
  io.c_out := (io.a & io.b) | ((io.a ^ io.b) & io.c_in)
}
```

在上述代码中，`IO` 集（bundle）定义了模块的输入输出。每个 IO 信号的参数定义了数据类型（`Uint`）和位宽（`1.W`，表示每个 IO 信号宽度为 1 位）。

这个简单的示例并没有体现出在 Chisel 中开发复杂电路的所有优势，但是它至少说明了，在具体实现的层面上，它看起来和 VHDL 并没有什么区别。在此不再深入研究 Chisel 的细节。想要获取更多的信息，请访问 Chisel 知识库：https://github.com/freechipsproject/chisel3。

构建 RISC-V 处理器并将其编程至 Arty A7-35T 开发板，包含了以下几步：
1. 将 Chisel 和 Scala 代码翻译为 FIRRTL 形式。
2. 将 FIRRTL 翻译为 Verilog。
3. 将 Verilog 编译为 FPGA 映像。
4. 将 FPGA 映像编程至 Arty A7-35T 开发板。

Digi-Key Electronics TechForum 在其网站上给出了在 Arty A7-35T 开发板上实现 RISC-V 处理器的详细步骤，网站链接为 https://forum.digikey.com/t/digilentarty-a7-with-xilinx-artix-7-implementing-sifive-fe310-risc-v/13311。

只要将 RISC-V 映像烧录到 Arty 板上，就可以通过调试器接口将软件开发套件连接到 Arty 板上。由此可见，可以通过汇编语言或高级语言来开发 RISC-V 代码，然后在 FPGA RISC-V 处理器上进行编译、运行，就像在硬件处理器上运行一样。

11.9 总结

本章介绍了 RISC-V 处理器体系结构和它的指令集。RISC-V 结构定义了一个完整的用户模式指令集规范以及许多扩展，这些扩展用于支持通用计算、高性能计算以及需要使代码尽可能小的嵌入式应用程序。RISC-V 处理器已经实现了商业化，在 FPGA 设备中可以使用开源的产品将 RISC-V 实例化。

学完本章，你应该了解了 RISC-V 处理器及其可选扩展的结构和特点。你学习了 RISC-V 指令集的基本内容，也了解了 RISC-V 处理器如何针对不同的应用领域（从低档的、低功耗的嵌入式系统到仓储规模的云服务器群）进行定制。还学习了如何在低成本 FPGA 板上实现 RISC-V 处理器。

下一章将介绍处理器虚拟化。处理器虚拟化不是直接在主机处理器上运行代码，而是在单个物理处理器中生成一个完整的虚拟环境，以运行多个虚拟处理器，每个虚拟处理器都有各自的操作系统和应用程序。

11.10 习题

1. 访问 https://www.sifive.com/boards/，下载 Freedom Studio。Freedom Studio 开发套件基于 Eclipse 集成开发环境（IDE），拥有用于构建 RISC-V 开发程序的一整套工具，并且可以在硬件 RISC-V 处理器或 Freedom Studio 的仿真环境中运行。按照 Freedom Studio 用户手册中的指示完成安装。启动 Freedom Studio，创建一个新的 Freedom E SDK 项目。在项目创建对话框中，选择 qemu-sifive-u54（这是 RV64GC 配置中的单核 64 位 RISC-V 处理器）。选择 hello 例程，点击 Finish 按钮，从而开始生成此例程和 RISC-V 仿真程序。构建完成之后，会出现 Edit Configuration 对话框。点击 Debug，在仿真调试环境下启动此程序。单步运行程序，控制台窗口中会出现验证文本"Hello, World!"。

2. 在习题 1 中的程序保持打开状态情况下，在 Project 窗口中的 src 文件夹中找到 hello.c 文件。右击此文件，将其重命名为 hello.s。在编辑器中打开 hello.s 并删除其全部内容。插入本章 RISC-V 汇编语言部分中的汇编程序。执行一次清理（按 Ctrl+9 可以启动清理操作），重新构建程序。在 Run 菜单下选择 Debug。调试器启动后，开启窗口，以显示 hello.s 源文件，Disassembly（反汇编）窗口和 Registers（寄存器）窗口。展开 Registers 树，以显示 RISC-V 处理器寄存器。单步运行程序，控制台窗口中会出现验证文本"Hello, Computer Architect!"。

3. 编写一个 RISC-V 汇编程序，用于计算以下表达式：[(129 – 66) * (445 + 136)]/3，然后将结果以十六进制数形式输出。在此程序中，创建一个可调用的函数，将一个字节打印为两个十六进制数。

第 12 章

处理器虚拟化

本章介绍处理器虚拟化的基本概念，并探讨通过有效地使用虚拟化可以给个人用户和大型组织带来的许多好处。还将讨论主要的虚拟化技术以及实现它们的开源工具和商业工具。

虚拟化工具能够在通用计算机上模拟各种计算机体系结构和操作系统的指令集精确表示。虚拟化广泛应用于云环境中的实际软件应用程序调度。

通过学习本章，你将了解与硬件虚拟化相关的技术和优势，以及现代处理器如何在指令集级别支持虚拟化。你还将了解几种提供虚拟化功能的开源工具和商业工具的技术特性，并了解如何使用虚拟化在云计算环境中构建和部署可扩展的应用程序。

本章包含以下主题：
- 虚拟化介绍
- 虚拟化的挑战
- 虚拟化现代处理器
- 虚拟化工具
- 虚拟化与云计算

12.1 虚拟化介绍

在计算机体系结构领域，虚拟化是指使用硬件和软件来创建一个软件运行的模拟环境。

我们已经在第 7 章深入研究了虚拟化的一种形式：虚拟内存。虚拟内存机制需要软/硬件协同创建一个程序运行环境，为程序提供一个"独立"的内存地址空间，使程序认为自己独占了整个计算机资源。

使用虚拟内存的系统会创建多个沙盒环境，其中每个应用程序运行时不会受到其他应用程序的干扰，除发生对共享系统资源的竞争。在虚拟化环境中，**沙盒**是一个独立的环境，其中运行的代码不会受到任何外部事件的干扰，沙盒内的代码也不会影响外部的资源。然而，应用程序之间很难做到完全隔离。例如，即使虚拟内存系统中的一个进程无法访问另一个进程的内存，它也可能会执行其他操作，例如删除第二个进程所需的文件，这可能会给另一个进程带来问题。

本章的重点是处理器级的虚拟化，将其从硬件的物理层抽象出来，允许一个或多个操作系统在计算机系统的虚拟化环境中运行。其他几种类型的虚拟化也被广泛使用。

下一节将简要介绍可能遇到的各种虚拟化类型。

12.1.1 虚拟化类型

虚拟化一词应用于多种不同的计算环境，特别是在更大的网络环境（如企业、大学、政府机构和云服务提供商等）中。下面的定义将涵盖最常见的虚拟化类型。

1. 操作系统虚拟化

虚拟化的操作系统在管理程序的控制下运行。**虚拟机管理程序**（hypervisor）是能够实例化和运行虚拟机的软硬件结合体。**虚拟机**是对整个计算机系统的模拟。hyper 前缀是指 hypervisor 比在其虚拟机中运行的操作系统的管理器模式拥有更多特权。虚拟机管理程序的另一个术语是**虚拟机监视器**（virtual machine monitor）。

虚拟机管理程序有两种常规类型：

- **类型 1 虚拟机管理程序**，也称为裸机（bare metal）管理程序，用于管理直接在主机硬件上运行的虚拟机软件。
- **类型 2 虚拟机管理程序**，也称为托管（hosted）管理程序，作为应用程序运行，该程序在主机操作系统下管理虚拟机。

> **虚拟机管理程序与虚拟机监视器**
>
> 从技术上讲，虚拟机监视器与虚拟机管理程序并不完全相同，但本书将把这些术语视为同义词。虚拟机监视器负责虚拟化处理器和其他计算机系统组件。管理程序将虚拟机监视器与底层操作系统结合在一起，该操作系统可以专用于托管虚拟机（类型 1 虚拟机管理程序），也可以是通用操作系统（类型 2 虚拟机管理程序）。

运行虚拟机管理程序的计算机称为**主机**。在主机系统上由虚拟机管理程序管理的在虚拟环境中运行的操作系统称为**目标机**。

无论其类型如何，虚拟机管理程序都可以在虚拟化环境中启动并执行客户机操作系统和其中运行的应用程序。一个虚拟机管理程序能够支持多个虚拟机同时在一个处理器上运行。虚拟机管理程序负责管理由客户机操作系统发起的所有特权操作请求以及在这些操作系统中运行的应用程序。每个请求都需要从用户模式转换到内核模式，然后再转换回用户模式。来自客户机操作系统上应用程序的所有 I/O 请求都涉及特权级别转换。

由于类型 2 虚拟机管理程序中的操作系统虚拟化涉及在主机操作系统中的虚拟机管理程序下运行操作系统，因此有一个问题：如果在虚拟机的操作系统中运行虚拟机管理程序的另一个副本，会发生什么情况？答案是系统管理程序、主机操作系统和客户机操作系统的某些组合（但不是全部）支持这种方法。这种配置被称为嵌套虚拟化。

为什么会有嵌套虚拟化的需求呢？下面是一个嵌套虚拟化非常有用的场景：假设某企业的主要 Web 展示是作为一个虚拟化操作系统映像实现的，该映像包含各种已安装和自定义的软件构件。如果其云服务提供商因为某种原因关闭了，则需要将应用程序快速提交给另一个提供商。

例如，谷歌计算引擎（https://cloud.google.com/compute）提供了一个作为虚拟机实现的执行环境。计算引擎允许用户在这个虚拟机中安装一个虚拟机管理程序，并在其中启动用户的应用程序虚拟机，只需最少的安装和配置就可以使用户的 Web 展示恢复在线状态。

2. 应用程序虚拟化

与其创建虚拟环境来封装整个操作系统，不如在单个应用程序级别上进行虚拟化。应用程序虚拟化将操作系统从应用程序代码中抽象出来，并提供一定程度的沙盒环境。

这种类型的虚拟化允许程序在与应用程序目标环境不同的环境中运行。例如，Wine（https://www.winehq.org/）是一个应用程序兼容性层，允许为 Microsoft Windows 编写的程序在与 POSIX 兼容的操作系统（通常是 Linux 变体）中运行。**可移植操作系统接口**（Portable Operating System Interface，POSIX）是一组提供操作系统之间的应用程序编程兼容性的 IEEE 标准。Wine 可以高效地将 Windows 库和系统调用转换为等效的 POSIX 调用。

应用程序虚拟化用虚拟化层替换了运行时环境的某些部分，并执行拦截磁盘 I/O 调用并将其重定向到沙盒化、虚拟化磁盘环境等任务。应用程序虚拟化可以把一个复杂的软件安装过程封装在仅包含一个可执行文件的等效的虚拟环境中，该软件的安装过程包括安装位于不同目录中的数百个文件，以及许多 Windows 注册表的修改。只需将可执行文件复制到目标系统并运行就可以启动应用程序，就好像整个安装过程都是在目标系统上进行的一样。

3. 网络虚拟化

网络虚拟化是将基于软件模拟的网络部件（如交换机，路由器，防火墙和电信网络等）以真实的物理部件使用的方式进行连接。这使得操作系统和运行在其上的应用程序能够以与在同一网络体系结构的物理实现相同的方式在虚拟网络上进行交互和通信。

单个物理网络可以细分为多个**虚拟局域网**（Virtual Local Area Networks，VLANs），对于连接到同一 VLAN 的所有系统，每个虚拟局域网都是一个完整的隔离网络。

同一物理区域的多个计算机系统可以连接到不同的 VLAN，有效地将它们在网络上进行隔离。相反，地理位置较远的计算机可以放在同一个 VLAN 上，使它们看起来好像是在一个小型局域网内互连。

4. 存储虚拟化

存储虚拟化是将物理数据存储与操作系统和应用程序使用的逻辑存储结构相分离。存储虚拟化系统管理将逻辑数据请求转换为物理数据传输。逻辑数据请求采用磁盘分区中的块位置进行编址。完成逻辑地址到物理地址转换之后，数据传输才能最终与存储设备交互，该存储设备的组织与逻辑磁盘分区完全不同。

访问给定逻辑地址的物理数据的过程类似于虚拟内存系统中的虚拟地址到物理地址的转换过程。逻辑磁盘 I/O 请求包括设备标识符和逻辑块号等信息，该请求信息必须转换为物理设备标识符和块号，然后在物理磁盘上进行请求的读写操作。

数据中心的存储虚拟化通常包括一些增强功能，它们可以提高数据存储系统的可靠性和性能。其中一些改进如下：

- **集中化管理**可以监视和控制不同供应商的大量存储设备，这些设备可能具有不同的大小。由于所有虚拟化存储对客户端应用程序来说都是相同的，因此存储设备中的任何与供应商相关的特征都对用户隐藏。
- **复制**为任务关键数据提供了透明的数据备份和灾难恢复功能。执行实时复制时，对存储阵列的写入将立即复制到一个或多个远程副本。
- **数据迁移**允许管理员在不中断并发的数据 I/O 操作的情况下将数据移动到不同的物理位置或切换到副本。由于存储虚拟化管理系统对磁盘 I/O 具有完全控制权，所以它可以随时将任何逻辑读写操作的目标切换到不同的物理存储设备。

下一节将介绍目前最常见的一些处理器虚拟化方法。

12.1.2 处理器虚拟化的类型

处理器虚拟化环境的理想操作模式是**完全虚拟化**。在完全虚拟化的情况下，操作系统和应用程序中的二进制代码无须任何修改即可在虚拟环境中运行。客户机操作系统代码执行特权操作时，会认为它具有对所有机器资源和接口的完全独占的访问权。系统管理程序管理客户机操作系统和主机资源之间的交互，并采取必要的步骤来确保在其控制下的每个虚拟机的 I/O 设备和其他系统资源进行无冲突的访问。

本章的重点是处理器虚拟化，在虚拟化环境中执行完整的操作系统，并在其上运行应用程序。

历史上已经有几种不同的方法用于在处理器级别实现虚拟化。下面将简要介绍每一种方法，首先从 1972 年推出的在 IBM VM/370 等系统上实现的方法开始。VM/370 是第一个专门用来支持虚拟机执行的操作系统。

1. 基于陷阱 - 模拟的虚拟化

在 1974 年一篇题为 *Formal Requirements for Virtualizable Third Generation Architectures* 的论文中，Gerald J. Popek 和 Robert P. Goldberg 给出了虚拟机管理程序必须实现的三个属性，以便高效地对包括处理器、内存、存储设备和外围设备的计算机系统进行完全虚拟化：

- **等效性**：在虚拟机管理程序中运行的程序（包括客户机操作系统）必须表现出与直接在计算机硬件上运行时基本相同的行为，但时间的影响除外。
- **资源控制**：虚拟机管理程序必须完全控制虚拟机使用的所有资源。
- **效率**：虚拟机执行的大部分指令必须直接在物理处理器上运行，而无须虚拟机管理程序的干预。

为了使虚拟机管理程序满足这些条件，运行它的计算机硬件和操作系统必须授予虚拟机管理程序完全控制其管理的虚拟机的能力。

客户机操作系统中的代码认为它直接运行在物理处理器硬件上，并且通过系统硬件完全控制所有能够访问的功能。特别是，在内核特权级执行的客户机操作系统代码必须能够执行特权指令和访问为操作系统保留的内存区域。

在基于陷阱 - 模拟虚拟化方法实现的虚拟机管理程序中，虚拟机管理程序的某些部分以内核特权运行，而所有客户机操作系统（还有运行在其中的应用程序）都在用户特权级别运行。客户机操作系统中的内核代码正常执行，直到特权指令尝试执行或内存访问指令尝试读写客户机操作系统可用的用户空间地址范围之外的内存为止。当客户机尝试执行任何这些操作时，就会发生陷阱。

> **异常类型：故障、陷阱和中止**
>
> 故障、陷阱和中止这些术语用于描述类似的异常事件。这些异常类型之间的主要差异如下：
>
> **故障**是一种异常，它以重新启动引起异常的指令而结束。例如，当程序试图访问当前无法访问的有效内存位置时，会发生页面故障。页面故障处理程序完成后，触发故障的指令将重新启动，并从该点继续执行。
>
> **陷阱**是一种异常，它通过继续执行在触发指令之后的指令而结束执行。例如，在调试器断点触发异常后，继续执行下一条指令。
>
> **中止**表示可能无法恢复的严重错误情况。访问内存时出错等问题可能会导致中止。

启用基于陷阱 - 模拟的虚拟化的基本技巧（如果想以这种方式考虑）是处理特权冲突产生的异常。在启动时，虚拟机管理程序会将主机操作系统异常处理程序路由到自己的代码中。在主机操作系统有机会处理这些异常之前，虚拟机管理程序中的异常处理程序对这些异常进行处理。

虚拟机管理程序的异常处理程序检查每个异常的源代码，以确定它是否由虚拟机管理程序控制下的客户机操作系统产生。如果异常源于虚拟机管理程序管理的客户机，那么虚拟机管理程序将处理该异常，模拟请求的操作，并将执行控制权直接返回给客户机。如果异常不是来自虚拟机管理程序的客户机，则虚拟机管理程序会将异常传递给主机操作系统，从而以正常方式进行处理。

为了使基于陷阱-模拟的虚拟化能够以全面、可靠的方式工作，主机处理器必须支持 Popek 和 Goldberg 定义的标准。这些要求中最关键的是，任何试图访问特权资源的客户机指令都必须产生陷阱。因为主机系统只有一组特权资源（为简单起见，此处假设为单核系统），并且主机和客户机操作系统无法共享这些资源，所以这种处理方式是必要的。

作为虚拟机管理程序控制的特权信息类型的一个示例，考虑用于管理虚拟内存的页表。主机操作系统维护一组页表来管理整个系统的物理内存。每个客户机操作系统都有自己的一组页表，用来管理它所控制的系统中的物理内存和虚拟内存。尽管最终都与相同的物理内存区域交互，但这两组页表包含完全不同的数据。通过陷阱机制，虚拟机管理程序能够截获所有客户机操作系统试图与页表进行交互的尝试，并将这些交互操作定向到仅供客户机操作系统使用的专用内存区域。然后，虚拟机管理程序管理在客户机操作系统中执行的指令所使用的地址与主机系统物理内存之间的必要转换。

在 20 世纪 90 年代末和 21 世纪初，虚拟化广泛应用的最大障碍是当时常用的通用处理器（x86 变体）不支持 Popek 和 Goldberg 虚拟化标准。x86 指令集中的许多指令允许非特权代码与特权数据交互而不产生陷阱。其中许多指令只允许非特权代码读取选定的特权寄存器。这种特征给虚拟化带来了一个严重的问题，因为在整个机器中每个寄存器只有一个副本，并且每个客户机操作系统可能需要在这些寄存器中维护不同的值。

从 2006 年开始，x86 的后续版本增加了硬件功能（Intel **虚拟化技术**（VT-x）和 **AMD 虚拟化**（AMD-V））以实现 Popek 和 Goldberg 标准中的完全虚拟化。

Popek 和 Goldberg 定义的虚拟化要求假定使用陷阱-模拟技术，该技术在 20 世纪 70 年代被广泛认为是唯一的实用虚拟化方法，也是唯一可行的处理器虚拟化方法。下面你将了解如何在不完全符合 Popek 和 Goldberg 标准的计算机系统上执行有效和高效的虚拟化。

2. 半虚拟化

由于大多数（如果不是全部）需要在虚拟化环境中进行特殊处理的指令都驻留在客户机操作系统及其设备驱动程序中，因此，使客户机虚拟化的一种方法是修改操作系统及其驱动程序，使其以非陷阱方式显式地与虚拟机管理程序交互。这种方法称为**半虚拟化**。

半虚拟化方法可以使客户操作系统获得比在陷阱-模拟虚拟机管理程序下运行的系统更高的性能，其原因是半虚拟化虚拟机管理程序接口由优化的代码组成，而不是一系列陷阱处理程序调用。在陷阱-模拟方法中，虚拟机管理程序必须在一个通用处理程序中处理每个陷阱，该处理程序首先确定陷阱是否来自它控制的客户机操作系统，然后再进一步处理，以确定所需的操作并模拟其效果。

半虚拟化的主要缺点是需要修改客户机操作系统及其驱动程序来实现虚拟机管理程序接口。主要操作系统发行版的维护者对完全支持半虚拟化接口的兴趣有限。

3. 二进制翻译

在不完全支持虚拟化的处理器体系结构中处理有问题指令的一种方法是，在执行之前扫描二进制代码，以检测非虚拟化指令是否存在。在保证程序语义不变的情况下，非虚拟化指令被转换成虚拟化友好的指令。

这是在 x86 体系结构中进行虚拟化的一种流行方法。陷阱－模拟与非虚拟指令的二进制翻译相结合，可以实现不错的客户机操作系统性能。该技术将处理非虚拟化指令所需的处理量保持在合理的水平。

二进制翻译既可以静态执行，也可以动态执行。静态二进制翻译将一组可执行映像重新编译为可在虚拟环境中执行的形式。翻译需要一些时间，但这是一次性的过程，创建一组系统和用户映像，这些映像将一直工作，直到安装新的映像版本时才需要重新编译新映像。

动态二进制翻译在程序执行期间扫描代码段来定位有问题的指令。当遇到这样的指令时，它们会被虚拟化的指令序列所取代。动态二进制翻译避免了静态二进制翻译所需的重新编译步骤，但由于所有正在运行的代码不断进行代码扫描和翻译过程，因此会导致性能下降。每个代码段只需扫描和翻译一次，然后缓存。例如，循环中的代码不会在每次迭代时重新扫描。

4. 硬件仿真

到目前为止，我们讨论的所有虚拟化技术都假设客户机操作系统希望在与主机处理器具有相同指令集体系结构的处理器上运行。在许多情况下，需要使用 ISA 与客户机操作系统完全不同的处理器运行操作系统和应用程序代码。

在仿真处理器硬件时，必须将在仿真客户机系统中执行的每条指令转换为主机 ISA 中的等效指令或指令序列。与二进制翻译一样，这个过程可以是静态的或动态的。

静态翻译可以产生一个高效的可执行映像，能够在客户处理器 ISA 中运行。在静态翻译中，因为识别可执行文件中所有代码路径可能并不简单，尤其是分支目标地址是在代码中计算出来的，而不是静态定义的，所以会存在一些风险。这种风险在静态二进制翻译技术中也存在。

动态翻译避免了静态翻译可能出现的潜在错误，但性能可能相当差。这是因为带有硬件仿真的动态翻译涉及将每条指令从一个体系结构转换到另一个体系结构。这与同一 ISA 的动态二进制翻译不同，后者虽然必须扫描每一条指令，但通常只需要对一小部分执行的指令进行翻译。

硬件仿真工具的一个例子是开源 QEMU（https://www.qemu.org/）机器仿真器和虚拟器，它支持在多种处理器体系结构上以相对较高的性能运行操作系统。RISC-V 处理器的 Freedom Studio 工具套件包含一个基于 RV64GC 指令集体系结构的 QEMU 实现。这个虚拟化环境用于运行第 11 章习题中使用的代码。

下一节将讨论前几章讨论的处理器体系结构中与虚拟化相关的挑战和好处。

12.2 虚拟化的挑战

简单地说，处理器虚拟化的目标是在虚拟机管理程序中运行一个操作系统，它本身要么在计算机系统的裸机上运行，要么作为应用程序在另一个操作系统的控制下运行。本节将重点讨论托管的（类型 2）虚拟机管理程序，因为这种操作模式带来了一些裸机虚拟机管理程序可能不会遇到的额外挑战，类型 1 虚拟机管理程序已经为支持虚拟化做过优化。

在类型 2 虚拟机管理程序中，主机操作系统支持内核模式和用户模式，客户机操作系统也是如此（在客户机看来）。当客户机操作系统及其中运行的应用程序请求系统服务时，虚拟机管理程序必须拦截每个请求，并将其转换为对主机操作系统的合适调用。

在非虚拟系统中，键盘和鼠标等外围设备直接与主机操作系统交互。在虚拟化环境中，每当用户请求与客户机操作系统交互时，虚拟机管理程序必须管理这些设备的接口。

实现这些功能的困难程度取决于主机的指令集。即使指令集不是面向虚拟化而设计的，该体系结构也可能（或不可能）以直接的方式支持虚拟化。特定处理器 ISA 上虚拟化的难易程度取决于处理器处理不安全指令的方式。

12.2.1 不安全指令

陷阱 – 模拟的虚拟化方法让虚拟机管理程序接管本应由主机操作系统内核模式处理程序负责的虚拟机异常。这种方法允许虚拟机管理程序处理来自客户机操作系统和在其中运行的应用程序的特权冲突和系统调用。

每次在客户机操作系统上运行的应用程序请求系统功能（例如打开文件）时，虚拟机管理程序就会截获该请求，调整请求的参数，使其与虚拟机配置保持一致（可能通过将文件打开请求从主机文件系统重定向到客户机的虚拟磁盘沙盒），并将请求传递到主机操作系统。虚拟机管理程序检查和执行异常处理的过程是陷阱 – 模拟方法的仿真阶段。

在虚拟化环境中，依赖于或修改特权系统状态信息的处理器指令被称为**不安全指令**。为了使陷阱 – 模拟方法能够以完全安全可靠的方式运行，所有的不安全指令都必须产生异常，以便陷入虚拟机管理程序。如果允许不安全指令在不陷入的情况下执行，则虚拟机的隔离将受到影响，虚拟化可能会失败。

12.2.2 影子页表

在虚拟内存和物理内存的分配和管理中使用的受保护数据结构对完全虚拟化提出了额外的挑战。客户机操作系统内核假定它具有对与系统 MMU 相关的硬件和数据结构的完全访问权限。虚拟机管理程序必须以在功能上等同于在裸机上运行客户机操作系统的方式来对客户机操作系统的内存分配和释放请求进行转换。

在 x86 体系结构中有一个特殊问题，必须将虚拟内存页表配置数据存储在处理器中才能正确配置系统，但是一旦存储了这些信息，就无法访问。为了解决这个问题，虚拟机管理程序维护自己的页表配置数据副本，称为**影子页表**。由于影子页表不是主机操作系统管理内存的实际页表，因此虚拟机管理程序有必要对影子页表内存区域设置访问权限限制，并在客户机操作系统尝试访问其页表时拦截并产生陷阱。然后，虚拟机管理程序通过调用主机操作系统与物理 MMU 交互来模拟请求的操作。

使用影子页表会导致严重的性能损失，因此它一直是增强硬件辅助虚拟化研究的一个重点领域。

12.2.3 安全性

使用虚拟机管理程序虚拟化一个或多个客户机应用程序本质上没有不安全。但是，这会增加恶意攻击者入侵虚拟化环境的机会。

客户虚拟机向远程攻击者提供的漏洞集合本质上与直接在硬件上运行的操作系统和应用程序集相同。虚拟机管理程序提供了一个可供攻击者试图在虚拟化环境中利用的额外途径。如果恶意用户设法侵入并控制虚拟机管理程序，将获得所有客户机操作系统的全部访问权限，以及从客户机内部访问的应用程序和数据。在这种情况下，因为客户机运行在较低的特权级，虚拟机管理程序能够获得对它们的完全控制权，所以客户机是可访问的。

如果要对允许进行公开访问的环境（例如 Web 主机）实现虚拟化，必须将使用证书登录虚拟机管理程序和进行其他访问的用户限制在很小的范围内，并且要采取可行的保护措施防止未经授权的虚拟机管理程序的访问。

下一节中将研究在现代处理器系列中实现虚拟化的一些关键技术。

12.3 虚拟化现代处理器

大多数通用处理器系列的硬件体系结构（至少高端机器）已经成熟到可以完全支持虚拟化客户机操作系统的运行。下面几节简要介绍现代通用处理器系列提供的虚拟化功能。

12.3.1 x86 处理器虚拟化

x86 体系结构最初并不是为支持虚拟化操作系统的执行而设计的。因此，从最早的 x86 处理器到 Pentium 系列，x86 处理器都实现了包含一些不安全但非陷阱指令的指令集。这些指令给虚拟化带来了问题，例如，允许客户机操作系统访问不包含与虚拟机状态相对应的数据的特权寄存器。

> **当前 x86 的特权级和不安全指令**
>
> 在 x86 体系结构中，**代码段**（CS）寄存器的低两位包含**当前特权级**（CPL），用于标识当前活动所处的保护环。在非虚拟操作系统中，内核代码的 CPL 通常为 0，用户应用程序的 CPL 通常为 3。在大多数虚拟机管理程序实现中，虚拟机以 CPL 3 运行，导致许多不安全的 x86 指令在执行时进入陷阱。不幸的是，对于 x86 虚拟化的早期使用者来说，并不是所有 Pentium 处理器中不安全的 x86 指令在 CPL 3 上执行时都会导致陷阱。

例如，sidt 指令允许非特权代码读取 6 字节**中断描述符表寄存器**（IDTR），并将其存储在作为操作数给出的位置。在单核 x86 处理器中只有一个 IDTR。当客户机操作系统执行此指令时，IDTR 包含与主机操作系统相关的数据，这些数据与客户机操作系统期望取到的信息不同，将导致客户机操作系统的错误执行。

只有在 CPL 0 上运行的代码才能写入物理系统的 IDTR。当客户机操作系统在 CPL 3 上运行且试图写入 IDTR 时，会发生特权冲突，虚拟机管理程序会处理随后的陷阱，通过写入影子寄存器来模拟写入操作，而影子寄存器只是虚拟机管理程序在内存中分配的一个位置。然而，CPL3 允许客户机操作系统从 IDTR 读取数据。用户模式软件可以在不发生陷阱的情况下读取 IDTR。如果没有陷阱，虚拟机管理程序将无法拦截读取操作并从影子寄存器返回数据。简言之，对 IDTR 的写入是可虚拟化的，而从 IDTR 读取则是不可虚拟化的。

在 Pentium ISA 的数百条指令中，有 17 条是不安全的，且不发生陷阱，即这些指令是不可虚拟的。因此，对于 Pentium x86 架构，不可能实现只使用基于陷阱 – 模拟的虚拟化方法。

不安全且非陷阱的指令在操作系统和设备驱动程序中经常使用，但在应用程序代码中很少见到。虚拟机管理程序必须实现一种机制来检测代码中是否存在不安全且非陷阱指令，并对其进行处理。

几种流行的虚拟化引擎采用的方法是在可能的情况下，将基于陷阱 – 模拟的虚拟化与不安全指令的二进制翻译结合，形成适用于虚拟化环境的功能等同的代码序列。

大多数客户机用户应用程序不尝试使用不安全的指令。一旦虚拟机管理程序扫描了代码以确保不存在不安全的指令，就可以让它们全速运行。然而，客户机内核代码可能包含许多经常遇到的不安全指令。为了从二进制翻译的代码中获得不错的性能，有必要在第一次执行时缓存修改后的代码，并在以后的执行过程中重用缓存的版本。

x86 硬件虚拟化

2005～2006 年，Intel 和 AMD 发布的 x86 处理器版本中包含支持虚拟化的硬件扩展。这些扩展解决了不安全但非陷阱指令引起的问题，从而在 Popek 和 Goldberg 标准下实现了完全的系统虚拟化。这些扩展在 AMD 处理器中被命名为 AMD-V，在 Intel 处理器中被命名为 VT-x。现代 Intel 处理器中的虚拟化扩展称为 VT。

这些硬件虚拟化技术的最初实现取消了对不安全指令进行二进制翻译的要求，但是在取消二进制翻译之后，由于仍然需要影子页表，因此虚拟机的总体性能并没有得到实质性的提高。影子页表是虚拟机执行期间性能下降的主要原因。

较新版本的硬件虚拟化技术消除了虚拟机执行中的许多性能障碍，从而使 x86 虚拟化在各个领域广泛采用。如今，有多种工具和框架可用于在一个独立的工作站中实现 x86 虚拟化，还可以扩展到一个完全管理的数据中心，其中可能有数千个服务器，每个服务器都能够同时运行多个虚拟机。

12.3.2　ARM 处理器虚拟化

ARM 体系结构支持 32 位和 64 位（AArch64）执行状态下的虚拟化。虚拟化的硬件支持包括：

- 完全陷阱 – 模拟虚拟化
- 虚拟机管理程序的专用异常类别
- 支持虚拟机管理程序异常和栈指针的附加寄存器

ARM 体系结构提供了硬件支持，以将客户机内存访问请求转换为物理系统地址。

运行 ARM 处理器的系统提供了使用类型 1 或类型 2 虚拟机管理程序执行虚拟机的功能。64 位 ARM 处理器的性能可与具有类似技术参数的 x64 服务器媲美。对于许多应用程序（如大型数据中心部署）而言，在选择 x64 和 ARM 作为服务器处理器时，可能会考虑与处理器性能无关的因素，如系统功耗和冷却要求。

12.3.3　RISC-V 处理器虚拟化

与本章中讨论的其他 ISA 不同，RISC-V ISA 的体系结构设计师从 ISA 设计开始就将全面的虚拟化支持作为基本要求。尽管 RISC-V 虚拟机管理程序扩展提案尚未成为正式标准，但它提供了一整套功能来支持类型 1 和类型 2 虚拟机管理程序的有效实现。

RISC-V 虚拟机管理程序的扩展完全实现了基于陷阱 – 模拟的虚拟化方法，并为客户机操作系统物理地址到主机物理地址的转换提供了硬件支持。RISC-V 实现了前台控制和后台控制以及状态寄存器的概念，当虚拟机进入和退出运行状态时，它允许监管寄存器的快速换入和换出操作。

RISC-V 中的每个硬件线程都以三种特权级别之一运行：

- **用户（U）**：与传统操作系统中的用户特权相同。
- **监管（S）**：与传统操作系统中的监管模式或内核模式相同。

- 机器（M）：最高特权级别，可以访问所有系统功能。

一个处理器设计可以实现所有这三种模式，或者实现 M 和 U 模式组合，或者单独实现 M 模式，不允许其他组合。

在支持虚拟机管理程序扩展的 RISC-V 处理器中，附加的配置位 V 控制虚拟化模式。对于在虚拟化客户机中执行的硬件线程，V 位设置为 1。当 V 位设置为 1 时，用户和监管权限级别都可以执行。这些模式被称为**虚拟用户**（VU）和**虚拟监管**（VS）模式。在 RISC-V 虚拟机管理程序上下文中，V = 0 的管理程序模式被重命名为**虚拟机管理程序扩展的监管程序模式**（HS），这个名称表示不管它是类型 1 还是类型 2，HS 是虚拟机管理程序本身运行的模式。剩余的权限级别 M 模式仅以非虚拟化方式（V = 0）运行。

在 VU 和 VS 模式下，RISC-V 实现了两级地址转换方案，该方案首先将每个客户机虚拟地址转换为客户机物理地址，然后再转换为监管模式物理地址。该过程能有效地将客户机操作系统中运行的应用程序中的虚拟地址转换为系统内存中的物理地址。

下一节将简要介绍几种可用于处理器和操作系统虚拟化的流行工具。

12.4 虚拟化工具

本节将介绍几种广泛使用的开源和商业工具，它们实现了不同形式的处理器虚拟化。

12.4.1 VirtualBox

VirtualBox 是 Oracle 公司提供的免费且开源的类型 2 虚拟机管理程序，支持的主机操作系统包括 Windows 和多个 Linux 变体。主机上的一个或多个客户机操作系统可以同时运行 Windows 和各种 Linux 版本。

> **客户机操作系统许可要求**
>
> 为了使组织和个人遵守版权法，即使作为客户机操作系统运行，操作系统（如 Windows）也必须获得适当的许可。

虚拟机可以在交互式 VirtualBox 管理程序的控制下或从命令行启动、停止和暂停。VirtualBox 可以捕获正在执行的虚拟机的快照并将其保存到磁盘。之后，快照可以从中断的精确位置恢复执行。

VirtualBox 需要由 AMD-V 或 Intel VT 扩展平台提供的硬件辅助虚拟化。这些平台提供了许多使虚拟机能够与主机操作系统以及虚拟机之间彼此进行通信的机制。共享剪贴板支持在主机和客户机之间（或从客户机到客户机之间）的复制和粘贴。可以在 VirtualBox 中配置一个内部网络，使客户机之间可以像连接在一个独立的局域网上一样相互交互。

12.4.2 VMware Workstation

VMware Workstation 于 1999 年首次发布，是一个在 64 位版本的 Windows 和 Linux 上运行的类型 2 虚拟机管理程序。VMware 是商业化产品，需要购买许可证。免费的 VMware Workstation Player 工作站版本只能用于非商业用途。

VMware Workstation 支持在主机 Linux 或 Windows 操作系统中运行 Windows、Linux 和 MS-DOS 操作系统的多个副本。与 VirtualBox 一样，工作站可以捕获虚拟机状态的快照，将该信息保存到磁盘，然后从捕获的状态恢复执行。工作站还支持主机到客户机和客户机到客户机的通信功能，如共享剪贴板和本地网络模拟。

12.4.3 VMware ESXi

ESXi 是一个类型 1 虚拟机管理程序，用于数据中心和云服务器集群中的企业级部署。作为类型 1 虚拟机管理程序，ESXi 运行在主机系统的裸机上。它有与计算机系统硬件、每个客户机操作系统和服务控制台（一个管理接口）的接口。

通过服务控制台，管理员可以监视和管理大型数据中心的操作、启动虚拟机并为其分配任务（称为**工作负荷**）。ESXi 提供了大规模部署所需的额外功能，例如性能监视和故障检测。在发生硬件故障或启用系统维护时，虚拟机工作负荷可以无缝地转移到不同的主机上。

12.4.4 KVM

基于内核的虚拟机（KVM）是一个开源的类型 2 虚拟机管理系统，最初发布于 2007 年。KVM 支持客户机操作系统的完全虚拟化。与 x86 或 x64 主机一起使用时，系统硬件必须包括 AMD-V 或 Intel VT 虚拟化扩展。KVM 虚拟机管理程序内核包含在主 Linux 开发线中。

KVM 支持在主机系统上执行一个或多个 Linux 和 Windows 虚拟化实例，而无须对客户机操作系统进行任何修改。

虽然 KVM 最初是为 32 位 x86 体系结构开发的，但它已经被移植到 x64、ARM 和 PowerPC 上。KVM 支持使用 Virtio API 对 Linux 和 Windows 客户机进行半虚拟化，在这种模式下，为以太网、磁盘 I/O 和图形显示提供半虚拟化设备驱动程序。

12.4.5 Xen

Xen 是 2003 年首次发布的免费且开源的类型 1 虚拟机管理程序。当前版本的 Xen 可运行在 x86、x64 和 ARM 处理器上。Xen 支持以基于硬件的虚拟化（AMD-V 或 Intel VT）方式运行的客户虚拟机，或作为半虚拟化操作系统运行。Xen 是在主流 Linux 内核中实现的。

Xen 虚拟机管理系统在最高特权级别运行一个虚拟机，称为 domain 0 或 dom0。dom0 虚拟机通常是 Linux 的变体，可以完全访问系统硬件。dom0 机器提供了用于管理虚拟机管理程序的用户界面。

一些最大的商业云服务提供商，包括 Amazon EC2、IBM SoftLayer 和 Rackspace Cloud，都使用 Xen 作为其主要的虚拟机管理程序平台。

Xen 支持实时迁移，其中虚拟机可以在不停机的情况下从一个主机平台迁移到另一个主机平台。

12.4.6 QEMU

QEMU（quick emulator，快速仿真器）是一个免费的开源仿真器，可以执行硬件虚拟化。QEMU 可以在单个应用程序或整个计算机系统的级别上进行仿真。在应用程序级别，QEMU 可以运行单个 Linux 或 macOS 应用程序，这些程序是为不同于执行环境的 ISA 而构建的。

当执行系统仿真时，QEMU 代表一个包括外围设备的完整计算机系统。客户机系统可以使用与主机系统不同的 ISA。QEMU 支持在一台主机上同时执行多个客户操作系统。支持的 ISA 包括 x86、MIPS、ARMv7、ARMv8、PowerPC 和 RISC-V。

QEMU 支持 KVM 机器的设置和迁移，与运行在 KVM 下的虚拟机一起执行硬件模拟。

类似地，QEMU 可以为运行在 Xen 下的虚拟机提供硬件模拟功能。

QEMU 在虚拟化工具中是独一无二的，它不需要以更高的权限运行，因为它完全是在软件中模拟客户机系统。这种方法的缺点是软件模拟过程导致性能下降。

下一节将讨论使用虚拟化实现云计算所产生的协同效应。

12.5 虚拟化与云计算

虚拟化和云计算这两个术语经常被混淆，有时含义重叠。下面强调了它们之间的差异：
- 虚拟化是一种将软件系统从运行环境中抽象出来的技术。
- 云计算是一种利用虚拟化和其他技术实现大规模数据中心部署、监视和控制的方法。
- 通过在云计算环境中使用虚拟化，可以在一系列通用计算硬件上以受控且一致的方式灵活地部署应用程序工作负荷。通过在虚拟机中实现 Web 服务器等应用程序，可以动态地扩展在线计算能力，以匹配变化的负载。

商业云服务提供商通常使用按容量付费的方式提供服务。平时访问量很少的网站其访问量可能会突然飙升。如果将网站部署在云平台上，当探测到负载增大时，云管理软件会提高网站资源分配，扩大后台数据库的容限。资源使用量的增加会导致费用的增加，如果在高流量负载的情况下网站仍可正常运行并对用户输入做出响应，那么大多数企业将很乐意支付这笔费用。

云管理环境（如 VMware ESXi 和 Xen）为大规模云操作的配置、部署、管理和维护提供了全面的工具。这些配置可能是为了某个组织在本地使用，也可能是针对在线服务提供商（如 Amazon Web Services）的面向公众的基础设施。

电力消耗

电力消耗对于云服务提供商而言是一笔巨大的开支。即使不执行任何有用的工作，大型服务器群中的每台计算机在运行时也会消耗电力。在一个拥有数千台计算机的环境中，服务器只在付费用户需要时才消耗电力，这一点至关重要。

虚拟化有助于有效地利用服务器系统。由于单个服务器可能托管多个客户机虚拟机，因此可以通过服务器硬件高效地分配客户工作负荷，从而避免大量计算机的低利用率现象。在给定时间不需要使用的服务器可以完全关闭，从而降低能耗，这反过来又降低了云提供商的成本，并为最终用户提供了更具竞争力的价格。

本节简要介绍了虚拟化在云计算环境中的使用。大部分在互联网上建立网站的组织和个人都在用云计算环境上的虚拟服务器，虽然他们可能没有意识到这一点。

12.6 总结

本章介绍了处理器虚拟化的基本概念，并解释了通过有效地使用虚拟化给个人用户和大型组织带来的许多好处。本章还研究了主要的虚拟化技术以及实现它们的开源和商业工具。最后介绍了云环境中部署实际软件应用时虚拟化技术带来的好处。

你现在应该了解与处理器虚拟化相关的技术和优势，以及现代处理器 ISA 如何在指令集级别支持虚拟化。了解了一些提供虚拟化功能的开源和商业工具。读者现在应该了解如何在云计算环境中使用虚拟化来构建和部署可扩展的应用程序。

下一章将研究一些特定应用类别的体系结构，包括移动设备、个人计算机、游戏系统、处理大数据的系统和神经网络。

12.7 习题

1. 下载并安装当前版本的 VirtualBox。在 VirtualBox 中下载、安装并启动 Ubuntu Linux 作为虚拟机。使用桥接网络适配器将客户机操作系统连接到互联网。配置并启用 Ubuntu 客户机和主机操作系统之间的剪贴板共享和文件共享。

2. 在习题 1 中安装的 Ubuntu 操作系统中,安装 VirtualBox,然后安装并启动 FreeDOS 虚拟机版本,该版本可从 `https://www.freedos.org/download/` 获得。然后验证 DOS 命令(例如 `echo Hello World！` 和 `mem`),可在 FreeDOS 虚拟机中正常执行。在完成此习题之后,将实现一个嵌套虚拟化实例。

3. 在主机系统的 VirtualBox 环境中创建两个独立的 Ubuntu 客户机副本。设置两个 Ubuntu 客户机都连接到 VirtualBox 内部网络。使用兼容的网络协议地址设置两台计算机。使用 `ping` 命令验证每台计算机都可以收到对方的响应。完成本习题后,你将在虚拟化环境中配置一个虚拟网络。

第 13 章
Modern Computer Architecture and Organization, Second Edition

领域专用计算机体系结构

本章将前几章讨论的主题结合在一起，我们将研究为满足独特用户需求而设计的各种计算机系统体系结构。使用这种方法，我们能够理解多种实际计算机系统的用户级需求和性能。

本章包含以下主题：
- 设计满足特定需求的计算机系统
- 智能手机体系结构
- PC 体系结构
- 仓储式计算体系结构
- 神经网络与机器学习体系结构

通过学习本章，你将了解用于定义支持特定需求的计算机体系结构的决策过程。你还将了解驱动移动设备、个人计算机、云服务器系统、神经网络和其他机器学习体系结构设计的关键要求。

13.1 设计满足特定需求的计算机系统

所有包含数字处理器的设备都旨在用来执行某种特定功能或者一组功能，PC 等通用设备也是如此。在开始设计其数字构件体系结构时，需要使用一张完整的列表来描述设备的基本信息，包括需求特征及功能等。

以下列出了在组织数字系统设计过程中，工程师必须考虑的一些因素：

- **处理类型**：设备是否需要处理音频、视频或其他模拟信息？设计中是否包含高分辨率图像的显示？是否需要大量的浮点数或整数？系统是否支持多个应用程序同时运行？是否使用神经网络处理等特殊算法？
- **内存和存储需求**：操作系统和用户应用程序需要多少内存才能按预期执行？需要多少非易失性存储空间？
- **硬/软实时处理**：必须在规定的时间内实时对输入进行响应吗？如果实时响应性能不是绝对要求的，是否大多数时间（不一定是所有时间）都必须满足期望的响应时间？
- **连接要求**：设备需要支持哪种有线连接，例如以太网和 USB？每种连接类型需要多少个物理端口？需要什么类型的无线连接（蜂窝网络、Wi-Fi、蓝牙、NFC、GPS 等）？
- **能耗**：设备是否由电池供电？如果是，那么在高使用率期间和空闲期间，数字系统构件可承受的功耗水平各自如何？如果系统使用外部电源供电，那么是具有较高的处理器性能更重要还是较低的功耗更重要？对于同时支持电池供电和外部供电的系统，为了避免过热，功耗应该限制在什么水平？
- **物理约束**：数字处理构件的尺寸是否受到严格的物理限制？
- **环境限制**：设备的工作环境是否是极热环境或极冷环境？设备必须能够承受何种程度的冲击和振动？设备是否需要在极端潮湿或干燥的环境中运行？

接下来的几节研究了几种数字设备的顶层架构，并讨论了设计这些系统的工程师针对以上清单中的问题给出的答案。我们将从移动设备的体系结构开始，重点关注 iPhone 13 Pro Max。

13.2 智能手机体系结构

在体系结构层面，智能手机要想获得广泛认可，必须具备三个关键要素：尺寸小（显示屏除外）、较长的电池寿命以及按需提供的高处理性能。显然，长电池寿命和高处理性能的需求是矛盾的，必须加以平衡才能实现最佳设计。

尺寸要求设计通常从屏幕（以高度和宽度衡量）开始，屏幕的尺寸需要大到足以渲染高质量视频并且还可以作为输入设备（尤其是键盘），但屏幕尺寸又要足够小以放在口袋或钱包里。为使设备的整体尺寸足够小，需要将其设计得尽可能薄。

在追求轻薄的同时，机械设计必须提供足够的结构强度以支撑屏幕，避免日常操作、掉落和其他物理冲击造成的损坏，同时还要为电池、数字构件和子系统（如蜂窝无线电收发器）等提供足够的空间。

由于用户可以不受限制地使用手机的外部和内部功能，所以制造商希望保护的任何商业秘密或其他知识产权（如系统固件）都必须受到保护以防被窃取。但是，即使有这些保护措施，最终用户必须能够方便安全地进行固件更新，同时又要防止安装未经授权的固件映像。

下一节将根据这些要求探讨当前高端智能手机的数字架构。

iPhone 13 Pro Max

iPhone 13 Pro Max 于 2021 年 9 月发布，iphone 13 Pro Max 是当时苹果公司的旗舰智能手机，使用了当时市场上一些最先进的技术。由于苹果公司对其产品的设计细节只发布了有限的信息，以下部分信息来自 iPhone 13 Pro Max 评测人员的评论以及一些其他分析，因此应该谨慎对待。

iPhone 13 Pro Max 的计算架构以 Apple A15 Bionic SoC 为中心，这是一款 ARMv8 六核处理器，包含 150 亿个 CMOS 晶体管。其中两个内核采用代号为 **Avalanche** 的架构，在性能方面进行了优化，并且支持的最高时钟频率为 3.23GHz。其余 4 个代号为 **Blizzard** 的内核的最高运行频率为 1.82GHz。所有的 6 个内核都是乱序超标量设计。当同时执行多个进程或单个进程中的多个线程时，所有的 6 个内核都可以并行运行。

当然，同时运行 6 个内核会严重消耗电池电量。在大多数时候，尤其是当用户不与设备进行交互时，几个内核会被置于低功耗模式，最大限度地延长电池的续航时间。

iPhone 13 Pro Max 拥有 8GB 的第四代低功耗双倍数据速率 RAM（LP-DDR4x），每个 LP-DDR4x 器件均具有 4266Mbit/s 的数据传输速率。LP-DDR4x 中的 x 表示将 I/O 信号电压从上一代 DDR（LP-DDR4）的 1.11V 降到了 LP-DDR4x 的 0.6V，从而降低了 iPhone 13 Pro Max 的 RAM 功耗。

A15 SoC 集成了苹果公司设计的五核 GPU。除了加速传统的 GPU 任务（如三维场景渲染）以外，GPU 还包含多种增强功能，支持机器学习和其他适合在 GPU 硬件上实现的数据并行任务。

3D 渲染过程实现了一种专门针对资源受限系统（如智能手机）的算法，称为**基于图块的延迟渲染**（Tile-Based Deferred Rendering，TBDR）。TBDR 在渲染过程中尽可能早地识别视觉范围内不可见的对象（即被其他对象遮挡住的对象），从而避免在完成渲染工作时才进行识别。该渲染过程将图像分割成多个小块，并在多个小块上并行执行 TBDR，以达到最佳性能。

A15 包含一个名为 Apple Neural Engine 的神经网络处理器，该处理器由 16 个内核组成，每秒可进行 15.8 万亿次操作。该子系统用于执行一些复杂任务，如对来自手机摄像头实时视频传输中的物体进行识别和跟踪。

A15 还包含一个运动协处理器，它是一个独立的 ARM 处理器，专门用于收集和处理来自手机陀螺仪、加速度计、指南针和气压传感器的数据。这些数据经处理后的输出为用户当前的活动类型，如行走、跑步、睡觉或驾驶。即使手机的其余部分处于睡眠模式，传感器对数据的收集和处理也将以低功率模式继续进行。

A15 作为一个片上系统（SoC），包含了一个高性能的固态盘（Solid State Disk，SSD）控制器，可支持 1TB 的内部存储。A15 SoC 和闪存之间的接口是 PCI Express。

iPhone 13 Pro Max 的主要构件如图 13.1 所示。

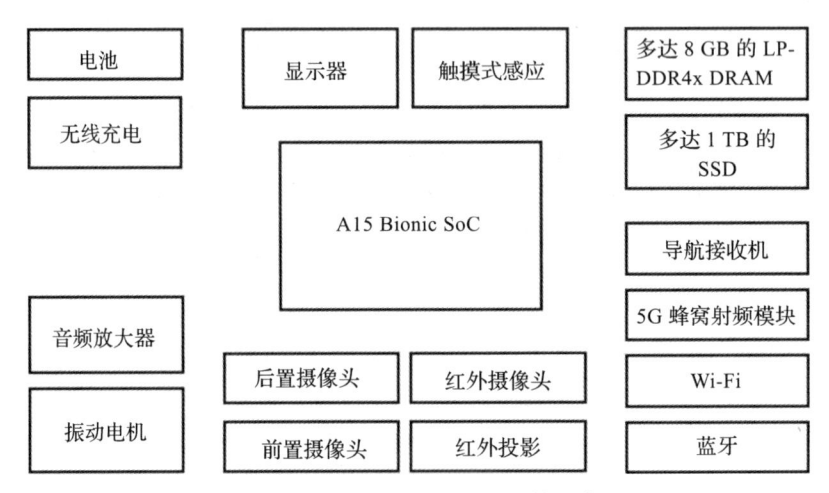

图 13.1 iPhone 13 Pro Max 的组成

iPhone 13 Pro Max 包含几个高性能子系统，表 13.1 对每个子系统做了简要描述。

表 13.1 iPhone 13 Pro Max 子系统

子系统名称	描述
电池	iPhone 13 Pro Max 有一块容量为 3095mAh 的电池
显示	该屏幕是对角线为 6.1 英寸的平板，分辨率为 2532×1170 像素。显示技术采用了**有机发光二极管技术**（OLED），其中有机是指在发光材料中使用有机化合物
触摸式感应	显示器中集成了电容式传感器，以检测用户的触摸。这些传感器检测由导电物体（例如，手指）靠近显示器过程中所引起的电容变化。在对原始传感器的测量值进行过滤和处理之后，可以同时确定多个触摸点的准确位置。此外，传感器还可以测量在触摸交互过程中的压力，这使得软件能对屏幕上的重按和轻按做出不同的反应
双摄像头、红外投影、红外摄像头	三个后置摄像头都是 1200 万像素，其中一个是标准镜头、一个是长焦镜头还有一个是超广角镜头。这些摄像头能够以每秒 60 **帧**的速度拍摄 4K（3840×2160 像素）视频，或以每秒 240 帧拍摄 1080p（1920×1080 像素）视频。分辨率为 1200 万像素的前置摄像头可以以每秒 60 帧的速度拍摄 4K 视频。iPhone 13 Pro Max 的正面包含一个独立的能够支持人脸识别的**红外摄像头**，该功能与红外投影仪配合使用，可以映射 30 000 个点，生成用户面部的三维图像。手机以此来验证用户的身份，并在确认匹配时解锁手机

（续）

子系统名称	描述
无线充电	iPhone 13 Pro Max 支持高达 15W 的 Apple MagSafe 无线充电和高达 7.5W 的 Qi 无线充电
导航接收器	iPhone 13 Pro Max 的导航接收器支持**全球定位系统**（GPS）、**全球导航卫星系统**（GLONASS）、伽利略导航卫星系统、Quasi-Zenith **导航卫星系统**（QZSS）和北斗卫星导航系统
蜂窝无线电	iPhone 13 Pro Max 内置 5G 蜂窝无线电调制解调器
Wi-Fi 和蓝牙	iPhone 13 Pro Max 的 Wi-Fi 接口通过 2×2 MIMO 支持 Wi-Fi6（802.11ax）。2×2 MIMO 提供两个发射天线和两个接收天线，以减少信号丢失。蓝牙接口支持 5.0 版蓝牙标准
音频放大器、振动电机	iPhone 13 Pro Max 音频放大器在空闲时功耗极低，运行时效率高、音质好 振动是由称为 Taptic Engine 的设备产生，Taptic Engine 是一种线性振荡器，如果向用户提供交互式反馈，则能够生成多种类型的振动

iPhone 13 Pro Max 在设计时就汇集了当时最先进、轻巧的移动电子技术，并将它们进行时尚包装，风靡全球。

接下来将介绍高性能 PC 体系结构。

13.3 PC 体系结构

接下来要研究的系统是一款带有处理器的游戏 PC，在撰写本书时（2021 年底），其处理器在性能方面处于领先地位。本节将详细介绍系统处理器、GPU 和计算机的主要子系统。

Alienware Aurora Ryzen Edition R10 游戏台式机

Alienware Aurora Ryzen Edition R10 桌面 PC（也称台式机）旨在为游戏应用程序提供最佳性能。为了达到最高速度，系统构架是围绕最快的主处理器、GPU、内存和磁盘子系统构建的，它的价格至少是一些游戏爱好者和其他注重性能的用户所愿意接受的。但是客户数量可能会受到计算机价格的限制，Alienware Aurora Ryzen Edition R10 游戏台式机的价格超过 4000 美元。

Alienware Aurora Ryzen Edition R10 可与各种性能、价格不同的 AMD Ryzen 处理器一起使用，该平台当前性能最高的处理器是 2021 年 11 月推出的 AMD Ryzen 9 5950X。

Ryzen 9 5950X 使用乱序超标量构架实现了 x64 ISA，它采用了推测执行、寄存器重命名等技术。根据 AMD 提供的数据，5950X 的 Zen 3 微体系结构中，**每周期指令数**（IPC）比上一代（Zen 2）AMD 微体系结构高 19%。

Ryzen 9 5950X 处理器具有以下特点：

- 16 核
- 每个处理器 2 个线程（总共 32 个并行线程）
- 基本时钟速度为 3.4GHz，超频时峰值频率为 4.9GHz
- 每核具有 8 路组相联、32KB 一级指令高速缓存
- 每核具有 8 路组相联、32KB 一级数据高速缓存
- 8MB 二级高速缓存
- 64MB 三级高速缓存
- 20 路 PCIe 4.0 通道
- 总功耗为 105W

在发布之时，Ryzen 9 5950X 可以说是计算机发烧友市场上性能最高的 x86 处理器。

1. Ryzen 9 5950X 的分支预测

Zen 3 体系结构包含一个复杂的分支预测单元，该单元缓存分支执行的历史信息，并使用这些数据来提高预测的准确性。这种预测不仅包括单个分支，还包括附近代码中最近分支之间的关联关系，以进一步提高预测准确性。更高的预测准确性可减少因流水线气泡而导致的性能下降，并最大限度地减少沿着最终未执行的分支进行推测执行所导致的不必要工作。

分支预测单元采用一种称为**感知机**的机器学习形式，感知机是生物神经元的简化模型，它是许多神经网络应用的基础。有关神经网络的简要介绍见 6.3 节。

在 5950X 中，感知机学习基于同一指令和其他指令的近期分支行为来预测单条指令的分支行为。从本质上讲，通过跟踪最近分支的行为（根据分支成功和分支不成功），可以开发出分支指令的相关性来提高预测精度。

2. Nvidia GeForce RTX 3090 GPU

Aurora Ryzen Edition R10 包含一块 Nvidia GeForce RTX 3090 GPU。除了高端游戏 GPU 所具有的高水平图像性能外，该卡还提供了大量的硬件来支持光线追踪，另外，该卡还包含了可加速机器学习应用程序的专用内核。

在传统 GPU 中，视觉对象被描述为多边形的集合。如要渲染一个场景，必须首先确定每个多边形的位置和方向，然后在图像中的适当位置绘制出场景中可见的那些多边形。

光线追踪采用了一种更复杂的方法，通过追踪从虚拟世界中一个或多个光源发出的光的路径来绘制光线跟踪图像。当光线遇到物体时，会发生诸如反射、折射、散射等现象，并出现阴影。光线追踪的图像通常比传统渲染的场景在视觉上更具真实感，但是光线追踪需要更高的计算成本。

今天，大多数流行的、视觉丰富的、高度动态的游戏都在一定程度上利用了光线追踪。对于游戏开发者来说，使用光线追踪并不是一个全有或全无的决定。在使用光线追踪来渲染场景中的物体表面时，可以在传统的基于多边形的模式下渲染部分场景。例如，一个场景可能包含以多边形显示的背景图像，而附近的玻璃窗则根据光线追踪，对物体从玻璃表面的反射以及透过玻璃看到的视图进行渲染。

在 RTX 3090 发布时，它是使用 TensorFlow 运行深度学习模型性能最高的 GPU。由 Google 机器智能研究组织开发的 **TensorFlow** 是用于机器学习应用程序的流行开源软件平台，它被广泛应用于深度神经网络的研究。

RTX 3090 利用其机器学习能力来提高已渲染图像的显示分辨率，而无须花更多的计算开销来提高图像实际分辨率，该过程通过智能化反锯齿和锐化图像手段来实现。该技术通过在渲染成千上万张图像时学习图像特征，并使用此信息来提高后续场景渲染的质量。例如，该技术可以使 1080p 分辨率（1920×1080 像素）渲染的场景看起来就像以 1440p（1920×1440 像素）渲染的一样。

除了其光线追踪和机器学习功能之外，RTX 3090 还具有以下功能：

- **10 496 个 NVIDIA CUDA®核心**：CUDA 核心提供了适用于一般计算应用（如线性代数）的并行计算平台。
- **328 个张量核心**：张量核心执行深度学习算法的张量和矩阵操作。
- **PCIe 4.0 x16 接口**：该接口与主处理器通信。
- **24GB 的 GDDR6X 内存**：GDDR6X 在上一代 GDDR6 技术的基础上进行了改进，提供了更高的数据传输速率（每引脚最高 21Gbit/s，而 DDR6 每引脚最高 16Gbit/s）。
- **Nvidia 可扩展链接接口（SLI）**：SLI 连接 2 个到 4 个相同的 GPU，以共享处理工作负荷。必须使用特殊的桥接器来连接协作的 GPU。
- **三个 DisplayPort 1.4a 视频输出**：该显示端口在 60Hz 时支持 8K（7680×4320 像素）分辨率。
- **HDMI 2.1 端口**：HDMI 输出在 60Hz 时支持 4K（3840×2160 像素）分辨率。

下一节总结 Alienware Aurora Ryzen Edition R10 的子系统。

3. Aurora 子系统

表 13.2 简要描述了 Alienware Aurora Ryzen Edition R10 的主要子系统。

表 13.2　Alienware Aurora Ryzen Edition R10 子系统

子系统	描述
主板	该主板支持 PCIe4.0，处理器和显卡之间的带宽是 PCIe3.0 的两倍。有 4 个 DDR4 内存条插槽、4 个 PCIe 插槽，Nvidia GPU 使用了两个 PCIe 插槽
芯片组	AMD B550A 芯片组支持处理器和内存超频以及 PCIe4.0
散热	使用液体散热系统给处理器散热，这在超频工作时非常重要
内存	该系统包括 32GB 的双通道 DDR4 XMP，工作频率为 3200MHz。**Extreme Memory Profiles**（XMP）配置功能允许通过简单地从不同配置文件中进行选择来设置内存性能相关的参数。此功能通常用于选择标准内存时钟配置或超频配置
存储	Aurora Ryzen Edition R10 包含 1 个 1 TB NVMe M.2 固态驱动器。**非易失性存储器**通路（NVMe）是将固态硬盘连接到 PCIe 4.0 的接口标准。M.2 标准为扩展卡（例如，SSD）定义了一种小型尺寸标准
前面板	前面板有 3 个 USB 3.2 Gen1 Type A 端口和 1 个 USB 3.2 Gen1 Type C 端口，并提供了音频输入和输出插孔
后面板	该系统包括 6 个 USB2.0 端口，4 个 USB3.1 Gen 1 Type A 端口，1 个 USB 3.2 Gen 1 Type C 端口，1 个以太网端口以及数字和模拟音频输入和输出插孔

Alienware Aurora Ryzen Edition R10 游戏台式机在推出时就集成了当时最先进的技术，这体现在处理器、内存、GPU 和存储的最高速度方面。另外，该计算机还使用机器学习来提高指令执行性能。

下一节将讨论在包含数千个且相互协作的计算机系统组成的大规模计算环境中面临的挑战和解决方案。

13.4　仓储式计算体系结构

向公众和大型组织（如政府、研究型大学和大公司）提供大型计算能力和网络服务的提供者，通常在大型建筑中聚集计算能力，每栋大楼可能包含数千台计算机。

为了最有效地利用这些功能，仅仅将**仓储式计算机**（warehouse-scale Computer，WSC）中的计算机集合看作是大量的单个计算机是不合理的。相反，考虑到仓储式的计算环境所提供的巨大处理能力、网络通信能力和存储能力，将整个数据中心视为一个大规模并行的计算系统更为合适。

早期的电子计算机是一个巨大的系统，占据很大的空间。从那时起，计算机体系结构已经发展为今天指甲盖大小的处理器芯片，它拥有比早期系统强得多的计算能力。可以想象，今天仓储式计算机只是几十年后计算机系统的前身，它们可能只有比萨饼盒、智能手机或指甲盖大小，但其处理能力将与今天的 WSC 相当，甚至能力更强。

自从互联网在 20 世纪 90 年代中期崛起以来，计算机的使用形式一直在进行转变，以前的应用形式是执行安装在个人计算机上的应用程序，现在已逐步转移使用集中式服务器系统执行算法计算、存储和检索海量数据，互联网用户也能够直接相互通信。

服务器端应用程序通常使用在客户端由 Web 浏览器提供的"薄"应用程序层。所有的数据检索、计算处理和信息显示准备工作都在服务器上进行。客户端程序仅仅获取与文本、图像和输入控制有关的指令和数据，并为用户展示这些数据。基于浏览器的应用程序等待用户输入并向服务器端发送请求。

Google、Amazon 和 Microsoft 等互联网公司提供的在线服务依赖于超大数据中心计算体系结构的强大算力和多样性，为数百万用户提供服务。一个 WSC 可能运行非常大的应用程序来同时为数千个用户提供服务。服务提供商努力提高可靠性，通常情况下能达到 99.99% 的正常运行时间，相当于每年约 1 小时的停机时间。

下面各节介绍典型 WSC 的硬件和软件构件，并讨论这些构件如何协同工作，从而实现为大量用户提供快速、高效和可靠的网络服务。本节最后介绍在商业云环境中构建和部署简单 Web 应用程序的步骤。

13.4.1 WSC 硬件

构建、运行和维护 WSC 的代价非常高。在提供必要的服务质量的前提下（如响应速度、数据吞吐量和可靠性），WSC 运营商努力将购买和运行这些系统的总成本降到最低。

为了实现高可靠性，WSC 设计者可能会采用下面两种方法之一来实现底层计算硬件：

- **投资可靠性极高的硬件**：这种方法依赖于具有低故障率但价格高昂的构件。然而，即使每一个单独的计算机系统都提供了极高的可靠性，但当系统的几千个副本同时运行时，也会以可预测的概率偶然发生故障。这种方法的成本非常高，而且因为故障依然会发生，所以不能从根本上解决问题。

- **使用可靠性一般的低成本硬件，但在系统设计时，使用可以容忍单构件故障的最高预期故障率技术**：与使用高可靠构件相比，这种方法允许使用价格低廉的硬件构件，尽管需要一个复杂的软件基础设施，从而能够检测硬件故障、使用冗余系统快速恢复系统功能以支持预期的服务质量。

大多数标准互联网服务提供商（如搜索引擎和电子邮件服务）都使用低成本的通用计算硬件，并在发生故障时通过将工作负荷转移到冗余在线系统来实现**故障转移**。

为了使这一讨论更加具体，以一个 Internet 搜索引擎为例来研究 WSC 必须支持的工作负荷。支持 Internet 搜索的 WSC 工作负荷必须具有以下属性：

- **快速响应搜索请求**：互联网搜索请求的服务器端周转时间必须很短。如果用户经常被迫忍受明显的延迟，他们未来很可能会切换到其他有竞争力的搜索引擎。

- **即使是与同一用户的连续交互，每个搜索的状态信息无须保留在服务器上**：换句话说，每个搜索请求的处理都是一个完整的交互。搜索完成后，服务器会抛弃所有的信息。同一用户对同一服务的后续搜索请求不会利用第一个请求中存储的任何信息。

考虑到这些属性，每个服务请求都可以被视为一个独立事件，独立于所有其他请求。每个请求的独立性意味着它可以作为一个执行线程处理，并与来自其他用户甚至来自同一用户的其他搜索请求并行进行处理。该工作负荷模型非常适合于硬件并行加速。

互联网搜索不是一项计算密集型任务，而是一项数据密集型任务。举个简单的例子，当搜索词由单个单词组成时，Web 服务必须从用户接收请求，提取搜索词并以其为索引进行查询，确定包含搜索词的最相关页面。

互联网至少包含了数千亿网页，用户希望通过搜索可以找到其中大部分网页。然而这种想法有点过于简单了：大部分通过互联网可以访问的网页实际上根本无法被搜索引擎索引。然而，即使将搜索限制在可访问的页面上，对于单个服务器来说，就算是具有大量处理器核心、最大容量本地内存和磁盘存储的服务器，也不可能在一个合理的时间段内对大量用户的互联网搜索作出响应，其原因是数据和用户请求太多。因此，搜索功能必须在多个（数百个，甚至是数千个）独立的服务器之间分割，每个服务器包含搜索引擎所知的整个网页索引的一个子集。

每个索引服务器接收一个查询请求流，该请求流经过过滤，保留与该服务器管理的索引部分相关的请求。索引服务器根据与搜索词的匹配与否生成一组结果，并返回这个结果集以进行更高层次的处理。在更复杂的搜索中，对包含多个搜索词的搜索可能需要由不同的索引服务器进行处理，它们搜索的结果将在更高层次的处理过程中进行过滤和合并。

索引服务器根据搜索词生成结果后，将这些子集输入到一个系统中进行处理，生成一个表单并发送给用户。对于标准搜索，用户希望收到按查询相关性排序的页面列表。对于返回的每个页面，搜索引擎通常提供目标页面的 URL 以及页面内容中围绕搜索词的文本部分，以提供与搜索词相关的上下文内容。

生成这些结果所需的时间更多地取决于与页面索引相关联的数据库查找速度和从存储中提取页面内容的速度，而不是任务所涉及的服务器的处理能力。因此，许多提供 Web 搜索和类似服务的 WSC 使用包含有廉价的主板、处理器、内存构件和磁盘的服务器。

13.4.2 基于机架的服务器

WSC 服务器通常组装在机架中，每个服务器占用一个 1U 插槽。1U 服务器插槽的前面板尺寸为 19 英寸宽、1.75 英寸高。一个机架可能包含多达 40 个服务器，占用 70 英寸的垂直空间。

每台服务器都是一个完整的计算机系统，包含一个中等处理能力的处理器、RAM、一个本地磁盘驱动器和一个速度为 1Gbit/s 或更快的以太网接口。由于消费级处理器、DRAM 和磁盘的处理能力和容量在不断增长，所以不会试图强调特定系统配置的性能参数。

尽管每台服务器都包含一个带有集成图形处理器和一些 USB 端口，但大多数服务器除了在进行初始配置时，不直接连接显示器、键盘或鼠标。机架式服务器通常以所谓的"无头"模式运行，在这种模式下，与系统的所有交互都通过网络连接进行。

图 13.2 显示了一个包含 16 台服务器的机架。每台服务器通过 1Gbit/s 的以太网电缆连接

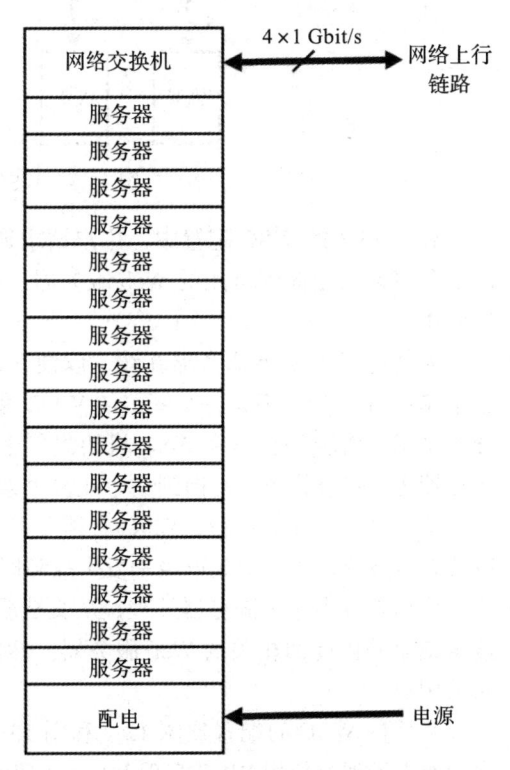

图 13.2 包含 16 台服务器的机架

到机架式网络交换机。本例中的机架通过 4 根 1Gbit/s 的以太网电缆连接到更高层次的 WSC 网络环境。机架内的服务器通过机架交换机以 1Gbit/s 的以太网数据速率进行通信。由于只有 4 个 1Gbit/s 外部连接从机架引出，所有 16 台服务器显然无法与机架外部的系统全速通信。在本例中，机架连接性能被高估了 4 倍，这意味着外部网络容量是机架内服务器峰值通信速度的四分之一。

机架被组织为共享二级集群交换机的集群。图 13.3 显示了一个配置结构，其中 4 个机架连接到每个集群级交换机，而每个集群交换机又连接到 WSC 广域网。

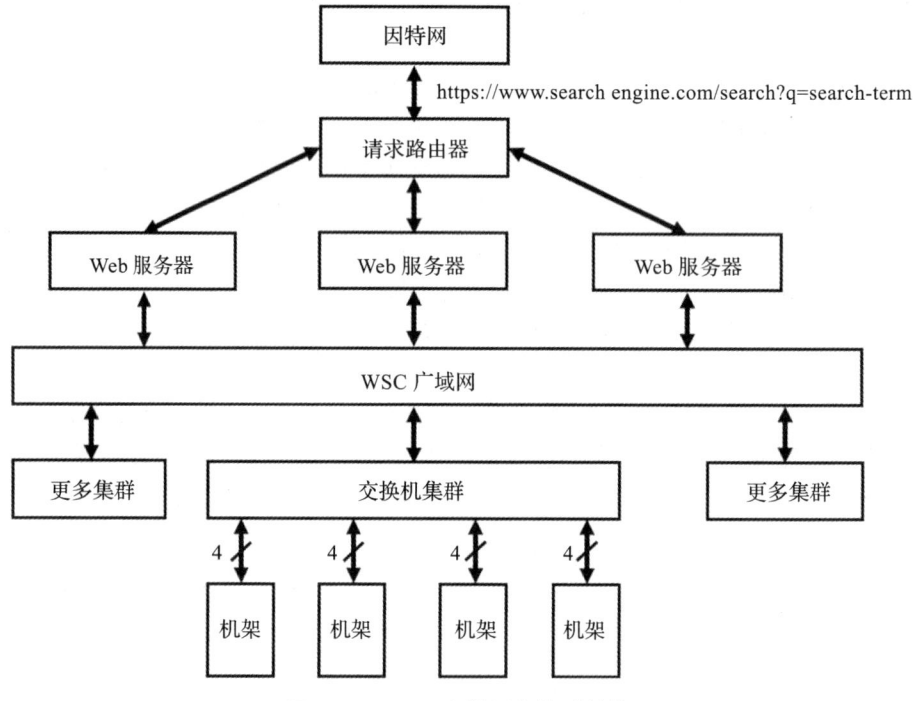

图 13.3　WSC 内部网络体系结构

在图 13.3 的 WSC 配置中，用户请求通过 Internet 到达，由路由设备进行初始处理，路由设备将请求定向到可用的 Web 服务器。接收请求的服务器负责监督搜索过程并将响应发送回用户。

始终有多个 Web 服务器在线，以便在发生故障时提供负载共享和冗余。图 13.3 显示了三个 Web 服务器，但是一个繁忙的 WSC 可能同时有更多的服务器在运行。Web 服务器解析搜索请求并将查询转发到 WSC 机架集群中的相应索引服务器。基于正在搜索的词汇，Web 服务器将索引查找请求定向到一个或多个索引服务器进行处理。

为了高效可靠地运行，WSC 必须在多个集群上为索引数据库的每个子集维护多个副本，以便在服务器、机架或集群级别发生故障时提供负载共享和冗余。

索引查找由索引服务器处理，从文档服务器收集相关的目标网页文本。然后组成完整的搜索结果并传递回相关的 Web 服务器。然后，Web 服务器准备好完整的响应结果并将其发送给用户。

真实的 WSC 的配置比图 13.2 和图 13.3 所示的结构更加复杂。即便如此，这些简化的表示有助于理解使用 WSC 实现 Internet 搜索引擎工作负荷的重要优势及其挑战。

除了响应用户的搜索请求，搜索引擎必须定期更新其数据库，以保持与互联网上网页的当前状态同步。搜索引擎使用称为**网络爬虫**的应用程序更新其上的网页内容。Web 爬虫程序以提供的网页地址作为起点，读取目标页面，并解析其文本内容。爬虫程序将页面文本存储在搜索引擎文档数据库中，并提取页面中包含的所有链接。对于每个链接，爬虫程序重复页面读取、解析和链接 – 跟踪过程。以这种方式，搜索引擎建立并更新其互联网内容索引数据库。

本节总结了一个概念性的 WSC 设计配置，它基于使用商用计算构件的机架。下一节将介绍在不影响服务质量的前提下，WSC 如何检测构件故障并在发生故障时进行处理。

13.4.3 硬件故障管理

正如前文所讲，WSC 包含数千个计算机系统，即使选择了更昂贵的构件来实现更高的可靠性，但仍然无法达到 100% 的可靠，因此可以预料，故障仍会定期发生。

作为图 13.3 所示的执行多级分配、处理和结果返回不可或缺的部分，每个服务器向图中较低层次的系统发送请求时，必须监视分配给处理该请求的系统的响应时间和正确性，如果响应延迟不可接受，或者未能通过有效性检查，则必须报告该系统没有响应或行为异常。

如果检测到这样的错误，请求系统会立即将请求重新发送到冗余服务器进行处理。一些响应失败可能是由于瞬时的处理过载等瞬态事件造成的。如果较低级别的服务器恢复正常并继续运行，则无须响应。

如果一个服务器始终没有响应或出现错误，则必须发出维护请求，以排除故障并修复有问题的系统。当一个系统被标识为不可用时，WSC 管理层（包括自动化部分和人工部分）可以选择启动一个系统，从一个备份系统池中复制发生故障的服务器，并指示替换系统开始为请求提供服务。

13.4.4 电力消耗

WSC 的主要成本之一是电力消耗。在 WSC 中，电力的主要消耗者是为最终用户进行数据处理的服务器和网络设备，以及使这些系统保持低温状态的空调系统。

为了将 WSC 的电费降到最低，只在计算机和其他耗电设备有需要的时候才打开它们，这一点至关重要。随着时间的推移，且可能受到新闻和社交媒体上事件的影响，搜索引擎的流量负荷变化很大。WSC 必须维护足够的服务器来支持其设计时定义的最大通信量。当总工作负荷低于最大工作负荷时，任何没有工作的服务器应关闭电源。

低负载的服务器依然消耗大量电力。为了获得最佳效率，WSC 管理系统应该在不需要服务器和其他相关网络设备时将它们完全关闭。当流量负载增加时，服务器和相关的网络设备可以通电并快速联机，以保持所需的服务质量。

13.4.5 WSC 作为多级信息缓存

第 8 章研究了现代处理器中使用的多级缓存体系结构。为了获得最佳性能，搜索引擎等 Web 服务必须采用一种缓存策略，从而在处理器中现存的缓存结构上增加更多的层次。

为了获得最佳的响应时间，索引服务器应该在内存数据库中维护其索引数据的大量子集。根据历史使用模式以及最近的搜索趋势选择在内存中存储的内容，可以使未来的大部分搜索请求在无须访问磁盘的情况下即可得到响应。

为了充分利用内存数据库，在每个服务器中安装大量的 DRAM 显然是有益的。是否为每个查询服务器升级 DRAM 取决于成本和收益之间的关系，即比较"增加每个服务器的内存容量"和"直接增加服务器的数量"这两种方案的性能收益。本章对此不深入分析，只需注意这种评估是 WSC 设计优化的核心要素。

如果认为 DRAM 是 WSC 级的第一级缓存，那么下一级是位于每个服务器上的本地磁盘。如果在内存数据库中未命中，下一个要搜索的地方是服务器的本地磁盘。如果在本地磁盘中未找到结果，则下一个搜索层次将是位于同一机架中的其他服务器。同一机架中服务器之间的通信可以以峰值网速运行（在示例配置中为 1Gbit/s）。

下一级搜索将扩展到同一集群中的机架。机架之间的带宽受到机架和集群交换机之间链路交换速度不足的限制，这限制了连接的性能。WSC 中的最后一级搜索会跨集群进行，这可能会对带宽产生进一步的限制。

建立有效搜索引擎框架的一个巨大挑战是高性能软件体系结构的开发。这种体系结构必须通过搜索引擎索引服务器和文档服务器能够实现最快、最本地化的查找来满足大多数的搜索请求。这意味着大多数搜索请求必须通过索引服务器中的内存搜索来完成。

13.4.6 部署云应用

我们在本节给出了在 Microsoft Azure 云平台上部署一个简单的 web 应用程序的详细步骤，展示了开发者如何使用现有开发工具利用大规模复杂 WSC 服务供应商。本示例使用的软件工具和云服务都是免费的：

1. 访问 https://azure.microsoft.com/en-us/free/，创建一个免费的 Azure 账号。Azure 是 Microsoft 提供的云计算服务。
2. 访问 https://nodejs.org/en/，安装 Node.js。Node.js 是一个基于 JavaScript 语言的 web 应用程序的运行时环境。
3. 访问 https://code.visualstudio.com/，安装 Visual Studio Code。Visual Studio Code（简写为 VS Code）是一个多语言源码编辑器。
4. 访问 https://marketplace.visualstudio.com/items?itemName=ms-azuretools.vscode-azureappservice，安装面向 VS Code 的 Azure App Service。Azure App Service 是 VS Code 的扩展，用于协助在 Azure 创建和部署 web 应用程序。

以下的命令在 Windows 操作系统中经过了验证，但在 Linux 系统中命令相同（或类似）。

在安装了工具之后，打开 Windows Command Prompt，输入下列命令来创建一个 web 应用程序，并在你的计算机上运行：

```
C:\Projects>npx express-generator webapp --view pug
C:\Projects>cd webapp
C:\Projects\webapp>npm install
C:\Projects\webapp>npm start
```

打开 Web 浏览器并访问 http://localhost:3000。你将看到如图 13.4 所示的 Web 页面。

虽然该应用程序没有做实质性的工作，但前面步骤产生的代码是构建复杂且可扩展的 Web 应用程序的坚实基础。

在下面几步，你将使用免费的 Azure 账号把该应用程序部署到 Azure 云环境中。

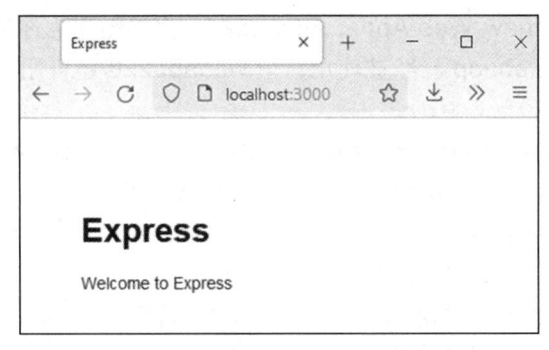

图 13.4　简单的 Node.js 应用程序显示

1. 在 webapp 目录中启动 VS Code：

```
C:\Projects\webapp>code
```

2. 在图 13.5 所示的界面的左下角选择 Azure 图标。

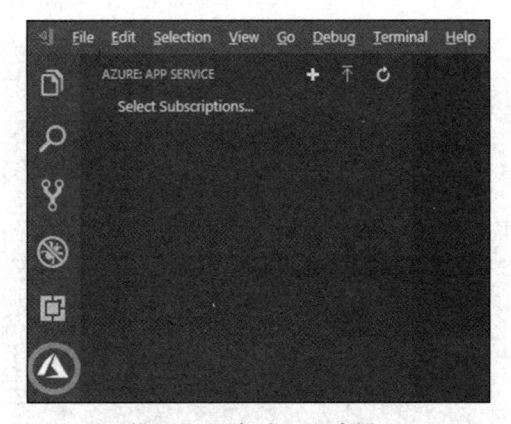

图 13.5　添加应用程序设置

3. 点击 Sign in to Azure...，完成创建免费账号的过程并登录。
4. 在图 13.6 所示的界面中，点击 APP SERVICE 右边的云图标。如果看不到该图标，将光标移动到该区域，则会出现图标，然后选择 webapp 文件夹。

图 13.6　部署到云上

5. 点击 + Create new Web App... Advanced，你将创建为你的应用创建一个唯一的名字。例如，webapp 已经被使用，但 webapp228 还可用。你需要选一个不同的名字。
6. 点击 + Create a new resource group 并对其命名，例如，webapp228-rg。
7. 下来选择运行时栈。在本例中，选择 Node 16 LTS。
8. 选择 Windows 操作系统。
9. 选择要部署的位置。例如，West US2。
10. 选择 + Create new App Service plan，并确定一个名字，例如，webapp228-plan。选择 Free (F1) 定价层。
11. 当提示 + Create new Application Insights 时，选择 Skip for now。
12. Azure 中的应用程序调配将开始并需要一些时间。当提示 Always deploy the workspace "webapp" to "webapp228"？时，选择 YES。
13. 在 VS 代码中，展开 APP SERVICE 节点，然后展开 webapp228。右键单击 Application Settings，选择 Add New Setting…，如图 13.7 所示。

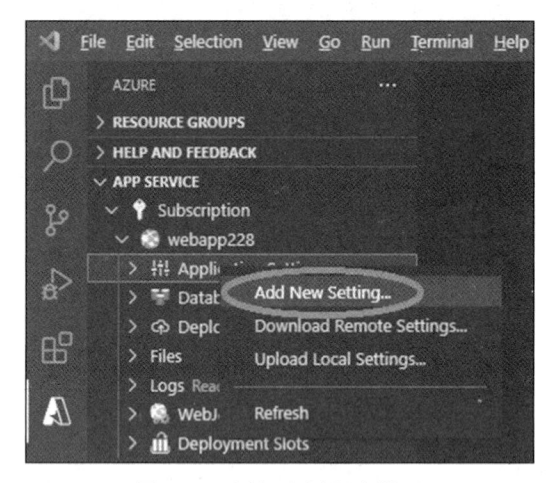

图 13.7 添加应用程序设置

14. 输入 SCM_DO_BUILD_DURING_DEPLOYMENT 作为设置键，输入 true 作为设置值。此步骤将自动生成一个 web.config 文件。部署时需要该文件。
15. 再次选择 APP SERVICE 旁边的云图标并部署应用程序。
16. 部署完成后，单击 Browse Website 在浏览器中打开网站。在本例中，网站的链接是 https://webapp228.azurewebsites.net/。这是一个可公开访问的网站，互联网上的任何人都可以访问。

以上步骤在云环境中创建并部署了一个简单的 Web 应用程序。通过在 Azure 环境中部署，我们的应用程序利用了 Azure 云平台的性能、可扩展性和安全性等优势。

下一节将介绍专用于神经网络处理器中的高性能体系结构。

13.5 神经网络与机器学习体系结构

在第 6 章中简要介绍了神经网络体系结构。本节介绍高性能专用神经网络处理器的内部工作原理。

Intel Nervana 神经网络处理器

2019 年，英特尔宣布发布一对新处理器，一个是针对训练复杂神经网络的任务进行优化；另一个用于对已经训练的网络进行推理，即给定一组输入数据生成神经网络输出的过程。

Nervana **神经网络训练处理器**（NNP-T）本质上是一台微型超级计算机，专门为神经网络训练过程中所需的计算任务而定制。NNP-T1000 有以下两种型号：

- NNP-T1300 是一种双插槽 PCIe 卡，适用于安装在标准 PC 中，它通过 PCIe 4.0 × 16 与主机通信。可以在同一计算机系统内或通过电缆跨计算机连接多个 NNP-T1300 卡。
- NNP-T1400 是一种夹层卡，适合在**开放计算项目**（Open Compute Project，OCP）**加速器模块**（OCP Accelerator Module，OAM）中用作处理模块。**夹层卡**是安装在 PCIe 等插入式电路卡中的电路卡，OAM 是一种硬件架构设计规范，用于实现需要模块间高通信带宽的人工智能系统。OAM 标准由 Facebook、Microsoft 和百度牵头开发，可以将多达 1024 个 NNP-T1000 模块使用超高速串行连接方式连接在一起，形成一个巨大的 NNP 体系结构。

NNP-T1300 适合安装在标准的 PC 内供个人开发者使用。另一方面，配置多个 NNP-T1400 的处理器价格会很昂贵，并且在性能上类似于超级计算机。

能力强大的 NNP 架构（如 Nervana）的主要应用领域包括**自然语言处理**（NLP）和机器视觉等。NLP 尝试执行处理单词序列等任务，以提取其背后的含义，再为计算机生成与人类交互的自然语言。当你打电话给一家公司的客户支持热线，一台计算机要求你与它交谈时，你就是在与一个 NLP 系统交互。

机器视觉是无人驾驶汽车的关键技术。汽车的机器视觉系统处理摄像机输入，以识别和分辨道路特征、路标和障碍物，如车辆和行人。这种处理必须产生实时结果，以便在驾驶车辆的过程中可用。

建立一个神经网络来执行通常由人类完成的任务，比如阅读一篇文章并解释其含义，或者在拥挤的交通中驾驶汽车，这通常都需要一个深入的训练过程。神经网络训练包括以下步骤：给神经网络一组输入以及根据这个输入神经网络应该产生的响应。这种由成对的输入数据集和已知的正确输出组成的信息称为**训练集**。每当网络处理一个新的输入集及相应的期望输出时，它就会微调其内部连接和权重值以提高其生成正确输出的能力。对于复杂的神经网络，例如在 Nervana NNP 上部署的神经网络，训练集可能由数百万个输入/输出数据对组成。

NNP 训练算法所需的处理主要为矩阵和向量操作。大矩阵乘法是神经网络训练中最常见、计算量最大的任务之一，这些矩阵可能包含成百上千的行和列。矩阵乘法的基本运算是乘累加（MAC）运算，这在第 6 章学习过。

复杂神经网络包含大量的权值参数。在训练过程中，处理器必须重复访问这些值来计算模型中每个神经元相关的信号强度，并进行训练调整权值。在给定内存容量和内部通信带宽的情况下，为了实现最大性能，需要使用最小的可用数据类型来存储每个数值。在大多数数字处理应用中，32 位 IEEE 单精度浮点格式是使用的最小数据类型。如果可能的话，使用更小的浮点格式也是一种改进。

Nervana 体系结构使用专门的浮点格式来存储网络信号。**bfloat16** 格式基于 IEEE-754 32 位单精度浮点格式，但尾数从 24 位缩短为 8 位。第 9 章"专用处理器扩展"的浮点运算部分讨论了 IEEE-754 32 位和 64 位浮点数据格式的一些细节。

使用 bfloat16 格式代替 IEEE-754 半精度 16 位浮点格式进行神经网络处理的原因如下：
- IEEE-754 16 位格式有 1 个符号位、5 个指数位和 11 个尾数位，尾数中包含 1 位的隐含位。与 IEEE-754 单精度（32 位）浮点格式相比，这种半精度格式的指数位损失了 3 位，从而将它可以表示的数值范围缩小到 32 位浮点表示范围的八分之一。
- bfloat16 格式保留了 IEEE-754 单精度格式的所有 8 个指数位，能够覆盖 IEEE-754 32 位格式的全部数值范围，但精度大大降低。

根据研究结果和客户反馈，Intel 认为 bfloat16 格式最适合深度学习应用程序，因为更大的指数范围比更精确的尾数好处更大。事实上，Intel 也认为，与 IEEE-754 单精度实现相比，尾数减小所产生的量化效应不会显著影响基于 bfloat16 网络实现的推理精度。

人工神经网络处理中使用的基本数据类型是**张量**，它表示为多维数组。向量是一维张量，矩阵是二维张量，也可以定义高维张量。在 Nervana 结构中，张量是一个由 bfloat16 值组成的多维数组。张量是 Nervana 结构的基本数据类型：NNP-T 在指令集级层次对张量进行操作。

深度学习算法所执行的计算密集型运算是张量的乘法运算。Nervana 结构等专用人工神经网络处理硬件的主要目标就是加速神经网络的乘法运算。加速张量运算不仅需要高性能的数学运算，还必须能够高效地将操作数据传输到处理器核，并将输出结果高效地传输到目的地。这需要在数据处理能力、内存读/写速度和通信速度之间进行精心的平衡。

NNP-T 体系结构中的处理在**张量处理器簇**（Tensor Processor Clusters，TPCs）中进行，每个簇包含两个**乘积累加**（MAC）处理单元和 2.5MB 的**高带宽内存**（HBM）。与 DDR SDRAM 不同，HBM 将多个 DRAM 芯片堆叠封装在一块芯片中，并提供了很高的数据传输大小（HBM 传输的数据大小为 1024 位，而 DDR 仅有 64 位）。每个 MAC 处理单元包含一个 32×32 并行运行的 MAC 处理器阵列。

一个 NNP-T 处理器包含多达 24 个并行运行的 TPCs，并用高速串行接口以交换结构将它们互连起来。Nervana 设备也能为同一系统中的其他 Nervana 板和其他计算机中的 Nervana 设备提供高速串行连接。

单个 NNP-T 处理器每秒能够执行 119 万亿次操作（TOPS）。表 13.3 是两个处理器之间的比较。

表 13.3　NNP-T 两种处理器的配置特点

特点	NNP-T1300	NNP-T1400
设备外形尺寸	双宽度卡，PCIe 4.0×16	OAM 1.0
处理器核数	22 TPCs	24 TPCs
处理器时钟速度	950MHz	1100MHz
静态 RAM	带 ECC 的 55MB SRAM	带 ECC 的 60MB SRAM
高带宽内存	带 ECC 的 32GB 第二代高带宽内存（HBM2）	带 ECC 的 32GB 第二代高带宽内存（HBM2）
存储带宽	2.4Gbit/s（300MB/s）	2.4Gbit/s（300MB/s）
串行芯片间链路（ICL）	16×112Gbit/s（448GB/s）	16×112Gbit/s（448GB/s）

Nervana 神经网络推理处理器（NNP-I）执行神经网络处理的推理阶段。推理包括向预训练的神经网络提供输入、对输入进行处理以及从网络收集输出。基于应用程序的不同，推理过程可能包括对单个模型在时变输入数据上的持续推理，或者在每次输入更新时，用同一个输入数据集训练多个神经网络模型。

NNP-I 有两种型号：
- 包含两个 NNP I-1000 设备的 PCIe 卡，运算速度可达到 170 TOPS，功耗高达 75W。
- 包含单个 NNP I-1000 设备的 M.2 卡，运算速度可达到 50 TOPS，功耗仅为 12W。

Nervana 体系结构是一种先进的、类似超级计算机的处理环境，用于训练神经网络和使用训练好的网络对真实的数据进行推理。

13.6 总结

本章介绍了几种根据特定用户需求而定制的计算机系统体系结构，并讨论了各自的特征。本章研究了以下几种应用：智能手机、专用于游戏的 PC、仓储式计算机和神经网络。用这几个例子能够很好地说明前几章中提到的计算机系统结构部件和真实的现代高性能计算机系统之间的关系。

通过本章的学习，你应该了解在定义面向特定用户需求的计算机体系结构时使用的决策过程。你还深入了解推动着智能移动设备体系结构、高性能 PC 体系结构、仓储式云计算体系结构和高级机器学习体系结构发展的关键需求。

下一章将讨论现代计算机系统面临的网络攻击类型，并介绍对安全性有额外需要的应用（例如，国家安全系统和金融交易处理等）所需的计算体系结构。

13.7 习题

1. 绘制一个系统的计算架构图，该系统每天 24 小时运作，每隔 5 分钟测量一次天气数据，并用短消息报告。该系统由电池供电，依靠太阳能电池在白天为电池充电。假设气象仪器通常以最小的平均功耗状态工作，在每个测量周期中只需要极短时间的全功率工作。
2. 对于习题 1 的系统，选择一个合适的商用处理器，并列出此处理器适合该应用的原因。要考虑的因素包括成本、处理速度、恶劣环境中的可靠性、功耗和集成特性，如 RAM 和通信接口。

第 14 章
Modern Computer Architecture and Organization, Second Edition

网络安全与机密计算体系结构

国家安全系统、金融交易处理系统等关键性的应用对安全保障有很高的要求，本章介绍适用于此类应用的专用计算体系结构。这些系统必须能够抵御广泛的网络安全威胁，包括恶意代码、隐蔽通道攻击和通过访问计算硬件进行的攻击。本章讨论的主题包括网络安全威胁、加密、数字签名、安全硬件和软件设计。

通过学习本章，你将能够对系统面临的网络安全威胁进行分类，并理解现代计算机硬件的安全特性。你还将理解如何避免系统结构中的安全漏洞，以及安全的计算机体系结构如何加强软件应用程序中的安全性。

本章包含以下主题：
- 网络安全威胁
- 安全硬件特性
- 机密计算
- 体系结构的安全性设计
- 确保系统和应用软件的安全

14.1 网络安全威胁

确保计算机系统网络安全的首要问题是要了解可能遇到的威胁和必须防御的威胁。我们可以将这些威胁分为几个大类，并确定每一类的关键特征。有了这些信息，我们就可以设计能够防御这些威胁的计算机系统结构。

开发一个完全安全的计算机系统并不是一个简单的过程，这是因为在现有的操作系统、软件库、用户应用程序和 Web 应用程序中会经常发现新的漏洞。广泛使用的加密构件（如加密算法和身份验证协议）中经常存在缺陷，在新开发的软件产品中通常也会有全新漏洞。最重要的是，经验表明，与计算机系统相关的最大安全弱点是由计算机操作者创造的。

鉴于这一现实，我们很难完全消除破坏性的网络攻击，只能努力将其风险降低到可接受的水平。在加固系统抵御攻击的过程中，我们必须将保护措施的成本保持在可接受的水平，并且系统不能使用户操作过于烦琐。另外，保护措施还必须避免降低系统在执行正常功能时的可靠性。

14.1.1 网络安全威胁的分类

作为了解网络安全威胁的第一步，我们将研究计划和实施网络攻击的人员和组织的分类。根据针对个人、政府、企业和其他团体的网络攻击已有模式进行分析得出，主要的威胁类别如下：
- **各国政府**：许多国家（包括那些所谓的"敌对"或"友好"的国家）对不同国家的其他政府、企业和其他组织，甚至针对特定的个人，进行激烈的网络（攻击）行动。军事网络组织计划并实施针对敌国的网络攻击，以实现其战术和战略目标。

- **恐怖组织**：恐怖组织经常声称会对某些政府和工业系统进行网络攻击，这些攻击可能会对政府和工业系统造成潜在的破坏性影响，其后果包括大范围的停电，以及破坏大坝、炼油厂和管道等大型基础设施。虽然这种潜在的攻击一直在进行，但是迄今为止，实际的破坏性攻击还很罕见。
- **工业间谍**：在许多行业，特别是高科技行业，软件构件和硬件系统的机密信息可能是黑客的主要目标。如果攻击者能够访问所需信息所在的计算机网络，他们就可以复制这些信息自己使用，或者将其高价卖出。
- **犯罪团伙**：犯罪黑客团伙进行攻击（例如侵入包含信用卡数据等私人信息的计算机系统），目的是将获取的信息出售给其他犯罪分子或直接使用这些信息进行非法购买。勒索软件是另一类网络犯罪。在勒索软件攻击中，黑客将软件加载到受害者的计算机上，对有价值的数据文件进行加密，然后以对用户数据进行解密为理由对受害者进行勒索。这种方式可以采用技术含量很低的群发邮件进行扩散。在这些行动中，攻击者试图引诱收信人与犯罪分子进行对话，这可能会让不谨慎的人付出高昂的代价。
- **黑客行动主义者**：一些网络攻击者声称，他们出于正当动机攻击不道德的敌人（如不受欢迎的公司或政府）。这些人被称为**黑客行动主义者**（hacktivists），这是 hacker 和 activist 两个词的组合。他们会采取大流量轰炸目标网站等行动，从而导致普通用户无法访问该网站。他们还可能试图窃取敏感数据并公布这些数据，让拥有这些信息的组织感到尴尬或难堪。
- **白帽黑客**：传统上，黑客可能会纯粹为了追求智力方面的刺激而调查一个目标，然后对其进行网络攻击。在其他一些情况下，网络安全研究人员考查网站或数字设备（如，智能手机）等目标，以发现其中的漏洞。然后，研究人员与网站所有者或设备制造商共享信息，以提高各自产品的安全性。在留出足够的时间来解决问题之后，研究人员就会公开有关漏洞的信息。这一过程被称为"**白帽黑客**"（white-hat hacking），其含义来源于早期的美国西部片，片中主角戴白帽，反派戴黑帽。
- **内部人士（知情和不知情）**：网络入侵受保护网络最常见的诱因是网络上计算机系统的授权用户的行为。这种行为在很多情况下很简单，只要点击邮件中提到收件人感兴趣的主题的链接即可，这可能导致恶意软件在系统中安装，并在本应受保护的网络中迅速传播。在另外一些情况下，可能由于员工对工作环境的不满而故意采取措施允许别人恶意入侵网络。在这两种情况下，网络的安全性都被破坏，攻击者就可以攻击本应安全的网络。一旦攻击者获得了足够的访问权限，他们就可以采取任何他们想要的行动，例如提取公司机密信息或在关键计算机系统上安装勒索软件等。

勒索软件是对个人、企业和其他组织最常见的恶意软件威胁。

14.1.2 网络攻击技术

对于网络攻击者而言，无论其动机是什么，无论其目标是什么（网络服务器、工业控制系统或 PC），他们都会采用一些常见的技术对计算机系统进行攻击，这些常见的攻击技术包括：

- **网络钓鱼（Phishing）**：网络钓鱼指的是通过电子邮件引诱收件人采取一些行动，从而进一步实现攻击者的目标。电子邮件可能会引诱收件人点击一个链接、下载并打开一个文件，有时甚至只是回复发件人表示对原始邮件的主题感兴趣。在大多数情况下，网络钓鱼的目的是使接收方采取一些行动，从而安装恶意软件，让恶意软件发送方控制接收方的计算机。
- **僵尸网络（Botnets）**：僵尸网络（botnet 是 robot network 的缩写）是一组已经被恶意软件感染且已被攻击者控制的计算机。僵尸网络中的计算机可以被命令执行恶意任务，例如发送钓鱼电子邮件试图为僵尸网络招募更多的成员，或者通过僵尸网络成员计算机同时发出数千个服务请求，试图使网站过载，从而进行**拒绝服务**（Denial of Service，DoS）攻击。
- **密码攻击**：在大多数计算机系统中，用户登录系统时输入的密码与在键盘上输入的密码格式不同。密码通过加密哈希算法将密码转换为无法识别的二进制数据字符串。

　　加密哈希算法的重要特性是输入相同的密码总是产生相同的哈希值，攻击者即使知道哈希值也不能轻易地还原密码。尽管拥有哈希密码值并不能直接获得密码，但攻击者仍然可以根据其哈希值确定用户的密码。在已知哈希值的情况下，发现用户密码的标准方法是简单地尝试所有可能，直到找到匹配的哈希值。这种技术被称为**蛮力（brute-force）密码攻击**。应对这类攻击的最好防御方法是使用长密码（15个字符或更长），并将大、小写字符与特殊符号（如 *、& 等）混合使用。短密码（少于 10 个字符）或可以在字典中找到的密码很容易被破解，例如，`123456`、`qwerty` 和 `password1` 等常见密码就很容易被破解。
- **漏洞利用**：白帽安全研究人员和黑帽犯罪黑客都花费大量精力来发现现有操作系统、应用程序、网站和嵌入式设备的网络安全漏洞。白帽黑客追求的目标是改善网络安全，他们首先将有漏洞的系统或应用程序通知给开发人员，然后在留出时间修复问题后，将漏洞公开给所有人。白帽黑客所做的事情并非无私奉献的，他们通过在主要的软件系统中发现关键的漏洞，从而引起公众注意，提高自身声誉，并得到同行研究人员的尊重。而黑帽黑客则利用他们发现的任何漏洞，对易受攻击的计算机进行犯罪活动。通常，只有在系统被之前未知的漏洞攻击后，系统开发人员和独立的白帽研究人员才会分析恶意软件，并发现目标系统中的漏洞。

　　漏洞是根据系统管理员和用户在新发现的漏洞受到攻击之前准备防御的时间长度（以天为单位）进行分类的。对于受害计算机系统的所有者和用户来说，最糟糕的情况是，攻击可能在没有任何警告的情况下开始。在这种情况下，该漏洞被称为**零日漏洞**，这意味着在攻击之前没有任何警告。

14.1.3　恶意软件的类型

　　未经用户许可安装在计算机系统上并试图执行用户不希望执行的操作的软件称为**恶意软件**（malware）。Malware 是 malicious software 的缩写，是一种执行不良操作的代码，经常干扰计算机的正常运行。最常见的恶意软件类型包括：
- **间谍软件**：是一种收集计算机用户的个人信息和其他有价值的数据并将其传输给攻击者的软件。间谍软件收集的信息可能包括在线账户的用户名和密码以及访问过的网站地址等，然后利用这些信息给用户以弹窗方式推荐广告。间谍软件所使用的策略与合法企业通常在广告中使用的方法类似，因此将一个明显的间谍软件归类为恶意软件可能并不是一个简单的过程。

- **勒索软件**：正如本章前面所述，勒索软件最常见的做法是对用户的数据文件进行加密，然后要求用户付费购买用于解密数据的密钥。在另一种形式的勒索软件中，攻击者从个人或公司窃取个人信息，以将信息泄露为要挟来勒索钱财。勒索软件攻击经常针对医院等企业和组织。由于这些犯罪分子认为加密货币不可追踪，所以他们通常要求以加密货币的形式进行支付。虽然在许多情况下，支付赎金会成功解密加密的数据，或阻止私人信息公开发布，但不能保证支付赎金会给受害者带来预期的结果。
- **病毒**：像生物病毒一样，软件病毒通过感染新主机复制自己的副本。除了充当间谍软件、勒索软件或进行其他形式的网络攻击外，病毒还包含代码，试图通过网络获得其他计算机系统的访问权限，并在其中安装自己的副本。病毒通过修改现有的计算机程序来嵌入病毒代码，修改后的程序就会成为病毒宿主，并开始试图感染其他计算机。被修改为包含病毒的程序称为病毒感染程序。计算机病毒与蠕虫不同，病毒需要通过主机软件应用程序进行复制，而蠕虫则不需要。
- **蠕虫**：与病毒类似，计算机蠕虫也是一种独立的程序，它试图通过将网络上可访问的其他计算机安装自己的副本来进行复制。蠕虫不需要以计算机病毒的方式感染主机应用程序。像病毒一样，蠕虫可能包含代码，充当间谍软件、勒索软件或其他类型的攻击。
- **中间人**：在中间人（Man In The Middle，MITM）攻击中，攻击者试图将软件放置在两个正在通信的应用程序或计算机之间的通信路径上。如果攻击成功，攻击者可以获取用户名和密码等敏感信息，并可以在通信节点之间传递信息时修改信息。
- **拒绝服务**：在拒绝服务（Denial of Service，DoS）攻击中，目标系统（如 Web 服务器）会被过量的虚假请求轰炸。这种攻击可以通过使目标系统在很长一段时间内无法被合法用户使用来达到目的。DoS 攻击在黑客行动主义者中很受欢迎，他们使用这种技术来制造问题，并让他们的目标企业和其他组织受到负面影响。
- **SQL 注入**（SQL injection）：Web 应用程序经常使用**结构化查询语言**（Structured Query Language，SQL，一种数据库编程语言）在用户界面（包含用户认证）和通过网站销售的产品等信息的数据库之间进行通信。如果 Web 应用程序的开发人员在使用安全编码时不够谨慎，那么应用程序的用户编写的输入可能被数据库 SQL 解释器解释为可执行代码。如果攻击成功，攻击者就可以从数据库中提取和修改数据，有时还会对数据库所在的网络进行更具破坏性的攻击。
- **键记录器**：键记录器是一种恶意软件，它收集计算机用户在键盘上的按键顺序，并将该信息转发给攻击者。键记录器可以记录重要的私人信息，如银行账户和信用卡账户的用户名和密码。更普遍的是，键记录器类型的恶意软件可以执行一些功能，比如从受害者的计算机上截屏，甚至使用连接到受感染计算机或智能手机上的摄像机和麦克风进行记录。键记录器通常是包含间谍软件、勒索软件或病毒功能等较大恶意软件中的一个构件。
- **基础设施攻击**：许多类型的大型基础设施（如发电厂、电力传输系统、水坝、炼油厂和管道）都依靠计算机控制系统来运行。通常，这些专用的计算机系统只有基本的安全功能。网络安全专业人士对此非常担心，因为针对这些系统的复杂恶意软件攻击可能导致严重后果，如大范围停电或炼油厂爆炸等。

有些类型的恶意软件综合使用了上述攻击中的多种，例如在决定是否继续攻击之前对新感染的系统进行仔细地分析。这种分析可能试图确定一些因素，如受感染系统所在的国家、系统所属的公司以及安装在计算机上的特定应用程序等。

有些恶意软件以加密的形式出现，只有在特定的代码段准备执行时才进行解密。代码加密的一个目标是让网络安全研究人员尽可能难以检查代码并理解其功能。另外，代码加密也可能使恶意代码能通过杀毒软件提供的自动防御系统。

14.1.4 利用漏洞的行为

一旦攻击者获得了目标系统的远程访问权限，就可以使用多种方法进一步利用该系统以及同一网络上的其他计算机。攻击者在获得对受害系统的访问权后，通常采取的第一步行动是安装一种软件，这种软件使得在当前登录的用户注销或系统重新启动的情况下仍然能够访问该系统。许多类型的攻击都会自动执行这一步，使它们能够进入受害计算机。在其他情况下，对目标系统进行远程探测的攻击者将在获得访问权限后安装此类代码。

攻击者第一次进入受害系统通常发生在执行授权访问操作的用户特权级，例如，单击下载并安装恶意软件的链接。许多类型的恶意活动只需要普通用户的有限特权级，例如，加密用户数据文件的勒索软件，或利用普通用户的有限特权级向目标 Web 服务器发出请求的僵尸网络恶意软件。

某些类型的攻击（例如，试图获得对包含客户信息的数据库等受保护信息的访问权）需要管理员级的特权级。一旦在非特权用户级别实现了对计算机系统的访问权限，并且安装了使攻击者和受害系统之间能够进行通信的软件，下一步可能是尝试特权级提升。

特权级提升是攻击者用来在目标系统中获得更高特权级别的过程，从而允许访问对普通用户不开放访问权限的文件和数据库等系统资源。有多种方式来实现特权级提升。通常，操作系统、驱动软件或运行在更高特权级上的应用软件都会存在一些漏洞，如果没有定期更新系统以修复这些漏洞，攻击者就可以利用这些漏洞将特权提升到更高级别，从而可以访问受保护的系统资源。

在与受害系统建立持久连接并获得管理特权之后，攻击者就可以完全控制计算机，攻击者可以获取计算机中的任何数据，也可以安装软件。在黑客术语中，处于远程攻击者完全管理控制下的计算机就属于攻击者了。如果攻击者在未被合法用户或防病毒工具等软件发现的情况下实现了这一级别的控制，那么攻击就称为完美的攻击。

攻击者通常必须注意的一个问题是需要避免使计算机感染恶意软件的事实暴露在合法用户眼前。大多数用户不会太在意计算机是否比平时慢了一点，但是如果看到屏幕上弹出一个命令窗口并要求用户输入命令，就会知道系统已经被攻破。老练的攻击者会努力避免做出暴露自己的举动。

本节介绍了常见的网络安全威胁类别和相关技术。这里列出的方法和恶意软件类型并不详尽，攻击数字系统和设备的新方法在不断发展中。对于计算机系统架构师来说，仅仅了解已有的常见网络攻击类型是不够的，了解理论上所有可能发生的攻击至关重要，即使其中一些攻击从未被使用发现过。下一节将研究计算设备必须实现的一些高安全关键特性，以确保系统及其与其他网络、用户和设备的接口在系统生命周期内保持安全。

14.2 安全硬件特性

当开始设计一台新计算机或数字设备时，或在对现有系统进行优化设计时，计算机体系结构设计师必须将安全性作为顶层需求。在开发过程中，即使是选择处理器模型等最基本的决策，也可能会对最终设计的安全性产生深远的影响。作为此过程的第一步，有必要了解必须对哪些重要类型的数据和其他与技术相关的信息进行保护，以免泄露给未经授权的个人。

14.2.1 确定需要保护的内容

通常，在计算机和网络中的以下信息需要进行保护，以防止未经授权的泄露：
- 密码、身份证号、财务数据和病历等个人信息。
- 客户列表、产品设计数据、战略规划等商业机密信息。
- 智能手机内的数字电路设计等知识产权信息。
- 国防、执法部门收集的情报数据等政府信息。

在设计特定系统时，计算机体系结构设计师必须时刻关注需要保护的信息类型。这些问题与系统中包含的数据以及可能暴露漏洞的硬件特性有关，这些漏洞可能会使攻击者访问设备。

系统安全分析必须包括评估系统可能被潜在攻击者物理访问的程度。对于个人计算机和智能手机等交付给最终用户的产品，用户显然可以对硬件采取措施，包括拆卸和在显微镜下检查各个构件等。

对于云服务器群等在受控环境中运行的硬件，不太需要考虑防护直接的物理攻击。然而，考虑到有些攻击可能来源于内部人员，因为内部员工可能出于好意对设计进行了修改从而造成了风险，因此必须考虑至少能够检测到不可接受的篡改的发生。

一类值得保护的特殊知识产权是安装在交付给用户的设备中的固件和软件代码。如果制造商希望将这些代码作为商业机密进行保护，那么开发过程必须包括确保代码安全的技术，从而防止有能力的攻击者对其进行破解。

14.2.2 预测攻击类型

在设计数字系统的安全特性时，一件非常重要的事情是不能仅考虑过去发现的攻击类型。体系结构设计师必须广泛撒网，以应对可能从未见过但至少在理论上是可能的攻击类型。这种想法可能会导致对一些看起来在短期内不会产生什么威胁的技术（例如，量子计算）进行安全保护，但是该问题可以在资源开销可接受的范围内得到有效解。

对于不需要访问互联网或其他外部网络的计算机系统，通常以确保与外部网络连接隔离的方式构建其计算环境。这种方法称为**气隙系统**，意味着在计算机硬件和任何潜在的外部网络连接之间存在很大的物理距离。

虽然构建气隙系统的计算环境在理论上可以大幅增强安全性，但实际使用却证明这种体系结构的好处有限。对于任何计算机系统来说，要发挥实质性的价值，通常需要更新软件和数据，这就要定期地向系统传输信息。对于气隙系统，这些更新通常位于光盘或移动硬盘上。尽管系统运营商的意图和在安全方面付出的努力是最好的，但这个数据传输过程为恶意软件提供了一个进入受保护系统的巨大机会，一旦感染，恶意软件就可以尝试使用相同的数据传输机制将数据从系统中传出并返回给攻击者。

经验丰富的黑客正在不断地开发针对气隙式计算机系统和其他高安全计算环境的攻击方法。安全计算系统的设计者必须考虑可供攻击者使用以获取系统访问和利用系统的所有潜在途径。创造力对于确保安全的设计至关重要。

对于专业攻击者来说，所有可能的信息访问和数据泄露形式都是潜在的攻击手段。即使一个计算机系统打算永远不连接到外部可访问的网络，对于强硬的对手，其他潜在的外来攻击可能都是可行的。能够在本身没有通信权限的进程之间进行传输数据的网络攻击称为**隐蔽信道攻击**。下面列出了一些出人意料的攻击类型，已经证明，它们在一定程度上是可行的：

- **行锤**（Row Hammer）：前面讨论的现代 DRAM 器件已被证明易受到一种名为行锤击（row hammering）的攻击。这里的"行"是指 DRAM 器件中的一行位单元。由于每个位单元尺寸很小，且与同一行和相邻行中的相邻单元耦合得非常紧密，因此在一定条件下，可以改变相邻行中单元的状态（位翻转）。

  为了引起这种效果，代码以很高的速率重复访问目标 DRAM 行，并且执行这种攻击的代码必须确保其内存访问请求导致缓存缺失，从而确保 DRAM 内部电路被激活。在基于 x86 体系结构的计算机中，已经证明了行锤攻击能够实现特权级的提升。

- **功耗波动**：即使攻击者成功地在气隙系统的计算机系统上安装了恶意软件，但提取恶意软件收集的数据仍然是一个挑战。如果不能通过用于在气隙系统之间移动数据的磁盘来窃取信息，则必须使用某种替代方法。研究人员已经证明，在目标计算机系统上运行的恶意软件可以使建筑物的功耗产生足够的变化，从而有可能通过监测建筑物外的电线来获取这些波动数据。通过精细地将数字数据编码到功耗波动中，攻击者可以从气隙系统的计算机中收集数据。

- **热波动**：为了使温度保持在预先设定的范围内，现代计算机通常使用风扇（有时甚至使用液冷系统）来管理系统的温度。当计算机放置的位置非常近时，一台计算机的温度可能会影响附近计算机的温度数据。如果两台距离很近的计算机中都有恶意软件，且其中一台计算机在气隙系统的网络上，另一台计算机连接到外部网络，现已证明，通过故意改变一台计算机的处理器负载造成温度波动，可以诱导另一台计算机发生可测量的温度变化。利用这种技术，恶意软件可以将数据从气隙系统计算机传输到联网计算机，也可以将数据从联网计算机传输到气隙系统计算机。虽然这种技术的数据传输速率非常慢，但它可以用来传输加密密钥等关键数据，这些数据可用于发动进一步的攻击。

- **电磁辐射**：无论何时，当电流流过 USB 电缆或印刷电路板上的连线等导体时，电磁波就会传播到周围的环境中。如果攻击者能够将接收天线放置在该信号的范围内，那么他就有可能收集到发送的原始信息。当然，可能有许多计算机在有电磁噪声环境中同时运行，提取任何单个系统发出的信号可能异常困难。然而，如果目标计算机上有恶意软件，那么恶意软件可能会产生使其宿主能够被接收系统检测和译码的辐射发射波动。

本节介绍了任务关键型计算机系统可能遇到的一些更奇特的攻击类型示例。虽然不够完全，但这些攻击示例是系统体系结构设计师在设计安全系统时必须考虑的一些网络攻击类型。

14.2.3 安全系统设计的特征

根据这些可能的攻击示例，我们可以列出安全计算机系统硬件设计必须实现的一些重要特性，以提供高水平的安全保证。

1. 安全密钥存储（Secure key storage）

任何用于保护数据的加密密钥都必须以适当的方式存储，以禁止攻击者通过任何可能的方法进行窃取。这通常意味着密钥必须存储在处理器芯片等设备中，以防止任何软件技术能够获取它们。这也意味着，试图通过拆解集成电路或使用扫描电子显微镜等复杂工具来提取密钥的尝试也不能成功。

2. 静态数据加密（Encryption of data at rest）

系统断电时，必须对系统中存储的所有数据进行保护。这意味着，即使攻击者能够提取并获得存储设备的内容，但其中的数据仍然是安全的。实现这个安全级别的最常见方法是使用加密密钥对数据进行加密，密钥对授权的计算机数据进行解密，对非授权的应用或用户完全保密。存储密钥的一种方法是在将其存放在处理器中的特殊寄存器中，即使在高级特权下运行的恶意软件也无法访问该寄存器。许多现代处理器，甚至是微型嵌入式处理器，已经开始以精心的设计支持此类加密功能。

3. 传输中的数据加密（Encryption of data in transit）

攻击者可以通过对通信路径的物理访问来获得从处理器或通信接口传输的任何数据。无论是通过电路板上的连线传输还是通过全局网络传输，安全数据必须在传输的整个路径上受到保护。同样，实现这种保护的常用方法还是加密。因为需要在两端都要对数据进行加密和解密，所以对在两个端点间进行传输的数据进行保护要比在本地存储中加密和解密数据更具挑战。

从概念上讲，实现这一点最直接的方法是将加密密钥提供给通信路径两端的系统。但是，如果两个系统之间还没有安全的通信路径，那么将密钥传输到两个系统很有挑战性。目前用于在尚未拥有共享密钥的系统之间建立安全通信路径的标准方法是使用公钥加密将密钥从通信路径的一端传输到另一端，然后使用密钥对通信路径两端的数据进行加密和解密。虽然可以对系统间共享的所有数据使用公钥加密，但事实证明，使用公钥加密比使用共享密钥的计算量要大得多。

4. 加密安全密钥生成

在两台计算机系统之间建立安全通信路径时需要全新的密钥，关键是要让外部攻击者完全无法对密钥进行预测。新生成的密匙应该表现出完全随机的特点，并且与由同一系统或其他系统生成的任何密钥（无论是先前创建的还是后续创建的）完全无关。传统上，生成随机数的最简单方法是使用编程语言库中提供的伪随机数生成函数。事实证明，由这些算法产生的数字序列并没有产生预期的随机输出，由于这些算法缺陷的存在，使破解加密算法比最初的分析要容易得多。现代密码随机数生成器使用专门的硬件来生成真正的随机数，从而可以生成安全度很高的加密密钥。

5. 安全启动过程

在安全系统中，所有在高特权级别上执行的代码在被运行之前都必须进行验证，从而确保其为可信代码。这类代码包括作为引导过程的一部分执行的代码，以及操作系统内核和驱动程序的全部代码。实现这一目标的标准方法是为每段代码附加数字签名。数字签名是在整个可执行代码块上计算得出的加密哈希值，它可以存储在磁盘上的文件中，也可以存储在处理器内的闪存中。用于解密数字签名哈希的密钥必须安全地存储在处理器硬件中。有了这种级别的保护，因为攻击者没有修改后代码的数字签名对应的密钥，所以任何试图用恶意代码替换合法代码的尝试都将失败。

6. 防篡改硬件设计

前面介绍的安全计算机体系结构的特性在一定程度上依赖于能够安全存储密钥等秘密信息的处理器硬件。为了确保长期保护敏感信息，硬件体系结构必须能够抵御任何类型的攻击。攻击者可能通过以下对计算设备进行物理访问的方法来获取敏感信息：

- **对器件进行物理访问**：通过对集成电路外壳执行仔细研磨或化学腐蚀等操作，攻击者可以访问内部电路，就有可能通过对电路元件进行探测的方法提取信息。
- **监测电磁辐射**：在获得对包含敏感信息的设备的内部访问权限后，就可能使用微型天线来监测特定构件内的活动或通过互连线传递的信息。
- **显微镜检查**：可以使用扫描电压显微镜等特殊实验室仪器，来测量存储阵列等电路表面的电压分布从而提取敏感信息。

本节介绍的对普通计算机系统进行的攻击技术看起来匪夷所思，你可能会惊讶于这些技术的可行性。虽然我们大多数人没有扫描电压显微镜，甚至没有机会使用扫描电压显微镜，但有一些公司拥有这些设备，并愿意以令人惊讶的合理价格为客户进行扫描。这就是为什么对于包含极其敏感或有价值信息的计算机系统的体系结构设计师来说，在系统设计时必须考虑到所有潜在的攻击类型的原因之一。

下一节我们将讨论机密计算，其中采用了强大的安全措施来确保数据在整个处理生命周期中受到保护。

14.3 机密计算

机密计算是最近才发展起来的一项技术，旨在使用密码学和硬件级安全特性来确保数据始终受到保护。数据可以处于三种状态之一：静止、传输中或使用中。**静态数据**通常位于存储设备的文件中，**传输中的数据**是指在某些通信介质上正在进行传输的数据，**使用中的数据**是正在被处理器操作的并且位于处理器内存中的数据。

机密计算旨在确保在所有这三种可能的状态下对数据进行全面的保护。传统的安全机制一次只关注一种状态，比如对磁盘上的数据进行加密，或者在网络上传输信息时进行加密。这些方法忽略了为使用中的数据提供相同级别保护的必要性。

保护使用中的数据需要处理器硬件的支持，以将应用程序彼此隔离，并确保敏感代码和数据的保护。作为支持机密计算的硬件的一个例子，Intel 的**安全保护扩展**（Secure Guard Extensions，SGX）支持健壮的应用程序隔离和使用中的数据保护。

Intel 声称，即使在 BIOS、操作系统和应用程序本身已经被破坏且攻击者完全控制平台的情况下，SGX 也会保护应用程序数据。

SGX 技术建立了称为 enclave 的隔离内存区域，每个 enclave 都包含不可寻址的内存区域，在加密的内存页中保存应用程序的代码和数据。

使用 SGX 技术构建的应用程序由两部分组成：不可信部分和可信部分，不可信部分创建了包含安全 enclave 的可信部分。由于 enclave 在构建之后不能被修改，所以被认为是可信的。如果一个 enclave 被修改了，那么这种修改可以被检测出来从而不允许其执行。在应用程序可信部分内运行的代码以明文（未加密）文本的形式访问 enclave 内的数据。BIOS、操作系统甚至同一应用程序内不可信部分等位于 enclave 之外的代码都不能访问 enclave 内存区域。而且，在内核特权级别上执行的 enclave 之外的代码也不能访问 enclave 内的安全数据。

可以使用传统的页面交换算法将安全 enclave 中的内存页面移出到辅助存储器。当安全页面位于不可信的交换文件中时，enclave 页内的代码和数据加密机制将对其信息进行保护。

SGX 技术支持软件认证的概念。当一段代码远程访问由安全 enclave 提供的功能时，**软件认证**能够对其进行验证，确保与其进行通信的就是目标 enclave，而不是伪装的攻击者。认证过程依赖于加密数字签名的交换，以可靠地对 enclave 进行验证。

机密计算特别适用于远程计算。**远程计算**是指使用由不可信者拥有并操作的计算资源的一种计算模式。例如，使用云服务商提供的服务来运行其企业计算能力的公司就可以采用这种方法。远程应用程序可以在不可信的计算环境中处理敏感数据，并在操作的所有阶段保持其数据的安全性。

远程计算的一个实例是在商业云环境中运行的商业 Web 服务器。Web 应用程序收集并保存网站客户信用卡详细信息等敏感信息。使用 SGX 和其他标准加密技术，可以在客户计算机上对其敏感数据进行加密，并将加密后的数据传送到处理订单的安全 enclave 中去。为了更新应用程序数据库中的用户记录，敏感信息在传递到数据库存储之前，在安全 enclave 内进行加密。每当用户将其敏感信息键入其浏览器时，这些信息将被加密，从而防止已经进入不可信计算环境的恶意攻击者的攻击。

Intel 的 SGX 技术于 2015 年发布，并在几乎所有的现代 Intel 处理器中使用。为了使用该技术，计算机系统必须提供能够执行启用 SGX 的 BIOS。目前出售的主板和计算机都广泛支持 SGX，但 SGX 并不是所有系统中自动可用。如果你决定你的应用程序需要 SGX，则需要确保计算机的处理器、主板、BIOS 和操作系统均支持该技术。

不幸的是，与许多早期通过改进硬件来提高计算机安全性的尝试类似，安全研究人员已经发现了 SGX 技术的漏洞。事实上，研究人员已经证明能够从运行在 SGX 安全 enclave 内的应用程序中提取加密密钥和其他有价值的信息。

攻击者使用现代处理器的预先（或推测）执行的特征来对抗 SGX。正如我们在第 8 章讨论的，预先执行是一种优化技术，当处理器遇到分支指令时，在分支方向确定之前，处理器同时沿着分支成功和不成功两条路径执行。预先执行将导致错误执行路径中需要的数据存储在高速缓存中，但这些数据最终将被丢弃。这些缓存的数据是漏洞的来源。

针对 SGX 的特定攻击技术称为**负载值注入**（Load Value Injection，LVI）。LVI 攻击不仅可以从安全 enclave 读取数据值，还可以将数据值注入 enclave。Intel 已经有确定的步骤供软件开发者采用以减轻 LVI 的影响，然而，这种方法可能会对软件执行性能产生严重的影响。Intel 也一直致力于为处理器微代码提供更新，以解决该漏洞。

14.4 体系结构的安全性设计

在设计高度安全的计算机系统过程中，从初始阶段就必须考虑广泛的安全要求，必须对系统设计的各个方面（如，处理器的选择和印刷电路板的特性等）进行评估，明确这些构件如何增强或降低系统的安全性。

除了确保集成电路和印刷电路板满足最低级别的安全性要求外，层次化应用安全设计原则也很重要。例如，在设计数字系统时，选择了合适的安全数据构件并设计了面向安全的电路布局之后，可能有必要设计一个防拆装的外壳来保护电路板。该外壳里可能有嵌入式的电线用来检测攻击者是否试图切割或钻穿外壳，从而对内部构件进行非法访问。这种方法通常用于销售点信用卡读卡器等与财务相关的终端用户设备。

最好的系统安全性来自贯穿软硬件所有层次的安全设计方法。以下几节将介绍一些有助于确保安全系统设计的设计原则。

14.4.1 通过隐蔽求安全

多年来,在数字系统开发中经常使用的一种方法是使用户尽可能无法获悉系统中应用的构件类型及构件间的连接关系。这种方法的一个重要步骤是在内部集成电路中去除构件及连线的名称,从而使得器件更加难以被分析。另一种方法是毫无规律地在印刷电路上进行布线,从而使得对系统进行人工分析和逆向工程更具挑战性。

长期以来,**逆向工程**一词一直被用来描述在不依赖任何开发过程的文档的情况下,理解一个器件或软件程序如何构建的分析过程。虽然实施逆向工程有合理的理由(比如修复一个没有文档的系统),但我们的重点是这个过程可能被恶意应用利用。恶意逆向工程发生在某些恶意访问者试图获取受保护的信息,如商业秘密或受版权保护的软件。

从历史上看,在有价值的数字系统中使用有意模糊的设计的最大缺陷是,系统设计者低估了逆向工程师的能力和聪明程度。使用模糊插入方法的工程师通常认为,因为他们自己都无法忍受逆向工程面临的巴洛克式异常复杂工作的单调乏味,所以别人一般也不会尝试这样做。

在许多情况下,逆向工程师能够识别与隐藏在复杂电路板设计中的调试接口相关的个别信号。有了这些连接关系,他们能够连接硬件调试系统,并提取设备中的所有私有代码和其他信息。

在开发特定系统的专家中,通常认为只有他们才能理解如此复杂的器件的设计和行为,因为他们可以访问外部攻击者无法访问的系统文档。但这种假设通常是无效的,原因有两个:

- 第一,许多逆向工程师非常聪明,并且做事非常细致,这些促使他们能够以惊人的准确度还原出一个系统的特征和行为。
- 第二,系统文档将长期保持安全并对攻击者隐藏的假设是不合理的。针对高科技公司的网络攻击和工业间谍活动普遍存在。高明的攻击者很有可能在某个时刻获得对部分或全部系统文档的访问权。在评估使用模糊注入而不是使用经过验证的安全机制来保护关键信息时,必须考虑到这种可能性。

在摒弃了使用模糊的设计过程来阻止攻击者试图破坏系统的方法之后,我们必须转向有效的、经过验证的安全设计方法,这些设计方法可以在现在和将来可靠地使用。

14.4.2 全面的安全设计

使用本章前面讨论的方法,一个高度安全的计算机系统设计必须从其基本构件到最后的实现细节都要考虑问题,从而确保最高级别的安全。在可行的情况下,应该能够从数学上证明系统在设计上是安全的。虽然不可能在体系结构的所有方面证明安全性(因为即使是最基本的软件应用程序,通常也不可能用数学方法证明安全性),但在系统设计的关键方面(例如,用户登录过程)有可能做到这一点。

通过确定网络攻击者可能试图利用系统的所有接入点,并在每个接入点实现全面的安全方法,系统设计人员可以证明系统抵御攻击的安全性程度。如果对系统安全性要求非常高,则该分析必须包含本章前面描述的所有潜在的可用方法,包括那些被认为是最不可能的方法。

除了在系统硬件和软件设计的所有方面都考虑安全问题外，确保系统用户在最低的特权级别执行操作也是非常重要。下一节将讨论该问题。

14.4.3 最小特权原则

虽然有些用户需要特权访问来管理和维护安全的计算机系统，但许多其他用户只需要普通用户的最低权限就可以完成他们的工作。最小权限原则总结了这样一种思想，即每个用户在计算机系统上的权限不应高于其工作职责所需的权限。例如，如果用户仅需要检查和更新企业数据库中的信息，则应该拥有执行这些任务所需的特权，但不应该拥有超出这些系统管理任务之外的额外特权。

最小特权原则确保用户拥有完成其工作所需的授权和访问权，但没有除此之外的其他权限。当员工被调动到不同的工作岗位或被解雇时，对于具有安全意识的组织而言，一件特别重要的事情是应在员工职责发生变化时立即更新其访问权限，以确保该员工（如果受到纪律处分或被解雇，可能会感到不满）不再访问不属于其工作职责范围内的信息。

有效地使用最小权限原则不仅仅是在系统开发期间为用户和应用程序授予最小权限的精心设计过程。对于系统管理员和操作人员来说，确保任何新进入系统的应用程序和用户只被授予执行授权功能所需的最低权限级别至关重要。

14.4.4 零信任体系结构

前面章节中介绍了安全计算机系统设计使用的传统方法，这些方法依赖于一个层次化的安全模型。在该模型中，即使某个层次的安全特性失效，其他层次的安全特性仍然能够保持系统足够安全。

我们经常看到许多对用来保护关键的个人、企业和政府数据的安全系统的成功攻击，说明传统的安全模型方法有一定的局限性。

在传统的安全模型中，网络的外部边界被视为安全边界。在这个保护层内部，内部网络上的通信被认为是可信的，并有多种访问方式可供计算机系统和用户使用。

在零信任体系结构模型中，任何到达计算机系统的包含受保护信息的通信都必须被视为潜在的威胁。只有在对信息来源进行验证并确认请求操作的有效性之后，才会处理请求。

美国国家安全局（NSA）确定了一套用于开发零信任计算机体系结构的指导原则：

- **永不信任，一直验证**：该原则认为所有的计算机系统、用户、网络设备或网络上的其他数据源都是不可信的。用户输入的每个接收者或其他数据的使用者必须显式地验证所接收的每条输入数据。此外，在向用户或应用程序授予权限时，最小权限原则规定只授予所需的最小权限。

- **假定被攻破**：永远假定恶意攻击者已渗透入网络并可以进行操作，这意味着对于任何输入或服务请求，默认响应是忽略或拒绝，只有对其来源进行了严格的验证并确认请求的操作是被允许的之后才能进行响应。系统管理员和自动化工具必须持续监控网络配置的所有方面，并对未经授权的访问或配置更改进行识别，并迅速做出反应，从而阻止恶意行为并恢复可信的操作配置。必须记录和检查所有相关的用户、应用程序和网络行为，以快速检测任何违反规则的操作。

- **显式验证**：用户和应用程序对受保护资源的每次访问都需要单独的验证操作。验证过程必须包含请求用户或应用程序的多个属性，以可靠地验证访问请求的来源。例如，系统可能要求使用双因素身份验证，即用户将加密安全的访问卡插入读取设备，然后输入 PIN 码。卡片和 PIN 码是用户进行身份验证的两个独立属性。

要完整地实现零信任体系结构，需要实现一个决策引擎，能够在请求者和请求目标的所有可用信息的上下文中评估访问决策。除了对请求者身份及请求是否应用了最小特权级进行验证之外，决策引擎必须处理请求中任何能够增加风险的附加信息。只有对所有可用信息进行了验证，并确定与响应请求相关的风险不超过预定义的阈值之后，才允许用户的请求继续进行。

我们将在下一节研究在其他安全硬件上运行的软件，以及软件中存在的安全弱点如何将漏洞引入计算机系统。

14.5 确保系统和应用软件的安全

在硬件层次设计安全系统时，在软件体系结构的所有层次始终遵循安全且经过验证的设计方法是很重要的。接下来，我们将研究软件代码向原本安全的计算机系统引入漏洞的一些方法。

14.5.1 通用软件的弱点

本节将给出在操作系统、应用程序和网络服务器中曾经导致严重安全问题的几类软件弱点。出现这些漏洞的原因是软件开发人员对用户行为的有些假设最终被证明是无效的，在一些情况下，开发人员根本没有意识到特定的软件模式会导致不安全的设计。

下面列出的一些技术更可能出现在特定的编程语言中，但是软件开发人员应该意识到，在任何编程语言中都有可能编写出不安全的代码。

下面是近年来观察到的一些最常见的软件弱点。

1. 缓冲区溢出

当输入数据集大于分配给输入的内存空间，并且多出来的数据覆盖了可能包含其他重要数据的内存时，就会发生缓冲区溢出。这是用 C 和 C++ 编程语言编写的软件的一个传统问题。在一般情况下，代码提示用户输入一个预期较短的文本字符串（例如，用户名）。开发者可能申请了一个容量为 80 个字符的缓冲区来接收输入，并假定用户名不会超过（甚至不可能接近）这个长度。如果接收的输入超过了 80 个字符并要全部存入内存，则地址超过 80 个字符缓冲区的内存单元中的数据将被覆盖。在传统的 C 语言实现中，输入缓冲区通常位于处理器栈中。通过插入一个精心构造的输入字符串，攻击者可以插入包含其选择的处理器指令代码，还可以覆盖存储在栈上的当前函数的返回地址。通过使用恶意代码地址覆盖返回地址，攻击者可以在输入函数返回时执行他们需要的指令。攻击者的最初目标通常是试图远程访问受害系统上的命令控制台（也称为**命令 shell**）。因此，执行这种类型的攻击的注入代码称为 shellcode。

2. 跨站脚本

跨站脚本是 Web 应用程序特有的漏洞。在跨站脚本攻击中，攻击者寻找到一种方法，将恶意可执行脚本注入 Web 页面，然后将这些脚本从信誉良好的站点发送给其用户。这些脚本在受害者的浏览器上下文中执行，并可能执行一些攻击性操作，如将受害者的登录凭证（如授权 cookie）转发给攻击者。这使得攻击者在信誉良好的网站上冒充受害者，并获得受害者的个人信息。软件开发人员可以使用几种机制来验证和清理来自网站用户的输入，从而有效地防止跨站脚本攻击。但是，并不是所有的 Web 开发人员都充分利用了这些安全特性，所以这个漏洞仍然继续存在于许多网站上。

3. SQL 注入

如本章前面所讨论的，许多 Web 应用使用数据库存储用户名、哈希密码以及网站内容（例如，用户发布的帖子和上传的图片）等用户信息。许多站点使用 SQL 操作数据库中的信息，并根据用户输入插入新数据。如果用户故意向站点提供可能被解释为 SQL 代码的输入，而站点未能以阻止执行用户提供的代码的方式对其输入进行过滤，则会出现潜在的漏洞。

例如，下面的服务器代码在用户点击 Submit（提交）按钮后检索输入到网页框中的用户名：

```
txtUserName = getRequestString("UserName");
```

在接下来的处理步骤中，一个简单的服务器代码实现可能用 SQL 语法创建一个命令，该命令将从数据库中检索与提供的用户名相关的数据记录：

```
txtSqlCmd = 'SELECT * FROM Users where UserName = "' + txtUserName + '"';
```

例如，如果用户输入 Alice 作为用户名，则包含具体 SQL 命令的文本字符串将是：

```
SELECT * FROM Users where UserName = "Alice"
```

然后，服务器将该命令传送给数据库命令解释器，如果提供了有效的用户名，将返回用户的数据。

本方法的问题在于使用了用户直接在 SQL 命令字符串中输入的文本字符串。恶意攻击者可能使用 SQL 语法来更改数据库访问操作的行为。例如，攻击者可能不输入有效的用户名，而是输入以下文本字符串：

```
" or ""="
```

当该字符串被作为用户名时，得到的 SQL 命令为：

```
SELECT * FROM Users where UserName = "" or ""=""
```

该命令告诉数据库返回用户名为空字符串（可能没有这样的用户名）或者一个空字符串等于一个空字符串处的所有记录。由于一个空字符串永远等于一个空字符串，因此，该条件对于所有记录都为真，从而数据库将返回其中的所有用户记录。如果服务器代码将 SQL 命令的结果展示到用户浏览器上，攻击者将成功地提取该网站的整个用户数据库。

虽然这似乎是一种鲜为人知的网站攻击方法，但你应该明白，许多网站（通常由著名的且估值很高的公司拥有）已经成为这类毁灭性攻击的受害者。

4. 路径遍历

当网络应用程序（通常是 Web 服务器）无意中授予应用程序用户对其目录结构的一定程度的访问权时，就会出现路径遍历漏洞。通常，网站操作人员希望用户访问主应用程序目录下的子目录，以检索在这些目录中组织的数据。如果 Web 服务器中的逻辑允许用户使用此技术向上访问一个或多个目录级别，则可能出现该漏洞。

在 Windows 和 Linux 操作系统中，由两个相邻句点组成的目录路径元素意味着上一个目录级别。例如，下面的 URL 显示了如何在运行标准 Web 服务器的 Linux 系统上检索包含加密密码的文件：

  http://www.example.com/../../../../etc/shadow

  如果成功访问网站，在浏览器中访问此 URL 使攻击者能够检索系统上所有密码的哈希版本。然后攻击者可以使用暴力破解密码技术，从而试图恢复用户的密码。

  本节仅列出了一些最常见的软件漏洞，这些漏洞在历史上曾被利用，对在计算机系统上存储秘密信息的公司和个人造成严重伤害。

  https://cwe.mitre.org/index.html 上的**通用弱点枚举**（CWE）数据库有一个软件和硬件弱点列表，这些弱点来源于世界各地用户提供的信息。特别地，前 25 个最危险的软件弱点列在 https://cwe.mitre.org/data/definitions/1337.html 上。此列表提供了当前发现的导致严重安全问题的软件弱点的大体情况。

14.5.2 源代码安全扫描

  快速获取现有软件中存在的安全弱点信息的一种方法是使用自动源代码安全扫描工具来评估代码库，并根据严重性对其中识别出的问题进行分类。

  根据编写代码所用的编程语言，你可能能够找到免费的工具来执行这种类型的扫描。对于任何考虑使用的免费代码扫描器，一定要查看来自用户的评论，并确保它是一个合法的且有用的工具。对于某些编程语言，可能需要购买安全扫描工具，这些工具有可能相当昂贵。

  自动安全扫描工具可以识别源代码中的许多类型的问题，包括上面列出的弱点以及 CWE 数据库能识别的其他弱点。这些工具还可以识别代码中的其他问题，例如不推荐使用的功能和使用影响性能的结构等。

  与其在这里列出这些工具，我更建议你在 Web 上搜索专门针对你的关键应用程序所使用的语言的自动安全扫描工具。

14.6 总结

  本章介绍了适用于有特殊安全保证需求的计算机体系结构。国家安全系统和金融交易处理等关键应用领域需要高级别的保护。这些系统必须能够抵御广泛的网络安全威胁，包括恶意代码、隐蔽信道攻击和通过物理访问计算机硬件而启用的攻击。本章讨论的主题包括网络安全威胁、加密、数字签名以及安全硬件和软件设计。

  通过本章的学习，你就能够识别系统将面临的网络安全威胁的许多类别，并理解现代计算机硬件的安全特性。你还了解了在系统体系结构中避免安全漏洞的一些最佳方法，并了解了安全的计算机体系结构如何帮助加强软件应用程序的安全性。

  下一章，我们将介绍与区块链相关的概念，区块链是一种记录交易序列的公共、加密安全分类账簿。

14.7 习题

1. 在有支持的情况下，为所有可访问互联网的账户设置双重身份验证，这些账户中包含你所关心的数据。这些数据包括银行账户、email 账户、社交媒体、代码存储库（如果你是一个软件开发人员）、医疗服务，以及其他任何你看重的东西。确保在所有阶段都只使用来自可信来源的信息和软件应用程序。

2. 为所有可访问互联网的账户设置强密码，其中包含无法通过双重认证保护的有价值信息。强密码必须很长（15 个字符或更多），包括大写字母、小写字母、数字和特殊字符（例如：!# $ % & '() * +）。要跟踪这些复杂的密码，请安装并使用信誉良好的密码安全应用程序。选择密码安全应用程序时要小心，并考虑其来源。
3. 在你控制下的所有计算机和其他设备上更新操作系统和其他应用程序和服务（如 Java）。这将确保这些更新中包含的安全更新在可用后立即开始工作以对你实施保护。制定一个计划，在更新发布后继续定期安装更新，以确保你在未来仍然受到保护。

第 15 章
Modern Computer Architecture and Organization, Second Edition

区块链及比特币挖矿体系结构

本章首先简要介绍与区块链相关的概念，区块链是一种记录交易序列的公共、加密安全的分类账薄。接着概述比特币挖矿的过程，它将交易附加到比特币区块链，并以比特币的形式奖励完成该任务的人。比特币处理需要高性能的计算硬件，这在当前的比特币挖矿计算机体系结构中得到了体现。本章最后简要介绍了一些能够替代比特币的加密货币。

学习完本章，你将了解区块链的概念，并理解如何应用该技术。你将学习比特币挖矿过程的步骤，并了解比特币挖矿计算机体系结构的关键特征和当前一些流行的加密数字货币的属性。

本章包含以下主题：
- 区块链和比特币简介
- 比特币挖矿过程
- 比特币挖矿计算机体系结构
- 其他类型的加密货币

15.1 区块链和比特币简介

比特币的概念于 2008 年在 Satoshi Nakamoto 的论文 *Bitcoin: A Peer-to-Peer Electronic Cash System* 中首次公开。这篇论文作者的名字似乎是笔名，因此作者的身份并未公开。论文阐述了去中心化金融交易系统运行的数学基础和密码学基础。在中心化金融系统中，系统的运行依赖于政府和银行等实体对系统行为的监控，并对系统用户操作权限进行管理。

比特币概念中没有集中式的管理器，而是完全依赖于网络节点对等的竞争式交互来保持系统稳定运行。任何人都可以作为对等体加入网络，并立即获得网络参与者可用的所有特权。

比特币设计的一个重要特征是，使用这种货币的个人不必相信每个与比特币生态系统互动的人都会以诚实可信的方式行事。如果诚实合作的对等体控制了比特币网络可用的大部分计算能力，用户就可以对系统的可信度充满信心。

当然，这种可信度的保证依赖于一个假设，即攻击者破坏比特币分类账薄或交易的唯一可行途径是通过破坏系统的一致性协议所产生数据的完整性。如果比特币代码中的软件缺陷暴露了攻击者可以利用的漏洞，或者如果系统所依赖的加密算法很弱，那么攻击者可能会通过其他方式来破坏系统。

比特币将交易信息存储在比特币**区块链**中，区块链是一个分布式账本，包含自比特币诞生以来发生的所有交易的加密安全记录。每个网络对等体可以在任何时候请求和接收区块链的完整副本。作为新加入网络对等体启动过程的一部分，新系统必须从发生的第一笔比特币交易开始下载并验证所有区块链交易，一直到区块链结束，并添加最近的区块。为了确保新的对等体对区块链所有事务的当前状态都进行了验证，这一步是必须的。

比特币用户使用名为数字钱包的软件应用程序来保存资金。**数字钱包**能够跟踪比特币所有者持有的比特币余额,并为与其他比特币用户之间的转账提供便利。该钱包保存了所有者用于访问其比特币资金的密钥。如果黑客获得了该密钥,就可以随意处置钱包中的资金。

当一个比特币用户发起与另一个用户的转账交易时,除了交易发送方认证外,必须在区块链中添加一个条目,并由网络上的对等体进行验证。

虽然区块链本身是公开的,但区块链中的内容无法用于识别特定交易中的接受方和发送方,除非数字密钥和与之关联的用户电子钱包同时泄露。这个数字密钥不用于锁定用户身份,除非使用相同 ID 与另一个人发生交易,而对方碰巧知道这个钱包所有者的 ID。为了避免减少匿名性,如果需要,用户可以为每笔新交易创建不同的钱包标识符。由于具有这种部分匿名性,因此网络罪犯更喜欢使用比特币进行勒索软件的支付。

将比特币和美元等传统货币进行兑换时,授权经营这种货币的金融机构可以收取相应的交易费用。另外,用户之间也可以进行比特币和传统货币的相互兑换。

进行比特币交易时,需要将来自不同用户的交易(包括用户自己的交易)添加到区块链分类账中,因此,每笔比特币交易都需要支付少量(但可选)的费用,该费用支付给第一个执行该工作的比特币矿工。执行这些计算的网络节点叫作**比特币挖矿系统**,拥有和操作这些计算机系统的人称为**比特币矿工**。在每笔交易中自愿包含的交易费用激发了矿工的工作热情,促使更快地将交易包含在下一个区块。

向区块链中添加一个区块通常是计算密集型任务。挖矿节点执行将一个区块添加到区块链上所需的计算工作,力争第一个完成该工作。第一个完成该工作的对等体将获得与该区块相关的费用,并且还会获得包含该区块的交易提供的所有交易费。我们将在本章后面详细讨论比特币挖矿。

顾名思义,区块链是由区块组成的链。每个区块包含网络用户之间的多个比特币交易的加密安全描述。

从创建时位于链起点的第一个区块开始,后面的每个区块都包含到链上紧邻的前一个区块的链接。使用加密技术来确保所有的块和其中的事务保持不变,并确保区块与区块之间的链接没有被篡改。

图 15.1 给出了一个新区块 X 并插入区块链之后的简化表示。每个区块包含对其中的每个事务细节的加密安全引用。

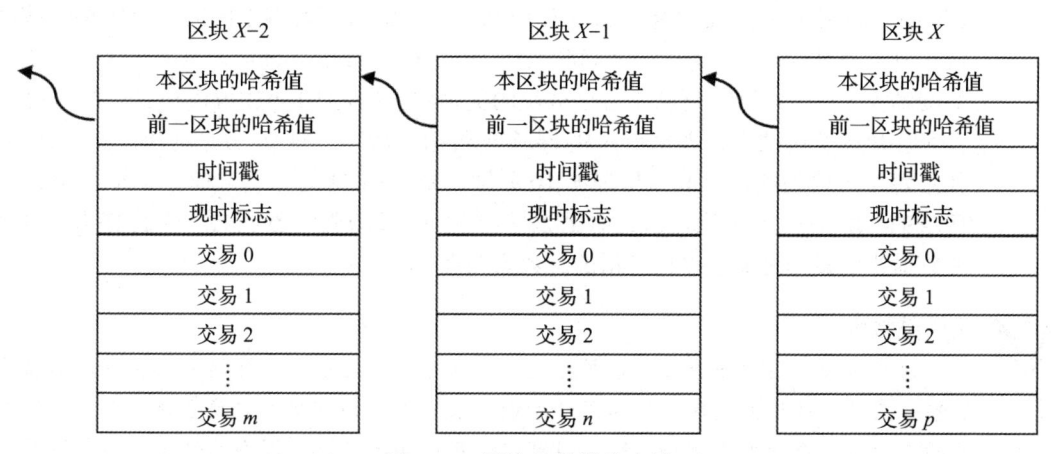

图 15.1 区块链的简化表示

每个区块都被分配了一个编号,以指示其在链中顺序。在撰写本书时,链中已经有超过

700 000 个区块。大约每 10 分钟会创建一个新区块，其中包含在前几分钟启动交易，然后收集交易信息形成交易列表。这意味着与将支票存入银行账户类似，一项交易使用通常需要至少 10 分钟才能完成"清算"。每个块中包含的交易数量随着时间的推移而变化，具体取决于用户发起的交易数量。

每个块中的数据都与链中前一个块的哈希值一起进行哈希加密。然后矿工们竞争确定一个能够放在区块内的 32 位的值（称为随机数），该值等于或小于比特币网络软件提供的哈希目标值。将一个区块添加到链中的过程包括：首先寻找一个满足网络哈希目标的随机数，然后将新区块发布到网络，最后从多个对等节点接收新区块确实有效的确认信息。

为了保持交易处理的稳定性，比特币哈希目标随时间变化。这意味着矿工的工作量随着时间的推移而变化，并取决于网络上当前活跃的采矿处理能力等因素。

作为一个对等网络，新挖掘的区块必须由网络对等体进行验证，以确认每个新区块包含一个随机数，该随机数生成的区块哈希值低于目标值，并且区块中包含的信息在其他方面是正确的。一旦所有对等体都对该区块的有效性进行了确认，并且该区块是第一个具有有效随机数的区块，则该区块将被加入区块链中。现已证明区块链体系结构能够抵御安全威胁。尝试向区块链插入无效区块很容易被哈希验证检测到，且任何无效区块的插入尝试都将被拒绝。

按照设计，最多只能创造 2100 万个比特币。迄今为止，有 1800 多万个比特币在流通，只剩下不超过 300 万个尚待挖掘。据估计，完全挖掘剩余的比特币需要 120 多年。

比特币核心软件通过好几个步骤来维持网络的稳定，并实现将比特币总数限制在 2100 万：

- 该算法试图通过改变网络哈希目标值的方法来维持每 10 分钟一个区块的时间间隔。如果每个区块的挖掘时间正好是 10 分钟，那么每两周的时间内将会挖掘出 2016 个区块（即每小时 6 个区块 ×24 小时／天 ×14 天）。由于每个区块的挖掘时间随网络可用的处理能力而变化，因此，每当挖掘出 2016 区块时，比特币核心软件将根据相关数据重新计算新的哈希目标值（如果系统中使用该哈希目标值，则之前挖掘出的 2016 个区块的挖掘时间将是 2 周），接下来的 2016 个区块的挖掘将使用该哈希目标值。
- Satoshi Nakamoto 于 2009 年 1 月 3 日挖掘出了比特币区块链上的第一个区块，该区块在链上编号为 0，称为比特币起源区块（bitcoin genesis block）。第一个区块对矿工的奖励为 50 个比特币，前 21 万个区块的奖励同样也是 50 个比特币。之后挖掘的 21 万个区块的奖励减半，即每个区块 25 个比特币。后续，每 21 万个区块的奖励减半。如果每个区块的挖掘时间为精确的 10 分钟，则挖掘 21 万个区块需要 4 年。2021 年区块的奖励是 6.25 个比特币，而 2020 年 5 月 11 日的奖励还是 12.5 个比特币。这种奖励减半的过程确保了将比特币的总数限制在 2100 万个。

区块链技术

比特币使用区块链来维护比特币交易的加密安全分类账，但这并不是区块链技术的唯一应用。区块链提供了更通用的功能，能够在任何需要长期安全地跟踪一系列事务的应用程序中使用。例如，图书馆可以使用区块链来记录图书的借出和归还情况。

在比特币挖矿的早期（2010 年 5 月），矿工 Laszlo Hanyecz 用 1 万个比特币购买了两个披萨。这似乎是比特币首次用于购买实体商品，这一事件被视为比特币发展及其使用基于区块链的分布式账本的里程碑式事件。在撰写本书时，1 万个比特币价值大约 5 亿美元。

据估计，大约有 400 万个比特币已经被其所有者永久丢失。如果所有者丢失了比特币钱包的加密密钥（例如，删除密钥的所有副本或将包含密钥的唯一硬盘驱动器丢弃），比特币就会丢失。丢失的比特币仍然属于它的所有者，但没有人可以找回并进行使用。

接下来我们将研究安全哈希算法，这些算法为比特币提供加密保护，并形成比特币挖矿过程的核心。

15.1.1 SHA-256 哈希算法

安全哈希是比特币挖矿和许多其他加密货币中计算的基础操作。比特币使用 SHA-256 作为其安全哈希算法。SHA-256 是一个公开的标准加密哈希算法，并且被美国政府收录在**联邦信息处理标准**（FIPS）180-4 中。

SHA-256 处理长度为 512 位的倍数的数据块。该算法定义了向数据填充比特以达到所需的数据长度。SHA-256 计算的输出为一个 256 位的哈希值，该哈希值通常使用 64 个十六进制字符来表示。输入数据块和其 SHA-256 哈希输出之间关系的最重要特征是：

- 无论输入数据块的长度是多少，输出的哈希值总是 256 位。输入数据的长度可以比 256 位短，也可以比 256 位长许多。
- 计算给定数据块的 SHA-256 哈希值总是得到相同的结果。
- 修改数据块的任何部分（即使是单个位），通常都会得到与原始数据块的哈希值完全不同的 SHA-256 哈希值。
- 虽然理论上可以对一个数据块进行修改，从而产生与未修改的原始数据块相同的 SHA-256 哈希值，但实际上不可能创建两个能够产生相同 SHA-256 哈希值的不同数据块。

如果两个不同的数据块产生了相同的哈希结果，则发生了**哈希冲突**。在加密哈希函数领域，冲突的可能性带来了安全威胁。有效且安全的加密哈希算法必须确保哈希冲突发生的可能性非常低，而 SHA-256 正好具备这种特性。

要产生与给定数据块具有相同哈希值的另外一个数据块需要非常大的计算量，因此这个过程非常困难。暴力求解是处理这种需求的一种直接方法。使用暴力算法搜索与给定（目标）数据块具有相同哈希值的数据块时，可以将要搜索的数据块看作一个非常长的整数（长度可能为 256 位），下面是这种搜索的一个步骤示例：

1. 输入要被匹配的目标哈希值。
2. 将数据块的内容设置为全 0。
3. 计算该数据块的 SHA-256 哈希值。
4. 数据块的哈希值与目标哈希值是否匹配？如果匹配，退出并显示匹配的数据块。否则，继续执行第 5 步。
5. 将数据块中的整数值加 1。
6. 跳转到第 3 步继续执行。

虽然这种暴力哈希冲突搜索算法看起来很简单，并最终能够找到匹配的哈希值（如果存在的话），但是对使用 SHA-256 算法的大数据块（256 位或更长）来说却是不现实的。

暴力搜索算法必须将循环（第 3 步到第 6 步）执行 2^{256} 次才有可能获得结果。这将花费多长时间？答案是即使使用地球上现在和未来所有的计算能力，在太阳燃烧完之前的所有时间内，可能仍然无法找到一个具有相同哈希值的数据块。换句话说，考虑到现在和未来的计算能力，SHA-256很可能在未来一段时间内不会受到哈希冲突漏洞的威胁，当然，除非有人在SHA-256算法中发现了一个可利用的漏洞。在加密算法领域，这始终是一个风险。

接下来我们将研究计算数据块的SHA-256哈希值的步骤。

15.1.2　计算SHA-256

SHA-256算法适用于长度在 $1 \sim 2^{64}-1$ 位的数据块。在本小节中，数据块（也称为消息）被视为线性的位串。

首先，使用下面的过程对消息进行填充，使其长度为512位的整数倍。即使原始消息的长度正好是512位的整数倍，仍然要进行消息填充。

1. 在原始消息后追加1位。
2. 在消息后追加数量最少的位0，使得消息的长度比512位的整数倍少64位。
3. 将一个64位无符号原始消息附加到第2步结果的消息之后。

实现SHA-256算法的基本模块是简单的逻辑运算和算术运算模块：AND、OR、XOR、NOT、整数加、右移、循环右移和位拼接。这些操作的对象都是32位字，在进行加法运算时，忽略进位标志。SHA-256算法定义了几个更复杂的操作，它们将这些基本建块与预定义的常量组合在一起，以打乱输入块的数据内容，并生成一个随机出现的256位值作为哈希输出。

SHA-256算法对输入数据以512位为单位进行顺序处理。在对消息进行填充之后，每个单位中的512位被分为64个32位字。每个单位的处理本质上是一个混淆的过程，通过一系列逻辑操作将字中的位重复混杂在一起。该算法执行64次循环，对每个单位中的数据字执行一系列密集的布尔运算和数学运算。

总之，即使是很小的数据块，计算其SHA-256哈希也需要大量的计算。根据设计，没有任何捷径可以跳过任何计算步骤。

以仅仅包含ACII字符串abc的数据块为例，在进行填充、并执行SHA-256计算之后，得到的64位十六进制格式的哈希输出如下：

```
ba7816bf8f01cfea414140de5dae2223b00361a396177a9cb410ff61f20015ad
```

下一小节我们将讨论运行比特币网络的源代码的一些关键特性。该代码称为比特币核心（bitcoin core）。

15.1.3　比特币核心软件

无论何人，只要拥有一台可以上网的计算机都能建立一个比特币节点。为了获得对比特币网络功能的完全访问权，计算机所有者需要设置一个完整的节点。比特币**全节点**执行交易验证和区块验证所需的操作。这个过程包括接受来自其他全节点的交易和区块，并对每个交易和区块进行验证，最后将区块和验证结果转发给其他全节点。

比特币代码是开源的，可以从 https://bitcoincore.org/en/download/ 进行下载。该代码可以在Windows、macOS X和Linux计算机系统中运行，只要这些系统满足必须的内存和磁盘要求，且具有宽带互联网连接即可。可以从源代码构建比特币可执行应用程序，也可以直接下载和安装可执行文件。一旦安装了比特币软件并开始运行，应用程序将从对等节点下载整个比特币区块链（从起源区块开始直到最近添加）。截至2021年，完整的区块链包含超过400GB的数据。可以让比特币软件对早期的区块进行分析，然后将它们删除，从而节省磁盘空间。为了确保最近区块的当前状态的有效性和准确性，对早期区块进行下载和分析是必不可少的步骤。

如果你想将比特币软件使用的磁盘空间限制在有限的范围内（例如2GB），为了对位于早期区块中的交易事务进行验证，本地节点必须向其他对等体请求早期区块的副本。每当代码接收到来自（不受信任的）网络对等体的数据时，它将执行哈希验证和数字签名验证，确保数据中的所有元素都是有效且可信的。

一个全节点可以作为一个客户端节点。**客户端节点**允许比特币用户发起与其他用户的比特币交易，并能够对其他用户发起的交易请求进行响应。大多数比特币用户都是在操作客户端节点，这甚至可以通过在手机上运行一个App来进行。

接下来，我们将更深入地研究比特币挖矿的处理要求，并了解电费是如何决定挖矿者能否获利的。

15.2 比特币挖矿过程

SHA-256算法的计算复杂度直接关系着比特币挖矿作为一种有利可图的工作的可行性。确定给定数据块的SHA-256哈希值的唯一方法是在区块的所有位上执行SHA-256算法的所有步骤。

比特币挖矿的一个关键特征是，很难找到一个有效的随机数，它产生的区块哈希低于当前目标网络哈希目标。事实上，在找到一个满足目标的值之前，很可能需要对不同的随机数值进行大量的猜测。由于区块数据内容和其SHA-256哈希之间没有任何可预测的关系，确定合适的随机数值最有效的方法是不断使用不同的随机数重复计算数据块的哈希值，直到得到满足目标标准的哈希值。

确定满足目标哈希需求的随机数值的过程称为"**工作证明**"（proof of work）。为了执行比特币挖矿所需的工作证明，矿工必须提供执行算法所需的硬件、电力和时间。

对于现代PC来说，可以很容易地在几秒钟内尝试32位随机数的所有可能值。但是对于矿工来说，这种计算很少能得出满足网络哈希目标的哈希值。在穷举了随机数所有可能的32位值之后，矿工必须修改他正在处理的临时区块，然后才能开始在新块内容上尝试所有可能的随机数值。矿工可以使用几种方法使得临时区块的内容按照比特币网络能够接受的方式进行改变：

- **改变区块的时间戳**：虽然链中的每个区块都包含一个该区块生成时的时间戳，但时间戳本身并没有任何关键的用途，例如，时间戳不会影响区块的生成顺序。如果矿工在穷举了随机数的所有值之后都没有获得预期结果，可以对区块头中的时间戳进行更新，然后再次对随机数的所有值进行穷举。修改时间戳实际上增加了随机数搜索空间的大小。允许对时间戳进行小的修改，但不允许进行大的修改。
- **使用新交易更新区块**：即使上一轮的搜索因没有获得满意的随机数值而正在进行下一轮的搜索，交易很有可能在比特币网络上继续进行。矿工通过请求一个包含最近添加的交易的新临时区块来增加随机数搜索空间的大小。
- **改变交易头中的数据**：区块交易列表中的第一个交易比较特别，它代表向矿工支付的向区块链添加区块的费用，因此，矿工可以向该交易中插入额外的数据。当用于增加随机数搜索空间的目的时，这些添加的数据称为 extraNonce。使用 extraNonce 的通常过程是测试区块哈希，以获得随机数的所有可能值，然后将 extraNonce 视为一个整数，增加 extraNonce 并再次穷举随机数的所有可能值。

增加随机数和执行其他操作以增加有效随机数搜索空间的过程通常不会消耗比特币挖矿处理器的大部分时间。搜索过程中的绝大多数工作都发生在 SHA-256 哈希算法的重复执行过程中，在此期间会尝试不同的随机数值，试图找到一个等于或低于网络哈希目标的区块哈希。

在比特币挖矿的早期（大约 2010 年），矿工可以使用性能较好的个人计算机，每天从挖矿中赚取几美元。当时，网络哈希目标定义的难度较低，以至于使用标准 PC 硬件能够以合理的可能性搜索满足哈希目标的随机数值。

随着越来越多的矿工加入网络，以及他们的计算硬件性能的不断提升，完成工作证明以将每个区块添加到链中所需的计算能力也持续增长。

比特币哈希目标调整算法每 2016 个区块修改一次网络哈希目标，以支持平均每 10 分钟添加一个新的区块。这意味着随着比特币网络总计算能力的持续增涨，任何一个矿工，即使使用非常强大的 GPU，也几乎没有机会第一个找到任何区块的解。这将使得即使从事挖矿工作多年，一个矿工可能根本得不到任何回报。

为了激励个人能够继续参与比特币挖矿，至少在他们的努力中获得一些回报，比特币矿池的概念应运而生。这将是下一小节的主题。

15.2.1 比特币矿池

比特币矿池由一群矿工组成，他们将各自的算力组织在一起，以增加成功完成将区块添加到比特币区块链上的工作证明从而获得区块奖励的机会。在加入矿池时，矿工需要同意为矿池贡献算力，并从矿池成员的挖矿报酬中获得分成。

从本质上讲，矿池成员将完成工作证明的大问题分解为一组较小的问题，并将这些问题分发给单个矿池成员进行处理。如果矿池中的一个成员正确地解决了工作证明，矿池就会将区块添加到链中，并在成员中对奖励进行分配。

矿池的组织者必须建立一个数据中心，从而管理矿池与矿工成员和比特币网络的交互。这需要计算硬件和工作人员以天为单位设置操作并对系统进行管理。比特币矿池运营商对这项服务收取费用，通常是挖矿收益的 1%～3%。

加入比特币矿池可以使矿工通过向矿池提供计算能力来获得一些（通常是少量的）定期回报。矿工贡献的计算能力越多（根据一段时间内进行 SHA-256 哈希计算的数量来评估），当矿池成功向区块链中添加一个区块时，矿工获得的回报就越大。

在给定时间段内，比特币矿池成功的可能性通过矿池的**哈希率**（hashrate）相对于整个比特币网络的哈希率来进行量化。比特币的哈希率是每秒能够执行 SHA-256 哈希值的数量，其中每个哈希操作都是完成一个区块工作证明的一次尝试。

在 2021 年，比特币网络的哈希率大约在每秒 8 千万到 1 亿 8 千万 terahash 之间。1 terahash 是 10^{12} 次哈希。1 百万 terahash 是 1 exahash，等于 10^{18} 次哈希。在描述 2021 年的哈希率时，使用 exahash 为单位更为方便，也可以表示为 80～180EH/s。

由矿池控制的总网络哈希率的百分比决定了矿池可能挖掘的区块频率。正如我们所看到的，平均每 10 分钟挖掘出 1 个新的区块，公式（15.1）给出了一个矿池根据其在整个网络哈希率中所占的比例，期望成功挖掘一个区块的频率：

$$T_B = \frac{10}{\frac{H_P}{H_N}} \quad (15.1)$$

式中，T_B 表示矿池挖掘到区块间的平均时间间隔（以分钟为单位），H_P 表示矿池的哈希率，H_N 表示整个网络的总哈希率。

因为执行区块工作证明的过程本质上是统计性质的，其中网络上的每个处理单元都在执行一系列猜测，每个参与者的每个猜测都具有相同的、非常小但相等的成功概率，所以该公式有效。

如果一个矿池控制着整个网络哈希率的 0.1%（即 1/1000），使用该公式可以计算出该矿池平均每 10 000 分钟（大约 1 星期）能够挖掘到一个新区块。当前（本书撰写时）比特币价格为 45 000 美元，且每个区块的奖励是 6.25 个比特币，区块总回报为 281 250 美元加上比特币用户支付的交易费用。

交易费用

交易费用是比特币用户自愿支付的费用，作为在挖矿期间提升其交易加入区块的优先级。每当用户发起一次新的比特币交易时，用户都可以选择将交易资金的一部分用于支付交易费。

矿工们可以选择在他们工作的每个区块中包含哪些交易，这意味着他们通常更喜欢为提供更高交易费的交易服务。在交易率高的时候，提供较低的交易费可能会导致交易等待较长时间后才被添加到区块链。

随着待挖掘的比特币数量趋于零，交易费将成为矿工继续处理交易并努力向链中添加区块的唯一动力。2021 年，比特币交易费用的每周中位数（即一半低，一半高）从 0.27 美元到 26.96 美元不等。

在成功将一个新的区块提交给区块链后，矿池管理者必须将区块奖励在参与者之间进行分配。为了跟踪池中每个矿工完成的工作证明的比例，矿池管理软件为其矿工设置了一个哈希目标，这个哈希目标比网络哈希目标高得多（更容易满足）。这意味着矿池成员将向矿池管理器返回许多满足矿池目标级别但不满足网络目标的哈希解。通过跟踪每个矿工返回多少满足矿池目标的哈希值，矿池管理者可以确定每个参与者执行了多少哈希值。然后，区块奖励按照成员对整体哈希工作的贡献比例进行分配。

2021 年，一个典型网络哈希率为 140EH/s，矿池每秒需要运行 140 000terahash，即 140 000TH/s，占整个网络哈希率的 0.1%。这听起来需要大量的哈希运算。为了了解生成这个哈希率所需的计算能力，我们首先考虑使用标准 PC 处理器来执行哈希操作。我们将从没有参与矿池的单独矿工的角度来讨论该问题。

15.2.2 使用 CPU 挖矿

如果你不想支付比特币矿池成员的费用，那么你需要使用自己的计算设备来挖矿。这称为**单独挖矿**。我们可以根据专门用于单独挖矿的硬件的哈希计算能力来估计其收益。

AMD Ryzen Threadripper 3970X 是目前性能最好的 CPU 之一，它含有 32 个核、支持

64路并发线程、时钟频率范围为3.7～4.5GHz。大量的并发线程支持并行计算多个随机数值的哈希。根据基准测试程序的评估，3970X每秒可以进行大约19 900次比特币哈希计算。

假设一台PC含有一块AMD Ryzen Threadripper 3970X处理器，我们可以将该处理器的哈希率代入公式（15.1）来估算成功挖掘区块之间的间隔。我们假定2021年的网络哈希率为140EH/s，该计算的结果如公式（15.2）所示。

$$T_B = \frac{10}{\left[\frac{19.9 \times 10^3}{140 \times 10^{18}}\right]} = 7.04 \times 10^{16} \qquad (15.2)$$

从该公式可以看到，在一块3970X处理上成功挖掘一个区块需要7.04×10^{16}分钟，大约1330亿年。对于试图从比特币挖矿中获得任何回报的人来说，这种硬件配置很显然是不可行的。

比特币首次推出后不久，发布了一个利用GPU硬件并行处理能力的开源挖矿代码。

15.2.3 使用GPU挖矿

比特币挖矿的核心计算是SHA-256哈希算法。

对于测试大量随机数值来说，因为每个测试彼此独立，所以该任务非常适合在并行计算机体系结构进行处理。由于这种固有的并行性，比特币挖矿软件可以很自然地迁移到GPU环境中。当挖矿代码在GPU上运行时，可以利用大量的处理单元来执行比特币哈希算法，其哈希率远远高于多核CPU。

高端GPU可以获得比微处理器高得多的SHA-256哈希率。早期，许多矿工使用高端GPU挖矿。直到2014年左右，矿工们可以利用GPU不断增长的计算能力获利，其运算能力约为每秒1gigahash次哈希，或1GH/s，相当于每秒10^9次哈希。

我们将该哈希率代入公式（15.1），可以计算出在2021年要挖掘出一个新的区块所需的时间为：

$$T_B = \frac{10}{\left[\frac{1 \times 10^9}{140 \times 10^{18}}\right]} = 1.40 \times 10^{12} \qquad (15.3)$$

计算的结果为平均1.40×10^{12}分钟，即挖掘一个新区块需要超过260万年。虽然使用GPU要比只使用高性能CPU好得多，但在2021年，任何矿工都不会尝试这种方法。

随着专业用于挖矿的专用ASIC设备进入市场，因为其哈希率远远高能通用处理器和GPU所能提供的哈希率，所以使用GPU进行挖矿已无利可图。下一节介绍如何使用这些基于ASIC的计算系统。

15.3 比特币挖矿计算机体系结构

SHA-256算法包含一个定义好的步骤序列，由对32位数据项重复执行的简单布尔运算组成。该算法在对小数据块（比特币区块头都是80字节）操作时不需要特别多的内存。这种类型的问题特别适合使用专用于该应用的数字硬件设计进行性能优化。

挖矿算法的输入是一个候选区块头，其中包含如下数据项（或字段）：

- **比特币版本号（4字节）**：该字段给出了比特币核心软件的版本，矿工需要选择一个与比特币软件兼容的版本号。

- **上一区块的哈希值（32 字节）**：区块链中上一区块的哈希值。该值从比特币网络中提取，作为区块链中当前最新区块的哈希值。
- **Merkle 根（32 字节）**：该哈希值用于保护候选区块中所有的交易。术语"Merkle 根"描述了与树类似的数据结构，它以单个比特币交易的哈希值开始，并以允许对树中的每个交易完整性进行高效和安全验证的方式将这些哈希值进行组织。
- **时间（4 字节）**：区块的时间戳以秒为单位，从**协调世界时**（UTC）的 1970 年 1 月 1 日开始。有效的区块时间戳必须位于比特币网络当前时间附近的三小时时间窗口内。该有效窗口允许对区块时间进行一些调整，以增加哈希搜索空间。由于这种灵活性，不能认定区块上的时间戳就是区块的确切创建时间。
- **Bits（4 字节）**：该字段定义了网络哈希目标的难度。它是一个具有 24 位尾数和 8 位指数的比特币专用浮点数格式。该值由比特币网络提供。
- **Nonce（4 字节）**：矿工在试图生成不同哈希值时改变的字段。

这些字段形成了候选区块的 80 字节区块头。在将这六个参数设置为有效值之后，矿工计算区块头的哈希值，并将其与网络哈希目标进行比较。如果计算出的哈希值等于或小于区块头中 bits 字段定义的网络哈希目标，该区块就是有效的，矿工将其提交给网络进行验证并添加到区块链中。

双 SHA-256（Double SHA-256）

比特币区块哈希算法实际上要执行两次 SHA-256 来计算区块头的哈希值。它首先计算 80 字节区块头的哈希值，然后对第一步哈希值的结果再计算一次哈希值。

该计算可使用 SHA-256（SHA-256（header））的格式来表示。

在几乎每一次对随机数值的猜测之后，哈希输出都不会产生有效的区块。然后，矿工在尝试计算哈希以生成有效区块的同时，不断改变随机数和时间戳（在一定范围内）以及区块的其他部分。这个过程中的大部分工作都是在重复 SHA-256 算法中的步骤。

开发比特币挖矿专用硬件设计的第一步是引入**现场可编程门阵列**（FPGA）。

15.3.1 使用 FPGA 挖矿

第 2 章介绍的 FPGA 将通用的数字元件（如逻辑门、触发器和寄存器）连接在一起，能够实现针对特定任务进行优化的硬件电路。开发者使用硬件描述语言就能够定义 SHA-256 算法的逻辑执行序列，然后 HDL 编译器将这种描述转化为能够下载到 FPGA 芯片中的电路设计。

为了能够用于比特币挖矿，设计中必须包含一些额外的逻辑来管理要进行哈希计算的输入数据，然后从哈希算法中收集输出数据。

在简单的实现中，挖矿软件可能将初步区块头（包括当前猜测的随机数值）作为 FPGA 算法的输入。FPGA 收到数据后执行 SHA-256 算法，并返回哈希值作为挖矿软件的输出。

图 15.2 展示了如何实施这种简单的采矿方法。

这种挖矿配置中的操作序列包含如下步骤：
1. 挖矿主机（可以是标准 PC 或服务器系统）向比特币网络请求并接收候选的区块头。
2. 主机将候选的区块头（包括当前猜测的随机数）发送给 FPGA 进行哈希计算。
3. FPGA 执行哈希计算，将哈希值返回给主机。

4. 主机对哈希值进行评估。如果哈希值满足网络难度要求，主机将区块转发给比特币网络，从而插入区块链。

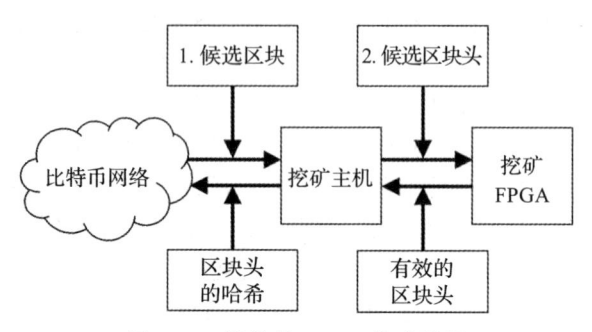

图 15.2 简单的 FPGA 挖矿配置

虽然这种方法使用高速 FPGA 执行比特币挖矿的所有步骤，但这种配置不太可能提供专业矿工需要的哈希率。其原因是每次哈希计算时，与 FPGA 进行数据传输的开销会大大降低平均哈希率。

一种改进的设计是让 FPGA 在随机数值范围内执行哈希操作，直到完成了对所有随机数值的处理但没有成功，或者找到了一个满意的哈希值为止。要测试的随机数值的范围可以编码到 FPGA 固件中，可能需要遍历随机数值的所有 2^{32} 种可能。这种配置与图 15.2 中的配置类似，并允许 FPGA 以非常接近其峰值的哈希率运行。

现在已经开发了各种 FPGA 设计，使用类似方法执行比特币哈希计算。设计的峰值哈希率极大依赖于执行算法的 FPGA 芯片的处理能力。使用 FPGA 实现的 SHA-256 可获得高达每秒数亿次哈希（MH/s）的哈希率。哈希率为 500MH/s 的 FPGA 可以在不到 10s 的时间内测试所有 2^{32} 个随机数值。

在 2014 年，与哈希率高达 1GH/s 的 GPU 相比，当时单芯片 FPGA 的哈希率只有几百 MH/s，因此不太具有吸引力。然而，还有其他一些因素影响着比特币挖矿的经济性。与几百美元的高性能 GPU 相比，标准 FPGA 可能只需几美元。另外，FPGA 的功耗对于 GPU 也小了很多。稍后我们将看到，挖矿系统的功耗是决定比特币矿工是赚钱还是赔钱的关键因素。

与使用 CPU 和 GPU 进行挖矿相比，设计包含多块 FPGA 的比特币挖矿计算机似乎是一个成功的方法。而使用 ASIC 器件替代 FPGA 可以获得更高的性能，并且如果销量足够大，ASIC 的成本也能降低。下一节的主题将是使用 ASIC 挖矿。

15.3.2 使用 ASIC 挖矿

专用集成电路（ASIC）是实现一个或一组专用功能的定制芯片，与通用 CPU、GPU 和 FPGA 相比，ASIC 具有以下显著的特点：

- ASIC 中只包含执行预定功能所需的电路，没有其他的电路占用芯片空间、消耗功率。这使得 ASIC 相对于通用 FPGA 来说芯片面积较小且功耗更低。如果产量足够大，ASIC 的成本和操作费用将会更低。
- 第一版的 ASIC 生产成本非常昂贵。电路设计和首次制造芯片需要大量的工程设计和生产线的开发调试。如果在生产阶段发现了一个严重的设计错误，要对其进行修改成本也非常昂贵。

- 一旦建立了生产线，并且生产的电路工作正常，那么对于大规模生产，单芯片的成本就非常低廉。

在比特币问世后的几年里，由于矿工和投资者的兴趣不断提升，挖矿硬件的需求也在不断增长，从而使得生产挖矿 ASIC 器件的投资及努力是值得的。

Bitmain（https://www.bitmain.com/）是比特币挖矿硬件的最大生产商，其产品包括挖矿 ASIC 芯片以及基于这些芯片的挖矿计算机系统。除了开发挖矿硬件，Bitmain 也通过挖矿获利，并运营了至少两家矿池：BTC.com 和 AntPool。

从 2011 年 11 月发布 BM1380 开始，Bitmain 开发了多款比特币挖矿 ASIC。BM1380 芯片的工作电压为 1.10V，峰值性能可达 2.8GH/s。

Bitmain 还生产了 Antminer S1 挖矿计算机，其中含有 64 块 BM1380 芯片。该系统的性能为 180GH/s、功耗为 360W。与基于多 GPU 或 64 块 FPGA 芯片的系统相比，Antminer S1 具有更高的哈希率。公式（15.4）给出了 Antminer S1 挖掘一个新区块所需的平均时间为：

$$T_B = \frac{10}{\left\lceil \frac{180 \times 10^9}{140 \times 10^{18}} \right\rceil} = 7.78 \times 10^9 \tag{15.4}$$

Antminer S1 成功挖掘一个区块的平均时间为 7.78×10^9 分钟，大约为 14 800 年。虽然比高速 GPU 快了很多，但对于 2021 年的矿机来说，这仍然不是一种理想的配置。

在 BM1380 之后，Bitmain 又发布了一系列升级的挖矿 ASIC，分别为 BM1382（2014 年 4 月）、BM1384（2014 年 9 月）、BM1385（2015 年 8 月）和 BM1387（2017 年 5 月），但该公司对更新版本芯片的细节公开的就非常少了。ASIC 的每一次新迭代的总体趋势是提高哈希率，同时降低单次哈希计算的功耗。

2021 年，Bitmain 最快的矿机是 Antminer S19 Pro，其哈希率为 110TH/s。S19 Pro 的功耗为 3250W，售价大约为 15 000 美元。该系统包含三块哈希计算电路板，每块包含 114 块 BM1398 芯片。

每块板上的 114 块芯片串联在一起，称为菊花链式配置。S19 Pro 有一块控制板，其中包含一块 CPU 和固件用于与每块哈希计算电路板及板上的哈希计算芯片进行通信和控制。芯片间使用的通信协议是一个串行数据格式，与计算机和其他数字设备使用的标准串口格式相同。

控制板通过串行接口向菊花链中的第一块 BM1398 芯片发送命令，然后这块 BM1398 芯片将命令转发给链中的下一块 BM1398 芯片，以此类推。每块 BM1398 芯片都有一组硬件地址线作为在菊花链中的唯一标识。ASIC 使用这些地址线来确定分配给自己的是随机数搜索空间中的哪一部分。

每块 BM1398 都可向总线发送消息并通过菊花链传输到控制板。哈希芯片生成的主要消息类型是通知它已识别出满足哈希目标需求的随机数。

图 15.3 给出了 Antminer S19 Pro 的高层次配置结构图。

公式（15.5）给出了当哈希率为 110TH/s 时，Antminer S19 Pro 挖掘一个新区块所需的平均时间：

$$T_B = \frac{10}{\left\lceil \frac{110 \times 10^{12}}{140 \times 10^{18}} \right\rceil} = 1.27 \times 10^7 \tag{15.5}$$

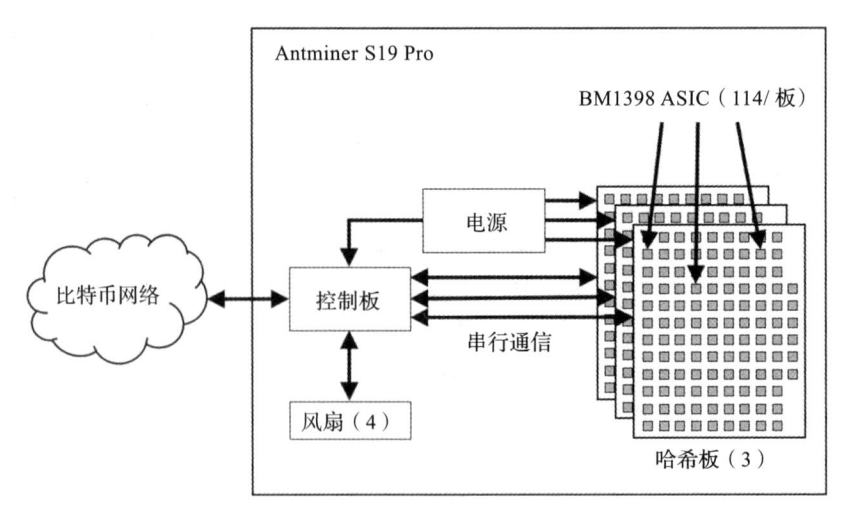

图 15.3　Antminer S19 Pro 硬件配置

根据 2021 年典型的网络哈希率，Antminer S19 Pro 挖掘新区块的平均时间为 1.27×10^7 分钟，即每 24.2 年就能够成功地将一个区块添加到区块链中。同样，这样的性能对于单个矿工来说不是一个有用的配置，这也是为什么专业的小型矿工需要加入矿池以获得尽管很少但是稳定的收入的原因。

但如果你不是建立一个小规模的业务，而是有能力进行工业规模的运营呢？假设你购买了 1000 台 Antminer S19 Pro 机器，并将它们安装在具有合适的电源调节、空调、湿度控制和空气过滤的计算机级设施中，其挖掘到一个新区块所需的时间如公式（15.6）所示：

$$T_B = \frac{10}{\left[\frac{1000 \times 110 \times 10^{12}}{140 \times 10^{18}}\right]} = 1.27 \times 10^4 \quad (15.6)$$

这种配置将平均区块求解时间缩短到了 1.27×10^4 分钟，大约 8.8 天。对于希望从挖矿系统的投资中获得一定回报的矿工来说，这似乎是一种更可行的操作配置。

这是很大的一笔投资，光是 1000 套 Antminer S19 Pro 系统就需要 1500 万美元（如果我们忽略数量折扣的可能性的话）。下一节将从初始投资、运营费用和预期回报的角度研究比特币挖矿的经济性学。

15.3.3　比特币挖矿经济学

除了网络连接，成功的工业规模比特币挖矿产业需要四个主要组成部分：
- 合适的设备
- 挖矿硬件
- 电力
- 时间

到目前为止，我们的讨论集中在解决验证比特币区块所需的哈希计算的处理需求上，从而将区块添加到区块链中。随着比特币挖矿硬件越来越专业和强大，挖矿操作消耗的总电力也在稳步增长。事实上，根据剑桥大学 2021 年 2 月的一项分析，全球比特币挖矿平均消耗的电力比阿根廷全国消耗的电力还多。

前面介绍的 Antminer S19 Pro 的功率为 3250W，相当于每天要消耗 78kWh 的电力。根据挖矿作业所在地区的电力价格，电费成本可能会等于通过成功解决区块哈希而获得的大部分甚至全部利润。

比特币挖矿硬件的趋势是增加每一代新挖矿系统的哈希能力，同时减少计算每个哈希所需的电量。这促使每个哈希计算需要的功耗成为挖矿系统的规范。具有 1W 功率的设备在 1s 消耗的能量为 1J，即 1W = 1J/s。Antminer S19 Pro 的功耗效率为 3250J/s 除以 110TH/s。即 29.5J/TH。除了能够提供高达 110TH/s 的哈希率之外，Antminer S19 Pro 是功耗－效率最好的比特币挖矿系统。

尽管哈希效率具有提高的趋势，但比特币网络的电力总消耗仍在继续增长。有人认为，该网络大量消耗电力是一种浪费，同时会对环境和气候问题产生负面影响。

除了希望减少比特币处理过程中高能耗的负面影响外，小矿商也因为利润被位于世界各国的大规模工业化矿商挤压而感到不满。

比特币不是唯一正在使用的加密货币——远非如此。2021 年，全球范围内使用的加密货币超过了 1 万种。其中一些的流行程度和总体市场价值都有所增长，在某种程度上与比特币形成了竞争。它们中的一些针对比特币的缺点进行了定制设计，从而与比特币进行竞争。下一节将对其他一些加密货币进行讨论。

15.4 其他类型的加密货币

比特币挖矿最初是计算机爱好者利用处理器上的空闲阶段进行的一种有利可图的消遣。随着昂贵、嘈杂、耗电的挖矿系统已经发展到工业规模，用自制的比特币挖矿系统赚取哪怕是最小利润的能力已经消失了。

这是众多加密货币作为比特币替代品发展背后的原因之一，这些加密货币通常称为**替代币**（alcoin）。一些替代币的设计使得使用 ASIC 来解决挖矿的挑战变得更加困难和昂贵，还有一些旨在避免构成比特币基础的计算密集型工作量证明机制。通过避免刻意的计算密集型操作，这些币种大大减少了用于挖矿和交易所需电量。

任何加密货币要想被广泛接受和使用，其新用户必须相信，他们委托给这种货币的任何资金都会随着时间的推移保持价值，不太可能出现自己的数字钱包被窃贼盗取的情况。这些都是新加密货币要满足的严苛标准。即便如此，一些基于区块链技术的替代币已经达到了被广泛接受和使用的水平。2021 年时，一些主要替代币及其主要特征如下：

- **Ethereum**：Ethereum 是一个与比特币类似的去中心化软件平台。Ethereum 平台提供了对智能合约和分布式应用的支持，可用于进行从买方向卖方转移支付等功能。**智能合约**是存储在 Ethereum 区块链上的程序，在满足预定义条件时执行。智能合约旨在以公开和可核查的方式促进合法协议的执行。Ethereum 加密货币名为以太币（Ether），用于支付 Ethereum 网络上的计算资源和交易。与比特币所采用的计算成本高昂的工作量证明概念不同，Ethereum 采用了一种名为权益证明的过程。**权益证明**是基于矿工持有的以太币数量，并且该权益使矿工能够在网络上进行交易验证。
- **莱特币**（Litecoin）：莱特币于 2011 年作为比特币的分支推出，与比特币有很多共同之处。莱特币的重要特点是即使在发生高交易量的情况下，交易也能被快速地批准。相对于比特币 10 分钟的区块挖掘时间，莱特币的区块挖掘时间降到了 150s。到目前为止，已经挖掘出 8400 万枚莱特币，远高于比特币的总量。

- **狗狗币（Dogecoin）**："狗狗币"加密数字货币于 2013 年推出，搞笑的是，狗狗币的目的是说明比特币等加密数字货币的投机行为。狗狗币的标志是一只柴犬的照片。2021 年 5 月，狗狗币的市值为 850 亿美元。狗狗币是莱特币代码的一个分支，与许多其他加密货币不同的是，它没有固定的货币供应限制，相反，它有一个稳定的"通货膨胀率"，每年能够挖掘 500 万枚新的狗狗币。狗狗币的区块挖掘时间是 60s。
- **比特币现金（Bitcoin Cash）**：比特币现金是比特币的一个分支。当比特币支持者就一项升级提议产生分歧时，比特币现金应运而生，该升级允许为交易提供更大的区块。更大的区块允许在区块链中的每个区块中包含更多的交易，这意味着减少了完成一项交易必须要等待的时间。比特币现金的交易费用也更低。与这里列出的其他替代币一样，比特币现金使用与比特币区块链不同的区块链。

以上这些仅仅是目前正在使用的替代币中的代表。尽管现在存在上万种替代加密货币，但就使用和交易价值而言，比特币仍占据主导地位。2021 年 11 月，比特币的市值超过 1 万亿美元。

15.5 总结

本章首先简介了区块链相关的概念，区块链是一种记录金融交易序列的公共、加密安全的分类账薄。然后介绍了比特币挖矿的过程，它将交易附加到区块链序列，并以比特币的形式奖励完成该任务的人。本章最后对比特币处理需要专用的高性能计算硬件体系结构及其特点进行了分析。

读完本章，你可以理解什么是比特币区块链，以及比特币区块链如何应用。你还可以掌握比特币挖矿过程中的步骤，并理解了比特币挖矿专用计算机体系结构的关键特性。

下一章将讨论自动驾驶汽车专用体系结构的功能，包括作为输入的传感器类型及数据类型，以及在真实驾驶时控制车辆所需的处理类型等。

15.6 习题

1. 访问 https://bitaps.com 上的区块链资源管理器，并在该网页上找到最新的区块表。单击一个区块号，你将看到一个包含区块头的十六进制列表及其 SHA-256 哈希值的显示信息。将这两项信息进行复制，并编写一个程序用来确定所提供的哈希值是否为区块头的正确哈希值。注意需要执行两次 SHA-256 来计算区块头的哈希值。
2. 建立一个完整的比特币对等节点，并将其连接到比特币网络。从 https://bitcoin.org/en/download 下载比特币核心软件。你的计算机最好能够快速连接互联网，并至少有 200GB 的空闲磁盘空间。

| 第 16 章

自动驾驶汽车体系结构

本章讨论自动驾驶汽车处理体系结构的功能。首先讨论了车辆行驶过程中作为输入接收的传感器类型和数据类型；然后讨论了确保自动驾驶汽车及其乘客，以及其他车辆、行人和固定物体的安全要求；接下来讨论了有效控制汽车所需的处理类型；最后给出了一个自动驾驶专用计算机体系结构的示例。

通过学习本章，你将理解自动驾驶汽车专用计算体系结构的基础知识，并理解这些汽车使用的传感器类型。你还将理解自动驾驶汽车所需的处理类型，以及与之相关的安全问题。

本章包含以下主题：
- 自动驾驶汽车概述
- 自动驾驶汽车的安全问题
- 自动驾驶汽车的硬件和软件需求
- 自动驾驶汽车计算体系结构

16.1 自动驾驶汽车概述

几家主要的汽车制造商和技术公司都在积极开发和销售全自动驾驶汽车。安全、完全自动驾驶汽车的理想愿景向我们昭示着这样一个未来：通勤者在途中可以自由地放松、阅读，甚至睡觉，发生严重交通事故的可能性将大幅降低。

自动驾驶汽车的现状距离我们的梦想目标还有很长的路要走。该领域的专家预测，要完全开发和部署相关技术，以支持完全自动驾驶汽车的广泛使用，还需要几十年的时间。

为了理解自动驾驶系统的需求，我们首先从人类驾驶员能对最新一代机动车辆提供的控制输入开始。这些控制输入包括：

- **挡位选择**：为了简单起见，我们假定使用自动变速箱，能够为驾驶员提供停车、前进和倒车等选择。
- **转向**：其输入是方向盘。
- **加速**：踩下油门脚踏板使得车辆按挡位选择的方向加速。
- **刹车**：无论汽车前进还是后退，踩下刹车踏板将使汽车减速并最终停下来。

为了实现完全自动驾驶的目标，技术必须进步到可以将这四种输入的控制都交给自动驾驶汽车中的传感器和计算系统。

为了了解与完全自动驾驶相关的技术状态，需要了解从完全由驾驶员控制的汽车到完全自动驾驶体系结构的过渡步骤。这将是下一节的主题。

驾驶自主性等级

美国汽车工程师协会（SAE）为自动驾驶定义了六个等级（见 https://www.sae.org/standards/content/j3016_202104/），涵盖了从全人工操作到没有人类驾驶员的全自动汽车。这些等级如下：

- **等级 0- 无自动驾驶技术**：在 0 级中，驾驶员负责汽车的所有操作，在保证汽车到达目的地的同时，需要确保汽车、乘客及车外所有事物的安全。0 级的车辆可能具有前方碰撞预警和自动紧急制动等安全功能。因为这些特性不能持续控制车辆，所以是 0 级的特性。
- **等级 1- 辅助驾驶**：1 级自动驾驶系统可以在一段时间内执行转向控制或加减速控制，但不能同时执行这两项功能。当使用 1 级辅助驾驶时，驾驶员必须持续执行除自动功能外的所有驾驶功能。1 级转向控制称为**车道保持辅助**（LKA）。1 级加/减速控制称为**自适应巡航控制**（ACC）。当使用 1 级辅助驾驶功能时，驾驶员需要持续保持警惕，随时准备进行完全人工控制。
- **等级 2- 部分自动驾驶**：2 级自动驾驶系统在等级 1 的基础上实现转向和加速/减速的同时控制。与等级 1 类似，驾驶员需要时刻保持警惕，随时准备进行完全人工控制。
- **等级 3- 有条件的自动驾驶**：3 级自动驾驶系统能够长时间执行所有的驾驶任务。驾驶员必须时刻准备在自动驾驶系统需要人工干预时接管控制权。等级 3 和等级 2 的主要区别在于，在等级 3 中，驾驶员不需要持续监控自动驾驶系统，也不需要关注车外情况，而是必须时刻准备响应自动驾驶系统的干预请求。
- **等级 4- 高度自动驾驶**：4 级自动驾驶系统不但能够长时间执行所有的驾驶任务，而且能够对意外情况自动做出反应，以最大限度地降低车辆、车内人员和车外其他人员的风险。这一将风险降到最低的过程被称为驾驶任务回退（driving task fallback），包括避免风险、恢复正常驾驶或将车辆停在安全位置等其他操作。人类驾驶员可以在紧急情况下接管车辆的控制权。然而，与较低的自动驾驶级别不同的是，在等级 4 中车辆不要求任何人随时准备在车辆运行时接管其控制权，也不要求在车辆中包括人工驾驶的操作控制装置。4 级自动驾驶汽车的主要用途是出租车和公共交通系统等，在这些应用中，车辆主要在特定区域的确定道路上运行。
- **等级 5- 全自动驾驶**：在等级 5 的车辆中，所有的驾驶任务一直由自动驾驶系统执行，不需要允许人类驾驶员操作车辆的控制输入，即车上的所有人都是乘客。5 级自动驾驶系统必须能够在任何时间、任何天气条件下在任何道路上控制车辆安全可靠地行驶。唯一需要人参与的工作是设置目的地。

截至 2021 年，上路的大部分车辆都属于等级 0，许多较新的车型包含 1 级和 2 级自动驾驶功能。到目前为止，在全球范围内，几乎没有 3 级自动驾驶系统获得国家的使用许可。已获得监管机构批准的 3 级自动驾驶系统通常仅限于特定的应用场景。

与智能手机和 Web 服务器等许多传统计算应用相比，自动驾驶汽车在性能需求方面有特殊的要求，因为自动驾驶汽车有可能会造成人员伤亡。下一节的主题将是自动驾驶汽车的安全问题。

16.2 自动驾驶汽车的安全问题

当行驶中的机动车处于某种级别的自动控制状态时，自动行为背后的算法必须进行计算以满足乘客的需求，同时努力避免发生与其他物体碰撞等负面问题。

自动驾驶汽车算法中的最高优先级必须永远是确保车辆、乘客和附近其他人员的安全。考虑一种场景：如果车辆的最高优先级是将乘客送到目的地，那么车辆就有可能通过闯红灯或者撞击行人等方式提升速度，因为它会将优先级的设定理解为获得了采取这些行为的许可。

车辆不但需要通过周围的众多障碍物对路径进行规划和管理，还需要确保其安全关键组件正常工作并接收有效的输入数据。这意味着，如果摄像头等重要传感器因积雪或污垢的堆积而无法有效运行，则车辆控制算法必须将系统的风险降至最低状态。在这种情况下，车辆可以采取通知驾驶员控制车辆或将车辆停在安全地点等措施确保安全。

由于自动驾驶汽车的安全行为至关重要，因此必须由负责道路安全的政府监管机构批准之后才能在公共道路上行驶。一般来说，如果没有获得批准，个人开发者或公司不允许制造一辆自动驾驶汽车并让它上路行驶。如果有人在未获得批准的情况下这样做，并导致最终造成事故或伤害，则该事件的法律责任可能由车辆的乘员或允许车辆在道路上运行的责任方承担。

学术界和商业界已经开发了自动驾驶汽车所需的一些技术，但是具备完全自动驾驶能力的汽车尚未问世。以下 4 个阶段大致给出了已经介绍过的自动驾驶功能类型，以及要达到 5 级自动驾驶所需的功能类型：

- **第 1 阶段 – 道路跟踪**：道路跟踪自动驾驶系统可以检测和跟踪车道线等道路标记，甚至可以检测未标记道路的路面和路肩之间的纹理变化。驾驶系统仅仅将车辆维持在车道内，并不能进行像遵守红绿灯和避开其他车辆这样的驾驶需求。
- **第 2 阶段 – 遵守交通规则**：处于该阶段的自动驾驶系统在保持车道的同时，能够对路标和信号灯进行检测和响应。具有这种能力的系统可以可靠地对交通标志做出响应，如限速或在十字路口让行等。
- **第 3 阶段 – 避障**：具有避障能力的驾驶系统在保持车道和遵守交通规则的同时，探测车辆附近的所有重要物体（无论是静止的还是移动的）并做出适当的反应，将所有的风险降至最低。障碍物包括其他机动车、骑自行车的人、行人、动物、道路施工设备、道路上的碎片和其他不寻常的道路状况，如洪水或道路被冲毁等。
- **第 4 阶段 – 可靠地处理临界情况**：表面上看，一个自动驾驶系统具有以上三个阶段的能力就完全能够高质量地投入运行，但其中最具挑战性的问题可能是要确保系统能够有效地处理一些罕见但重要的情况，这些情况需要人类驾驶员介入。例如，假设洪水导致一座桥的一部分塌入河中，当驾驶汽车过桥时，如果驾驶员发现桥面坍塌，理想情况下就会停车。要对自动驾驶系统的能力有信心，自动驾驶汽车上的乘客必须相信，在所有情况下，自动驾驶系统会像称职的人类驾驶员一样做出正确的响应，从而将车内乘客和车外所有人的风险降到最低。
- 对于这些功能而言，一个更普通的例子是两辆车从不同的方向同时到达了一个四向停车让行的路口。在这种情况下，一位驾驶员可能用手势示意另外一位驾驶员通过，而当第二位驾驶员是自动驾驶系统时，能检测手势并做出正确的响应吗？

第 4 阶段能够应对罕见但危险的事件，这似乎是前三个阶段能力的逻辑扩展，但事实上，这种情况对自动驾驶系统来说是一个巨大的挑战。我们将在本章后面看到，神经网络是目前实现自动驾驶系统的主要技术。神经网络从提供给它们的一系列样本以及网络在每个样本中应该产生的"正确"答案中学习。这些网络已经表现出从样本中进行泛化的巨大能力，并对学习使用的样本集之外的新情况也能做出正确的响应。

处理"介于"网络学习场景之间的情况的过程称为**插值**。当神经网络试图泛化到其学习范围之外的场景时，问题就出现了，这称为**外推法**。神经网络对一种新情况的推理结果可能与称职的人类驾驶员的决策不同。如何有效地处理人类驾驶员每天经历的大量罕见但可能出现的驾驶场景，可能是自动驾驶系统发展面临的最大挑战。

下一节将介绍安装在车辆上的各种传感器为自动驾驶系统提供的数据输入。

16.3 自动驾驶汽车的硬件和软件需求

人类驾驶员必须通过视觉来感知车辆的状态、不断评估周围的环境，并对静止或运动的障碍物进行跟踪。合格的司机会利用视力监测车辆仪表（主要是速度表），并扫描周围环境，以保持行车线路，保持与其他车辆适当的距离，遵守交通标志和信号，以及避开路面上或路面附近的任何障碍物。

人类驾驶员对其他感官（包括利用听觉来感知汽车喇叭和铁路道口等信号）依赖较少。触觉也会发挥作用，例如，安装在公路表面的减速带警告即将来到十字路口。粗心大意的司机驶离道路并撞到路肩时，触觉也可以提供帮助，因为路肩的纹理通常与路面有很大的不同。

视觉、听觉和触觉是人类驾驶员驾驶时使用的仅有的三种输入。从某种角度来看，这证明了这些感官提供的信息输入使司机每天能成功地行驶数十亿公里。从另一个角度看，每天发生的交通事故导致数千人死亡也说明了不同的人在感官和对危险情况做出适当反应的过程中明显存在巨大的差距。

为了使其能够被大众所接受，自动驾驶系统除了和人类驾驶员具有相同的安全性之外，它们必须在交通事故发生率方面明显优于人类驾驶员。因为许多人类驾驶员在确信自动驾驶系统优于他们自己（也许是想象中的）的驾驶技术之前，不愿意把控制权交给自动驾驶系统，所以这种高水平的性能要求是必需的。

下一节将介绍自动驾驶系统中使用的传感器类型，以及它们在满足安全性和可靠性目标方面的贡献。

16.3.1 感知车辆状态和周围环境

自动驾驶传感器必须精确感知车辆本身的状态，以及车辆附近所有重要物体的位置和速度（**速度**是速率和运动方向的组合）。以下部分描述了当前自动驾驶汽车使用的主要传感器类型。

1. GPS、速度表和惯性传感器

自动驾驶汽车必须持续感知状态，包括位置、移动方向和速度。这些信息用于低级驾驶任务（如保持车道）和高级功能（如规划通往目的地的路线）。

低层次的位置测量可以从激光雷达数据或视频摄像机图像中获得信息，这些信息包括车辆相对于车道标记线的位置。这些信息分辨率高（测量精度以厘米为单位），更新速度很快（可能每秒数十次甚至数百次），使驾驶系统能够对不断变化的条件做出平稳和连续的响应。

全球定位系统（GPS）传感器提供的信息更新频率较低（可能每秒几次），精度可能较低，位置误差可达数米。GPS 接收器提供的信息非常适合用于路线规划，但它提供的测量结果不够精确，更新频率也太低，无法用于使车辆保持在车道中心位置的车道跟踪中。

因为 GPS 的工作依赖于连续接收卫星信号，所以具有明显的性能限制。在天空能见度不好的情况下（可能是在树木茂密的道路上，在城市中心的城市峡谷中，或在隧道中），GPS

接收器可能根本无法工作。

车辆的速度表通常根据轮胎转速提供精确的车速。有时，可能由于路面泥泞或结冰导致轮胎打滑，从而使得速度表测量的车速不够准确。作为备份，GPS 在车辆能够接收到必要的卫星信号时就能提供精确的车速。在这种情况下，如果车辆速度表的读数和 GPS 测量的速度之间存在差异，那么轮胎有可能出现了打滑现象，这是一种不安全的情况。

现代车辆通常包含加速度计形式的惯性传感器，在某些情况下，还包含陀螺仪。加速度计测量沿着单一运动轴的加速度或速度变化率。当车辆加速时，人们感受到的加速度是将他们压回到座位上的力，而在急转弯时，则是将他们推向一侧的力。

汽车通常包含两个加速度计：一个测量沿前后运动轴的加速度和减速度，另一个测量沿侧向运动轴的加速度。测量侧向加速度的加速度计可以测量转弯的惯性效应，陀螺仪可以用来直接测量车辆的转弯速度。

加速度计可以提供非常高的测量速率，用于在检测到碰撞后的几毫秒内控制安全气囊展开等目的。车辆上的加速度计和陀螺仪跟踪车辆的方向和速度，使车辆能够准确地了解自身与周围环境的关系。

使用**卡尔曼滤波器**算法，可以将来自多个来源的测量数据（如 GPS 接收器和惯性传感器）与约束物体（如汽车）运动的物理定律的数学模型结合起来。卡尔曼滤波过程认为，每次测量都包含一些误差，数学模型并不是车辆动态行为的完美表示。通过将传感器的统计误差特征和车辆可能经历的不可预测行为范围（由加速、制动和转向等输入，以及上坡和下坡等外部的影响）相结合，卡尔曼滤波器对可用信息进行融合，产生对车辆状态的估计，这比从任何传感器或数学模型本身获得的信息都要准确得多。

GPS、速度表和惯性传感器能够用于车辆的状态估计。为了安全驾驶并到达指定的目的地，自动驾驶系统还必须感知周围的环境。以下几部分将讨论完成此功能的传感器。

2. 摄像头

一些自动驾驶系统采用一组摄像头作为外部环境的主要传感器。这些车辆上的摄像头的功能和消费级数码摄像头（包括手持设备和智能手机上的摄像头）类似。自动驾驶汽车摄像头是一种中等分辨率的设备，通常为 1920×1080 像素。一辆汽车可能在其周边有几个视野重叠的摄像头。

多摄像头的使用显示出自动驾驶汽车相对于人类驾驶汽车的一个重要改进：自动驾驶汽车使用的视觉系统能够同时持续地监测车辆周围所有方向的活动。相比之下，由于人类驾驶员一次只能看一个方向，因此只能看到有限的周围环境。人类驾驶员必须知道典型的视觉盲区并将这些盲区纳入他们的感知中，而车内和外部的后视镜有助于缓解人类视觉的这种固有限制。

在自动驾驶系统中使用摄像头的最大挑战是，这些设备输出的视频图像不能直接用于执行驾驶任务。必须对图像进行大量的处理以识别其中的重要特征，并结合这些特征来识别单个对象，然后了解对象在做什么并做出适当的响应。我们将在 16.3.2 节讨论自动驾驶系统中视频图像的处理。

3. 雷达

自动驾驶系统中摄像头的一个限制是它们只能提供视野范围内的平面二维图像。如果没有进行实质性的进一步处理，就不可能得到由像素代表的场景是靠近车辆（因此有可能是需要立即做出响应的障碍物），还是远离车辆且与驾驶任务无关的东西。

无线电探测和测距（雷达）技术可在一定程度上解决该问题。雷达系统不断地向周围环境发射电磁能量脉冲，并监听这些信号从附近物体反射回来的回声。

雷达系统可以探测物体，并提供每个物体的方向以及距离，还可以测量物体相对于车辆的速度。雷达系统可以跟踪前方几十米的车辆，并用作 ACC 的一部分来保持安全的跟车距离。

然而，雷达系统也具有明显的局限性。与摄像头相比，典型车载雷达感知到的场景要模糊得多且分辨率较低。雷达系统也易受噪声的干扰，这可能会降低信息的可信度。

尽管有这些局限性，雷达传感器在摄像头失效的情况下（如大雨、雪天和浓雾）仍然能够正常工作。

4. 激光雷达

一些自动驾驶系统并没有使用摄像头，而是选择使用激光雷达来确定车辆的位置和行驶方向，并探测车辆附近的障碍物。**光探测和测距**（激光雷达）传感器使用激光对车辆周围进行扫描，并从物体表面及物体的反射信号中收集数据。

激光雷达根据将激光光束照射到物体表面并将部分光能反射回激光雷达传感器的原理来测量距离。每次采样时，激光光束相对于车辆的方向对于激光雷达处理软件是已知的。到反射点往返的距离通过测量激光雷达发射激光脉冲到传感器接收到反射信号的时间间隔来计算，该时间称为脉冲飞行时间。脉冲的往返距离等于脉冲飞行时间乘以空气中的光速。

通过在车辆周围的各个方向快速连续地收集测量数据，就形成了一个称为点云的三维点集。点云表示从激光雷达传感器到周围物体（包括路面、建筑物、车辆、树木和其他类型的物体）表面的距离。

5. 声呐

直观上，**声音导航和测距**（声呐）的功能与雷达和激光雷达非常相似，只是声呐系统发射的是声音脉冲而非电磁波。

声呐系统的工作距离通常比雷达和激光雷达系统要短得多，主要用于探测近距离情况下的障碍物，比如停车时探测与其他车辆之间的距离，或者在高速公路上行车时探测相邻车道上的车辆。

16.3.2 感知环境

传感器用来收集车辆及其周围环境的原始信息，这些信息不能立即用于车辆控制。要将原始传感器测量的数据转换为用于自动驾驶的控制信息，必须经历几个处理步骤。下面几小节将描述自动驾驶汽车将传感器数据转换为驾驶决策信息所需的处理步骤，自动驾驶汽车的主要传感器包括摄像头和激光雷达系统。我们从使用卷积神经网络处理摄像头的图像开始讨论。

1. 卷积神经网络

第 6 章简要地介绍了深度学习和人工神经网络的概念。概括来说，人工神经元是用来表示生物神经元行为的数学模型，生物神经元是负责感知和决策的脑细胞。

在使用摄像头感知环境的现代自动驾驶汽车系统中，用于从摄像头捕获的视频图像中提取决策质量信息的先进技术是卷积神经网络（Convolutional Neural Network，CNN）。

卷积神经网络是一种专用人工神经网络，它对原始图像数据执行卷积滤波，以提取图像中有用的信息对目标进行检测和识别。

摄像头捕获的图像是像素矩阵。每个像素的颜色由一组红、绿、蓝等三种颜色的强度表示，颜色的强度由 8 位整数表示，其范围为 0～255。强度为 0 意味着该颜色在对应的像素中不存在，而 255 表示该颜色的最大强度。像素的颜色由红、绿、蓝三个值表示，简称为 **RGB**。表 16.1 列出了一些 RGB 颜色的例子。

表 16.1　RGB 颜色的例子

红色强度	绿色强度	蓝色强度	颜色
255	0	0	红色
0	255	0	绿色
0	0	255	蓝色
0	0	0	黑色
255	255	255	白色
128	128	128	灰色
255	255	0	黄色
255	0	255	品红色
0	255	255	淡蓝色

CNN 接收由摄像头捕获的 RGB 图像作为输入，该图像为由三个独立的 8 位像素颜色组成的二维数组，每个数组分别代表红色、蓝色和绿色。我们将该数组称为图像的三个**颜色平面**。

然后，CNN 在每个颜色平面上做卷积滤波。卷积滤波器通常由一个很小的矩形数字网格（可能为 2 行 2 列）组成。卷积操作从每个颜色平面的左上角开始，在数学上，卷积是通过将每个像素位置的颜色强度乘以卷积滤波器中相应位置的数字，然后将这些操作的乘积与滤波器中所有元素相加来实现的。其结果是卷积输出的一个元素。我们将通过一个示例来帮助说明这个过程。

卷积运算继续进行，将滤波器右移 1 个或多个像素，然后对滤波器新位置对应的像素进行乘积累加操作，这将在第一行第二列的位置产生卷积输出。该过程一直持续到图像第一行的末尾，然后将滤波器移动到图像的最左端，向下移动 1 个或多个像素，然后继续重复该过程。总结起来，CNN 的操作就是在整幅图像上重复如下操作序列：移动滤波器、将滤波器中的元素与图像中对应位置的像素颜色强度相乘、然后将结果相加。

2. CNN 实现的示例

我们使用一个简单的示例来说明 CNN 是如何工作的。我们假设图像大小为 5×5 像素，卷积滤波器大小为 2×2 像素。虽然在实际应用中，必须要在所有三个颜色平面中执行相同的操作，但为了简化起见，我们只看一个颜色平面的操作。

我们按照需要将滤波器向右或向下移动一个像素，滤波器每次移动的距离（以像素为单位）称为**步长**。为简单起见，示例中的所有像素和卷积滤波器中的元素都表示为个位整数。表 16.2 为示例中的颜色平面数据。

表 16.2　颜色平面数据示例

1	4	6	7	8
2	9	2	0	5
8	2	1	4	7
3	9	0	6	8
2	1	4	7	5

表 16.3 为卷积滤波器，其中的每个数字是一个滤波参数。

我们将使用步长为 1 的卷积，即每次卷积运算之后将滤波器向右移动一个像素，当到达图像最右端时将滤波器移回最左端，并向下移动一个像素。

表 16.3　卷积滤波器示例

7	2
8	0

第一次进行滤波计算时，我们将图像左上角的像素值与卷积滤波器中对应的元素相乘，如表 16.4 所示。

然后，我们将所得的乘积累加在一起，如公式（16.1）所示：

$$C_{1,1} = (1\times 7) + (4\times 2) + (2\times 8) + (9\times 0) = 31 \tag{16.1}$$

将颜色平面中每个像素的强度值与对应的滤波系数相乘，然后将乘积进行累加，即可得到输出矩阵的一个元素 $C_{1,1}$，即输出矩阵第 1 行第 1 列的元素，如表 16.5 所示。

表 16.4　卷积运算中的乘法步骤

1×7	4×2	6	7	8
2×8	9×0	2	0	5
8	2	1	4	7
3	9	0	6	8
2	1	4	7	5

表 16.5　第 1 个卷积输出元素

31			

然后，将滤波器网格向右移动一个单位，并再次执行乘积累加操作，如表 16.6 所示。

在对颜色平面中与第二个滤波器位置对应的强度值进行与卷积滤波元素的乘法之后，使用公式（16.2）计算结果：

$$C_{1,2} = (4\times 7) + (6\times 2) + (9\times 8) + (2\times 0) = 112 \tag{16.2}$$

表 16.7 给出了将第 2 次卷积输出的结果插入第 1 行第 2 列的情形。

表 16.6　卷积中的乘法操作

1	4×7	6×2	7	8
2	9×8	2×0	0	5
8	2	1	4	7
3	9	0	6	8
2	1	4	7	5

表 16.7　第 2 个卷积输出元素

31	112		

沿着图像的第 1 行，我们将滤波器向右移动一个像素继续计算。因为滤波器的宽度为 2，而图像的宽度为 5，所以在滤波器不超出图像范围的条件下，我们只能将其放在 4 个位置进行滤波运算，故此滤波器的输出矩阵为 4 行 4 列。

在处理完图像的第 1 行之后，将滤波器移回图像的最左边，并将其向下移动一个像素，以计算第 2 行第 1 列的元素（$C_{2,1}$）。在整幅图像中重复该过程，直到滤波器到达图像的右下角为止。对于 5×5 的图像，卷积操作的完整输出如表 16.8 所示。

以上关于卷积的解释看起来可能有点乏味，并且没有多少启发性，我们下面将进入有意思的内容。

表 16.8　卷积操作的结果

31	112	72	65
96	83	22	42
84	88	15	90
55	71	44	114

3. CNN 在自动驾驶中的应用

以下是关于卷积滤波在自动驾驶系统视频图像处理应用中最有趣的几点：

- 从数学方面看，卷积包含乘法和加法等简单的操作。
- CNN 的训练可以采用与第 6 章中介绍的**人工神经网络（ANN）**相同的训练方法。训练是一个重复的过程，将一组输入数据及其预期的"正确"输出交给神经网络处理。训练过程的每次迭代调整 ANN 的权重（和 CNN 中的卷积滤波器）以提高对给定输入产生正确响应的能力。
- 作为训练的一部分，CNN 为卷积滤波器表格中每个位置寻找能够使网络表现最好的数值。

使用车辆保持在车道中央的问题作为实际示例。对 CNN 进行训练以执行该任务，通常的做法是记录一系列由车载摄像头捕获的视频片段及相应的转向控制命令，自动驾驶系统应该能够根据输入复制相应的输出。

训练数据集必须具有足够的多样性，以确保 CNN 学习到的行为能够覆盖到预期所有可能的操作条件。这意味着训练数据集不但包括直路，还应该包括各种拐弯；数据还应包括白天驾驶和夜间驾驶，以及不同天气情况等各种可能的驾驶条件。

在训练过程中，每个训练示例都是以视频图像及正确的转向控制响应形式送给网络。当 CNN 学习如何正确地响应不同的输入时，它会调整卷积滤波器中的系数，从而能够在执行任务时识别有用的图像特征。

边缘检测是在自动驾驶中非常有用的图像特征。**边缘检测**包括定位将图像划分为不同部分的分隔线。例如，道路上交通标识线的颜色与路面截然不同，从而使人和自动驾驶系统能够轻易进行分辨。

CNN 训练过程中最有趣，甚至是最吸引人的特性是，通过将路面视频及需要的正确输出作为 CNN 的输入，CNN 将提取图像的有用信息（例如边缘）并自动构建专用于识别有用特征的卷积滤波器。

因为 CNN 滤波器要重复应用到整幅图像，所以可以检测到在图像中任何地方出现的物体，而不能预测视频图像中可能出现重要物体的位置，这是自动驾驶系统的一个重要特征。

现实应用中的 CNN 可能包含多个卷积滤波器，每个都包含不同的系数。在训练过程中，对每个滤波器都进行调优，以寻找不同类型的相关特征，这些特征可以在网络应用的后续阶段进行处理，以执行如识别停车标志、红绿灯和行人等更高级别的功能。

一个完整的 CNN 设计包含一个或多个卷积操作阶段。最初的卷积阶段执行滤波以检测边缘等简单的特征，而之后的卷积阶段综合使用这些特征来识别停车标志等更复杂的对象。

为了在不同的条件下可靠地检测停车标志等特征图像，训练数据必须包含从近处和远处看到的停车标志的图像，以及在不同亮度和天气条件下从不同角度看停车标志时的图像。

在 CNN 结构中，每个卷积阶段计算所得的数据元素通过激活函数产生该阶段的最终输出。尽管有多种类型的函数可以作为激活函数，但常见的激活函数是 Rectified Linear Unit 函数，简称 RELU。

RELU 激活函数是一个非常简单的公式：对于给定卷积运算的输出值表（例如表 16.8），对其中的每个元素进行检查。如果元素值小于 0，则将其替换为 0。由于表 16.8 中没有负数，因此对其使用 RELU 函数之后没有发生任何变化。在实际应用中，RELU 函数具有重要的优势，其中之一就是相比于其他常用的激活函数训练速度更快。

CNN 体系结构中的另外一个步骤是**池化**（pooling）。由于高分辨率图像包含大量的像素，为了将存储容量及处理需求保持在可接受的水平，有必要在保留能够正确识别图像中物体的特征条件下减少流经网络的数据量。完成该任务的技术称为池化。池化将多个输入元素合并为一个输出元素。例如，将表 16.8 中的像素分割成 2×2 大小的子集，每个子集中像素值合并成单个数值，从而减小输出的大小。

有多种方法将子集中的像素值合并成单个数值，其中一种方法是取平均值。例如，对于表 16.8 中左上角的 2×2 像素区域，其平均值为 ((31 + 112 + 96 + 83)/4 = 80.5)。虽然平均提供了一种表示该区域中所有像素特征的方法，但没有证据表明这是 CNN 中最佳性能的池化方法。相反，在许多情况下，简单地选择区域内的最大值作为池化结果已经被证明可以提供良好的性能。本例中所选区域的最大值为 112。这种技术称为**最大池化**（max pooling）。表 16.9 给出了对表 16.8 使用 2×2 的尺寸进行最大池化的结果。

为了将视频图像的二维结构和处理视频数据的卷积层转换为适合于传统人工神经网络输入的形式，有必要将数据重新排列为一维格式。与前面所述的其他数学运算一样，这是一个简单的过程。从二维结构到一维向量的转换称为**展平**。在展平层中，二维结构中的系数简单地按顺序转换为可作为传统 ANN 输入的一个向量。

表 16.10 给出了对表 16.9 进行展平操作之后的结果。

表 16.9　对表 16.8 进行 2×2 最大池化的结果

112	72
88	114

表 16.10　对表 16.9 进行展平的结果

112	72	88	114

表 16.10 是一个一维数值向量，其格式适合作为传统 ANN 的输入。

CNN 使用卷积、池化和展平等几个步骤实现一个或多个 ANN 层，每个层形成一个隐藏的神经元层（隐藏层）。这些隐藏层通常是神经元集合的全连接（如第 6 章的图 6.5 所示）。隐藏层之后是一个输出层，表示网络的最终输出，能够用于后续处理。

将足够丰富的训练数据集与适当规模的 CNN 结构（该 CNN 能够进行学习并保留必要的信息）结合，就有可能将代表各种驾驶情况的大量信息编码到 CNN 和 ANN 系数中。

在面向道路行驶的自动驾驶汽车设计中，CNN 设计和训练过程的结果是构建一个系统，可以学习和识别驾驶员在日常各种驾驶情况中遇到的物体类型。因为这是一项极其复杂的任务，所以要使计算技术和软件能力（无论是在网络结构上还是在训练过程中）在执行目标检测和识别任务的能力优于人类驾驶员，可能需要数年的时间。

图 16.1 给出了一个基本的 CNN 体系结构，能够使自动驾驶系统在弯曲道路上保持在车道中央。

本章末尾的习题基于图 16.1 的结构开发了一个 CNN 示例，可以以相当高的精度对低分辨率彩色图像中的物体进行识别和分类。

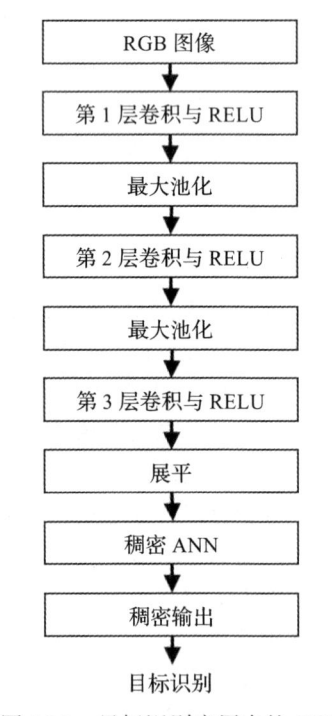

图 16.1　目标识别应用中的 CNN

人们可能会对CNN开发人员如何针对特定应用选择其结构特性（如网络层数及其他定义网络的参数）感兴趣。然而，在许多情况下，根本无法搞清楚到底该如何对网络层类型和其他网络参数（如卷积滤波器的大小）进行最佳组合，才能获得CNN应用的总体目标。

网络层的类型、维度以及描述神经网络的相关参数称为超参数。**超参数**是神经网络的高层次设计特征，用来定义神经网络结构的某些部分。超参数不同于神经元互联间的权重因子（见图6.4），后者在训练过程中自动进行定义。为特定应用选择配置神经网络的超参数是一个搜索过程。神经网络体系结构设计师可以使用软件工具来测试由不同序列的神经网络层类型组成的各种网络体系结构，以及与每一层相关的不同参数值（例如，卷积滤波器的维度或全连接层中的神经元数量）。该搜索过程包括每种网络配置的训练阶段和测试阶段，其中测试阶段用来评估训练后网络的性能。在测试阶段表现最好的网络设计将被保留，用于在设计过程迭代时进行进一步评估。

我们将在下一节讨论激光雷达如何进行车辆定位和识别周围的物体。

4. 激光雷达定位

我们在前面讨论过，激光雷达传感器通过物体表面将激光能量反射回激光雷达传感器的方式进行测距。激光雷达处理软件知道在每次采样时发射的激光束相对于车辆的方向。到反射点的往返距离通过测量激光雷达发射激光脉冲和接收到反射信号间的时间间隔（称为脉冲飞行时间）进行计算。脉冲的往返距离等于脉冲飞行时间乘以光速。通过快速连续地收集车辆周围各个方向的测量值，可以形成一个包含对周围点的完整测量值集合的点云。

通过将激光雷达传感器产生的点云与车辆周围地面和结构地图进行对比，激光雷达数据处理软件能够对点云进行调整和对齐，使其与存储的地图数据匹配。该过程使激光雷达系统能够精确地确定其相对于周围环境的位置和方向，这个过程称之为**定位**（localization）。

与基于视频图像的自动驾驶系统相比，基于激光雷达的驾驶系统具有如下优势：

- 激光雷达传感器持续生成周围环境的精确三维地图（maps）。该信息表示传感器点云中每个点的距离。摄像头生成的二维图像不会包含场景中的任何距离信息。
- 摄像头可能会受阳光或其他明亮光源的严重干扰。而激光雷达传感器不太容易受到这种干扰。
- 在基于摄像头的系统中，当物体颜色与周围环境缺乏足够的对比度时，目标检测功能可能无法识别物体。激光雷达系统可以探测周围物体，而不考虑它们的颜色。

激光雷达系统具有如下限制：

- 激光雷达系统的分辨率远低于标准的摄像头。
- 与摄像头一样，激光雷达传感器的性能可能会受到雾和大雨等天气条件的影响。
- 激光雷达定位系统只能在道路或其他已经精确绘制了地图的环境中工作。包含地图信息的数据库必须在行车时可以使用。这就需要持续投资，以收集用于自动驾驶的道路地图数据。绘制地图工作必须不断重复收集数据，从而在公路附近建筑物发生变换等情况下能够及时更新数据。当行驶在没有地图的道路上时，车辆无法使用激光雷达系统。
- 激光雷达系统的价格远远高于摄像头。

汽车制造商和科技公司在使用不同传感技术来开发和部署自动驾驶系统方面存在着竞争关系。截至2021年，特斯拉公司一直致力于使用多个摄像头来为自动驾驶系统提供必需的信息，而不需要周围环境的精确地图。其他公司（包括丰田和Waymo）则使用激光雷达作为主系统，与包含三维定位数据的数据库协作来感知环境。

对于自动驾驶系统而言，无论是使用摄像头还是激光雷达系统，为了进行安全驾驶，必须不断进行目标识别和目标跟踪。这将是下一节要讨论的内容。

5. 目标跟踪

自动驾驶系统感知阶段的输出包括从视频数据或激光雷达数据提取出的目标列表以及对它们的分类（例如一辆卡车或是一辆自行车）。为了支持驾驶任务，必须维护传感器识别目标的历史记录，并跟踪这些目标的行为。

目标跟踪对目标随时间运动的情况进行评估，从而预测这些目标未来的运动情况。目标运动预测的结果能够用于路径规划决策，使车辆保持与障碍物的安全距离，并能够使发生碰撞的风险降到最低。

如果突然发现了在后续检测中不能确认的异常目标，持续更新目标的方法能够识别这种虚假目标的错误并进行改正。

开发了描述车辆状态和所有与驾驶车辆相关的对象的数据集之后，自动驾驶系统必须做出一系列决策，这将在下文中讨论。

16.3.3 决策处理

使用传感器数据处理的感知阶段提供的信息，自动驾驶系统能够决定在每个时刻要执行的动作，从而使车辆持续安全地驶向目的地。其必须支持的基本功能包括车道保持、遵守道路交通规则、避障和路径规划等。下面将讨论这些问题。

1. 车道保持

车道保持任务要求车辆驾驶员（人类或自动驾驶系统）持续监测车辆在车道内的位置，并将车辆尽可能保持在车道中心。

在良好的天气条件下，要在标线明显的道路上保持车道比较简单。然而，当车道标线被路面上的雪或泥土遮盖时，自动驾驶系统（或人类驾驶员）很难将车保持在车道中央。

只要对周围环境的测量持续提供有效信息，基于激光雷达的自动驾驶系统在行驶在一层薄雪覆盖的路面时应该很少或不会受到影响。然而，基于摄像头的系统在这种情况下可能会遇到很大的困难。

2. 遵守道路规则

在公共道路上行驶时，自动驾驶系统必须遵守所有的交通法规和需要的管控措施。这不但包括在停车标志前停车、遵守交通信号灯等基本要求，还包括在必要时停车让行等其他必要的要求。

当自动驾驶车辆和人类驾驶车辆同时在道路上行驶时，驾驶任务就变得更加复杂。人类已经形成了一套驾驶行为，旨在每个人都能容易地进行驾驶，例如，在拥挤的高速公路上，汽车可能会减速，从而为正在并线的车辆让出道路空间。

一个成功的自动驾驶系统必须符合所有法律要求，并且必须使其行为符合人类驾驶员的期望。

3. 避障

人类驾驶员每天都会在道路上遇到各种物体并做出适当的反应，自动驾驶系统也应该能够完成这些响应。这不仅包括其他车辆、行人和骑自行车的人，还包括梯子、引擎盖、轮胎和树枝等随机出现的物体，另外，松鼠、猫、狗、鹿、牛、熊和麋鹿等动物也经常穿越不同地区的道路。

在确保不会造成重大危险情况的前提下，人类驾驶员通常会尽量避免撞到路上的小动物。而当遇到大型动物时，为了防止造成车内人员死亡，必须避免碰撞。自动驾驶系统有望在这些情况下超越人类驾驶员。

4. 路径规划

高级路径规划生成车辆从起点行驶到目的地时要经过的一系列连接路段。基于 GPS 的路线规划系统对于当今的车辆驾驶员来说很熟悉。自动驾驶汽车使用同样的方法来规划通往目的地的路径。

低级路径规划包含了道路上的所有驾驶操作。自动驾驶系统必须不断评估周围环境，并做出决策，比如什么时候变道，什么时候进入十字路口是安全的，什么时候放弃向左转进入非常繁忙的街道，并使用备用路线。

与自动驾驶的其他所有方面一样，路径规划的最高目标是保证车内人员和车外人员的安全，遵守所有交通法规，同时尽可能快地到达目的地。

16.4 自动驾驶汽车计算体系结构

图 16.2 给出了基于当前技术状态的自动驾驶系统的硬件组成和各个处理阶段。

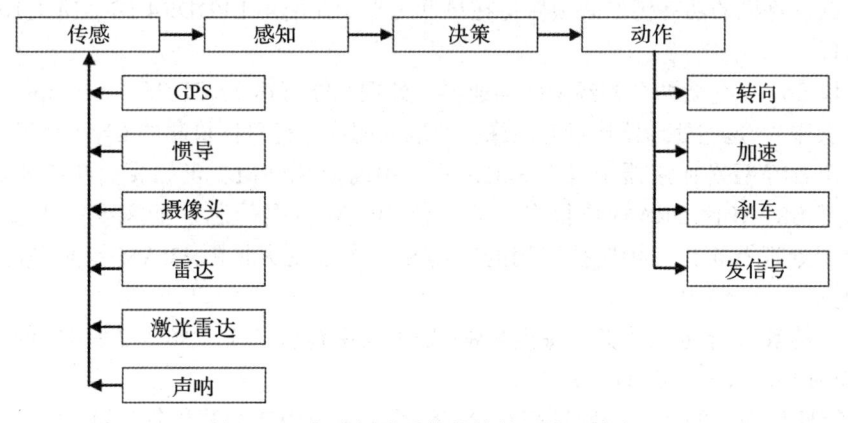

图 16.2 自动驾驶系统的构件及处理阶段

我们介绍了可以收集有关车辆状态及其周围环境信息的传感器技术。该信息流入传感过程，传感过程接收来自传感器的数据，验证每个传感器是否正常工作，并为感知准备数据。感知的过程需要获取原始传感器数据并从中提取有用的信息，例如，识别视频图像中的物体并确定其位置和速度。通过准确地了解车辆的状态和所有相关的周围物体，决策过程执行如选择前往目的地的路线等高级导航功能，以及在十字路口选择哪个方向等低级功能。这些决策的动作过程将命令发送到执行转向、控制车辆速度的硬件单元，并通过操作转向灯等手段向其他驾驶员发出信号。

特斯拉 HW3 自动驾驶仪

为了保护商业秘密，一些致力于开发自动驾驶系统的汽车公司和技术公司对其系统的设计信息公开的非常有限。而另一方面，特斯拉则更乐于提供其汽车中使用的自动驾驶计算机硬件的信息。目前在公共道路上行驶的具有全自动驾驶功能的特斯拉汽车，使用名为

Hardware 3.0（HW3）的计算机系统。

特斯拉 HW3 处理器主板上有两个完全冗余的计算机系统，每个系统都能够独立安全地操纵车辆。两个系统同步运行并对输出结果进行比较，如果其中一个系统出现故障，则第二个系统将接管车辆的运行，直到发生故障的系统可以进行维修。

HW3 计算机基于特斯拉公司为优化自动驾驶任务的系统性能而开发的一款专用 SoC。除了与图像处理和标量计算相关的传统功能外，该 SoC 还集成了大量用于神经网络计算的资源。

特斯拉 HW3 计算机的关键特性如下：

- SoC 集成电路基于 14nm FinFET 工艺，集成度为 60 亿晶体管。**鳍式场效应晶体管**（Fin Field-Effect Transistor，FinFET）使用一种垂直结构（称为"fin/鳍"），这是与传统 CMOS 技术平面电路结构的不同之处。与传统 CMOS 晶体管相比，FinFET 可以实现更快的开关时间并承载更大的电流。HW3 是 14nm FinFET 技术在汽车领域的首次应用。
- HW3 计算机使用**低功耗 DDR4**（LPDDR4）DRAM。LPDDR4 基于 DDR4 DRAM，面向智能手机和便携式计算机等应用进行了功耗优化。相比于 DDR4，LPDDR4 带宽较低，但功耗要低得多。虽然与智能手机相比，特斯拉汽车的电池要大得多，但车载计算机的功耗仍然必须保持在最低水平，而使用 LPDDR4 DRAM 有助于实现该目标。
- 每块 SoC 中包含两个神经网络加速器，处理性能可达 72 **TOPS**（tera-ops，每秒万亿次操作）。这些处理器执行对摄像头获取的图像进行目标检测的 CNN 运算。
- 每个神经网络加速器中具有 32KB 的专用高速 SRAM。正如我们在第 8 章中所述，虽然 SRAM 比 DRAM 快得多，但单位 SRAM 占据的芯片面积要多得多。与其他通用处理器相比，特斯拉采用的专用 SoC 中使用大量的 SRAM 能使得性能大幅度提升。
- 为了能够进行通用计算，每个 HW3 处理器中包含三个主频为 2.2GHz 的四核 64 位 ARM Cortex A72 CPU。

根据特斯拉提供的数据，通过其 CNN 体系结构，HW3 计算机每秒可以处理高达 2300 帧的高分辨率视频。对于特斯拉要使用基于摄像头传感技术实现 5 级自动驾驶，这个级别的性能是必需的。

自动驾驶技术是一个飞速发展的领域，但是当前市面上最先进的汽车远远达不到无人驾驶的目标。在公共道路上运送乘客但不需要有人通过挡风玻璃不断监控周围环境的车辆可能还需要几年的时间。

16.5 总结

本章讨论了自动驾驶汽车处理体系结构所需的功能。我们首先介绍了自动驾驶的级别，以及为了确保车辆自身安全、乘客安全、其他车辆安全、行人安全和静态物体安全的需求。然后，我们讨论了自动驾驶汽车在行驶中接收的传感器类型和数据类型。接着，我们讨论了车辆控制所需的处理类型。最后，我们讨论了特斯拉 HW3 计算机的大体体系结构。

阅读完本章，你将理解自动驾驶汽车使用的基本计算体系结构，并理解自动驾驶汽车使用的传感器类型。你将能够给出自动驾驶汽车需要的处理类型，并理解自动驾驶汽车相关的安全问题。

下一章，也是最后一章，将对计算机体系结构的未来发展进行展望。回顾促成计算机体系结构现状的重大进步及其持续趋势，并推断分析这些趋势以确定未来可能的技术方向。此外，还将考虑可能改变未来计算机体系结构的潜在颠覆性技术。最后将为计算机体系结构设计师的专业发展提出一些建议，这些建议可能会帮助他们掌握能够适应未来的技能。

16.6 习题

1. 如果你的计算机上没有安装 Python，请登录网站 `https://www.python.org/downloads/` 并安装最新版本。通过在系统命令提示符下输入 `python--version`，确保 Python 安装在搜索路径上。你应该会看到类似于 `Python 3.10.3` 的响应。

   （在系统命令提示符下）使用 `pip install tensorflow` 命令安装 TensorFlow（一个用于机器学习的开源平台）。在打开命令提示符时，你可能需要使用"以管理员身份运行"选项才能成功安装。使用 `pip Install matplotlib` 命令安装 Matplotlib（一个用于可视化数据的库）。

2. 使用 TensorFlow 库创建一个程序，加载 CIFAR-10 数据集，并显示图像的一个子集以及与每个图像相关的标签。该数据集是**加拿大高等研究院（CIFAR）**的产品，包含 60 000 张 32×32RGB 像素的图像。这些图像被随机分为包含 5 万张图像的训练集和包含 1 万张图像的测试集。每张图片都被标记为代表 10 类物品中的某一类：飞机、汽车、鸟、猫、鹿、狗、青蛙、马、船或卡车。有关 CIFAR-10 数据集的更多信息，请参阅 Alex Krizhevsky 在 `https://www.cs.toronto.edu/~kriz/learning-features-2009-TR.pdf` 上的技术报告。

3. 使用 TensorFlow 库创建一个使用图 16.1 所示的结构构建 CNN 的程序。每个卷积层使用 3×3 卷积滤波器。在第一个卷积层中使用 32 个滤波器，在其他两个卷积层中使用 64 个滤波器。隐藏层使用 64 个神经元。提供 10 个输出神经元，代表 10 个 CIFAR-10 类别中的一个图像。

4. 使用 TensorFlow 库创建一个程序，对习题 3 中构建的 CNN 进行训练，并使用 CIFAR-10 测试图像对模型进行测试。确定 CNN 对测试图像进行正确分类的百分比。

第 17 章

Modern Computer Architecture and Organization, Second Edition

量子计算和其他计算机体系结构的未来方向

本章展望了计算机体系结构设计的未来方向。首先回顾重要的技术进步和发展趋势以了解计算机体系结构的现状。然后从当前的趋势中推断出计算系统设计未来可能的发展方向。最后研究一些可能会改变未来计算机体系结构发展的潜在颠覆性技术。

本章为计算机体系结构设计师的职业发展提供了一些建议。通过这些建议，计算机体系结构设计师都能够紧跟发展趋势并不断地进步。

在学习完本章之后，你将了解计算机体系结构的历史演变，并熟悉计算机设计的发展趋势以及明确未来的技术发展方向。你还将对一些可能会突破现有计算机体系结构的潜在技术有基本了解，还会学到一些能够适应计算机体系结构不断发展的技术。

本章包含以下主题：
- 计算机体系结构的发展历程
- 未来的发展趋势
- 潜在的颠覆性技术
- 培养适应未来的技能

17.1 计算机体系结构的发展历程

第 1 章简要介绍了自动计算设备的历史，从巴贝奇分析机的机械设计到现代个人计算机的基础——x86 体系结构。这些进展取决于几个突破性的技术成就，其中最著名的是晶体管的发明和集成电路制造工艺的发展。

自从 1971 年推出 Intel 4004 以来的几十年中，处理器在单芯片中集成的晶体管和其他电路元件的数量大大增加。随着单芯片中电路元件数量的增加，现代设备的时钟速度提高了好几个数量级。

处理器的能力和指令执行速度的提高促进了软件开发成为一个巨大的全球性行业。在数字计算机的早期，软件由训练有素的专家小团队在研究环境中进行开发。当今，功能强大的个人计算机价格已大大降低，并且软件开发工具（例如，编译器和解释器）已广泛可用，并且通常是免费的。由于处理器能力大幅度提升，计算能力的提高对运行于其上的软件提出了更多的要求。

与早期的设备（例如，6502）相比，现代处理器已经发展为将更多的功能集成到处理器的集成电路中。从本质上讲，6502 包含执行有用处理所需的最少构件集：控制单元、寄存器集、ALU，以及用于访问指令、数据和外围设备的外部总线。

针对企业用户和家庭用户的最先进的现代处理器，其基本功能与 6502 类似，并添加了许多重要的功能和扩展，例如：

- 多达 16 个处理器内核，每个处理器内核都支持多线程
- 多级指令和数据缓存
- μop（微操作）缓存，以避免与指令译码操作相关的处理延迟

- 支持分页虚拟内存的内存管理单元
- 集成多通道高速串行 I/O 功能
- 可产生数字视频输出的集成图形处理器
- 支持运行虚拟的操作系统

从 6502 处理器到现代 x64 处理器的技术发展可以看出，与 6502 的单个 8 位内核相比，现代处理器提供了多个并行运行的 64 位内核，并且还实现了许多旨在提升执行速度的额外功能。

除了现代 PC 处理器的计算能力外，x86/x64 指令集还提供了实现多种操作的指令，这些操作复杂程度相差非常大。另一方面，现代 RISC 处理器（例如 ARM 和 RISC-V）实现了精简指令集，其目标是将复杂的操作分解为更简单的步骤序列，每个步骤通过更大的寄存器集来更快地执行内部操作。

可以说，自 6502 以来，计算机体系结构的顶层配置从未发生过明显的变化。随着处理器体系结构指令集的扩展或引入额外的缓存技术，逐步扩展了软件开发者可用的功能，提高了算法执行速度。多核技术以及单核多线程执行技术允许多个线程同时执行，而不像传统的在单核内以时间片轮转的方法来执行。

在此发展过程中，大部分增加的设计都要避免更改处理器体系结构，从而确保兼容已开发的操作系统和应用程序软件。最终的结果是，随着时间的推移，一系列处理器逐渐变得越来越快、功能越来越强大，但是却没有实现对过去技术的开创性突破。

下一节将尝试从第 13 章讨论的新一代高性能计算系统中推测出在未来十年到二十年间可能出现的计算机体系结构的进步。

17.2 未来的发展趋势

当前的处理器技术正在开始突破一些重要的物理限制，可以预测到这些限制将会制约处理器技术的发展。这些限制当然不会导致电路密度和时钟速度的提升突然终止，相反，未来处理器的技术进步可能会在与传统半导体能力改进模式不同的方向上进行。为了更好地预测未来处理器性能的增长，首先考察摩尔定律及其对未来半导体加工工艺发展的影响。

17.2.1 重温摩尔定律

1975 年修订的摩尔定律预测单芯片上的集成电路元件数量大约每两年翻一番。数十年来，该定律已经证明了其准确性，但据 Intel 称，截至 2015 年，增长率已放缓至大约每两年半翻一番。这表明集成电路密度的增长速度已经开始放慢，但是它肯定还没有结束，并且在短期内也不会结束。

集成电路技术还将继续进步，从而在未来许多年内将产生集成度更高、功能更强大的电路。但是，由于加工工艺线宽已步入纳米级电路的物理极限，预计电路密度的增长速度会随着时间的推移而降低。

电路密度的增加速度变慢并不意味着趋势已接近尾声。截至 2022 年，大规模生产的集成电路工艺基于特征尺寸仅为 5nm 的电路。具有 4nm 特征尺寸的下一代电路技术正在开发中。特征尺寸为 3nm（甚至 2nm）的未来工艺正处于规划阶段。

尽管这些提升的电路密度可能会在某个时候实现，但是每种技术进步都伴随着成本和技术挑战的增加，从而导致生产线部署的延迟。最先进的集成电路生产技术开发成本高昂且实现难度高，以至于只有少数大型半导体公司有能力向此类工艺流程投入资金和技术。

鉴于电路密度提高速度的持续下降，半导体制造商已开始关注替代方法：即将较小的元件封装在一起。传统的做法是将集成电路视为层次化的二维结构，如下所示：

- 按照一系列掩膜操作对不同类型的材料进行加工，制造晶体管的掺杂区、电容器和二极管等电路元件。
- 在器件表面再铺多层金属导线作为连线。

在二维器件布局中，电路元件之间的通信涉及在芯片表面上相距一段距离的元件之间的电气交互。由于芯片很小，电信号在元件之间传播所花费的时间通常可以忽略。

是否有可能以其他一种方式组织集成电路元件，而不是采用平面结构。确实可以在集成电路芯片上将元件进行堆叠。下一节将介绍这种设计方法。

17.2.2 3D 堆叠

通过开发将元件彼此堆叠在单个集成电路芯片上的技术，半导体制造商朝着扩展摩尔定律迈出了一步。元件堆叠集成电路技术的早期目标之一是在 CMOS 电路设计中将普遍存在的 n 沟道和 p 沟道 MOS 晶体管对进行堆叠。

Intel 于 2020 年初公开了其在堆叠 CMOS 晶体管对领域取得的进展。该公司不仅展示了在一块硅片上堆叠器件的能力，还展示了如何在每个器件层中使用不同的制造技术以获得晶体管对的最高性能。n 沟道硅晶体管表现出良好的性能特性，但是在硅上构建的 p 沟道晶体管的开关速度相对较慢。用锗晶体管沟道替代硅来实现的 p 沟道晶体管可提高开关速度，从而改善 CMOS 晶体管对的性能。

在 Intel 混合技术器件集成的演示中，n 沟道硅晶体管构建在基础硅芯片上，p 沟道锗器件堆叠在其上。如果该技术可用来进行集成电路生产，那么它有望继续提高器件密度并提高时钟频率。

另一种提高密度的方法是将多个独立的集成电路芯片进行垂直堆叠，并在各层之间排布电源和信号线。可以将这种技术看作是一种将集成电路芯片彼此焊接在一起的方法，其方式类似于将表面安装的元件焊接到电路板上。

独立的集成电路组合封装在一起称为**芯粒**（chiplets）。芯粒可以在硅基板并排放置，也可以堆叠在一起，具体形式取决于器件的需求。这种方法允许使用最适合该元件的技术来构建复杂器件中的每个芯粒。例如，一种制造方法可能最适合于核心处理器，而另外的方法可能更适合于将存储器芯粒与处理器进行集成。同一器件封装中集成的蜂窝网络无线接口可以使用另一种制造方法。

在单个集成电路以及在单个封装中由多个芯粒组成的复杂器件的实现中使用 3D 技术，可以实现更高层次的 SoC 集成并且获得更高的整体性能。随着这些技术的不断改进和在生产线中的应用，可以预期摩尔定律所预测的电路复杂性和功能性的增长将在未来几年继续，尽管增长率可能会有所降低。

下一个要研究的趋势是持续使用高度专用的处理设备代替通用处理器。

17.2.3 提高设备的专用化程度

前面章节我们针对应用领域探索了一些专门的处理技术，例如数字信号处理、三维图形图像生成、比特币挖掘和神经网络处理。由这些设备执行的所有计算可以使用普通的通用处理器来完成，但使用专用设备将大大提高执行速度，其吞吐量有时比普通处理器快数百甚至数千倍。

机器学习和自主控制技术的重要性日益增长，它们将继续推动支持未来数字系统的计算机体系结构的创新。随着汽车和其他复杂系统拥有自主功能，从而增强或替代传统上由人类操作员执行的功能，底层处理体系结构将继续发展以提供针对特定任务量身定制的更高处理性能，同时将功耗降至最低。

在对特定应用环境的设备进行优化时，专用处理器将利用本章前面讨论到的优势。处理设备专用化的趋势将持续发展，甚至在未来几年内可能还会加速发展。

本节讨论的重点是未来的发展趋势。下一节将研究能从根本上改变计算机体系结构的技术力量出现的可能性。

17.3 潜在的颠覆性技术

到目前为止，本章重点介绍了当前技术的趋势及其对未来的潜在影响。与引入晶体管一样，总会出现一些新技术，这些新技术与过去的经验大相径庭，将计算技术的未来引向新的方向。

本节将尝试指明未来几年可能出现的颠覆性技术。

17.3.1 量子物理学

巴贝奇分析机试图将纯机械计算设备的功能提升到前所未有的极致。他的尝试虽然雄心勃勃，但最终没有成功。直到适合实现复杂数字逻辑的真空管技术面世，自动计算设计才开始发展。

后来，晶体管的发明将计算技术带入了计算能力和复杂度不断提高的轨迹，最终进入了当今人人能够享受计算的时代。自 Intel 4004 推出以来，计算技术按照晶体管技术的发展而进步。

晶体管的工作原理基于半导体材料（例如，硅）的特性，这些特性可以实现数字开关电路。用半导体实现的数字电路通常使用离散的二进制数据值执行操作。当给相同的指令序列多次执行提供相同的输入时，这些设备能够生成可靠的可重复结果。

为了替代晶体管，全世界正在进行许多研究工作，以探索量子物理学在计算技术中应用的可能性。**量子物理学**描述了物质在单个原子和亚原子粒子层次上的行为。粒子在亚原子层次上的行为与**经典物理学**定律下人们熟知的宏观物体的行为完全不同。自 19 世纪中叶以来，就已经发现了量子物理学定律并进行了理论描述。

量子物理学由一套具有非凡预测能力的理论来严格地定义。例如，Wolfgang Pauli 在 1930 年推测量子物理学框架内存在中微子粒子。中微子是相对较小的亚原子粒子，几乎与其他粒子没有任何相互作用，因此很难检测。直到 20 世纪 50 年代，科学实验才证明了中微子的存在。

理论上已经预测了几种其他类型的亚原子粒子，并最终使用实验证明了它们的存在。量子物理学（包括在亚原子世界中表现出来的奇怪行为）为未来的计算机体系结构提供了一个新方向。

宏观世界中，对象的物理参数一般都连续变化，与车辆的行驶速度随着加速或减速连续变化类似。另一方面，原子内的电子只能存在于特定的离散的能级。原子中电子的能级大致相当于经典物理学中粒子围绕中心体在轨道中运动的速度。

原子中的电子不可能处于两个能级之间的某个点，它总是精确地处于某个离散能级。这些离散的能级使用术语**量子**来描述这种现象。

17.3.2 自旋电子学

除了原子中电子的能级之外，电子还具有类似于经典物理学中物体自旋的特性。基本原子粒子的自旋是一种角动量，在概念上类似于指尖上平衡的旋转篮球的动量。与能级一样，该自旋状态被量子化。

研究人员证明了可以对电子的自旋行为进行控制和测量，从而实现数字电子开关电路。将电子自旋用作数字开关电路的元件称为**自旋电子学**——术语"自旋"和"电子"结合在一起。这项技术使用电子的量子自旋态来保持信息，其方式类似于传统电子产品中电容器的充电状态。

与篮球相比，电子的自旋行为存在显著差异。电子实际上并不旋转，然而，它们的自旋行为以量子化形式服从角动量的数学定律。篮球可以以任意的旋转速度旋转，而电子只能以一种离散的量子化水平旋转。基本粒子的自旋由其粒子类型决定，电子始终具有 1/2 的自旋（1/2 表示量子数）。

篮球的旋转可以通过其旋转速度和旋转轴的方向来表征。平衡在指尖上的旋转球绕垂直轴旋转。球的整个旋转运动可以用沿着旋转轴（在这种情况下为向上）指向的矢量来描述，该矢量的大小等于其旋转速度。

电子始终具有相同的自旋值 1/2，该值定义了角动量矢量的长度，因此，区分一个电子与另一电子自旋的唯一方法是自旋矢量的方向。已经开发出了可以使电子自旋矢量在两个不同方向上对准的实用设备，两个方向分别称为向上和向下。自旋值 1/2 和自旋方向的组合构成**自旋量子数**。

电子自旋产生微小的磁场。大多数电子自旋定向排列的材料会产生与排列电子方向相同的磁场。这些定向排列电子的作用在磁性材料设备（例如冰箱磁铁）中显而易见。

电子自旋产生的磁场不能用经典物理学来解释。这种类型的磁性纯粹是量子物理学的范畴。

可以由集成电路中的通道构造一个称为**自旋阀**的开关器件，该通道的两端都带有磁性层。磁性层用作栅极。如果栅极具有相同的自旋极性，则由自旋极化电子组成的电流可以流过该器件。如果栅极极性相反，则电流被阻断。通过以相反的自旋方向给磁体施加电流来反转磁体的极性，可以打开和关闭自旋阀。

与电容器充放电过程相比，改变电子自旋方向的速度更快，同时消耗的功率更少。这是自旋电子器件最终能够替代高性能数字设备中 CMOS 电路的关键特性。

自旋电子学是当前一个活跃的研究领域。如果该技术完全可行，那么优于当今 CMOS 处理器的数字设备将在几年内可实现商业化和量产。

自旋电子学依靠量子物理学定律来实现数字开关。下一节的主题是量子计算，直接利用量子力学现象进行模拟和数字处理。

17.3.3 量子计算

量子计算有望大大提高某些类别问题的执行速度。**量子计算**使用量子力学现象来实现运算，并且可以采用模拟或数字方法来解决问题。

数字量子计算使用量子逻辑门执行计算操作。量子逻辑门基于称为**量子位**（quantum bit, qubit）的电路。量子位在某些方面类似于传统数字计算机中的位，但是又存在显著差异。传统位只能取值 0 和 1。量子位既可以处于 0 或 1 量子态。又可以是 0 状态和 1 状态的叠加。**量子叠加**原理指出，可以将任何两个量子态加在一起，结果是有效的量子态。

每次读取量子位的值时，返回的结果始终为 0 或 1，这是由于量子态向单一状态的叠加坍塌所致。如果在读取之前，量子位保存了对应于二进制值 0 或 1 的量子值，则读取操作的输出将等于二进制值。如果量子位包含状态的叠加，则读取操作返回的值将是状态叠加的概率函数。

换句话说，读取量子位接收到 0 或 1 的可能性取决于其量子态的特性，所以读取操作返回的值将不可预测，这种不可预测性的原因不仅仅因为缺乏信息。在量子物理学中，粒子只有在进行测量后才具有定义状态。坦率地说，这是量子物理学违背直觉的特征之一。

读取接近二进制值 1 的量子位状态比读取接近二进制值 0 的量子位状态更有可能返回值 1。对所有都以相同量子态开始的多个量子位执行读取操作时，由于读取操作的概率性，将不会总是产生相同的结果。

量子位电路可以证明并利用量子纠缠的性质，量子纠缠是量子物理学的核心原理。当多个粒子以某种方式链接而导致其中一个粒子的测量影响链接粒子的测量时，就会发生**量子纠缠**。这种链接最令人惊讶的方面是，即使粒子相距很远，它仍然有效。纠缠效应似乎是瞬时传播的，不受光速的限制。虽然这种行为看起来像是科幻小说，但已得到了证明，甚至已用于 2013~2014 年绕月飞行的 NASA **月球大气和尘埃环境探测器**（LADEE）的通信技术中。

量子计算机能够利用信息处理中的纠缠。如果通过本章末尾的示例进行研究，将有机会为量子计算机开发一个程序，该程序具有量子纠缠的效果，并且可以在实际的量子计算机上运行该程序。

由于读取一个量子位的返回结果不可预测，似乎不能使用这种技术作为数字计算系统的基础。这种部分不可预测性是量子计算机被认为仅对某些类型的问题有用的原因之一。由于量子不确定性，大多数客户都不喜欢每次会计算出不同账户余额的银行。

下面描述了当前为量子计算机设想的两个关键应用类别。

17.3.4 量子密码学

量子密码学使用数字量子计算技术来破解现代密码。当今使用的许多密码算法都基于这样的假设：确定一个由两个大质数乘积得到的大数（可能包含数百个十进制数字）的因数在计算上是不可行的。即使使用超级计算机，也不能期望在合理的时间内产生正确的结果。

彼得·舒尔在 1994 年开发的舒尔算法中描述了使用量子计算机确定给定数的因数必须执行的步骤。与普通计算机相比，运行舒尔算法的量子计算机可以在极短的时间内处理一个非常大的数据，从而使基于公共密钥密码学的现代密码系统容易受到此类攻击。迄今为止，量子计算仅展示了能够分解相对较小数（例如 21）的功能，但是需要高级别通信安全性的组织和政府已经认识到这种潜在威胁。未来可能会出现能够破解我们如今用于保护网站和在线银行安全的代码的量子计算系统。

但是，你无须担心银行账户被量子攻击产生的安全问题。目前正在研究各种各样的抗量子计算的公钥加密算法。这些算法统称为**后量子密码学**。如果对当前密码方法的量子威胁变为现实，可以预见到将会大规模过渡到后量子密码算法。

17.3.5 绝热量子计算

这是一种模拟量子计算方法，可以有效解决多种实际优化问题。想象你处在一个被围栏包围的丘陵地形的矩形区域中，需要找到围栏边界内的最低点。但是空气中有浓雾，使你看不到周围的地形。此时唯一的线索是脚下地面的坡度，你可以沿着坡度向下移动，但是当到达某个水平区域时，无法确定自己是在局部盆地中还是真正找到了整个边界区域中的最低点。

这是一个简单的二维优化问题的例子。目的是找到整个区域中最低海拔点的 x 坐标和 y 坐标（**全局最小值**），而不是停留在较高海拔的盆地中——（**局部最小值**）。量子计算是能找到丘陵地带最低点的最佳方法，但是许多现实的优化问题都有大量的输入（可能多达 20 到 30 个），这些输入都必须在搜索全局最小值过程中进行调整。解决此类问题的计算能力需求甚至连当今最快的超级计算机都不能满足。

使用量子计算方法解决这类问题时，首先对包含问题所有可能解的叠加的量子位进行配置，然后慢慢降低叠加效果。通过在此过程中限制量子电路配置的状态，可以确保在去除叠加后仍然保留问题的解，并且将所有量子位解析为离散的 0 值或 1 值，即全局最小值。这种方式方法名称中的"绝热"一词是指在去除叠层的过程和热力学系统类似，热力学系统在运行时既不会失去热量也不会获得热量。

绝热量子优化是一个活跃的研究领域。这项技术最终可以为复杂的优化问题提供解决方案的能力水平还有待观察。

17.3.6 量子计算的未来

术语"**量子霸权**"是指在特定问题域中，量子计算超出传统数字计算能力的转折点。研究人员对下列问题存在严重分歧：进行量子计算技术研究的主要组织是否获得了量子霸权；在将来的哪个时间点可以达到该点；或是否会发生这种转折。

广泛部署量子计算有许多实质性障碍，这与现在全球广泛使用的基于 CMOS 的计算设备在发展早期遇到的问题类似。需要解决的一些最紧迫的问题如下：

- 增加计算机中量子位的数量以支持解决大型复杂问题
- 提供将量子位初始化为任意值的能力
- 提供可靠读取量子位状态的机制
- 量子计算机所需的构件很难实现且非常昂贵
- 消除量子消相干的影响

量子消相干是指量子系统中相干性的消失。为了使量子计算机正常运行，必须在系统内保持相干性。量子消相干是由外界干扰引起的量子系统内部操作或系统内部产生的干扰。保持完全隔离的量子系统可以无限期地保持相干性。干扰系统（例如，读取系统状态）会破坏相干性，并可能导致消相干。对消相干效应的管理和校正称为量子纠错。有效地管理消相干是量子计算中的最大挑战之一。

当前的量子计算机设计依赖于特殊材料（例如由核反应堆生产的 Helium-3），它们需要零电阻的超导电缆。在运行期间，量子计算系统必须冷却至接近绝对零度。当前的量子计算机主要是在实验室中的系统，需要专门的专家团队来进行制造和操作。这种情况有点类似于基于真空管的计算机的发展早期。与真空管时代的主要区别在于，今天有了网络，可以为普通用户提供一定程度的量子计算能力。

当前的量子计算系统最多包含一两百个量子位，并且只有资助其开发的商业界、学术界和政府组织能够使用。但是，学生和个人也有一些特殊的机会可以使用真正的量子计算机。

例如，https://www.ibm.com/quantum-computing/ 上的 IBM Quantum。IBM 使用这些免费资源提供了一套工具，包括一个名为 Qisket 的量子算法开发环境，Qisket 可以从 https://www.qiskit.org/ 获得。开发人员可以使用 Qisket 学习编写量子算法，甚至可以提交程序并以批处理的方式在真实的量子计算上执行。本章末尾的习题为感兴趣的读者提供了该领域入门的一些步骤。

量子计算表现出解决特定类别问题的巨大潜力，尽管该技术的广泛商业化很可能需要数年的时间。

下一项要研究的技术是碳纳米管，它有可能（至少在一定程度上）使数字处理脱离硅工艺。

17.3.7 碳纳米管

碳纳米管场效应晶体管（CNTFET）是使用单个碳纳米管或碳纳米管阵列作为栅极沟道的晶体管，而传统的晶体管采用硅沟道。碳纳米管是由直径约 1nm 的碳原子构成的管状结构。

碳纳米管具有非常好的导电性，拉伸强度高，导热性好。碳纳米管可承受的电流密度是铜等金属的 1000 倍以上。与金属不同，电流只能沿纳米管的轴传播。

与 MOSFET 相比，CNTFET 具有以下优点：
- 更大的驱动电流。
- 大幅降低功耗。
- 耐高温。
- 出色的散热性，可实现器件的高密度封装。
- n 沟道和 p 沟道 CNTFET 器件的性能非常接近。在 CMOS 器件中，n 沟道和 p 沟道晶体管的性能可能存在很大差异，这会限制整体电路性能。

CNTFET 技术在商业化和广泛使用方面面临以下障碍：
- 由于需要在纳米级排布并操作碳纳米管，因此 CNTFET 的生产极具挑战性。
- 生产 CNTFET 所需的纳米管也极具挑战性。纳米管一开始可以视为碳纤维织物的薄片，碳纤维织物必须沿着特定的轴卷成管，以便生产具有所需半导体性能的材料。
- 碳纳米管暴露在氧气中会迅速降解。制造技术必须考虑到这一点，以确保最终的电路耐用且可靠。

鉴于大规模生产 CNTFET 所面临的挑战，可能需要好几年的时间，商业器件才能开始广泛使用基于碳纳米管的晶体管。

前面已将一些先进技术（自旋电子学、量子计算和基于碳纳米管的晶体管）列为有潜力的领域，这些领域有一天可能会极大地促进计算的未来。在撰写本书时，这些技术都没有得到广泛使用，但是研究显示出可喜的结果，许多政府、大学和商业实验室都在努力开发这些技术，并想办法将它们用在未来的计算设备上。

除了已经被广泛报道或者至少处于预测道路上的这些技术外，一些组织或个人总是有可能宣布一些意外的技术突破。这种事情可能发生在任何时间，并且这样的事件可能会颠覆对未来预测的传统观点。时间会证明一切。

在计算机体系结构的未来充满不确定性的背景下，对于计算机体系结构专家而言，明智的做法是无论未来技术发展如何变化，都要紧跟发展的潮流，而下一部分则提出了一些与时俱进的建议。

17.4 培养适应未来的技能

由于技术变革开启了基于晶体管的数字计算系统的时代，未来的发展也可能遵循类似的规律，所以对于计算机体系结构领域的专业人士而言，最重要的是紧跟不断发展的技术进步，并对未来技术的发展方向做出一些判断。

17.4.1 持续学习

计算机体系结构专业人士必须接受技术持续快速发展的现状，并且必须持续投入大量精力来跟踪技术发展，并将其纳入日常工作和职业规划中。

审慎的专业人员依靠各种信息源来跟踪技术发展，并评估其对职业目标的影响。某些信息源（例如，传统新闻报道）可以快速浏览并完全吸收。而其他来源，例如科学文献和由特定技术专家策划的网站，则需要时间来消化复杂的技术信息。量子计算等更高级的主题可能需要深入学习，以便掌握基本原理并开始探索该技术的潜在应用。

即使对特定技术有了清晰的了解，想要准确地预测其对行业的影响，甚至最终将其集成到政府、企业和公众使用的计算系统体系结构中，也非常具有挑战性，甚至是不可能的。

一种实用且易于实施的信息收集方法是针对主流新闻和技术新闻构建可信任来源的集合，并及时了解它们提供的最新信息。包括电视新闻、报纸、杂志和网站在内的主流新闻组织，经常发表一些有前途的技术发展以及数字设备的最新文章。除了在某种程度上讨论计算系统的纯粹技术之外，这些资源还提供了计算技术对社会影响的信息，例如，关注将其用于政府和公司监控以及虚假信息的传播。

由研究组织、个人技术专家和热心的用户运营的技术网站提供了大量与计算机体系结构进步相关的信息。与在网络上可以访问的所有信息一样，建议在遇到令人惊讶的信息时考虑来源的可靠性。虽然有很多关于个别早期技术讨论很有启发性，但是也有一些人不赞成这些公开的信息，只是为了提出他们自己的论据。因此最终由你来决定网络上信息的可信度。

尽管个人会有自己的喜好，并且技术新闻来源的格局在不断变化，但以下列表按特定顺序提供了一些相当可靠的计算技术新闻来源：

- https://www.wired.com/：Wired 是一个月刊杂志和网站，集中报道新兴技术对文化、经济和政治的影响。
- https://arstechnica.com/：成立于 1998 年的 Ars Technica 面向技术专家和信息技术专业人士发布信息。
- https://www.tomshardware.com/：Tom's Hardware 提供硬件和高科技设备方面的新闻、论文、价格对比和综述。
- https://gizmodo.com/：Gizmodo 集中报道设计、技术和科幻小说，其网站的标语是"We come from the future（我们来自未来）"。
- https://thenextweb.com/：成立于 2006 年的 TNW 报道技术界的深入分析和技术内涵。

该列表虽然还不完整，但集中提供了计算技术及其应用的现状和未来的相关信息。

从合理怀疑的观点出发，在线检索的信息可以提供计算机体系结构进展状态的最新、最准确信息。但是，以这种方式获得的信息由于不能确保其准确性，所以不能用于正式的学校教育，并不能根据自己的理解用于公开公告，也不能用于专业场合。

17.4.2 会议与期刊

对于有兴趣跟踪未来计算机体系结构前沿研究的专业人士，最好的办法就是听取研究人员报告自己的最新研究。在全球各地，都会定期举行有关高级计算主题的会议。例如，有关量子行为的全球会议列表（包括量子计算方面的会议），请访问：`http://quantum.info/conf/index.html`。

与从网络上获得的其他信息一样，有必要带着一定程度的怀疑来查看任何你不熟悉的会议，避免参加**垃圾会议**（某些会议是为了创收而不是分享科学知识）。

与计算机体系结构技术不断发展有关的科学文献种类繁多。IEEE 等专业组织出版了大量致力于当前研究前沿的学术期刊。这些期刊是为专业的研究人员提供的，阅读它们需要很高的技术知识水平。如果你具备技术背景，并且愿意研究科学期刊上发表的论文中的细节，相信一定会有收获。

17.5 总结

本章回顾了促成计算机设计当前状态的主要进展和持续发展的趋势，并预测了未来计算机系统体系结构发展的方向。还研究了一些潜在的颠覆性技术，这些技术可能会改变未来的计算机体系结构。为了使你对这个未来有个大概的了解，本章末尾提供了一些习题。如果你完成了这些习题，则将开发一个量子计算算法，并免费在真正的量子计算机上运行！

本章为计算机体系结构设计师的职业发展给出了一些建议方法，包括相关的技能和对未来技术发展的跟踪。

通过学习本章和本书，你应该已经对计算机体系结构的发展历程有很好的了解，熟悉计算机体系结构的发展趋势，并对计算机体系结构的未来发展以及潜在的技术突破有了展望。

本书的内容到此为止。希望你读完本书并完成习题。

17.6 习题

1. 按照 `https://qiskit.org/documentation/getting_started.html` 上的说明，安装 Qiskit 量子处理器软件开发框架。根据说明建议安装 Anaconda（`https://www.anaconda.com/`）数据科学和机器学习工具集。安装完 Anaconda 之后，创建一个名为 `qisketenv` 的 Conda 虚拟环境来包含你的量子代码，并使用 `pip install qiskit` 命令在此环境中安装 Qisket。确保使用 `pip install qiskit-terra [visualization]` 命令安装可选的可视化选项。

2. 通过 `https://quantum-computing.ibm.com/` 创建一个免费的 IBM Quantum 账户。通过 `https://quantum-computing.ibm.com/account` 找到你的 IBM Quantum Services API 令牌，并按照 `https://qiskit.org/documentation/stable/0.24/ install.html` 上的说明将其安装到本地环境中。

3. 通过 `https://qiskit.org/documentation/tutorials/circuits/1_getting_started_with_ qiskit.html` 上的量子程序示例进行学习。这个例子创建了一个包含三个量子位的量子电路，实现了 Greenberger–Horne–Zeilinger（GHZ）状态。GHZ 状态表现出量子纠缠的关键特性。在计算机上的模拟环境中执行代码。

4. 在 IBM 量子计算机上执行习题 3 中的代码。

习题答案

第 1 章习题答案

习题 1

Ex__1_single_digit_adder.py Python 文件包含加法器代码：

```python
#!/usr/bin/env python

"""Ex__1_single_digit_adder.py: Answer to Ch 1 Ex 1."""

import sys

# Perform one step of the Analytical Engine addition
# operation. a and b are the digits being added, c is the
# carry
def increment_adder(a, b, c):
    a = a - 1          # Decrement addend
    b = (b + 1) % 10   # Increment accum, wrap to 0 if necessary

    if b == 0:         # If accumulator is 0, increment carry
        c = c + 1

    return a, b, c

# Add two decimal digits passed on the command line.
# The sum is returned as digit2 and the carry is 0 or 1.
def add_digits(digit1, digit2):
    carry = 0

    while digit1 > 0:
        [digit1, digit2, carry] = increment_adder(
            digit1, digit2, carry)

    return digit2, carry
```

Ex__1_test_single_digit_adder.py 文件包含测试代码：

```python
#!/usr/bin/env python

"""Ex__1_test_single_digit_adder.py: Tests for answer to
chapter 1 exercise 1."""
```

```python
import unittest
import Ex__1_single_digit_adder

class TestSingleDigitAdder(unittest.TestCase):
    def test_1(self):
        self.assertEqual(Ex__1_single_digit_adder.add_digits(
        0, 0), (0, 0))

    def test_2(self):
        self.assertEqual(Ex__1_single_digit_adder.add_digits(
        0, 1), (1, 0))

    def test_3(self):
        self.assertEqual(Ex__1_single_digit_adder.add_digits(
        1, 0), (1, 0))

    def test_4(self):
        self.assertEqual(Ex__1_single_digit_adder.add_digits(
        1, 2), (3, 0))

    def test_5(self):
        self.assertEqual(Ex__1_single_digit_adder.add_digits(
        5, 5), (0, 1))

    def test_6(self):
        self.assertEqual(Ex__1_single_digit_adder.add_digits(
        9, 1), (0, 1))

    def test_7(self):
        self.assertEqual(Ex__1_single_digit_adder.add_digits(
        9, 9), (8, 1))

if __name__ == '__main__':
    unittest.main()
```

假设 Python 已安装并位于你的路径中，要执行测试，请执行以下命令：

```
python Ex__1_test_single_digit_adder.py
```

以下是测试运行的输出：

```
C:\>python Ex__1_test_single_digit_adder.py
.......
----------------------------------------------------------------------
Ran 7 tests in 0.001s
OK
```

习题 2

`Ex__2_40_digit_adder.py` Python 文件包含加法器代码：

```python
#!/usr/bin/env python

"""Ex__2_40_digit_adder.py: Answer to Ch 1 Ex 2."""

import sys
import Ex__1_single_digit_adder

# Add two decimal numbers of up to 40 digits and return the
# sum. Input and output numeric values are represented as
# strings.
def add_40_digits(str1, str2):
    max_digits = 40

    # Convert str1 into a 40 decimal digit value
    num1 = [0]*max_digits
    for i, c in enumerate(reversed(str1)):
        num1[i] = int(c) - int('0')

    # Convert str2 into a 40 decimal digit value
    num2 = [0]*max_digits
    for i, c in enumerate(reversed(str2)):
        num2[i] = int(c) - int('0')

    # Sum the digits at each position and record the
    # carry for each position
    sum = [0]*max_digits
    carry = [0]*max_digits
    for i in range(max_digits):
        (sum[i], carry[i]) = Ex__1_single_digit_adder. \
            add_digits(num1[i], num2[i])

    # Ripple the carry values across the digits
    for i in range(max_digits-1):
        if (carry[i] == 1):
            sum[i+1] = (sum[i+1] + 1) % 10
            if (sum[i+1] == 0):
                carry[i+1] = 1

    # Convert the result into a string with leading zeros
    # removed
    sum.reverse()
    sum_str = "".join(map(str, sum))
    sum_str = sum_str.lstrip('0') or '0'
    return sum_str
```

Ex__2_test_40_digit_adder.py 文件包含测试代码：

```python
#!/usr/bin/env python

"""Ex__2_test_40_digit_adder.py: Tests for answer to
 chapter 1 exercise 2."""

import unittest
import Ex__2_40_digit_adder

class Test40DigitAdder(unittest.TestCase):
    def test_1(self):
        self.assertEqual(Ex__2_40_digit_adder.add_40_digits(
            "0", "0"), "0")

    def test_2(self):
        self.assertEqual(Ex__2_40_digit_adder.add_40_digits(
            "0", "1"), "1")

    def test_3(self):
        self.assertEqual(Ex__2_40_digit_adder.add_40_digits(
            "1", "0"), "1")

    def test_4(self):
        self.assertEqual(Ex__2_40_digit_adder.add_40_digits(
            "1", "2"), "3")

    def test_5(self):
        self.assertEqual(Ex__2_40_digit_adder.add_40_digits(
            "5", "5"), "10")

    def test_6(self):
        self.assertEqual(Ex__2_40_digit_adder.add_40_digits(
            "9", "1"), "10")

    def test_7(self):
        self.assertEqual(Ex__2_40_digit_adder.add_40_digits(
            "9", "9"), "18")

    def test_8(self):
        self.assertEqual(Ex__2_40_digit_adder.add_40_digits(
            "99", "1"), "100")

    def test_9(self):
        self.assertEqual(Ex__2_40_digit_adder.add_40_digits(
            "999999", "1"), "1000000")

    def test_10(self):
        self.assertEqual(Ex__2_40_digit_adder.add_40_digits(
            "49", "50"), "99")
```

```python
    def test_11(self):
        self.assertEqual(Ex__2_40_digit_adder.add_40_digits(
            "50", "50"), "100")

if __name__ == '__main__':
    unittest.main()
```

假设 Python 已安装并位于你的路径中,要执行测试,请执行以下命令:

```
python Ex__2_test_40_digit_adder.py
```

以下是测试运行的输出:

```
C:\>python Ex__2_test_40_digit_adder.py
...........
----------------------------------------------------------------------
Ran 11 tests in 0.002s
OK
```

习题 3

Ex__3_single_digit_subtractor.py Python 文件包含一位减法器代码:

```python
#!/usr/bin/env python

"""Ex__3_single_digit_subtractor.py: Answer to Ch 1 Ex 3
(single digit subtractor)."""

import sys

# Perform one step of the Analytical Engine subtraction
# operation. a and b are the digits being subtracted (a - b),
# c is the carry: 0 = borrow, 1 = not borrow
def decrement_subtractor(a, b, c):
    a = (a - 1) % 10  # Decrement left operand, to 9 if wrapped
    b = b - 1         # Decrement accumulator

    if a == 9:        # If accum reached 9, decrement carry
        c = c - 1

    return a, b, c

# Subtract two decimal digits. The difference is returned as
# digit1 and the carry output is 0 (borrow) or 1 (not borrow).
def subtract_digits(digit1, digit2):
    carry = 1

    while digit2 > 0:
```

```
            [digit1, digit2, carry] = decrement_subtractor(
                digit1, digit2, carry)

        return digit1, carry
```

Ex__3_test_single_digit_subtractor.py 文件包含一位减法器的测试代码:

```
#!/usr/bin/env python

"""Ex__3_test_single_digit_subtractor.py: Tests for answer
to chapter 1 exercise 3 (tests for single digit
subtractor)."""

import unittest
import Ex__3_single_digit_subtractor

class TestSingleDigitSubtractor(unittest.TestCase):
    def test_1(self):
        self.assertEqual(Ex__3_single_digit_subtractor.
            subtract_digits(0, 0), (0, 1))

    def test_2(self):
        self.assertEqual(Ex__3_single_digit_subtractor.
            subtract_digits(0, 1), (9, 0))

    def test_3(self):
        self.assertEqual(Ex__3_single_digit_subtractor.
            subtract_digits(1, 0), (1, 1))

    def test_4(self):
        self.assertEqual(Ex__3_single_digit_subtractor.
            subtract_digits(1, 2), (9, 0))

    def test_5(self):
        self.assertEqual(Ex__3_single_digit_subtractor.
            subtract_digits(5, 5), (0, 1))

    def test_6(self):
        self.assertEqual(Ex__3_single_digit_subtractor.
            subtract_digits(9, 1), (8, 1))

    def test_7(self):
        self.assertEqual(Ex__3_single_digit_subtractor.
            subtract_digits(9, 9), (0, 1))

if __name__ == '__main__':
    unittest.main()
```

Ex__3_40_digit_subtractor.py Python 文件包含 40 位减法器代码:

```python
#!/usr/bin/env python

"""Ex__3_40_digit_subtractor.py: Answer to Ch 1 Ex 3."""

import sys
import Ex__3_single_digit_subtractor

# Subtract two decimal numbers of up to 40 digits and
# return the result. Input and output numeric values are
# represented as strings.
def subtract_40_digits(str1, str2):
    max_digits = 40

    # Convert str1 into a 40 decimal digit value
    num1 = [0]*max_digits
    for i, c in enumerate(reversed(str1)):
        num1[i] = int(c) - int('0')

    # Convert str2 into a 40 decimal digit value
    num2 = [0]*max_digits
    for i, c in enumerate(reversed(str2)):
        num2[i] = int(c) - int('0')

    # Subtract the digits at each position and record the
    # carry for each position
    diff = [0]*max_digits
    carry = [0]*max_digits
    for i in range(max_digits):
        (diff[i], carry[i]) = Ex__3_single_digit_subtractor. \
            subtract_digits(num1[i], num2[i])

    # Ripple the carry values across the digits
    for i in range(max_digits-1):
        if (carry[i] == 0):
            diff[i+1] = (diff[i+1] - 1) % 10
            if (diff[i+1] == 9):
                carry[i+1] = 0

    # Convert the result into a string with leading zeros
    # removed
    diff.reverse()
    diff_str = "".join(map(str, diff))
    diff_str = diff_str.lstrip('0') or '0'
    return diff_str
```

Ex__3_test_40_digit_subtractor.py 文件包含 40 位减法器的测试代码：

```
#!/usr/bin/env python
```

```python
"""Ex__3_test_40_digit_subtractor.py: Tests for answer to
chapter 1 exercise 3."""

import unittest
import Ex__3_40_digit_subtractor

class Test40DigitSubtractor(unittest.TestCase):
    def test_1(self):
        self.assertEqual(Ex__3_40_digit_subtractor.
        subtract_40_digits("0", "0"), "0")

    def test_2(self):
        self.assertEqual(Ex__3_40_digit_subtractor.
        subtract_40_digits("1", "0"), "1")

    def test_3(self):
        self.assertEqual(Ex__3_40_digit_subtractor.
        subtract_40_digits("1000000", "1"), "999999")

    def test_4(self):
        self.assertEqual(Ex__3_40_digit_subtractor.
        subtract_40_digits("0", "1"),
        "9999999999999999999999999999999999999999")

if __name__ == '__main__':
    unittest.main()
```

假设 python 已经安装并位于你的路径当中，要执行测试，请执行以下命令：

```
python Ex__3_test_single_digit_subtractor.py
python Ex__3_test_40_digit_subtractor.py
```

以下是 `Ex__3_test_single_digit_subtractor.py` 测试运行的输出：

```
C:\>python Ex__3_test_single_digit_subtractor.py
.......
----------------------------------------------------------------------
Ran 7 tests in 0.001s
OK
```

以下是 `Ex__3_test_40_digit_subtractor.py` 测试运行的输出：

```
C:\>python Ex__3_test_40_digit_subtractor.py
....
----------------------------------------------------------------------
Ran 4 tests in 0.001s
OK
```

习题 4

以下是 6502 汇编语言源文件 Ex__4_16_bit_addition.asm 包含的 16 位加法代码：

```
; Ex__4_16_bit_addition.asm
; Try running this code at
; https://skilldrick.github.io/easy6502/

; Set up the values to be added
; Remove the appropriate semicolons to select the bytes to add:
; ($0000 + $0001) or ($00FF + $0001) or ($1234 + $5678)

LDA #$00
;LDA #$FF
;LDA #$34
STA $00

LDA #$00
;LDA #$00
;LDA #$12
STA $01

LDA #$01
;LDA #$01
;LDA #$78
STA $02

LDA #$00
;LDA #$00
;LDA #$56
STA $03

; Add the two 16-bit values
CLC
LDA $00
ADC $02
STA $04

LDA $01
ADC $03
STA $05
```

请尝试在 https://skilldrick.github.io/easy6502/ 上运行此代码。

习题 5

以下是 6502 汇编语言源文件 Ex__5_16_bit_subtraction.asm 包含的 16 位减法代码：

```
; Ex__5_16_bit_subtraction.asm
; Try running this code at
```

```
; https://skilldrick.github.io/easy6502/

; Set up the values to be subtracted
; Remove the appropriate semicolons to select the bytes to
; subtract:
; ($0001 - $0000) or ($0001 - $0001) or ($0001 - $00FF) or
; ($0000 - $0001)

LDA #$01
;LDA #$01
;LDA #$01
;LDA #$00
STA $00

LDA #$00
;LDA #$00
;LDA #$00
;LDA #$00
STA $01

LDA #$00
;LDA #$01
;LDA #$FF
;LDA #$01
STA $02

LDA #$00
;LDA #$00
;LDA #$00
;LDA #$00
STA $03

; Subtract the two 16-bit values
SEC
LDA $00
SBC $02
STA $04

LDA $01
SBC $03
STA $05
```

请尝试在 https://skilldrick.github.io/easy6502/ 上运行此代码。
$0000～$0001 的结果是 $FFFF。

习题 6

以下是 6502 汇编语言源文件 Ex__6_32_bit_addition.asm 包含的 32 位加法代码：

```
; Ex__6_32_bit_addition.asm
; Try running this code at
; https://skilldrick.github.io/easy6502/

; Set up the values to be added
; Remove the appropriate semicolons to select the bytes to
; add:
; ($00000001 + $00000001) or ($0000FFFF + $00000001) or
; ($FFFFFFFE + $00000001) or ($FFFFFFFF + $00000001)

LDA #$01
;LDA #$FF
;LDA #$FE
;LDA #$FF
STA $00

LDA #$00
;LDA #$FF
;LDA #$FF
;LDA #$FF
STA $01

LDA #$00
;LDA #$00
;LDA #$FF
;LDA #$FF
STA $02

LDA #$00
;LDA #$00
;LDA #$FF
;LDA #$FF
STA $03

LDA #$01
STA $04

LDA #$00
STA $05
STA $06
STA $07

; Add the two 32-bit values using absolute indexed
; addressing mode
LDX #$00
LDY #$04
CLC
```

```
ADD_LOOP:
LDA $00, X
ADC $04, X
STA $08, X
INX
DEY
BNE ADD_LOOP
```

请尝试在 *https://skilldrick.github.io/easy6502/* 上运行此代码。

第 2 章习题答案

习题 1

重新组织 R2 电阻器和输出信号连接点，如下图所示。

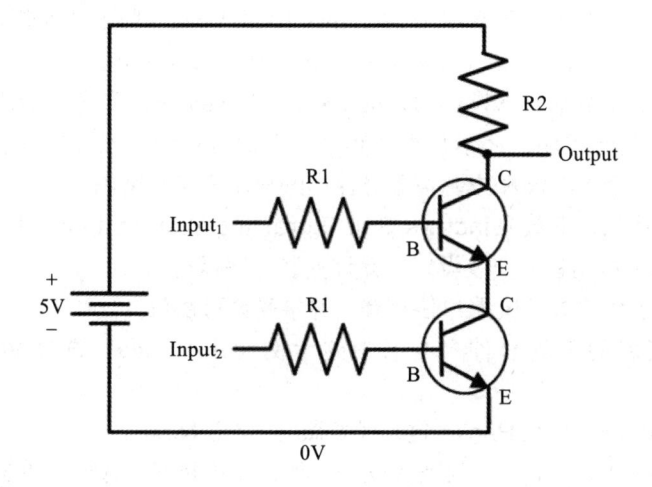

习题 2

或门电路如下图所示。

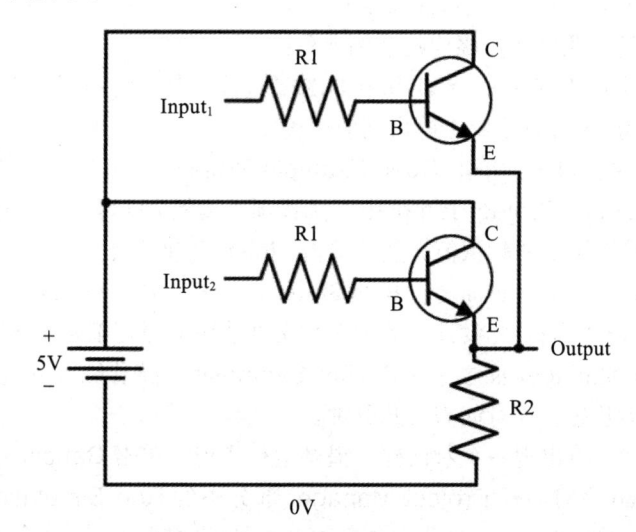

习题 3

以下是一些免费提供的 VHDL 开发套件：

1. Xilinx Vivado Design Suite 可从 https://www.xilinx.com/support/download.html 获取。
2. Intel®Quartus®Prime 软件精简版可从 https://www.intel.com/content/www/us/en/software/programmable/quartus-prime/download.html 获取。
3. 用于 VHDL 的开源 GHDL 模拟器可从 https://github.com/ghdl/ghdl 获取。
4. Mentor ModelSim PE 学生版可从 https://www.mentor.com/company/higher_ed/modelsim-student-edition 获取。
5. 电子设计自动化（Electronic Design Automation，EDA）Playground 可以从 https://www.edaplayground.com/ 获取。

Vivado Design Suite 将用于本章和后续章节中的示例，包括在低成本 FPGA 开发板中安装电路设计。以下步骤介绍了适用于 Windows 10 的 Vivado 版本的安装和设置过程：

1. 访问 https://www.xilinx.com/support/download.html，并选择适用于 Windows 的最新版本 Vivado Design Suite 的 Web 安装程序。请确保选择的是完整的 Vivado 安装程序，而不是更新程序。在此过程中，如果还没有 Xilinx 账户，则需要创建一个 Xilinx 账户。请务必保存账户用户名和密码。
2. 提供所需信息，下载 Windows Self Extracting Web Installer 并运行。可能需要更改 Windows 应用程序安装设置以允许安装程序运行。
3. 系统将要求使用 Xilinx 账户信息登录并接受许可协议。
4. 选择要安装的工具套件。本书中的示例使用 Vivado。选择 Vivado，然后单击 Next。
5. 选择 Vivado HL WebPack（这是免费版）。单击 Next。
6. 接受 Vivado HL webpack 的默认设计工具、设备和安装选项，单击 Next。
7. 接受默认安装目录和其他选项，单击 Next。
8. 在 Installation Summary 页上，单击 Install。下载和安装需要一些时间。所需时间取决于网络连接速度。这可能需要几个小时。

安装完成后，请按照以下步骤构建示例项目：

1. 应该会在桌面上找到一个 Vivado 2021.2（或类似）的图标。双击此图标（而不是显示 Vivado HLS 的图标）以启动应用程序。
2. 在 Vivado 主窗口中，单击 Open Example Project。
3. 点击进入 Select Project Template（选择项目模板）屏幕，然后选择 CPU(HDL)。
4. 单击并接受屏幕上的默认值，然后单击 Finish 创建项目。
5. 在 Project Manager 页面上，找到 Sources 面板。展开树列表并双击某些文件以在编辑器中打开它们。此设计中的大多数文件使用的语言都是 Verilog。
6. 在 Project Manager 面板中单击 Run Synthesis。随着综合的进行，Design Runs 面板将更新状态。这可能需要几分钟。
7. 综合完成后，将出现一个对话框，提供运行实现。单击 Cancel。
8. 单击 Vivado 主对话框 Project Manager 部分中的 Run Simulation，然后选择 Run behavioral simulation。这也可能需要几分钟的时间。

9. 模拟完成后，将在 Simulation 窗口中看到一个时序图，显示使用模拟源文件提供的输入数据模拟的 CPU 信号。
10. 关闭 Vivado。

习题 4

按照以下步骤实现 4 位加法器：
1. 双击 Vivado 2021.2（或类似）图标启动 Vivado。
2. 在 Vivado 主对话框中单击 Create Project。
3. 单击并接受默认项目名称和位置。
4. 选择默认项目类型 RTL Project。
5. 在 Default Part 页上，选择 Boards 标签。在搜索字段中键入 Arty 并选择 Arty A7-35，然后单击 Next。如果搜索后没有显示 Arty，请单击 Update Board Repositories，然后再次搜索。
6. 单击 Finish 创建项目。
7. 单击 Project Manager 面板中的 Add Sources，选择 Add or create design sources，添加 Ex__4_adder4.vhdl 和 Ex__4_fulladder.vhdl，然后单击 Finish。
8. 在 Project Manager 对话框的 Design Sources 窗口中展开树，并找到你添加的两个文件。双击它们中的每一个，展开源代码窗口以查看代码。
9. 在 Project Manager 面板中单击 Run Synthesis。将 Launch Runs 对话框中的选项保留为默认值，然后单击 OK。随着综合的进行，Design Runs 面板将更新状态。
10. 等待综合完成，然后在 Synthesis Completed 对话框中选择 View Reports。双击综合过程中生成的一些报告。仅显示带有绿色圆点图标的报告。
11. 关闭 Vivado。

习题 5

按照以下步骤测试习题 4 中创建的 4 位加法器项目：
1. 双击 Vivado 2021.2（或类似）图标启动 Vivado。
2. 单击 Vivado 主对话框中的 Open Project 并打开你在习题 4 中创建的项目。你需要选择以 .xpr 结尾的项目文件名。
3. 单击 Project Manager 面板中的 Add Sources，选择 Add or create simulation sources，添加 Ex__5_adder4_testBench.vhdl，然后单击 Finish。
4. 在 Project Manager 对话框的 Simulation Sources 窗口中展开树，并找到你添加的文件。双击该文件并展开源代码窗口以查看代码。观察代码中出现的六个测试用例。
5. 单击 Vivado 主对话框 Project Manager 部分中的 Run Simulation，然后选择 Run behavior simulation。
6. 等待模拟完成，然后展开带有时序图（可能标记为 Untitled 1）的窗口。
7. 使用放大镜图标和窗口的水平滚动条查看执行的前 60ns 内的六个测试用例。确定每个加法运算的和与进位是否正确。你可以拖动黄色标记以更新 Value 列中的信息。

8. 关闭 Vivado。

VHDL 文件 Ex__5_adder4_testbench.vhdl 包含了 testbench 代码：

```vhdl
library IEEE;
  use IEEE.STD_LOGIC_1164.ALL;


entity ADDER4_TESTBENCH is
end entity ADDER4_TESTBENCH;

architecture BEHAVIORAL of ADDER4_TESTBENCH is

  component ADDER4 is
    port (
      A4       : in    std_logic_vector(3 downto 0);
      B4       : in    std_logic_vector(3 downto 0);
      SUM4     : out   std_logic_vector(3 downto 0);
      C_OUT4   : out   std_logic
    );
  end component;

  signal a     : std_logic_vector(3 downto 0);
  signal b     : std_logic_vector(3 downto 0);
  signal s     : std_logic_vector(3 downto 0);
  signal c_out : std_logic;

begin

  TESTED_DEVICE : ADDER4
    port map (
      A4     => a,
      B4     => b,
      SUM4   => s,
      C_OUT4 => c_out
    );

  TEST : process
  begin
    a <= "0000";
    b <= "0000";

    wait for 10 ns;
    a <= "0110";
    b <= "1100";

    wait for 10 ns;
    a <= "1111";
    b <= "1100";
```

```
        wait for 10 ns;
        a <= "0110";
        b <= "0111";

        wait for 10 ns;
        a <= "0110";
        b <= "1110";

        wait for 10 ns;
        a <= "1111";
        b <= "1111";

        wait;

    end process TEST;

end architecture BEHAVIORAL;
```

习题 6

按照以下步骤测试在习题 4 中创建的 4 位加法器项目：

1. 双击 Vivado 2021.2（或类似）图标启动 Vivado。
2. 单击 Vivado 主对话框中的 Open Project，然后打开你在习题 4 中创建并在习题 5 中修改的项目。你需要选择以 .xpr 结尾的项目文件名。
3. 我们将使用不同的测试驱动程序替换习题 5 中的测试驱动程序代码。展开 Project Manager 对话框中 Simulation Sources 窗口中的树，并找到习题 5 中添加的模块（ADDER4_TESTBENCH）。右键单击模块名称并选择 Remove File from Project，然后单击 OK 配置删除。
4. 单击 Project Manager 面板中的 Add Sources，选择 Add or create simulation sources，添加 Ex__6_adder4_fulltestbench.vhdl，然后单击 Finish。
5. 在 Project Manager 对话框的 Simulation Sources 窗口中展开树，并找到你添加的文件。双击该文件并展开源代码窗口以查看代码。观察代码中包含 256 个测试用例的循环。
6. 单击 Vivado 主对话框 Project Manager 部分中的 Run Simulation，然后选择 Run behavior simulation。
7. 等待模拟完成，然后展开带有时序图（可能标记为 Untitled 1）的窗口。
8. 使用放大镜图标和窗口水平滚动条查看测试用例。运行在 1000ns 之后停止，这并不足以执行所有测试。
9. 在 Project Manager 面板中右键单击 Simulation，然后选择 Simulation Settings...。
10. 单击 Simulation 选项卡，将 xsim.simulate.runtime 的值更改为 3000ns。单击 OK。
11. 单击 Simulation 窗口上的 X 以关闭模拟。
12. 重新运行模拟。

13. 扩展和缩放时序图后，就能看到所有 256 个测试用例。查看沿轨迹的任意位置的错误信号值是否为 1。这表明加法器的输出与预期输出不一致。
14. 到此结束，关闭 Vivado。

VHDL 文件 **Ex__6_adder4_fulltestbench.vhdl** 包含了 testbench 代码：

```vhdl
library IEEE;
  use IEEE.STD_LOGIC_1164.ALL;
  use IEEE.NUMERIC_STD.ALL;

entity ADDER4_TESTBENCH is
end entity ADDER4_TESTBENCH;

architecture BEHAVIORAL of ADDER4_TESTBENCH is

  component ADDER4 is
    port (
      A4       : in    std_logic_vector(3 downto 0);
      B4       : in    std_logic_vector(3 downto 0);
      SUM4     : out   std_logic_vector(3 downto 0);
      C_OUT4   : out   std_logic
    );
  end component;

  signal a                : std_logic_vector(3 downto 0);
  signal b                : std_logic_vector(3 downto 0);
  signal s                : std_logic_vector(3 downto 0);
  signal c_out            : std_logic;

  signal expected_sum5    : unsigned(4 downto 0);
  signal expected_sum4    : unsigned(3 downto 0);
  signal expected_c       : std_logic;
  signal error            : std_logic;

begin

  TESTED_DEVICE : ADDER4
    port map (
      A4     => a,
      B4     => b,
      SUM4   => s,
      C_OUT4 => c_out
    );

  TEST : process
  begin

    -- Test all combinations of two 4-bit addends (256 total tests)
```

```vhdl
      for a_val in 0 to 15 loop
        for b_val in 0 to 15 loop
          -- Set the inputs to the ADDER4 component
          a <= std_logic_vector(to_unsigned(a_val, a'length));
          b <= std_logic_vector(to_unsigned(b_val, b'length));
          wait for 1 ns;

          -- Compute the 5-bit sum of the two 4-bit values
          expected_sum5 <= unsigned('0' & a) + unsigned('0' & b);
          wait for 1 ns;

          -- Break the sum into a 4-bit output and a carry bit
          expected_sum4 <= expected_sum5(3 downto 0);
          expected_c    <= expected_sum5(4);
          wait for 1 ns;

          -- The 'error' signal will only go to 1 if an error occurs
          if ((unsigned(s) = unsigned(expected_sum4)) and
              (c_out = expected_c)) then
            error <= '0';
          else
            error <= '1';
          end if;

          -- Each pass through the inner loop takes 10 ns
          wait for 7 ns;

        end loop;
      end loop;

      wait;

    end process TEST;

end architecture BEHAVIORAL;
```

第 3 章习题答案

习题 1

正数（或非负数）的范围是 0 到 127。负数的范围是 −128 到 −1。只需要考虑每一个范围的极端情况，就可以涵盖所有的可能性：

和	结果
0 + −128	−128
127 + −128	−1
0 + −1	−1
127 + −1	126

在上表中，可以看到每一对不同符号的 8 位数加在一起时，它们的范围都在 −128 到 127 之间。

习题 2

第 7 位是符号位。因为溢出只能在两个操作数具有相同符号时发生，所以发生溢出时 left(7) 必须等于 right(7)。

当发生溢出时，结果的符号与两个操作数的符号不同。这意味着 result(7) 与两个操作数的第 7 位不同。

因此，当发生溢出时，left(7) XOR result(7) = 1, right(7) XOR result(7) = 1。

习题 3

在本章中列出了类似 6502 算术逻辑单元（ALU）的一部分的 VHDL 实现，通过以下代码实现了溢出标志的计算：

```
if (((LEFT(7) XOR result8(7)) = '1') AND
    ((right_op(7) XOR result8(7)) = '1')) then -- V flag
  V_OUT <= '1';
else
  V_OUT <= '0';
end if;
```

下表显示了问题中四个测试用例的代码结果：

left	right	left(7)	right(7)	result8(7)	V_OUT	正确性
126	1	0	0	0	0	正确
127	1	0	0	1	1	正确
−127	−1	1	1	1	0	正确
−128	−1	1	1	0	1	正确

所以，根据这些测试，置位或清除 V 标志的逻辑对应于加减法操作是正确的。

习题 4

Ex__4_checksum_alg.asm 文件包含以下校验和代码：

```
; Ex__4_checksum_alg.asm
; Try running this code at https://skilldrick.github.io/easy6502/

; Set up the array of bytes to be checksummed
LDA #$01
STA $00

LDA #$72
STA $01

LDA #$93
STA $02
```

```
LDA #$F4
STA $03

LDA #$06 ; This is the checksum byte
STA $04

; Store the address of the data array in $10-$11
LDA #$00
STA $10
STA $11

; Store the number of bytes in X
LDX #5

; Entering the checksum algorithm
; Move X to Y
TXA
TAY

; Compute the checksum
LDA #$00
DEY

LOOP:
CLC
ADC ($10), Y
DEY
BPL LOOP

CMP #$00
BNE ERROR

; The sum is zero: Checksum is correct
LDA #1
JMP DONE

; The sum is nonzero: Checksum is incorrect
ERROR:
LDA #0

; A contains 1 if checksum is correct, 0 if it is incorrect
DONE:
```

习题 5

Ex__5_checksum_subroutine.asm 文件将校验和算法实现为子例程：

```
; Ex__5_checksum_subroutine.asm
```

```
; Try running this code at https://skilldrick.github.io/easy6502/

; Set up the array of bytes to be checksummed
LDA #$01
STA $00
LDA #$72
STA $01
LDA #$93
STA $02
LDA #$F4
STA $03
LDA #$06 ; This is the checksum byte
STA $04

; Store the address of the data array in $10-$11
LDA #$00
STA $10
STA $11

; Store the number of bytes in X
LDX #5

; Call the checksum calculation subroutine
JSR CALC_CKSUM

; Halt execution
BRK

; ===========================================
; Compute the checksum
CALC_CKSUM:
; Move X to Y
TXA
TAY

LDA #$00
DEY

LOOP:
CLC
ADC ($10), Y
DEY
BPL LOOP

CMP #$00
BNE CKSUM_ERROR

; The sum is zero: Checksum is correct
```

```
    LDA #1
    JMP DONE


; The sum is nonzero: Checksum is incorrect
CKSUM_ERROR:
    LDA #0

; A contains 1 if checksum is correct, 0 if it is incorrect
DONE:
    RTS
```

习题 6

Ex__6_checksum_tests.asm 文件实现了校验和的测试代码:

```
; Ex__6_checksum_tests.asm
; Try running this code at https://skilldrick.github.io/easy6502/

; After tests complete, A=$AA if success, A=$EE if error detected

; Store the address of the data array in $10-$11
LDA #$00
STA $10
STA $11

; ==========================================
; Test 1: 1 byte; Checksum: 00 Checksum should pass? Yes
LDA #$00
STA $00

; Store the number of bytes in X
LDX #1

; Call the checksum calculation subroutine
JSR CALC_CKSUM

CMP #$01
BEQ TEST2
JMP ERROR

TEST2:
; ==========================================
; Test 2: 1 byte; Checksum: 01 Checksum should pass? No
LDA #$01
STA $00

; Store the number of bytes in X
LDX #1
```

```
; Call the checksum calculation subroutine
JSR CALC_CKSUM

CMP #$00
BEQ TEST3
JMP ERROR

TEST3:
; ==========================================
; Test 3: 2 bytes: 00 Checksum: 00 Checksum should pass? Yes
LDA #$00
STA $00
STA $01

; Store the number of bytes in X
LDX #2

; Call the checksum calculation subroutine
JSR CALC_CKSUM

CMP #$01
BEQ TEST4
JMP ERROR

TEST4:
; ==========================================
; Test 4: 2 bytes: 00 Checksum: 01 Checksum should pass? No
LDA #$00
STA $00
LDA #$01
STA $01

; Store the number of bytes in X
LDX #2

; Call the checksum calculation subroutine
JSR CALC_CKSUM

CMP #$00
BEQ TEST5
JMP ERROR

TEST5:
; ==========================================
; Test 5: 2 bytes: 01 Checksum: 00 Checksum should pass? No
LDA #$01
STA $00
```

```
    LDA #$00
    STA $01

    ; Store the number of bytes in X
    LDX #1

    ; Call the checksum calculation subroutine
    JSR CALC_CKSUM

    CMP #$00
    BEQ TEST6
    JMP ERROR

TEST6:
    ; ==========================================
    ; Test 6: 3 bytes: 00 00 Checksum: 00 Checksum should pass? Yes
    LDA #$00
    STA $00
    STA $01
    STA $02

    ; Store the number of bytes in X
    LDX #3

    ; Call the checksum calculation subroutine
    JSR CALC_CKSUM

    CMP #$01
    BEQ TEST7
    JMP ERROR

TEST7:
    ; ==========================================
    ; Test 7: 3 bytes: 00 00 Checksum: 00 Checksum should pass? Yes
    LDA #$00
    STA $00
    STA $01
    STA $02

    ; Store the number of bytes in X
    LDX #3

    ; Call the checksum calculation subroutine
    JSR CALC_CKSUM

    CMP #$01
    BEQ TEST8
    JMP ERROR
```

```
TEST8:
; ================================================
; Test 8: 3 bytes: 00 00 Checksum: 01 Checksum should pass? No
LDA #$00
STA $00
LDA #$00
STA $01
LDA #$01
STA $02

; Store the number of bytes in X
LDX #3

; Call the checksum calculation subroutine
JSR CALC_CKSUM

CMP #$00
BEQ TEST9
JMP ERROR

TEST9:
; ================================================
; Test 9: 3 bytes: 00 01 Checksum: FF Checksum should pass? Yes
LDA #$00
STA $00
LDA #$01
STA $01
LDA #$FF
STA $02

; Store the number of bytes in X
LDX #3

; Call the checksum calculation subroutine
JSR CALC_CKSUM

CMP #$01
BEQ TEST10
JMP ERROR

TEST10:
; ================================================
; Test 10: 5 bytes: 01 72 93 F4 Checksum: 06 Checksum should pass? Yes
LDA #$01
STA $00
LDA #$72
STA $01
```

```
        LDA #$93
        STA $02
        LDA #$F4
        STA $03
        LDA #$06 ; This is the checksum byte
        STA $04

        ; Store the number of bytes in X
        LDX #5

        ; Call the checksum calculation subroutine
        JSR CALC_CKSUM

        CMP #$01
        BEQ PASSED

ERROR:
        ; ==========================================
        ; Error occurred; Halt execution with $EE in A
        LDA #$EE
        BRK

PASSED:
        ; ==========================================
        ; All tests passed; Halt execution with $AA in A
        LDA #$AA
        BRK

        ; ==========================================
        ; Compute the checksum
CALC_CKSUM:
        ; Move X to Y
        TXA
        TAY

        LDA #$00
        DEY

LOOP:
        CLC
        ADC ($10), Y
        DEY
        BPL LOOP

        CMP #$00
        BNE CKSUM_ERROR

        ; The sum is zero: Checksum is correct
```

```
        LDA #1
        JMP DONE

        ; The sum is nonzero: Checksum is incorrect
        CKSUM_ERROR:
        LDA #0

        ; A contains 1 if checksum is correct, 0 if it is incorrect
        DONE:
        RTS
```

校验和的子程序适用于长度为 1 到 255 字节的字节序列。

第 4 章习题答案

习题 1

该电路的示意图如下所示。

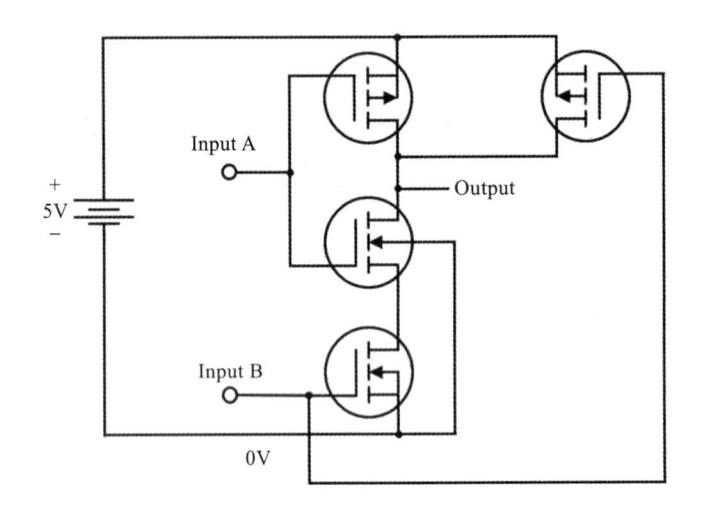

习题 2

DRAM 电路中包含 $16Gb = 16 \times 2^{30}$ 位

地址位数是（2 个存储阵列组选择位）+（2 个存储阵列选择位）+（17 个行地址位）= 21 位

因此，一个存储阵列每一行大小为 $(16 \times 2^{30})/2^{21} = 8192$ 位

第 5 章习题答案

习题 1

在 Windows 中，可以在 Windows 运行时通过更改启动选项来进入 BIOS/UEFI 设置。执行以下步骤来访问这些设置：

1. 在 Windows 搜索框中，输入 startup 并选择 Change advanced startup options。
2. 选择 Advanced startup 下的 Restart now。
3. 当弹出 Choose an option 时，选择 Troubleshoot。
4. 在 Troubleshoot 界面上，选择 Advanced options。
5. 在 Advanced options 界面上，选择 UEFI Firmware Settings。
6. 在 UEFI Firmware Settings 界面上，单击 Restart。
7. 系统将重新启动并显示 UEFI 配置主界面。使用键盘上的左右键在屏幕上选择。

以下是针对特定计算机系统回答本习题中的问题（在这个例子中使用了一台华硕 ZenBook UX303LA 笔记本）：

1. 尽管菜单中显示的信息经常使用术语"BIOS"，但提到"EFI applications"及其使用年限表明它实际上是 UEFI。
2. No overclocking options 可用。

检查完 UEFI 信息后，按以下步骤退出，不保存任何更改：

1. 移到 Save & Exit 界面。
2. 使用上下键选择 Discard Changes and Exit。
3. 按下 Enter。
4. 选择 Yes 并在 Exit Without Saving 对话框中按 Enter 键。
5. 系统将重新启动。

习题 2

在 Windows 中，打开一个命令提示窗口（在 Windows 搜索框中输入 command 以定位应用程序），然后输入 tasklist 命令，如下所示：

```
C:\>tasklist

Image Name                     PID Session Name     Session#    Mem Usage
========================= ======== ================ =========== ============
System Idle Process              0 Services                   0         8 K
System                           4 Services                   0     9,840 K
Registry                       120 Services                   0    85,324 K
smss.exe                       544 Services                   0       640 K
csrss.exe                      768 Services                   0     4,348 K
wininit.exe                    852 Services                   0     4,912 K
services.exe                   932 Services                   0     8,768 K
lsass.exe                      324 Services                   0    18,160 K
svchost.exe                   1044 Services                   0     2,308 K
svchost.exe                   1068 Services                   0    27,364 K
.
.
.
svchost.exe                  12184 Services                   0     8,544 K
cmd.exe                      16008 Console                    3     3,996 K
conhost.exe                  21712 Console                    3    18,448 K
tasklist.exe                 15488 Console                    3    10,096 K
```

当前正在运行的进程是 tasklist.exe。这个进程的 PID 是 15488。

第 6 章习题答案

习题 1

首先，利用表格中的数据计算 RMS 公式的左半部分：

$$\frac{50}{100} + \frac{100}{500} + \frac{120}{1000} = 0.82$$

然后计算 RMS 公式的右半部分：

$$3(2^{\frac{1}{3}} - 1) = 0.7798$$

因为 0.82 不"小于或等于" 0.7798，所以这组任务在 RMS 中是不可调度的。

习题 2

Ex__2_dct_formula.py Python 文件包含了以下 DCT 代码：

```python
#!/usr/bin/env python

"""Ex__2_dct_formula.py: Answer to chapter 6 exercise 2."""

# Output produced by this program:
# Index     0       1       2       3       4       5       6       7
# x         0.5000  0.2000  0.7000  -0.6000 0.4000  -0.2000 1.0000  -0.3000
# DCT(x)    1.7000  0.4244  0.6374  0.4941  -1.2021 0.5732  -0.4936 2.3296

import math

# Input vector
x = [0.5, 0.2, 0.7, -0.6, 0.4, -0.2, 1.0, -0.3]

# Compute the DCT coefficients
dct_coef = [[i for i in range(len(x))] for j in range(len(x))]
for n in range(len(x)):
    for k in range(len(x)):
        dct_coef[n][k] = math.cos((math.pi/len(x))*(n + 1/2)*k)

# Compute the DCT
x_dct = [i for i in range(len(x))]
for k in range(len(x)):
    x_dct[k] = 0;
    for n in range(len(x)):
        x_dct[k] += x[n]*dct_coef[n][k]
```

```
# Print the results
print('Index', end='')
for i in range(len(x)):
    print("%8d" % i, end='')

print('\nx        ', end='')
for i in range(len(x)):
    print("%8.4f" % x[i], end='')

print('\nDCT(x)  ', end='')
for i in range(len(x)):
    print("%8.4f" % x_dct[i], end='')
```

要运行这段代码，若 Python 已经安装并且在相应的路径中，则执行以下命令：

```
python Ex__2_dct_formula.py
```

以下是运行产生的结果：

```
C:\>Ex__2_dct_formula.py
Index        0       1       2       3       4       5       6       7
x       0.5000  0.2000  0.7000 -0.6000  0.4000 -0.2000  1.0000 -0.3000
DCT(x)  1.7000  0.4244  0.6374  0.4941 -1.2021  0.5732 -0.4936  2.3296
```

习题 3

Ex__3_activation_func.py Python 文件包含以下代码：

```
#!/usr/bin/env python

"""Ex__3_activation_func.py: Answer to Ch 6 Ex 3."""

# Output produced by this program:
# Neuron output = -0.099668

import math

# Neuron signal and weight vectors
neuron = [0.6, -0.3,  0.5]
weight = [0.4,  0.8, -0.2]

sum = 0
for i in range(len(neuron)):
    sum = sum + neuron[i] * weight[i]

output = math.tanh(sum)
```

```
# Print the results
print('Neuron output = %8.6f' % output)
```

要运行这段代码，若 Python 已经安装并且在相应的路径中，则执行以下命令：

```
python Ex__3_activation_func.py
```

以下是运行产生的结果：

```
C:\>Ex__3_activation_func.py
Neuron output = -0.099668
```

第 7 章习题答案

习题 1

因为代码和数据位于同一个地址空间，这是一个冯·诺依曼体系结构。

代码和一些数据项存储在 ROM 中，其他数据项存储在 RAM 中，这种情况不能用来确定体系结构的类别。

习题 2

虽然对内存区域进行保护是 MMU 的一个特征，但仅知道内存保护的存在并不能判断是否使用了 MMU，该处理器不包含 MMU。

MMU 通常进行虚拟地址到物理地址的转换，此处描述的处理器中没有该功能。

习题 3

文件 Ex__3_row_column_major_order.py 中包含了本习题的解答方案，其 Python 实现如下：

```
#!/usr/bin/env python

"""Ex__3_row_column_major_order.py: Answer to chapter 7 exercise 3."""

# Typical output from a run of this script:
# Average row-major time    : 16.68 sec
# Average column-major time: 15.94 sec
# Average time difference   : 0.74 sec
# Winner is column-major indexing; It is faster by 4.42%

import time

dim = 10000
matrix = [[0] * dim] * dim

num_passes = 10
```

```
row_major_time = 0
col_major_time = 0

for k in range(num_passes):
    print('Pass %d of %d:' % (k+1, num_passes))

    t0 = time.time()
    for i in range(dim):
        for j in range(dim):
            matrix[i][j] = i + j

    t1 = time.time()

    total_time = t1 - t0
    col_major_time = col_major_time + total_time
    print('  Column-major time to fill array: %.2f sec' %
          total_time)

    t0 = time.time()
    for i in range(dim):
        for j in range(dim):
            matrix[j][i] = i + j

    t1 = time.time()

    total_time = t1 - t0
    row_major_time = row_major_time + total_time
    print('  Row-major time to fill array: %.2f sec' %
          total_time)
    print('')

row_major_average = row_major_time / num_passes
col_major_average = col_major_time / num_passes

if (row_major_average < col_major_average):
    winner = 'row'
    pct_better = 100 * (col_major_average -
        row_major_average) / col_major_average
else:
    winner = 'column'
    pct_better = 100 * (row_major_average -
        col_major_average) / row_major_average

print('Average row-major time    : %.2f sec' % row_major_average)
print('Average column-major time: %.2f sec' % col_major_average)
print('Average time difference   : %.2f sec' % (
```

```
    (row_major_time-col_major_time) / num_passes))
print(('Winner is ' + winner +
    '-major indexing; It is faster by %.2f%%') % pct_better)
```

在 Windows PC 上，该程序运行需要几分钟。

下面是运行该程序的典型输出：

```
Average row-major time    : 16.68 sec
Average column-major time : 15.94 sec
Average time difference   : 0.74 sec
Winner is column-major indexing; It is faster by 4.42%
```

第 8 章习题答案

习题 1

缓存中包含 32 768 个字节，每个缓存块大小为 64 字节。因此有 32 768/64 = 512 个缓存块。由于 $512 = 2^9$，因此，块号长度为 9 位。

每个缓存块包含 64（2^6）个字节，意味着地址的低 6 位表示缓存块中的字节偏移量。

4G 的地址空间需要 32 位地址，从 32 位地址中减去块号长度的 9 位和字节偏移量的 6 位得出 32 − (9+6) = 17 位的缓存标识（tag）。

缓存标识位于地址中最高 17 位，因此这些位在地址的第 15～31 位。

习题 2

缓存块数为：262 144/64 = 4096

每组包含 8 个缓存块。

组数 = 4096 块 /8 块每组 = 512 组。

习题 3

最高时钟频率由最慢流水级决定，4 级流水线中最慢的流水级延迟为 0.8ns，因此最高时钟频率 = $1/(0.8 \times 10^{-9})$ = 1.25GHz。

5 级流水线中最慢的流水级延迟为 0.6ns，因此最高时钟频率 = $1/(0.6 \times 10^{-9})$ = 1.667GHz。

使用额外流水级的流水线的时钟频率增加比例为 $100\% \times (1.667 \times 10^9 - 1.25 \times 10^9) / (1.25 \times 10^9)$ = 33.36%。

第 9 章习题答案

习题 1

Ex__1_float_format.cpp C++ 文件包含本习题的代码：

```
// Ex__1_float_format.cpp

#include <iostream>
#include <cstdint>
```

```cpp
void print_float(float f)
{
    const auto bytes = static_cast<uint8_t*>(static_cast<void*>(&f));

    printf(" Float | %9g | ", f);

    for (int i = sizeof(float) - 1; i >= 0; i--)
        printf("%02X", bytes[i]);

    printf(" | ");

    const auto sign = bytes[3] >> 7;
    const auto exponent = ((static_cast<uint16_t>(bytes[3] & 0x7F)
                                        << 8) | bytes[2]) >> 7;
    auto exp_unbiased = exponent - 127;

    uint32_t mantissa = 0;
    for (auto i = 0; i < 3; i++)
        mantissa = (mantissa << 8) | bytes[2 - i];

        mantissa &= 0x7FFFFF; // Clear upper bit

    double mantissa_dec;
    if (exponent == 0) // This is zero or a subnormal number
    {
        mantissa_dec = mantissa / static_cast<double>(0x800000);
        exp_unbiased++;
    }
    else
        mantissa_dec = 1.0 + mantissa /static_cast<double>(0x800000);

    printf(" %d | %4d | %lf\n", sign, exp_unbiased, mantissa_dec);
}

int main(void)
{
    printf(" Type | Number | Bytes | Sign | Exponent | Mantissa\n");
    printf(" ------|----------|------------------|------|----------|---------\n");
    print_float(0);
    print_float(-0); // Minus sign is ignored
    print_float(1);
    print_float(-1);
    print_float(6.674e-11f);
    print_float(1.0e38f);
    //print_float(1.0e39f); // Compile-time error
    print_float(1.0e-38f);
    print_float(1.0e-39f);
```

```
    return 0;
}
```

这是程序的输出结果：

```
Type   | Number    | Bytes    | Sign | Exponent | Mantissa
-------|-----------|----------|------|----------|---------
Float  | 0         | 00000000 | 0    | -126     | 0.000000
Float  | 0         | 00000000 | 0    | -126     | 0.000000
Float  | 1         | 3F800000 | 0    | 0        | 1.000000
Float  | -1        | BF800000 | 1    | 0        | 1.000000
Float  | 6.674e-11 | 2E92C348 | 0    | -34      | 1.146585
Float  | 1e+38     | 7E967699 | 0    | 126      | 1.175494
Float  | 1e-38     | 006CE3EE | 0    | -126     | 0.850706
Float  | 1e-39     | 000AE398 | 0    | -126     | 0.085071
```

以下是结果的一些说明：

- IEEE 754 中的零可以有正号或负号。表的第二行传递给 print_float 函数的零前面有一个负号，但是在转换为浮点数时，该负号将被忽略。
- 值 1.0e39f 未显示，因为使用它会导致编译时错误：浮点数常量超出范围。
- 零可以被表示为尾数为零，偏置指数为零。
- 最后两行包含不能用隐含的前导 1 位表示的数字，因为指数会下溢。这些数字称为**次规格化数**，包含特殊的偏置指数 0。因为并非尾数的所有位都包含有意义的数字，所以次规格化数的精度会降低。
- 从数字上讲，次规格化的浮点数实际上使用偏置指数 1，转换为无偏置指数为 -126。

习题 2

Ex__2_double_format.cpp C++ 文件包含本习题的代码：

```cpp
// Ex__2_double_format.cpp
#include <iostream>
#include <cstdint>

void print_float(float f)
{
    const auto bytes = static_cast<uint8_t*>(static_cast<void*>(&f));

    printf(" Float | %9g | ", f);

    for (int i = sizeof(float) - 1; i >= 0; i--)
        printf("%02X", bytes[i]);

    printf(" | ");

    const auto sign = bytes[3] >> 7;
    const auto exponent = ((static_cast<uint16_t>(bytes[3] & 0x7F) << 8) |
bytes[2]) >> 7;
```

```cpp
    auto exp_unbiased = exponent - 127;

    uint32_t mantissa = 0;
    for (auto i = 0; i < 3; i++)
        mantissa = (mantissa << 8) | bytes[2 - i];

    mantissa &= 0x7FFFFF; // Clear upper bit

    double mantissa_dec;
    if (exponent == 0) // This is zero or a subnormal number
    {
        mantissa_dec = mantissa / static_cast<double>(0x800000);
        exp_unbiased++;
    }
    else
        mantissa_dec = 1.0 + mantissa /static_cast<double>(0x800000);

    printf(" %d | %4d | %lf\n", sign, exp_unbiased, mantissa_dec);
}

void print_double(double d)
{
    const auto bytes = static_cast<uint8_t*>(static_cast<void*>(&d));

    printf(" Double | %9g | ", d);

    for (int i = sizeof(double) - 1; i >= 0; i--)
        printf("%02X", bytes[i]);

    printf(" | ");

    const auto sign = bytes[7] >> 7;
    const auto exponent = ((static_cast<uint16_t>(bytes[7] & 0x7F) << 8) | bytes[6]) >> 4;
    auto exp_unbiased = exponent - 1023;

    uint64_t mantissa = 0;
    for (auto i = 0; i < 7; i++)
        mantissa = (mantissa << 8) | bytes[6 - i];

    mantissa &= 0xFFFFFFFFFFFFF; // Save the low 52 bits

    double mantissa_dec;
    if (exponent == 0) // This is zero or a subnormal number
    {
        mantissa_dec = mantissa /static_cast<double>(0x10000000000000);
        exp_unbiased++;
    }
```

```cpp
        else
            mantissa_dec = 1.0 + mantissa /static_
cast<double>(0x10000000000000);

        printf(" %d | %5d | %lf\n", sign, exp_unbiased, mantissa_dec);
}

int main(void)
{
    printf(" Type | Number | Bytes | Sign | Exponent | Mantissa\n");
    printf(" -------|-----------|------------------|------|----------|---------\n");

    print_float(0);
    print_float(-0); // The minus sign is ignored
    print_float(1);
    print_float(-1);
    print_float(6.674e-11f);
    print_float(1.0e38f);
    //print_float(1.0e39f); // Compile-time error
    print_float(1.0e-38f);
    print_float(1.0e-39f);

    print_double(0);
    print_double(-0); // The minus sign is ignored
    print_double(1);
    print_double(-1);
    print_double(6.674e-11);
    print_double(1.0e38);
    print_double(1.0e39);
    print_double(1.0e-38);
    print_double(1.0e-39);
    print_double(1.0e308);
    //print_double(1.0e309); // Compile-time error
    print_double(1.0e-308);
    print_double(1.0e-309);

    return 0;
}
```

这是程序的输出结果：

Type	Number	Bytes	Sign	Exponent	Mantissa
Float	0	00000000	0	-126	0.000000
Float	0	00000000	0	-126	0.000000
Float	1	3F800000	0	0	1.000000
Float	-1	BF800000	1	0	1.000000
Float	6.674e-11	2E92C348	0	-34	1.146585
Float	1e+38	7E967699	0	126	1.175494

```
Float  | 1e-38   | 006CE3EE         | 0 | -126  | 0.850706
Float  | 1e-39   | 000AE398         | 0 | -126  | 0.085071
Double | 0       | 0000000000000000 | 0 | -1022 | 0.000000
Double | 0       | 0000000000000000 | 0 | -1022 | 0.000000
Double | 1       | 3FF0000000000000 | 0 | 0     | 1.000000
Double | -1      | BFF0000000000000 | 1 | 0     | 1.000000
Double | 6.674e-11 | 3DD25868F4DEAE16 | 0 | -34 | 1.146584
Double | 1e+38   | 47D2CED32A16A1B1 | 0 | 126   | 1.175494
Double | 1e+39   | 48078287F49C4A1D | 0 | 129   | 1.469368
Double | 1e-38   | 380B38FB9DAA78E4 | 0 | -127  | 1.701412
Double | 1e-39   | 37D5C72FB1552D83 | 0 | -130  | 1.361129
Double | 1e+308  | 7FE1CCF385EBC8A0 | 0 | 1023  | 1.112537
Double | 1e-308  | 000730D67819E8D2 | 0 | -1022 | 0.449423
Double | 1e-309  | 0000B8157268FDAF | 0 | -1022 | 0.044942
```

以下是结果的一些说明：

- IEEE 754 中的零可以是正号或负号。在含有 Double 类型的表的第二行中，传递给 `print_double` 函数的零前面带有负号，但是在转换为浮点数时，该负号将被忽略。
- 未显示值 `1.0e309`，因为使用它会导致编译时错误：**浮点数常量超出范围**。
- 零表示为尾数为零，偏置指数为零。
- 最后两行包含无法用隐含的前导 1 位表示的数字，因为指数会下溢。这些数字称为次规格化，包含特殊的偏置指数 0。因为并非尾数的所有位都是有意义的数字，所以次规格化数的精度会降低。
- 从数值上讲，次规格化的双精度数实际上使用的是偏置指数 1，转换为无偏置指数为 −1022。

习题 3

有关 i.MX RT1060 处理器系列的信息可以访问网页：
https://www.nxp.com/docs/en/nxp/data-sheets/IMXRT1060CEC.pdf。完整的参考手册仅在 https://www.nxp.com 创建账户后可用。

登录账户后，搜索 `i.MX RT1060 Processor Reference Manual`，以找到参考手册并下载。该文件的名称是 `IMXRT1060RM.pdf`。

习题 4

在 i.MX RT1060 处理器参考手册中对 `supervisor` 进行搜索会有结果。但是所有这些用法都涉及与特定子系统（例如 FlexCAN 模块）相关的访问限制。i.MX RT1060 处理器中的监管模式无法在指令执行级别上运行，因此，这些处理器不执行第 9 章"专用处理器扩展"所述的监管模式指令。

习题 5

i.MX RT1060 处理器使用物理内存寻址，最多具有 16 个内存保护区域。这些处理器不支持分页虚拟内存的概念。

习题 6

参考手册中的 2.2 节列出了以下功能：单精度和双精度 FPU（浮点单元）。ARM Cortex-M7 Processor Technical Reference Manual（可在 http://infocenter.arm.com/help/topic/com.arm.doc.ddi0489b/DDI0489B_cortex_m7_trm.pdf 上查阅）指出，FPU 提供了"浮点计算功能，符合 ANSI / IEEE Std 754-2008，即 IEEE 二进制浮点运算标准，简称 IEEE 754 标准"。

i.MX RT1060 处理器支持硬件中的浮点数运算。

习题 7

参考手册的 13.4 节介绍了处理器功耗管理子系统。一些主要功能如下：
- 处理器，内存和系统其余部分的单独电源。
- 集成的辅助电源，支持独立为各种子系统供电。
- 电压和时钟频率控制可实现**动态电压频率调节**（DVFS）。
- 温度传感器。
- 电压传感器。

习题 8

参考手册中的第 7 章介绍了系统安全组件。一些主要功能如下：
- 安全启动，强制执行加密代码的数字签名验证。
- 片上用于存储安全相关信息的一次性可编程元件控制器（OCOTP_CTRL）。
- 支持 AES-128，SHA-1 和 SHA-256 加密算法的硬件加密处理器。
- 真正的随机数生成器，用于创建安全的加密密钥。
- 具有启用密码的安全调试功能的 JTAG 调试控制器。
- 存储器接口，支持对加密的 ROM 指令数据进行实时解密。

第 10 章习题答案

习题 1

安装问题中描述的 Visual Studio Community，然后在 Visual Studio Community 内安装具有 C++ 工作负载的桌面开发。

1. 创建汇编语言源文件。**Ex_1_hello_x86.asm** 文件包含该习题的示例解决方案：

```
.386
.model FLAT,C
.stack 400h

.code
includelib libcmt.lib
includelib legacy_stdio_definitions.lib

extern printf:near
extern exit:near
```

```
        public main
        main proc
            ; Print the message
            push    offset message
            call    printf

            ; Exit the program with status 0
            push    0
            call    exit
        main endp

        .data
        message db "Hello, Computer Architect!",0

        end
```

2. 打开 VS2022 的 Developer Command Prompt，然后切换到包含源文件的目录。
3. 使用以下命令生成可执行文件：

```
ml /Fl /Zi /Zd Ex__1_hello_x86.asm
```

4. 这是程序产生的输出：

```
C:\>Ex__1_hello_x86.exe
Hello, Computer Architect!
```

这是编译程序过程创建的列表文件：

```
Microsoft (R) Macro Assembler Version 14.31.31104.0      02/21/22 07:39:20
Ex__1_hello_x86.asm                  Page 1 - 1


                .386
                .model FLAT,C
                .stack 400h

 00000000       .code
        includelib libcmt.lib
        includelib legacy_stdio_definitions.lib

        extern printf:near
        extern exit:near

        public main
 00000000       main proc
            ; Print the message
 00000000  68 00000000 R      push    offset message
 00000005  E8 00000000 E      call    printf

            ; Exit the program with status 0
```

```
0000000A  6A 00            push    0
0000000C  E8 00000000 E    call    exit
00000011           main endp

00000000           .data
00000000  48 65 6C 6C 6F   message db "Hello, Computer Architect!",0
          2C 20 43 6F 6D
          70 75 74 65 72
          20 41 72 63 68
          69 74 65 63 74
          21 00


          end
```

Microsoft (R) Macro Assembler Version 14.31.31104.0   02/21/22 07:39:20
Ex__1_hello_x86.asm   Symbols 2 - 1

Segments and Groups:

                N a m e   Size   Length   Align   Combine Class

FLAT . . . .   GROUP
STACK . . . .   32 Bit   00000400 DWord   Stack   'STACK'
_DATA . . . .   32 Bit   0000001B DWord   Public 'DATA'
_TEXT . . . .   32 Bit   00000011 DWord   Public 'CODE'

Procedures, parameters, and locals:

                N a m e   Type   Value   Attr

main . . . .   P Near   00000000 _TEXT Length= 00000011

Symbols:

                N a m e   Type   Value   Attr

@CodeSize . . . .   Number   00000000h
@DataSize . . . .   Number   00000000h
@Interface . . . .   Number   00000001h
@Model . . . .   Number   00000007h
@code . . . .   Text   _TEXT
@data . . . .   Text   FLAT
@fardata? . . . .   Text   FLAT
@fardata . . . .   Text   FLAT
@stack . . . .   Text   FLAT

```
exit . . . . . . . . . . . . . .    L Near    00000000 FLAT    External C
message . . . . . . . . . . . .     Byte      00000000 _DATA
printf . . . . . . . . . . . . .    L Near    00000000 FLAT    External C

     0 Warnings
     0 Errors
```

习题 2

1. 创建汇编语言源文件。**Ex__2_expr_x86.asm** 文件包含该习题的示例解决方案：

```
.386
.model FLAT,C
.stack 400h

.code
includelib libcmt.lib
includelib legacy_stdio_definitions.lib

extern printf:near
extern exit:near

public main
main proc
    ; Print the leading output string
    push    offset msg1
    call    printf

    ; Compute [(129 - 66) * (445 + 136)] / 3
    mov     eax, 129
    sub     eax, 66
    mov     ebx, 445
    add     ebx, 136
    mul     bx
    mov     bx, 3
    div     bx

    ; Print the most significant byte
    push    eax
    mov     bl, ah
    call    print_byte

    ; Print the least significant byte
    pop     ebx
    call    print_byte

    ; Print the trailing output string
    push    offset msg2
    call    printf
```

```
        push    0
        call    exit
main endp

; Pass the byte to be printed in ebx
print_byte proc
        ; x86 function prologue
        push    ebp
        mov     ebp, esp

        ; Use the C library printf function
        and     ebx, 0ffh
        push    ebx
        push    offset fmt_str
        call    printf

        ; x86 function epilogue
        mov     esp, ebp
        pop     ebp
        ret
print_byte endp
.data
fmt_str db "%02X", 0
msg1    db "[(129 - 66) * (445 + 136)] / 3 = ", 0
msg2    db "h", 9

        end
```

2. 打开 VS2022 的 Developer Command Prompt，然后切换到包含源文件的目录。
3. 使用以下命令生成可执行文件：

```
ml /Fl /Zi /Zd Ex__2_expr_x86.asm
```

4. 这是程序产生的输出：

```
C:\>Ex__2_expr_x86.exe
[(129 - 66) * (445 + 136)] / 3 = 2FA9h
```

以下是编译程序过程创建的列表文件：

```
Microsoft (R) Macro Assembler Version 14.23.28107.0      01/26/20 20:45:09
Ex__2_expr_x86.asm                       Page 1 - 1


            .386
            .model FLAT,C
            .stack 400h

 00000000   .code
        includelib libcmt.lib
```

```
                includelib legacy_stdio_definitions.lib

                extern printf:near
                extern exit:near

                public main
00000000        main proc
                ; Print the leading output string
00000000 68 00000005 R        push      offset msg1
00000005 E8 00000000 E        call      printf

                ; Compute [(129 - 66) * (445 + 136)] / 3
0000000A B8 00000081          mov       eax, 129
0000000F 83 E8 42             sub       eax, 66
00000012 BB 000001BD          mov       ebx, 445
00000017 81 C3 00000088       add       ebx, 136
0000001D 66| F7 E3            mul       bx
00000020 66| BB 0003          mov       bx, 3
00000024 66| F7 F3            div       bx

                ; Print the most significant byte
00000027 50                   push      eax
00000028 8A DC                mov       bl, ah
0000002A E8 00000017          call      print_byte

                ; Print the least significant byte
0000002F 5B                   pop       ebx
00000030 E8 00000011          call      print_byte

                ; Print the trailing output string
00000035 68 00000027 R        push      offset msg2
0000003A E8 00000000 E        call      printf

0000003F 6A 00                push      0
00000041 E8 00000000 E        call      exit
00000046         main endp

        ; Pass the byte to be printed in ebx
00000046        print_byte proc
                ; x86 function prologue
00000046 55                   push      ebp
00000047 8B EC                mov       ebp, esp

                ; Use the C library printf function
00000049 81 E3 000000FF       and       ebx, 0ffh
0000004F 53                   push      ebx
00000050 68 00000000 R        push      offset fmt_str
00000055 E8 00000000 E        call      printf
                ; x86 function epilogue
0000005A 8B E5                mov       esp, ebp
```

```
 0000005C  5D              pop      ebp
 0000005D  C3              ret
 0000005E          print_byte endp

 00000000          .data
 00000000 25 30 32 58 00  fmt_str db "%02X", 0
 00000005 5B 28 31 32 39  msg1    db "[(129 - 66) * (445 + 136)] / 3 = ",
0
      20 2D 20 36 36
      29 20 2A 20 28
      34 34 35 20 2B
      20 31 33 36 29
      5D 20 2F 20 33
      20 3D 20 00
 00000027 68 09           msg2    db "h", 9

          end
```

Microsoft (R) Macro Assembler Version 14.23.28107.0   01/26/20 20:45:09
Ex__2_expr_x86.asm   Symbols 2 - 1

Segments and Groups:

                N a m e   Size   Length   Align   Combine   Class

FLAT . . . . GROUP
STACK . . . . 32 Bit   00000400 DWord   Stack   'STACK'
_DATA . . . . 32 Bit   00000029 DWord   Public   'DATA'
_TEXT . . . . 32 Bit   0000005E DWord   Public   'CODE'

Procedures, parameters, and locals:

                N a m e   Type   Value   Attr

main . . . . P Near   00000000 _TEXT Length= 00000046
print_byte . . . . P Near   00000046 _TEXT Length= 00000018

Symbols:

                N a m e   Type   Value   Attr

```
@CodeSize  . . . . . . . . . . .   Number    00000000h
@DataSize  . . . . . . . . . . .   Number    00000000h
@Interface . . . . . . . . . . .   Number    00000001h
@Model . . . . . . . . . . . . .   Number    00000007h
@code  . . . . . . . . . . . . .   Text      _TEXT
@data  . . . . . . . . . . . . .   Text      FLAT
@fardata?  . . . . . . . . . . .   Text      FLAT
@fardata . . . . . . . . . . . .   Text      FLAT
@stack . . . . . . . . . . . . .   Text      FLAT
exit . . . . . . . . . . . . . .   L Near    00000000 FLAT   External C
fmt_str  . . . . . . . . . . . .   Byte      00000000 _DATA
msg1 . . . . . . . . . . . . . .   Byte      00000005 _DATA
msg2 . . . . . . . . . . . . . .   Byte      00000027 _DATA
printf . . . . . . . . . . . . .   L Near    00000000 FLAT   External C

     0 Warnings
     0 Errors
```

习题 3

1. 创建汇编语言源文件。**Ex__3_hello_x64.asm** 文件包含该习题的示例解决方案：

```
.code
includelib libcmt.lib
includelib legacy_stdio_definitions.lib

extern printf:near
extern exit:near

public main
main proc
    ; Reserve stack space
    sub     rsp, 40

    ; Print the message
    lea     rcx, message
    call    printf

    ; Exit the program with status 0
    xor     rcx, rcx
    call    exit
main endp

.data
message db "Hello, Computer Architect!",0

end
```

2. 打开 VS2019 的 x64 Native Tools Command Prompt，然后切换到包含源文件的目录。
3. 使用以下命令生成可执行文件：

```
ml64 /Fl /Zi /Zd Ex__3_hello_x64.asm
```

4. 这是程序产生的输出：

```
C:\>Ex__3_hello_x64.exe
Hello, Computer Architect!
```

这是编译程序过程产生的列表文件：

```
Microsoft (R) Macro Assembler (x64) Version 14.31.31104.0   02/21/22 07:47:41
Ex__3_hello_x64.asm                     Page 1 - 1


 00000000            .code
            includelib libcmt.lib
            includelib legacy_stdio_definitions.lib

            extern printf:near
            extern exit:near

            public main
 00000000    main proc
            ; Reserve stack space
 00000000  48/ 83 EC 28        sub     rsp, 40

            ; Print the message
 00000004  48/ 8D 0D           lea     rcx, message
            00000000 R
 0000000B  E8 00000000 E       call    printf

            ; Exit the program with status 0
 00000010  48/ 33 C9           xor     rcx, rcx
 00000013  E8 00000000 E       call    exit
 00000018    main endp
 00000000    .data
 00000000 48 65 6C 6C 6F       message db "Hello, Computer Ar-chitect!",0
          2C 20 43 6F 6D
          70 75 74 65 72
          20 41 72 63 68
          69 74 65 63 74
          21 00

            end
```

```
Microsoft (R) Macro Assembler (x64) Version 14.31.31104.0    02/21/22
07:47:41
Ex__3_hello_x64.asm                Symbols 2 - 1




Procedures, parameters, and locals:

                N a m e                 Type     Value    Attr

main . . . . . . . . . . . . . .  P     00000000 _TEXT Length= 00000018 Public


Symbols:

                N a m e                 Type     Value    Attr

exit  . . . . . . . . . . . . . .  L     00000000 _TEXT External
message . . . . . . . . . . .      Byte  00000000 _DATA
printf  . . . . . . . . . . . . .  L     00000000 _TEXT External

    0 Warnings
    0 Errors
```

习题 4

1. 创建汇编语言源文件。**Ex__4_expr_x64.asm** 文件包含该习题的示例解决方案：

```
.code
includelib libcmt.lib
includelib legacy_stdio_definitions.lib

extern printf:near
extern exit:near

public main
main proc
    ; Reserve stack space
    sub     rsp, 40

    ; Print the leading output string
    lea     rcx, msg1
    call    printf

    ; Compute [(129 - 66) * (445 + 136)] / 3
    mov     eax, 129
```

```
        sub     eax, 66
        mov     ebx, 445
        add     ebx, 136
        mul     bx
        mov     bx, 3
        div     bx

        ; Print the most significant byte
        push    rax
        mov     bl, ah
        and     ebx, 0ffh
        call    print_byte

        ; Print the least significant byte
        pop     rbx
        and     ebx, 0ffh
        call    print_byte

        ; Print the trailing output string
        lea     rcx, msg2
        call    printf

        ; Exit the program with status 0
        xor     rcx, rcx
        call    exit
main endp

; Pass the byte to be printed in ebx
print_byte proc
        ; x64 function prologue
        sub     rsp, 40

        ; Use the C library printf function
        mov     rdx, rbx
        lea     rcx, fmt_str
        call    printf

        ; x64 function epilogue
        add     rsp, 40

        ret
print_byte endp

.data
fmt_str db "%02X", 0
msg1    db "[(129 - 66) * (445 + 136)] / 3 = ", 0
msg2    db "h", 9

end
```

2. 打开 VS2019 的 x64 Native Tools Command Prompt，并切换到包含源文件的目录。
3. 使用此命令生成可执行文件：

```
ml64 /Fl /Zi /Zd Ex__4_expr_x64.asm
```

4. 这是程序产生的输出：

```
C:\>Ex__4_expr_x64.exe
[(129 - 66) * (445 + 136)] / 3 = 2FA9h
```

这是编译程序过程产生的列表文件：

```
Microsoft (R) Macro Assembler (x64) Version 14.31.31104.0   02/21/22 07:49:37
Ex__4_expr_x64.asm                  Page 1 - 1


 00000000                .code
                 includelib libcmt.lib
                 includelib legacy_stdio_definitions.lib

                 extern printf:near
                 extern exit:near

                 public main
 00000000        main proc
                 ; Reserve stack space
 00000000  48/ 83 EC 28       sub     rsp, 40

                 ; Print the leading output string
 00000004  48/ 8D 0D          lea     rcx, msg1
     00000005 R
 0000000B  E8 00000000 E      call    printf

                 ; Compute [(129 - 66) * (445 + 136)] / 3
 00000010  B8 00000081        mov     eax, 129
 00000015  83 E8 42           sub     eax, 66
 00000018  BB 000001BD        mov     ebx, 445
 0000001D  81 C3 00000088     add     ebx, 136
 00000023  66| F7 E3          mul     bx
 00000026  66| BB 0003        mov     bx, 3
 0000002A  66| F7 F3          div     bx

                 ; Print the most significant byte
 0000002D  50                 push    rax
 0000002E  8A DC              mov     bl, ah
 00000030  81 E3 000000FF     and     ebx, 0ffh
 00000036  E8 00000020        call    print_byte
```

```
                  ; Print the least significant byte
0000003B  5B                      pop     rbx
0000003C  81 E3 000000FF          and     ebx, 0ffh
00000042  E8 00000014             call    print_byte

                  ; Print the trailing output string
00000047  48/ 8D 0D               lea     rcx, msg2
     00000027 R
0000004E  E8 00000000 E           call    printf

                  ; Exit the program with status 0
00000053  48/ 33 C9               xor     rcx, rcx
00000056  E8 00000000 E           call    exit
0000005B          main endp

          ; Pass the byte to be printed in ebx
0000005B          print_byte proc
                  ; x64 function prologue
0000005B  48/ 83 EC 28            sub     rsp, 40

                  ; Use the C library printf function
0000005F  48/ 8B D3               mov     rdx, rbx
00000062  48/ 8D 0D               lea     rcx, fmt_str
     00000000 R
00000069  E8 00000000 E           call    printf

                  ; x64 function epilogue
0000006E  48/ 83 C4 28            add     rsp, 40

00000072  C3                      ret
00000073                          print_byte endp

00000000                          .data
00000000 25 30 32 58 00   fmt_str db "%02X", 0
00000005 5B 28 31 32 39   msg1    db "[(129 - 66) * (445 + 136)] / 3 = ",
0
         20 2D 20 36 36
         29 20 2A 20 28
         34 34 35 20 2B
         20 31 33 36 29
         5D 20 2F 20 33
         20 3D 20 00
00000027 68 09              msg2  db "h", 9

          end
Microsoft (R) Macro Assembler (x64) Version 14.31.31104.0   02/21/22
07:49:37
```

```
Ex__4_expr_x64.asm              Symbols 2 - 1




Procedures, parameters, and locals:

                N a m e              Type    Value     Attr

main . . . . . . . . . . . . . . P   00000000 _TEXT Length= 0000005B
print_byte . . . . . . . . . . . P   0000005B _TEXT Length= 00000018

Symbols:

                N a m e              Type    Value     Attr

exit . . . . . . . . . . . . . . L   00000000 _TEXT External
fmt_str . . . . . . . . . . .        Byte    00000000 _DATA
msg1 . . . . . . . . . . . . .       Byte    00000005 _DATA
msg2 . . . . . . . . . . . . .       Byte    00000027 _DATA
printf . . . . . . . . . . . . . L   00000000 _TEXT External

    0 Warnings
    0 Errors
```

习题 5

1. 创建汇编语言源文件。`Ex__5_hello _arm.s` 文件包含该习题的示例解决方案：

   ```
   .text
   .global _start
   _start:
   // Print the message to file 1 (stdout) with syscall 4
   mov r0, #1
   ldr r1, =msg
   mov r2, #msg_len
   mov r7, #4
   svc 0
   // Exit the program with syscall 1, returning status 0
   mov r0, #0
   mov r7, #1
   svc 0
   .data
   msg:
   .ascii "Hello, Computer Architect!"
   msg_len = . - msg
   ```

2. 使用以下命令生成可执行文件：

```
arm-linux-androideabi-as -al=Ex__5_hello_arm.lst -o Ex__5_hello_
arm.o Ex__5_hello_arm.s
arm-linux-androideabi-ld -o Ex__5_hello_arm Ex__5_hello_arm.o
```

3. 这是将程序复制到 Android 设备并运行所产生的输出：

```
C:\>adb devices
* daemon not running; starting now at tcp:5037
* daemon started successfully
List of devices attached
9826f541374f4b4a68 device

C:\>adb push Ex__5_hello_arm /data/local/tmp/Ex__5_hello_arm
Ex__5_hello_arm: 1 file pushed. 0.0 MB/s (868 bytes in 0.059s)

C:\>adb shell chmod +x /data/local/tmp/Ex__5_hello_arm
C:\>adb shell /data/local/tmp/Ex__5_hello_arm
Hello, Computer Architect!
```

这是编译程序过程产生的列表文件：

```
ARM GAS  Ex__5_hello_arm.s         page 1


   1                      .text
   2                      .global _start
   3
   4                  _start:
   5                      // Print the message to file 1 (stdout) with syscall 4
   6 0000 0100A0E3        mov     r0, #1
   7 0004 14109FE5        ldr     r1, =msg
   8 0008 1A20A0E3        mov     r2, #msg_len
   9 000c 0470A0E3        mov     r7, #4
  10 0010 000000EF        svc     0
  11
  12                      // Exit the program with syscall 1, returning status 0
  13 0014 0000A0E3        mov     r0, #0
  14 0018 0170A0E3        mov     r7, #1
  15 001c 000000EF        svc     0
  16
  17                      .data
  18                  msg:
  19 0000 48656C6C        .ascii      "Hello, Computer Architect!"
  19      6F2C2043
  19      6F6D7075
  19      74657220
  19      41726368
  20                      msg_len = . - msg
```

习题 6

1. 创建汇编语言源文件。`Ex_6_expr_arm.s` 文件包含该习题的示例解决方案：

```
    .text
    .global _start

_start:
    // Print the leading output string
    ldr     r1, =msg1
    mov     r2, #msg1_len
    bl      print_string

    // Compute [(129 - 66) * (445 + 136)] / 3
    mov     r0, #129
    sub     r0, r0, #66
    ldr     r1, =#445
    add     r1, r1, #136
    mul     r0, r1, r0
    mov     r1, #3
    udiv    r0, r0, r1

    // Print the upper byte of the result
    push    {r0}
    lsr     r0, r0, #8
    bl      print_byte

    // Print the lower byte of the result
    pop     {r0}
    bl      print_byte

    // Print the trailng output string
    ldr     r1, =msg2
    mov     r2, #msg2_len
    bl      print_string

    // Exit the program with syscall 1, returning status 0
    mov     r0, #0
    mov     r7, #1
    svc     0

// Print a string; r1=string address, r2=string length
print_string:
    mov     r0, #1
    mov     r7, #4
    svc     0
    mov     pc, lr

// Convert the low 4 bits of r0 to an ascii character in r0
```

```
nibble2ascii:
    and     r0, #0xF
    cmp     r0, #10
    addpl   r0, r0, #('A' - 10)
    addmi   r0, r0, #'0'
    mov     pc, lr

// Print a byte in hex
print_byte:
    push    {lr}
    push    {r0}
    lsr     r0, r0, #4
    bl      nibble2ascii
    ldr     r1, =bytes
    strb    r0, [r1], #1

    pop     {r0}
    bl      nibble2ascii
    strb    r0, [r1]
    ldr     r1, =bytes
    mov     r2, #2
    bl      print_string

    pop     {lr}
    mov     pc, lr

.data
msg1:
    .ascii  "[(129 - 66) * (445 + 136)] / 3 = "
msg1_len = . - msg1

bytes:
    .ascii  "??"

msg2:
    .ascii  "h"
msg2_len = . - msg2
```

2. 用以下命令生成可执行文件：

```
arm-linux-androideabi-as -al=Ex__6_expr_arm.lst -o Ex__6_expr_arm.o
 Ex__6_expr_arm.s
arm-linux-androideabi-ld -o Ex__6_expr_arm Ex__6_expr_arm.o
```

3. 这是将程序复制到 Android 设备并运行所产生的输出：

```
C:\>adb devices
* daemon not running; starting now at tcp:5037
* daemon started successfully
```

```
List of devices attached
9826f541374f4b4a68       device


C:\>adb push Ex__6_expr_arm /data/local/tmp/Ex__6_expr_arm
Ex__6_expr_arm: 1 file pushed. 0.2 MB/s (1188 bytes in 0.007s)

C:\>adb shell chmod +x /data/local/tmp/Ex__6_expr_arm
C:\>adb shell /data/local/tmp/Ex__6_expr_arm
[(129 - 66) * (445 + 136)] / 3 = 2FA9h
```

这是编译程序过程产生的列表文件：

```
ARM GAS  Ex__6_expr_arm.s          page 1


   1                    .text
   2                    .global _start
   3
   4                    _start:
   5                            // Print the leading output string
   6 0000 A8109FE5      ldr     r1, =msg1
   7 0004 2120A0E3      mov     r2, #msg1_len
   8 0008 110000EB      bl      print_string
   9
  10                            // Compute [(129 - 66) * (445 + 136)] / 3
  11 000c 8100A0E3      mov     r0, #129
  12 0010 420040E2      sub     r0, r0, #66
  13 0014 98109FE5      ldr     r1, =#445
  14 0018 881081E2      add     r1, r1, #136
  15 001c 910000E0      mul     r0, r1, r0
  16 0020 0310A0E3      mov     r1, #3
  17 0024 10F130E7      udiv    r0, r0, r1
  18
  19                            // Print the upper byte of the result
  20 0028 04002DE5      push    {r0}
  21 002c 2004A0E1      lsr     r0, r0, #8
  22 0030 100000EB      bl      print_byte
  23
  24                            // Print the lower byte of the result
  25 0034 04009DE4      pop     {r0}
  26 0038 0E0000EB      bl      print_byte
  27
  28                            // Print the trailng output string
  29 003c 74109FE5      ldr     r1, =msg2
  30 0040 0120A0E3      mov     r2, #msg2_len
  31 0044 020000EB      bl      print_string
  32
```

```
  33                       // Exit the program with syscall 1, returning status 0
  34 0048 0000A0E3         mov     r0, #0
  35 004c 0170A0E3         mov     r7, #1
  36 0050 000000EF         svc     0
  37
  38                       // Print a string; r1=string address, r2=string length
  39                       print_string:
  40 0054 0100A0E3         mov     r0, #1
  41 0058 0470A0E3         mov     r7, #4
  42 005c 000000EF         svc     0
  43 0060 0EF0A0E1         mov     pc, lr
  44
  45                       // Convert the low 4 bits of r0 to an ascii character in r0
  46                       nibble2ascii:
  47 0064 0F0000E2         and     r0, #0xF
  48 0068 0A0050E3         cmp     r0, #10
  49 006c 37008052         addpl   r0, r0, #('A' - 10)
  50 0070 30008042         addmi   r0, r0, #'0'
  51 0074 0EF0A0E1         mov     pc, lr
  52
  53                       // Print a byte in hex
  54                       print_byte:
  55 0078 04E02DE5         push    {lr}
  56 007c 04002DE5         push    {r0}
  57 0080 2002A0E1         lsr     r0, r0, #4
```

ARM GAS   Ex__6_expr_arm.s   page 2

```
  58 0084 F6FFFFEB         bl      nibble2ascii
  59 0088 2C109FE5         ldr     r1, =bytes
  60 008c 0100C1E4         strb    r0, [r1], #1
  61
  62 0090 04009DE4         pop     {r0}
  63 0094 F2FFFFEB         bl      nibble2ascii
  64 0098 0000C1E5         strb    r0, [r1]
  65
  66 009c 18109FE5         ldr     r1, =bytes
  67 00a0 0220A0E3         mov     r2, #2
  68 00a4 EAFFFFEB         bl      print_string
  69
  70 00a8 04E09DE4         pop     {lr}
  71 00ac 0EF0A0E1         mov     pc, lr
  72
```

```
73                  .data
74                  msg1:
75  0000 5B283132       .ascii    "[(129 - 66) * (445 + 136)] / 3 = "
75       39202D20
75       36362920
75       2A202834
75       3435202B
76                  msg1_len = . - msg1
77
78                  bytes:
79  0021 3F3F           .ascii    "??"
80
81                  msg2:
82  0023 68             .ascii    "h"
83                  msg2_len = . - msg2
```

习题 7

1. 创建汇编语言源文件。`Ex__7_hello_arm64.s` 文件包含该习题的示例解决方案。

    ```
    .text
    .global _start

    _start:
        // Print the message to file 1 (stdout) with syscall 64
        mov     x0, #1
        ldr     x1, =msg
        mov     x2, #msg_len
        mov     x8, #64
        svc     0

        // Exit the program with syscall 93, returning status 0
        mov     x0, #0
        mov     x8, #93
        svc     0

    .data
    msg:
        .ascii      "Hello, Computer Architect!"
    msg_len = . - msg
    ```

2. 用以下命令生成可执行文件：

    ```
    arm-linux-androideabi-as -al=Ex__7_hello_arm.lst -o Ex__6_expr_arm.o
    Ex__6_expr_arm.s
    arm-linux-androideabi-ld -o Ex__7_hello_arm Ex__6_expr_arm.o
    ```

3. 这是将程序复制到 Android 设备并运行所产生的输出：

```
C:\>adb devices
* daemon not running; starting now at tcp:5037
* daemon started successfully
List of devices attached
9826f541374f4b4a68      device


C:\>adb push Ex__7_hello_arm64 /data/local/tmp/Ex__7_hello_arm64
Ex__7_hello_arm64: 1 file pushed. 0.0 MB/s (1152 bytes in 0.029s)

C:\>adb shell chmod +x /data/local/tmp/Ex__7_hello_arm64
C:\>adb shell /data/local/tmp/Ex__7_hello_arm64
Hello, Computer Architect!
```

这是编译程序过程产生的列表文件：

```
AARCH64 GAS   Ex__7_hello_arm64.s          page 1


  1                     .text
  2                     .global _start
  3
  4                     _start:
  5                         // Print the message to file 1 (stdout) with syscall 64
  6 0000 200080D2       mov       x0, #1
  7 0004 E1000058       ldr       x1, =msg
  8 0008 420380D2       mov       x2, #msg_len
  9 000c 080880D2       mov       x8, #64
 10 0010 010000D4       svc       0
 11
 12                         // Exit the program with syscall 93, returning status 0
 13 0014 000080D2       mov       x0, #0
 14 0018 A80B80D2       mov       x8, #93
 15 001c 010000D4       svc       0
 16
 17                     .data
 18                     msg:
 19 0000 48656C6C       .ascii    "Hello, Computer Architect!"
 19      6F2C2043
 19      6F6D7075
 19      74657220
 19      41726368
 20                     msg_len = . - msg
```

习题 8

1. 创建汇编语言源文件。`Ex__8_expr_arm64.s` 文件包含该习题的示例解决方案：

```
    .text
    .global _start

_start:
    // Print the leading output string
    ldr     x1, =msg1
    mov     x2, #msg1_len
    bl      print_string

    // Compute [(129 - 66) * (445 + 136)] / 3
    mov     x0, #129
    sub     x0, x0, #66
    mov     x1, #445
    add     x1, x1, #136
    mul     x0, x1, x0
    mov     x1, #3
    udiv    x0, x0, x1

    // Print the upper byte of the result
    mov     x19, x0
    lsr     x0, x0, #8
    bl      print_byte

    // Print the lower byte of the result
    mov     x0, x19
    bl      print_byte

    // Print the trailng output string
    ldr     x1, =msg2
    mov     x2, #msg2_len
    bl      print_string

    // Exit the program with syscall 93, returning status 0
    mov     x0, #0
    mov     x8, #93
    svc     0

// Print a string; x1=string address, x2=string length
print_string:
    mov     x0, #1
    mov     x8, #64
    svc     0
    ret     x30

// Convert the low 4 bits of x0 to an ascii character in x0
nibble2ascii:
    and     x0, x0, #0xF
    cmp     x0, #10
```

```
        bmi     lt10

        add     x0, x0, #('A' - 10)
        b       done

lt10:
        add     x0, x0, #'0'

done:
        ret     x30

// Print a byte in hex
print_byte:
        mov     x21, x30
        mov     x20, x0
        lsr     x0, x0, #4
        bl      nibble2ascii
        ldr     x1, =bytes
        strb    w0, [x1], #1

        mov     x0, x20
        bl      nibble2ascii
        strb    w0, [x1]

        ldr     x1, =bytes
        mov     x2, #2
        bl      print_string

        mov     x30, x21
        ret     x30

.data
msg1:
    .ascii  "[(129 - 66) * (445 + 136)] / 3 = "
msg1_len = . - msg1

bytes:
    .ascii  "??"

msg2:
    .ascii  "h"
msg2_len = . - msg2
```

2. 使用以下命令构建可执行文件：

```
aarch64-linux-android-as -al=Ex__8_expr_arm64.lst -o Ex__8_expr_
arm64.o Ex__8_expr_arm64.s
aarch64-linux-android-ld -o Ex__8_expr_arm64 Ex__8_expr_arm64.o
```

3. 以下是将程序复制到 Android 设备上运行后的输出结果：

```
C:\>adb devices
* daemon not running; starting now at tcp:5037
* daemon started successfully
List of devices attached
9826f541374f4b4a68      device


C:\>adb push Ex__8_expr_arm64 /data/local/tmp/Ex__8_expr_arm64
Ex__8_expr_arm64: 1 file pushed. 0.1 MB/s (1592 bytes in 0.015s)

C:\>adb shell chmod +x /data/local/tmp/Ex__8_expr_arm64
C:\>adb shell /data/local/tmp/Ex__8_expr_arm64
[(129 - 66) * (445 + 136)] / 3 = 2FA9h
```

这是编译程序过程产生的列表文件：

```
AARCH64 GAS   Ex__8_expr_arm64.s          page 1


   1                        .text
   2                        .global _start
   3
   4                _start:
   5                        // Print the leading output string
   6 0000 C1050058          ldr     x1, =msg1
   7 0004 220480D2          mov     x2, #msg1_len
   8 0008 13000094          bl      print_string
   9
  10                        // Compute [(129 - 66) * (445 + 136)] / 3
  11 000c 201080D2          mov     x0, #129
  12 0010 000801D1          sub     x0, x0, #66
  13 0014 A13780D2          mov     x1, #445
  14 0018 21200291          add     x1, x1, #136
  15 001c 207C009B          mul     x0, x1, x0
  16 0020 610080D2          mov     x1, #3
  17 0024 0008C19A          udiv    x0, x0, x1
  18
  19                        // Print the upper byte of the result
  20 0028 F30300AA          mov     x19, x0
  21 002c 00FC48D3          lsr     x0, x0, #8
  22 0030 14000094          bl      print_byte
  23
  24                        // Print the lower byte of the result
  25 0034 E00313AA          mov     x0, x19
  26 0038 12000094          bl      print_byte
  27
  28                        // Print the trailng output string
```

```
 29 003c 21040058          ldr     x1, =msg2
 30 0040 220080D2          mov     x2, #msg2_len
 31 0044 04000094          bl      print_string
 32
 33                        // Exit the program with syscall 93, returning status 0
 34 0048 000080D2          mov     x0, #0
 35 004c A80B80D2          mov     x8, #93
 36 0050 010000D4          svc     0
 37
 38                        // Print a string; x1=string address, x2=string length
 39                        print_string:
 40 0054 200080D2          mov     x0, #1
 41 0058 080880D2          mov     x8, #64
 42 005c 010000D4          svc     0
 43 0060 C0035FD6          ret     x30
 44
 45                        // Convert the low 4 bits of x0 to an ascii character in x0
 46                        nibble2ascii:
 47 0064 000C4092          and     x0, x0, #0xF
 48 0068 1F2800F1          cmp     x0, #10
 49 006c 64000054          bmi     lt10
 50
 51 0070 00DC0091          add     x0, x0, #('A' - 10)
 52 0074 02000014          b       done
 53
 54                        lt10:
 55 0078 00C00091          add     x0, x0, #'0'
 56
 57                        done:
```

AARCH64 GAS   Ex__8_expr_arm64.s   page 2

```
 58 007c C0035FD6          ret     x30
 59
 60                        // Print a byte in hex
 61                        print_byte:
 62 0080 F5031EAA          mov     x21, x30
 63 0084 F40300AA          mov     x20, x0
 64 0088 00FC44D3          lsr     x0, x0, #4
 65 008c F6FFFF97          bl      nibble2ascii
 66 0090 C1010058          ldr     x1, =bytes
 67 0094 20140038          strb    w0, [x1], #1
 68
 69 0098 E00314AA          mov     x0, x20
```

```
70 009c F2FFFF97         bl      nibble2ascii
71 00a0 20000039         strb    w0, [x1]
72
73 00a4 21010058         ldr     x1, =bytes
74 00a8 420080D2         mov     x2, #2
75 00ac EAFFFF97         bl      print_string
76
77 00b0 FE0315AA         mov     x30, x21
78 00b4 C0035FD6         ret     x30
79
80                       .data
81                       msg1:
82 0000 5B283132         .ascii  "[(129 - 66) * (445 + 136)] / 3 = "
82      39202D20
82      36362920
82      2A202834
82      3435202B
83                       msg1_len = . - msg1
84
85                       bytes:
86 0021 3F3F             .ascii  "??"
87
88                       msg2:
89 0023 68               .ascii  "h"
90                       msg2_len = . - msg2
```

第 11 章习题答案

习题 1

按照说明安装 Freedom Studio。注意，工作空间的路径中不能有空格。启动 Freedom Studio。

1. 在 Welcome to SiFive FreedomStudio! Let's Get Started... 对话框，选择 I want to create a new Freedom E SDK Project。
2. 在 Create a Freedom E SDK Project 对话框，选择 qemu-sifive-u54 作为目标对象。
3. 选择 hello 例程。
4. 点击 Finish 按钮。
5. 创建完成后，出现 Edit Configuration 对话框。
6. 点击 Debug 按钮，在仿真调试环境下运行程序。
7. 单步运行程序，在控制台窗口中验证文本是否为 Hello, World!。

习题 2

习题 1 中的程序保持打开状态，在 Project 窗口的 src 文件夹中找到 hello.c 文件，然后执行如下操作：

1. 右击此文件，将其重命名为 hello.s。
2. 在编辑器中打开 hello.s 并删除其全部内容。
3. 插入在本章 RISC-V 汇编语言部分中的汇编程序。汇编代码如下，在 Ex__2_riscv_assembly.s 文件中也有该习题代码：

```
.section .text
.global main

main:
    # Reserve stack space and save the return address
    addi    sp, sp, -16
    sd      ra, 0(sp)

    # Print the message using the C library puts function
1:  auipc   a0, %pcrel_hi(msg)
    addi    a0, a0, %pcrel_lo(1b)
    jal     ra, puts

    # Restore the return address and sp, and return to caller
    ld      ra, 0(sp)
    addi    sp, sp, 16
    jalr    zero, ra, 0

.section .rodata
msg:
    .asciz "Hello, Computer Architect!\n"
```

4. 执行一次清理，重新构建程序（按 Ctrl+9 可以启动清理操作）。
5. 在 Run 菜单下选择 Debug。
6. 调试器启动后，打开窗口以显示 hello.s 源文件、Disassembly（反汇编）窗口和 Registers（寄存器）窗口。
7. 展开 Registers 树，显示 RISC-V 处理器寄存器。
8. 单步运行程序，在控制台窗口中验证文本是否为 Hello, Computer Architect!。

习题 3

新建一个 Freedom Studio 项目，步骤和本章中习题 1 相同。在 Project 窗口的 src 文件夹中找到 hello.c 文件。

1. 右击此文件，将其重命名为 hello.s。
2. 在 hello.s 内写入你的汇编语言源代码。在 Ex__3_ riscv_expr.s 文件中也有该习题的程序代码。

```
.section .text
.global main

main:
    # Reserve stack space and save the return address
```

```
        addi    sp, sp, -16
        sd      ra, 0(sp)

        # Print the leading output string
        la      a0, msg1
        jal     ra, puts

        # Compute [(129 - 66) * (445 + 136)] / 3
        addi    a0, zero, 129
        addi    a0, a0, -66
        addi    a1, zero, 445
        add     a1, a1, 136
        mul     a0, a1, a0
        addi    a1, zero, 3
        divu    a0, a0, a1

        # Print the upper byte of the result
        sw      a0, 8(sp)
        srl     a0, a0, 8
        jal     ra, print_byte

        # Print the lower byte of the result
        lw      a0, 8(sp)
        jal     ra, print_byte

        # Print the trailng output string
        la      a0, msg2
        jal     ra, puts

        # Restore the return address and sp
        ld      ra, 0(sp)
        addi    sp, sp, 16

        # Set the exit code to zero and return to caller
        addi    a0, zero, 0
        ret

# Convert the low 4 bits of a0 to an ascii character in a0
nibble2ascii:
        # Reserve stack space and save the return address
        addi    sp, sp, -16
        sd      ra, 0(sp)

        and     a0, a0, 0xF
        sltu    t0, a0, 10
        bne     t0, zero, lt10
```

```
        add     a0, a0, ('A' - 10)
        j       done

lt10:
        add     a0, a0, '0'

done:
        ld      ra, 0(sp)
        addi    sp, sp, 16
        ret

# Print a byte in hex
print_byte:
        # Reserve stack space and save the return address
        addi    sp, sp, -16
        sd      ra, 0(sp)

        addi    t1, a0, 0
        srl     a0, t1, 4
        jal     ra, nibble2ascii
        la      t3, bytes
        sb      a0, 0(t3)

        addi    a0, t1, 0
        jal     nibble2ascii
        sb      a0, 1(t3)

        la      a0, bytes
        jal     ra, puts

        ld      ra, 0(sp)
        addi    sp, sp, 16
        ret

.section .data
msg1:
        .asciz  "[(129 - 66) * (445 + 136)] / 3 = "

bytes:
        .asciz  "??"

msg2:
        .asciz  "h"
```

3. 执行一次清理，重新构建程序（按 Ctrl+9 可以启动清理操作）。
4. 在 Run 菜单下选择 Debug。
5. 调试器启动后，打开窗口以显示 hello.s 源文件、Disassembly（反汇编）窗口和

Registers（寄存器）窗口。
6. 打开 Registers 树以显示 RISC-V 处理器寄存器。
7. 单步运行程序，在控制台窗口中验证文本是否为 [(129 - 66) * (445 + 136)]/3 = 2FA9H。

第 12 章习题答案

习题 1

执行以下步骤：

1. 从 https://www.virtualbox.org/wiki/Downloads 下载 VirtualBox 6.1（或更高版本）安装程序。确保选择适合主机操作系统的版本。
2. 运行 VirtualBox 安装程序并接受默认提示。
3. 下载 64 位 Ubuntu Linux 的 VirtualBox 映像。这种图像的一个来源是 https://www.osboxes.org/ubuntu/，如果图像是压缩格式，请解压缩。如果文件名以 .7z 结尾，请使用 7-zip（https://www.7-zip.org/）。解压缩后，VirtualBox 磁盘映像文件名的扩展名为 .vdi。
4. 启动 VirtualBox Manager，然后单击 New 图标。为新机器命名，例如 Ubuntu，类型选择 Linux，然后选择 Ubuntu (64-bit) 作为版本，点击 Next。
5. 在 Memory size 对话框中，接受默认内存大小（或根据需要增加）。
6. 在 Hard disk 对话框中，选择 Use an existing virtual hard disk file。单击 Browse 按钮（看起来像文件夹），然后单击 Hard disk selector 对话框中的 Add 按钮。导航到你下载的 .vdi 文件并选择 Open。单击 Create 完成虚拟机的创建。
7. 单击 VirtualBox 中的 Settings 图标。在 General 部分的 Advanced 选项卡上，为 Shared Clipboard 选择 Bidirectional。
8. 单击 Network。在 Adapter 1 选项卡中，选择 Attached to：旁边的 Bridged Adapter。
9. 在 Windows 磁盘上的 Documents 文件夹中创建名为 share 的文件夹。在你的 Ubuntu 虚拟机的 VirtualBox 管理器 Settings 对话框中单击 Shared Folders。单击图标可添加共享文件夹（它看起来像一个带有加号的文件夹）。选择刚在主机上创建的共享文件夹，然后单击 OK。
10. 单击 Settings 对话框中的 OK 将其关闭。
11. 单击 Start 图标启动虚拟机。当 Ubuntu 系统完成启动时，用密码登录 osboxes.org 网站。
12. 登录完成后，按 Ctrl+Alt+T 打开一个终端窗口。
13. 在 VM 终端中，使用以下命令安装软件包。根据提示完成安装过程：

```
sudo apt-get update
sudo apt-get install gcc make perl
sudo apt-get install build-essential linux-headers-'uname -r' dkms
```

14. 在 Ubuntu VM 窗口的 Devices 菜单中，选择 Insert Guest Additions CD Image...。

根据提示完成安装过程，安装完成后重新启动 VM。

15. 登录 VM 并打开一个终端窗口。在 VM 终端，使用下述命令创建一个名为 share 的目录：

```
mkdir share
```

16. 在 VM 终端输入以下命令来安装共享文件夹：

```
sudo mount -t vboxsf -o rw,uid=1000,gid=1000 share ~/share
```

17. 在 Ubuntu 系统的共享文件夹中创建一个文件：

```
cd ~/share
touch file1.txt
```

18. 在 Windows 主机上，验证文件 file1.txt 现在是否已经在你的 Documents\share 目录中。

习题 2

1. 在 Ubuntu 虚拟机未运行的情况下，在虚拟机的 VirtualBox 管理器中选择 Settings 图标。在 System 部分的 Processor 选项下，选中 Enable Nested VT-x/AMD-V。你必须运行 VirtualBox 6.1 或更高版本才能完全支持此功能。单击 OK 保存更改。

2. 启动你的 Ubuntu 虚拟机。登录虚拟机，打开终端窗口，使用以下命令在 Ubuntu 虚拟机中安装 VirtualBox：

```
sudo apt-get install virtualbox
```

3. 使用以下命令在 Ubuntu 虚拟机中安装 7-zip：

```
sudo apt-get install p7zip-full
```

4. 从 https://www.osboxes.org/freedos/ 下载适用于 FreeDOS 的 VirtualBox 虚拟磁盘映像。执行以下步骤（假设下载的文件位于 ~/snap/firefox/common/Downloads 目录中，而 FreeDOS 映像文件名为 64-bit.7z）：

```
cd
mkdir 'VirtualBox VMs'
cd 'VirtualBox VMs'
mv ~/snap/firefox/common/Downloads/64bit.7z .
7z x 64bit.7z
```

5. 使用以下命令启动 VirtualBox：

```
virtualbox &
```

6. 在 Ubuntu 虚拟机中运行的 VirtualBox 实例中创建一个新的虚拟机。选择以下选项：

```
Name: FreeDOS
Type: Other
```

```
Version: DOS
32MB RAM
Use an existing virtual hard disk file
```

7. 选择 **~/VirtualBox VMs** 中的 **VDI** 文件并完成虚拟机配置。
8. 单击 VirtualBox manager 中的 **Start** 图标启动 FreeDOS 虚拟机。
9. 在虚拟机完成启动后，在 FreeDOS 提示符下执行以下命令：

```
echo Hello World!
mem
dir
```

这个屏幕截图显示了 `mem` 命令的输出。

10. 使用完 FreeDOS 后，请在 FreeDOS 提示符中使用以下命令关闭虚拟机：

```
shutdown
```

习题 3

1. 在主机系统 VirtualBox 中，打开习题 1 中设置的 Ubuntu 虚拟机的 **Settings** 对话框，然后选择 **Network** 设置。将 **Attached to：** 网络类型设置为 **Internal**，然后单击 **OK**。
2. 右键单击 VirtualBox 管理器中的 Ubuntu 虚拟机，然后从上下文菜单中选择 **Clone...**。在 **Clone VM** 菜单中单击 **Next**。保持 **Full clone** 处于选中状态，然后单击 **Clone**。等待克隆过程完成。
3. 在主机系统上打开命令提示符，然后导航到 VirtualBox 的安装目录。在 Windows 上，此命令会将你带到以下默认安装位置：

```
cd "\Program Files\Oracle\VirtualBox"
```

4. 使用以下命令为 **intnet** VirtualBox 网络启动 DHCP 服务器：

```
VBoxManage dhcpserver add --netname intnet --ip 192.168.10.1
--netmask 255.255.255.0 --lowerip 192.168.10.100 --upperip
192.168.10.199 --enable
```

5. 启动两个虚拟机。根据上一步中建议的 DHCP 服务器设置，应该为虚拟机分配 IP 地址 192.168.10.100 和 192.168.10.101。

6. 登录到这两个正在运行的虚拟机，并在每个虚拟机中打开一个终端窗口。在每个终端输入以下命令来显示系统 IP 地址：

```
hostname -I
```

7. Ping 另一台机器。例如，如果此计算机的 IP 地址为 192.168.10.100，请输入以下命令：

```
ping 192.168.10.101
```

你应该看到一个类似于下面的回答。按 Ctrl+C 停止更新：

```
osboxes@osboxes:~$ ping 192.168.10.101
PING 192.168.10.101 (192.168.10.101) 56(84) bytes of data.
64 bytes from 192.168.10.101: icmp_seq=1 ttl=64 time=0.372 ms
64 bytes from 192.168.10.101: icmp_seq=2 ttl=64 time=0.268 ms
64 bytes from 192.168.10.101: icmp_seq=3 ttl=64 time=0.437 ms
64 bytes from 192.168.10.101: icmp_seq=4 ttl=64 time=0.299 ms
^C
--- 192.168.10.101 ping statistics ---
4 packets transmitted, 4 received, 0% packet loss, time 3054ms
rtt min/avg/max/mdev = 0.268/0.344/0.437/0.065 ms
osboxes@osboxes:~$
```

8. 在第二个虚拟机上重复 ping 命令，将目标地址变为第一个机器的 IP 地址，从而验证其响应与前面的结果是否相同。

第 13 章习题答案

习题 1

基于性能要求，一个处理器一次可以进入非常低的功耗状态几分钟，应该能够在中等大小的电池上一次工作几天。通过只在需要测量时为气象传感器供电，只在需要传输数据时为蜂窝收发器供电，从而将功耗降至最低。

下图显示了该系统的一种可能配置。

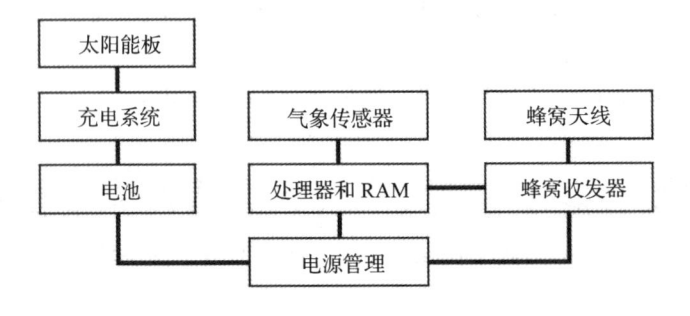

习题 2

执行以下步骤：

1. 在互联网上搜索低功耗微处理器，可从制造商那里找到一些处理器，包括 STM、Analog Devices、Texas Instruments、Microchip Technology 和其他一些处理器。
2. 第二次搜索 embedded cellular modem 会生成一个适用于此应用的蜂窝调制解调器列表。这些设备中的一些是系统化模块（SoM）的形式，将 RF 调制解调器与可编程处理器核心集成在一个单一的模块中模块。
3. MultiTech Dragonfly Nano SoM（https://www.multitech.com/brands/multiconnect-dragonfly-nano）似乎适合这种应用，这款设备售价为 103.95 美元，并集成了 ARM Cortex-M4 处理器，用于托管用户应用程序。Dragonfly Nano 提供 I/O 接口，包括串行 UART、USB、I2C、SPI、9 个模拟输入和多达 29 个数字 I/O 引脚。Cortex-M4 包含 1MB 的闪存和 128KB 的 RAM。
4. Dragonfly Nano 的文档表明，当每天传输少量数据时，该设备可以在两个 AA 大小的电池上运行数年。
5. 选择 Dragonfly Nano 用于此情景的原因如下：
   - **成本**：虽然微处理器板的价格超过 100 美元是很高的，但蜂窝调制解调器的集成直接实现了一个关键的系统设计目标。
   - **低功耗**：根据天气传感器的功率要求，小型太阳能电池板和小型可充电电池应能轻松满足系统电源要求
   - **环境兼容性**：SoM 的温度范围规范为 −40～+85℃，可支持在世界任何地方的操作。相对湿度公差范围（20%～90% 相对湿度，无冷凝）要求安装在防风雨外壳中。
   - **处理能力**：SoM 包含一个以 80MHz 工作的 STM32L471QG 32 位 ARM 处理器。这个处理器提供了很多功能，包括一个 FPU 和动态电压缩放。在传输数据之前，可以对传感器测量值进行广泛的预处理（滤波、传感器故障检测等），设备内的闪存和 RAM 就足以满足应用的要求。
   - **认证解决方案**：Dragonfly Nano 通过 FCC 和无线运营商的认证，可用于蜂窝网络。
   - **开发支持**：免费开发工具和在线资源可在 https://os.mbed.com/platforms/MTS-Dragonfly-Nano/ 中找到。

下图中的虚线框表示由 Dragonfly Nano SoM 实现的系统部分：

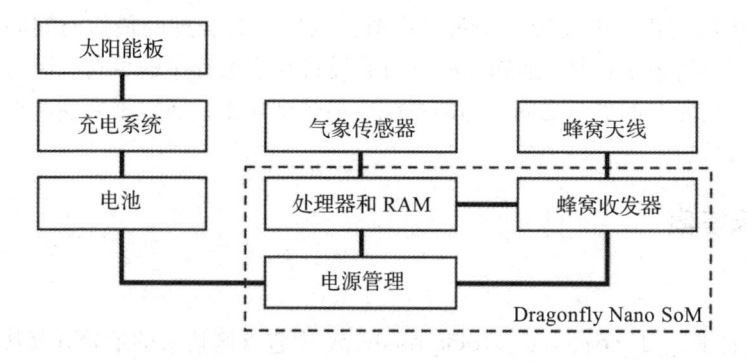

第 14 章习题答案

习题 1

可以在 2FA Directory（https://2fa.directory/）上获得一个全面的网站列表及其对双重身份验证的支持（或不支持）。其中，2FA 是双重认证的缩写。

实现双重身份验证的最常见方法是，网站在用户输入有效的用户名和密码之后，通过向该账户关联的电话号码发送包含验证码的短信。

验证码通常是 6 位数字，用户必须向网站提供该验证码才能完成登录过程。用于身份验证的两重因素是用户对账户密码的了解以及对与该账户相关联的手机的访问权限。

一些网站使用如 Duo 移动应用程序（https://duo.com/product/multifactor-authentication-mfa/duo-mobile-app）进行双重认证。当使用这些 app 访问网站时，在输入用户名和密码之后，用户手机上将会出现一个通知，只需轻轻一按，用户即可授权访问并登录网站。

习题 2

在计算机和其他设备上有多种选择来安全地存储密码。大多数网络浏览器和杀毒软件包都提供了密码管理器，以及专门的密码管理应用程序。你可以通过在网上搜索 password manager（密码管理器）来缩小选择范围。

当一个网站让你设置密码时，你可以让密码管理器生成一个较长的随机字符串作为你的新密码。在这种情况下，由于密码安全地存储在密码管理器中，因此你不需要记住密码。

在选择密码管理的解决方案时，你应该考虑是否需要在所有设备上维护当前密码。当你更改一个网站的密码时，你不希望必须在多个地方更新新密码。只要你有一个 Firefox 账户并在每个设备上都进行了登录，那么基于浏览器的密码管理器（如 Firefox https://www.mozilla.org/en-US/）会帮你处理这个问题。

习题 3

1. 进入每个设备的更新设置，看看是否有任何更新等待安装。如有则请进行安装。
2. 如果没有等待安装的更新，让设备检查是否有更新并安装可用的更新。
3. 启动你使用的每个应用程序，并检查是否需要更新。如果有需要的更新则进行更新。
4. 如果应用程序具有自动检查更新的选项，请确保该选项已打开。你可能希望在更新可用时收到通知但不自动安装。
5. 在日历应用程序中设置一个重复提醒，以你认为合理的最短时间间隔（无论是每周、每两周还是每月）通知你检查所有设备和应用程序的更新。因为在识别漏洞和安装修复漏洞的更新之间，你的系统容易受到攻击，所以不要使两次更新之间间隔时间太长。

第 15 章习题答案

习题 1

Python 文件 Ex__1_compute_block_hash.py 中包含区块头的哈希计算代码：

```python
#!/usr/bin/env python

"""Ex__1_compute_block_hash.py: Answer to Ch 15 Ex 1."""

# This is a solution for Bitcoin block 711735
# See https://bitaps.com/711735

import binascii
import hashlib

# The block header copied from bitaps.com
header = '00000020505424e0dc22a7fb1598d3a048a31957315f' + \
    '737ec0d00b0000000000000000005f7fbc00ac45edd1f6ca7' + \
    '713f2b048d8a771c95e1afd9140d3a147a063f64a76781ea4' + \
    '61139a0c17f666fc1afdbc08'

# The hash of the header copied from bitaps.com
header_hash = \
    '000000000000000000000bc01913c2e05a5d38d39a9df0c8ba' + \
    '4269abe9777f41f'

# Cut off any extra bytes beyond the 80-byte header
header = header[:160]

# Convert the header to binary
header = binascii.unhexlify(header)

# Compute the header hash (perform SHA-256 twice)
computed_hash = hashlib.sha256(header).digest()
computed_hash = hashlib.sha256(computed_hash).digest()

# Reverse the byte order
computed_hash = computed_hash[::-1]

# Convert the binary header hash to a hexadecimal string
computed_hash = \
    binascii.hexlify(computed_hash).decode("utf-8")

# Print the result
print('Header hash:   ' + header_hash)
print('Computed hash: ' + computed_hash)

if header_hash == computed_hash:
    result = 'Hashes match!'
else:
    result = 'Hashes DO NOT match!'

print(result)
```

为了执行该程序，假设你的计算机上已经安装了 Python 并且在路径中，执行以下命令 python Ex__1_compute_block_hash.py。

测试程序运行的输出如下：

```
C:\>python Ex__1_compute_block_hash.py
Header hash:
0000000000000000000bc01913c2e05a5d38d39a9df0c8ba4269abe9777f41f
Computed hash:
0000000000000000000bc01913c2e05a5d38d39a9df0c8ba4269abe9777f41f
Hashes match!
```

习题 2

1. 从 https://bitcoin.org/en/download 下载比特币核心安装程序并运行。
2. 在安装完成后，运行比特币核心应用程序。该应用程序将下载完整的比特币区块链（包括从 2009 年的创世区块到最近添加的区块）。这个过程可能需要几个小时或几天，具体时间取决于你的网络带宽。
3. 尽管比特币核心应用程序在初始验证过程中将消耗大约 200GB 的磁盘空间，但它会将其存储需求降低到你选择的磁盘空间限制，默认认为 2GB。
4. 在区块链下载完成后，该节点将转换为完整的网络对等节点。你可以对应用程序与网络对等节点的连接进行显示，新创建的交易将添加到交易池中，以便能够包含在新的区块中从而添加到区块链中，该过程能够被监控。
5. 你也可以在应用程序中创建一个比特币钱包，并将其用于你自己的比特币交易。如果你使用该应用程序存储大量比特币，请确保你在主机操作系统及其应用程序中都使用了最佳安全方案，以确保你的系统不会被黑客攻击从而窃取你的比特币。

第 16 章习题答案

习题 1

Windows 批处理文件 Ex__1_install_tensorflow.bat 包含安装 TensorFlow 和 Matplotlib 的命令：

```
REM Ex__1_install_tensorflow.bat: Answer to Ch 16 Ex 1.

REM This batch file installs TensorFlow and Matplotlib in Windows.
REM Python must be installed (see https://www.python.org/downloads/).
REM The Python installation directory must be in the system path.

python --version

pip install tensorflow

pip install matplotlib
```

运行批处理文件，假设 Python 已经安装在你的工作路径中，打开管理员命令提示符并

执行命令 `Ex__1_install_tensorflow.bat`。

习题 2

Python 文件 `Ex__2_load_dataset.py` 实现了数据集的加载和显示图像子集的功能：

```python
#!/usr/bin/env python

"""Ex__2_load_dataset.py: Answer to Ch 16 Ex 2."""

from tensorflow.keras import datasets
import matplotlib.pyplot as plt

def load_dataset():
    (train_images, train_labels), \
        (test_images, test_labels) = \
        datasets.cifar10.load_data()

    # Normalize pixel values to the range 0-1
    train_images = train_images / 255.0
    test_images = test_images / 255.0

    return train_images, train_labels, \
        test_images, test_labels

def plot_samples(train_images, train_labels):
    class_names = ['Airplane', 'Automobile', 'Bird',
                   'Cat', 'Deer','Dog', 'Frog',
                   'Horse', 'Ship', 'Truck']

    plt.figure(figsize=(14,7))
    for i in range(60):
        plt.subplot(5,12,i + 1)
        plt.xticks([])
        plt.yticks([])
        plt.imshow(train_images[i])
        plt.xlabel(class_names[train_labels[i][0]])

    plt.show()

if __name__ == '__main__':
    train_images, train_labels, \
        test_images, test_labels = load_dataset()
    plot_samples(train_images, train_labels)
```

执行程序，假设 Python 已经安装在你的工作路径中，执行以下命令：

```
python Ex__2_load_dataset.py
```

如果你接收到 `cudart64_110.dll not found` 的错误信息，可以安全地忽略该信息。

这只是意味着你没有安装在 Nvidia CUDA GPU 上运行的 TensorFlow 库。代码将在你的系统处理器上运行（运行速度更慢）。

下面是由代码显示的示例图像集。

习题 3

下面是图 16.1 的 CNN 结构。

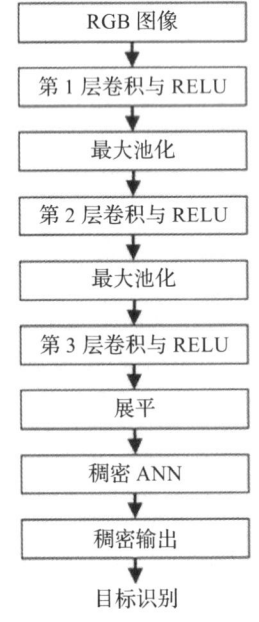

```
RGB 图像
   ↓
第 1 层卷积与 RELU
   ↓
最大池化
   ↓
第 2 层卷积与 RELU
   ↓
最大池化
   ↓
第 3 层卷积与 RELU
   ↓
展平
   ↓
稠密 ANN
   ↓
稠密输出
   ↓
目标识别
```

Python 文件 Ex__3_create_network.py 中包含了生成 CNN 模型的代码：

```
#!/usr/bin/env python
```

```python
"""Ex__3_create_network.py: Answer to Ch 16 Ex 3."""

from tensorflow.keras import datasets, layers, models, \
    optimizers, losses

def load_dataset():
    (train_images, train_labels), \
        (test_images, test_labels) = \
        datasets.cifar10.load_data()

    # Normalize pixel values to the range 0-1
    train_images = train_images / 255.0
    test_images = test_images / 255.0

    return train_images, train_labels, \
        test_images, test_labels

def create_model():
    # Each image is 32x32 pixels with 3 RGB color planes
    image_shape = (32, 32, 3)

    # The convolutional filter kernel size is 3x3 pixels
    conv_filter_size = (3, 3)

    # Number of convolutional filters in each layer
    filters_layer1 = 32
    filters_layer2 = 64
    filters_layer3 = 64

    # Perform max pooling over 2x2 pixel regions
    pooling_size = (2, 2)

    # Number of neurons in each of the dense layers
    hidden_neurons = 64
    output_neurons = 10

    model = models.Sequential([
        # First convolutional layer followed by max pooling
        layers.Conv2D(filters_layer1, conv_filter_size,
            activation='relu', input_shape=image_shape),
        layers.MaxPooling2D(pooling_size),

        # Second convolutional layer followed by max pooling
        layers.Conv2D(filters_layer2, conv_filter_size,
            activation='relu'),
        layers.MaxPooling2D(pooling_size),

        # Third convolutional layer followed by flattening
```

```python
        layers.Conv2D(filters_layer3, conv_filter_size,
            activation='relu'),
        layers.Flatten(),

        # Dense layer followed by the output layer
        layers.Dense(hidden_neurons, activation='relu'),
        layers.Dense(output_neurons)
    ])

    model.compile(optimizer=optimizers.Adam(),
        loss=losses.SparseCategoricalCrossentropy(
            from_logits=True), metrics=['accuracy'])

    return model

if __name__ == '__main__':
    train_images, train_labels, test_images, \
        test_labels = load_dataset()
    model = create_model()
    model.summary()
```

执行程序，假设 Python 已经安装在你的工作路径中，执行命令：

python Ex__3_create_network.py。

注意：如果你的系统没有 GPU，则可以忽略任何关于没有 GPU 的警告消息。如果 GPU 没有配置为与 TensorFlow 一起使用，代码将在系统处理器上执行。

下面是测试程序运行的结果：

```
C:\>Ex__3_create_network.py
2021-12-12 19:26:07.938984: I tensorflow/core/platform/cpu_feature_guard.
cc:151] This TensorFlow binary is optimized with oneAPI Deep Neural
Network Library (oneDNN) to use the following CPU instructions in
performance-critical operations:  AVX AVX2
To enable them in other operations, rebuild TensorFlow with the
appropriate compiler flags.
2021-12-12 19:26:08.282366: I tensorflow/core/common_runtime/gpu/gpu_
device.cc:1525] Created device /job:localhost/replica:0/task:0/
device:GPU:0 with 3617 MB memory:  -> device: 0, name: Quadro P2200, pci
bus id: 0000:01:00.0, compute capability: 6.1
Model: "sequential"
_____
 Layer (type)                Output Shape              Param #
=================================================================
 conv2d (Conv2D)             (None, 30, 30, 32)        896

 max_pooling2d (MaxPooling2D  (None, 15, 15, 32)        0
 )
```

```
conv2d_1 (Conv2D)              (None, 13, 13, 64)        18496

max_pooling2d_1 (MaxPooling    (None, 6, 6, 64)          0
2D)

conv2d_2 (Conv2D)              (None, 4, 4, 64)          36928

flatten (Flatten)              (None, 1024)              0

dense (Dense)                  (None, 64)                65600

dense_1 (Dense)                (None, 10)                650
=================================================================
Total params: 122,570
Trainable params: 122,570
Non-trainable params: 0
_____

C:\>
```

习题 4

Python 文件 `Ex__4_train_model.py` 包含了 CNN 模型的生成、训练和测试代码：

```python
#!/usr/bin/env python

"""Ex__4_train_model.py: Answer to Ch 16 Ex 4."""

from tensorflow.keras import datasets, layers, models, optimizers, losses
import matplotlib.pyplot as plt

def load_dataset():
    (train_images, train_labels), \
        (test_images, test_labels) = \
        datasets.cifar10.load_data()

    # Normalize pixel values to the range 0-1
    train_images = train_images / 255.0
    test_images = test_images / 255.0

    return train_images, train_labels, \
           test_images, test_labels

def create_model():
    # Each image is 32x32 pixels with 3 RGB color planes
    image_shape = (32, 32, 3)
```

```python
    # The convolutional filter kernel size is 3x3 pixels
    conv_filter_size = (3, 3)

    # Number of convolutional filters in each layer
    filters_layer1 = 32
    filters_layer2 = 64
    filters_layer3 = 64

    # Perform max pooling over 2x2 pixel regions
    pooling_size = (2, 2)

    # Number of neurons in each of the dense layers
    hidden_neurons = 64
    output_neurons = 10

    model = models.Sequential([
        # First convolutional layer followed by max pooling
        layers.Conv2D(filters_layer1, conv_filter_size,
            activation='relu', input_shape=image_shape),
        layers.MaxPooling2D(pooling_size),

        # Second convolutional layer followed by max pooling
        layers.Conv2D(filters_layer2, conv_filter_size,
            activation='relu'),
        layers.MaxPooling2D(pooling_size),

        # Third convolutional layer followed by flattening
        layers.Conv2D(filters_layer3, conv_filter_size,
            activation='relu'),
        layers.Flatten(),

        # Dense layer followed by the output layer
        layers.Dense(hidden_neurons, activation='relu'),
        layers.Dense(output_neurons)
    ])

    model.compile(optimizer=optimizers.Adam(),
        loss=losses.SparseCategoricalCrossentropy(
            from_logits=True), metrics=['accuracy'])

    return model

def train_model(train_images, train_labels, \
            test_images, test_labels, model):
    history = model.fit(train_images, train_labels,
        epochs=10, validation_data=(test_images, test_labels))

    test_loss, test_acc = model.evaluate(test_images,
```

```python
        test_labels, verbose=2)

    return history, test_acc

def plot_model_accuracy(history):
    plt.figure()
    plt.plot(history.history['accuracy'], label='Accuracy')
    plt.plot(history.history['val_accuracy'],
        label = 'Validation Accuracy')
    plt.xlabel('Epoch')
    plt.ylabel('Accuracy')
    plt.ylim([0.5, 1])
    plt.legend(loc='upper left')
    plt.grid()
    plt.show()

if __name__ == '__main__':
    train_images, train_labels, test_images, \
        test_labels = load_dataset()
    model = create_model()
    history, test_acc = train_model(train_images, \
        train_labels, test_images, test_labels, model)
    print()
    print('='*31)
    print('| Validation accuracy: {:.2f}% |'.
        format(100*test_acc))
    print('='*31)
    plot_model_accuracy(history)
```

执行程序，假设 Python 已经安装在你的工作路径中，执行命令：
python Ex__4_train_model.py。

注意：如果你的系统没有 GPU，则可以忽略任何关于没有 GPU 的警告消息。如果 GPU 没有配置为与 TensorFlow 一起使用，代码将在系统处理器上执行。

运行结果应该表明分类的准确率大约为 70%。对于这样一个简单的 CNN，这比随机猜测的准确率有了巨大的提高，随机猜测的准确率仅为 10%。

测试程序的运行结果如下：

```
2021-12-12 17:55:19.402677: I tensorflow/core/platform/cpu_feature_guard.
cc:151] This TensorFlow binary is optimized with oneAPI Deep Neural
Network Library (oneDNN) to use the following CPU instructions in
performance-critical operations:  AVX AVX2
To enable them in other operations, rebuild TensorFlow with the
appropriate compiler flags.
2021-12-12 17:55:19.802026: I tensorflow/core/common_runtime/gpu/
gpu_device.cc:1525] Created device /job:localhost/replica:0/task:0/
device:GPU:0 with 3617 MB memory:  -> device: 0, name: Quadro P2200, pci
```

```
bus id: 0000:01:00.0, compute capability: 6.1
Epoch 1/10
2021-12-12 17:55:21.475358: I tensorflow/stream_executor/cuda/cuda_dnn.
cc:366] Loaded cuDNN version 8301
1563/1563 [==============================] - 9s 5ms/step - loss: 1.5032 -
accuracy: 0.4521 - val_loss: 1.2326 - val_accuracy: 0.5559
Epoch 2/10
1563/1563 [==============================] - 7s 5ms/step - loss: 1.1306 -
accuracy: 0.5996 - val_loss: 1.0361 - val_accuracy: 0.6318
Epoch 3/10
1563/1563 [==============================] - 8s 5ms/step - loss: 0.9704 -
accuracy: 0.6589 - val_loss: 1.0053 - val_accuracy: 0.6517
Epoch 4/10
1563/1563 [==============================] - 7s 5ms/step - loss: 0.8831 -
accuracy: 0.6904 - val_loss: 0.8999 - val_accuracy: 0.6883
Epoch 5/10
1563/1563 [==============================] - 7s 5ms/step - loss: 0.8036 -
accuracy: 0.7177 - val_loss: 0.8924 - val_accuracy: 0.6956
Epoch 6/10
1563/1563 [==============================] - 7s 5ms/step - loss: 0.7514 -
accuracy: 0.7374 - val_loss: 0.9180 - val_accuracy: 0.6903
Epoch 7/10
1563/1563 [==============================] - 7s 5ms/step - loss: 0.7020 -
accuracy: 0.7548 - val_loss: 0.8755 - val_accuracy: 0.7074
Epoch 8/10
1563/1563 [==============================] - 7s 5ms/step - loss: 0.6599 -
accuracy: 0.7694 - val_loss: 0.8505 - val_accuracy: 0.7116
Epoch 9/10
1563/1563 [==============================] - 8s 5ms/step - loss: 0.6180 -
accuracy: 0.7842 - val_loss: 0.8850 - val_accuracy: 0.7058
Epoch 10/10
1563/1563 [==============================] - 8s 5ms/step - loss: 0.5825 -
accuracy: 0.7943 - val_loss: 0.8740 - val_accuracy: 0.7128
313/313 - 1s - loss: 0.8740 - accuracy: 0.7128 - 648ms/epoch - 2ms/step

==============================
| Validation accuracy: 71.28% |
==============================
```

下图显示了在10个训练周期之后，CNN在训练图像（准确率）和测试图像（验证准确率）上的分类准确率。

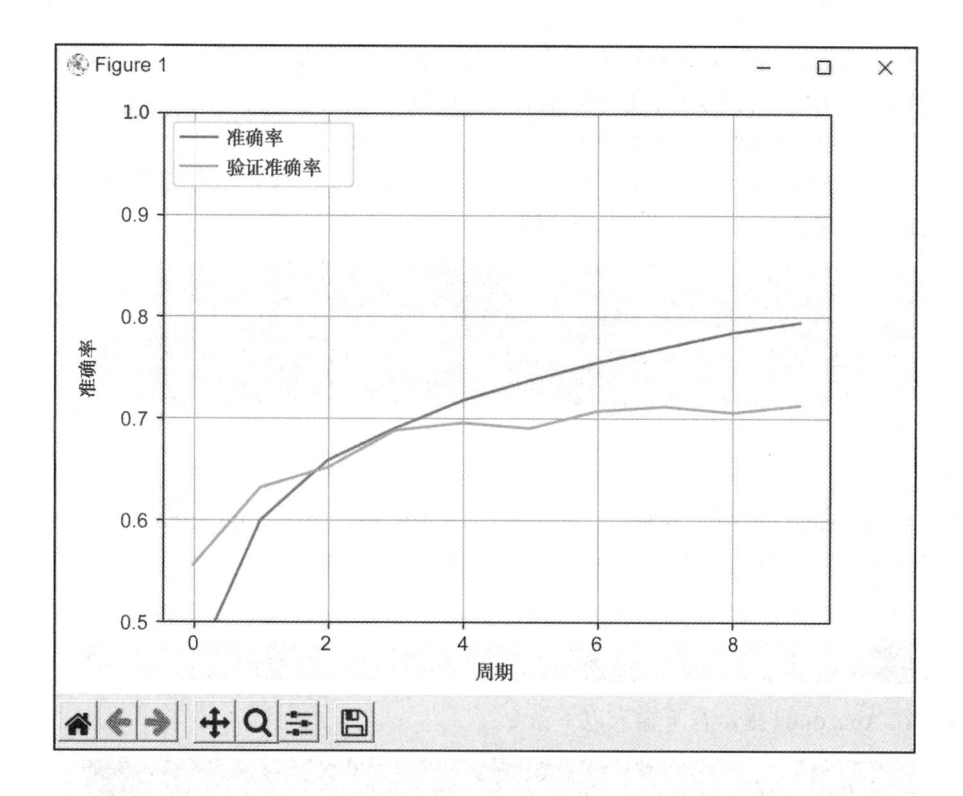

[图：Figure 1，显示准确率与验证准确率随周期变化的曲线图]

第 17 章习题答案

习题 1

1. 从 https://www.anaconda.com/download/ 下载 Anaconda 安装程序。选择当前版本，根据你的计算机选择 32 位或 64 位的版本。
2. 执行 Anaconda 安装程序，并使用默认的配置选项，待程序安装完成后关闭。
3. 在 Windows 搜索框中键入 anaconda 并在搜索列表中出现 Anaconda Prompt 时单击启动 Anaconda。你的屏幕中将出现一个控制台窗口。
4. 在 Anaconda 提示符下，使用以下命令创建并激活一个名为 qiskitenv 虚拟环境。安装所有推荐的包：

```
conda create -n qiskitenv python=3.8
conda activate qiskitenv
```

5. 用以下命令安装 Qiskit 以及可视化依赖项。

```
pip install qiskit
pip install qiskit-terra[visualization]
```

6. 这样就完成了安装。

习题 2

1. 访问 https://quantum-computing.ibm.com/。如果你还没有账户，点击创建 IBMid 账户的链接。

2. 登录后，点击右上方的账户图标（看起来像一个小人）。在屏幕上找到复制令牌按钮，单击它，将你的 API 令牌复制到剪贴板。
3. 回到习题 1 中创建的 qiskitenv 环境的 Anaconda 提示符。
4. 在 Anaconda 提示下输入以下命令来设置你的 API 令牌。你需要用 MY_TOKEN 来替换在步骤 2 中复制到剪贴板的令牌：

```python
python
import qiskit
from qiskit import IBMQ
IBMQ.save_account('MY_TOKEN')
```

习题 3

1. 启动 Anaconda 提示控制台。在 Windows 搜索框中键入 anaconda，当 Anaconda 出现在搜索列表中时，单击它。之后将出现一个控制台窗口。
2. 用以下命令进入 qiskitenv 环境：

```
conda activate qiskitenv
```

3. 在 Anaconda 提示符下输入以下命令：

```python
python
import numpy as np
from qiskit import *
```

4. 创建一个包含 3 个量子比特 GHZ 状态的量子电路，并为每个量子比特添加测量值：

```python
circ = QuantumCircuit(3)
# Add an H gate to qubit 0, creating superposition
circ.h(0)
# Add a CX (CNOT) gate. Qubit 0 is control and qubit 1 is target
circ.cx(0,1)
# Add a CX (CNOT) gate. Qubit 0 is control and qubit 2 is target
circ.cx(0,2)

# Add a measurement to each of the qubits
meas = QuantumCircuit(3, 3)
meas.barrier(range(3))
meas.measure(range(3),range(3))

# Combine the two circuits
circ.add_register(meas.cregs[0])
qc = circ.compose(meas)
```

5. 在屏幕上显示电路：

```
qc.draw()
```

该命令的输出应如下所示：

```
>>> qc.draw()

q_0: ┤ H ├──■────■────┤M├──────
     └───┘┌─┴─┐  │    └╥┘┌─┐
q_1: ─────┤ X ├──┼─────╫─┤M├───
          └───┘┌─┴─┐   ║ └╥┘┌─┐
q_2: ──────────┤ X ├───╫──╫─┤M├
               └───┘   ║  ║ └╥┘
c: 3/══════════════════╩══╩══╩═
                       0  1  2
>>>
```

6. 使用 `qasm_simulator` 模拟器在计算机上运行该电路。shots 参数提供了电路被执行的次数以便于收集统计结果：

```
backend_sim = Aer.get_backend('qasm_simulator')
job_sim = backend_sim.run(transpile(qc, backend_sim), shots=1024)
```

7. 检索并显示模拟运行中产生的每个比特模式的次数：

```
result_sim = job_sim.result()
counts_sim = result_sim.get_counts(qc)
counts_sim
```

8. 你应该会看到与这些相似（但不相同）的结果：

```
>>> counts_sim
{'111': 506, '000': 518}
>>>
```

习题 4

1. 重复习题 3 的步骤 1～5，创建量子电路。
2. 导入你的 IBMQ 账户信息，并列出可用的量子计算提供商：

```
from qiskit import IBMQ
IBMQ.load_account()
provider = IBMQ.get_provider(group='open')
provider.backends()
```

3. 如果你访问 IBM 量子体验主页 https://quantum-computing.ibm.com/，你将能够看到可用量子计算机的作业队列长度。选择一个具有足够的量子计算机和较短作业队列的系统。这个例子假设你选择的是 `ibmq_bogota` 计算机。
4. 将作业添加到队列中，并使用这些命令监控其状态。shots 参数提供了电路被执行的次数以便于收集统计结果：

```
backend = provider.get_backend('ibmq_bogota')
from qiskit.tools.monitor import job_monitor
job_exp = execute(qc, backend=backend, shots=1024)
job_monitor(job_exp)
```

在运行完成后，你会看到下面的输出行：

```
Job Status: job has successfully run
```

5. 作业完成后，使用以下命令检索结果：

```
result_exp = job_exp.result()
```

6. 检索并显示量子计算机运行中产生的每个比特模式的次数统计：

```
counts_exp = result_exp.get_counts(qc)
counts_exp
```

大约 50% 的时间，这个电路的输出位串应该是 000，另外 50% 的时间应该是 111。然而，这些系统都是**有噪声的中规模量子**（NISQ）计算机。你应该会看到与这些相似（但不相同）的结果：

```
>>> counts_exp
{'000': 467, '001': 15, '010': 23, '011': 17, '100': 21, '101': 127,
 '110': 16, '111': 338}
>>>
```